続・ドローン産業応用のすべて
応用のすべて

進化する自律飛行が
変える未来

野波 健蔵 [編著]

Ohmsha

〈ドローンのさまざまな応用事例〉

非GPS環境下における、近接目視点検ドローンを用いた橋梁点検（3章 図3・4・14）

河川法面上に鉄道が敷設されている状況下での、ドローンによる工事進捗状況確認（3章 図3・3・16）

溶液散布によるリンゴ受粉作業（3章 図3・2・18）

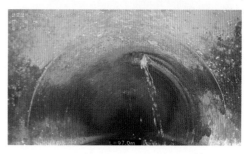

UAVによるコンクリート管（φ900mm）の点検調査（3章 図3・4・49）

エレベーター内を点検するマイクロドローン（3章 図3・9・1）

離島における、日本初の有料ドローン配送サービス（3章 図3・8・6）

※（ ）内は掲載章、図番号を表す。

〈ドローンに搭載されるセンサー、カメラ技術〉

ビジュアル SLAM から特徴点を抽出した画像
（2章 図2・2・2）

(a) オブジェクト分類による影の抽出　　(b) 人体の検出

(c) 湿地帯における人検出の実証　　(d) 震災瓦礫置き場における人検出の実証

ドローンからの空撮画像を利用した被災者の探索（3章 図3・6・7）

RGB カメラ（左）とサーマルカメラ（右）による同じドローン取得画像（2章 図2・3・3）

(a) RGBカメラ映像　　(b) AI処理後の環境認識　　(c) 信頼性

AI による環境認識（2章 図2・4・3）

(a) ドローンによる空撮画像

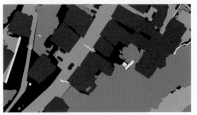

(b) 空撮画像のセマンティックセグメンテーション

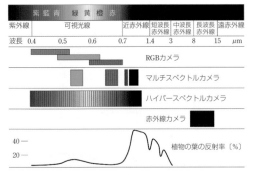

各種カメラが感度を持つバンドと、植物の葉の反射率スペクトル（3章 図3・2・21）

ドローン空撮画像のセマンティックセグメンテーション（2章 図2・3・1）

※（　）内は掲載章、図番号を表す。

はじめに

　本書は、2018年2月にオーム社から出版された『ドローン産業応用のすべて』の続編で、この約2年半の期間にドローン産業がどのように進展したかをまとめている。『ドローン産業応用のすべて』が大変好評であったので、今回の書名は頭に「続」を冠して「続・ドローン産業応用のすべて」とした。とくに、3章の「ドローン利活用最前線」はこの2年半での利活用のすそ野の広がりを詳細に紹介している。前書も本書も「ドローン利活用最前線」の章に最も力を入れて編集しており、執筆者は各分野の利活用の最前線でご活躍の方々（法人）に執筆いただいた。3章を執筆いただいた各法人は、わが国の最先端を進んでいるドローン利活用法人であることは論を待たない。したがって、本書によってドローンビジネスの最も大きなシェアを占めるドローンユーザーの利活用の全貌が理解できるといっても過言ではない。すなわち、わが国のドローン産業がどこまで来ているか、その実像が正確に把握できるということである。

　前書を執筆いただいた方々の多くは、本書も執筆いただいたので、前書と本書を読み比べてみることで、その差分が新しい展開ということになる。例えば、前書ではドローン利活用の計画であった内容が、本書では実際に利活用がなされて、その結果いろいろな課題が見えてきたといった考察が記載されており、読み応えのある内容になっている。あるいは、前書では実証試験であったものが、本書ではビジネスとして成立しているといった内容である。2つを読み比べることで、分野によっては急速に進化し発展している領域と、必ずしもそうではない分野があることも判明する。さらに、前書にはなかった「建築分野における利活用最前線」、「マイクロドローン利活用最前線」、「エンターテインメントにおける利活用最前線」が新たに追加されていることもドローン産業の新しい動向で、これまで難しい分野であった領域が新たに開拓されて利活用が始まっており、確実に進化していることが理解できる。

　本書は、2章で「ドローンの自律制御技術と周辺技術」を紹介している。前書では同じく2章で「ドローンの自律制御技術」を紹介した。前書と本書の大きな違いは「周辺技術」である。特に、この2年半の間にAI、深層学習、ビッグデータ、クラウドコンピューティング、5G、携帯電話の上空利用などの技術が飛躍的な速度で進化しており、そのインパクトがドローン自律制御技術にも波及して、自律制御技術に大きな変革と進化を及ぼしている。これらの技術を「周辺技術」と称して、本書の2章で詳しく記述している。2章の執筆者もわが国を代表する第一線の方々（法人）である。ここで紹介している「周辺技術」は、この2年半で劇的な技術革新となっており、本書では積極的に取り上げ、ドローンの自律制御技術の近未来を照らし出そうと企画した次第である。

　本書の1章は、前書では「ドローンの歴史と要素技術・飛行制御」であったが、本書では「世界のドローン産業をめぐる最新動向」について紹介している。わが国のドローン産業を語る場合、多くの機体が海外から輸入されている現状を鑑みたとき、地政学的に海外動向は必須であり、正しい日本のドローン産業の現状分析と展望には、グローバルな視点が欠かせないからである。1章では、世界のドローンビジネス動向、技術動向、法整備動向、利活用動向について俯瞰的に考察している。この結果、世界と日本での微妙な応用分野の違いなどを紹介しながら、日本のドローン産業の世界の中での立ち位置や課題を議論している。また、わが国では世界と

比べて明らかに後れをとっている物流ドローンについて世界の先進的事例を紹介し、さらに、こちらも大幅に後れをとっているドローンの大型化によるパッセンジャードローンについて、激烈な競争の構図を紹介している。

4章は、前書では「ドローン管制システム/運航管理システム構築に向けて」であったが、国のプロジェクト（NEDO/DRESS プロジェクト）でかなりの部分が開発されたため、ドローンの目視外・第三者上空飛行には必須の「運航管理システム」の全体像を紹介している。さらに、「無人航空機性能評価基準に関する研究開発」や「国際標準化（ISO）の動向」なども DRESS プロジェクトでも実施しているため、現在どこまで来ているかについて述べている。

5章は、前書では「空の産業革命推進に向けた課題と展望」であった。ここでの課題のうち法整備がこの2年半で飛躍的に進んでおり、飛行レベルの最終形態であるレベル4に関する法整備に着手する段階にまで来ている。そこで、5章では、「大都市上空飛行をはじめとする目視外・第三者上空飛行の実現に向けて」について、法整備の準備状況などを解説し、どのようなコンセプトと法体系で、大都市上空飛行をはじめとする目視外・第三者上空飛行を許可するのかという観点から論じている。

本書の最後は、結言に代えて「ドローン産業の新たな展開」について、本書発行時点で世界を恐怖に陥らせている新型コロナウイルスの感染拡大防止とドローンの役割について、新たな応用分野の創出という視点から現状と課題を述べている。

以上に述べたように、本書は『ドローン産業応用のすべて』と『続・ドローン産業応用のすべて』を、可能な限り章立てを変えないように心掛け、両書を対比して読んでいただくと、この2年半のさまざまな分野でのドローン産業の進化が克明に理解されるように企画・編集している。つまり前書の内容を刷新する新版というよりは、前書からの伸びしろを実感していただけるように配慮した構成となっている。こうした観点からのドローンに関する体系的な書籍は、編著者の知る限り前書とこの本書しかない。

最後に、本書出版に関して総数35法人の皆様のご協力がありました。ご多忙の中、執筆をご快諾いただき、懇切丁寧で貴重な原稿をご提供いただきました。ここに厚く御礼申し上げます。

また、このような機会を与えていただきました株式会社オーム社の「OHM」編集長の矢野友規氏、および可香史織氏に感謝申し上げます。

2020年7月

野 波 健 蔵

目　次

3章 ドローン利活用最前線

4章　国プロ（NEDO）の研究開発の概要および国際標準化の動き

5章　大都市上空飛行をはじめとする目視外・第三者上空飛行の実現に向けて

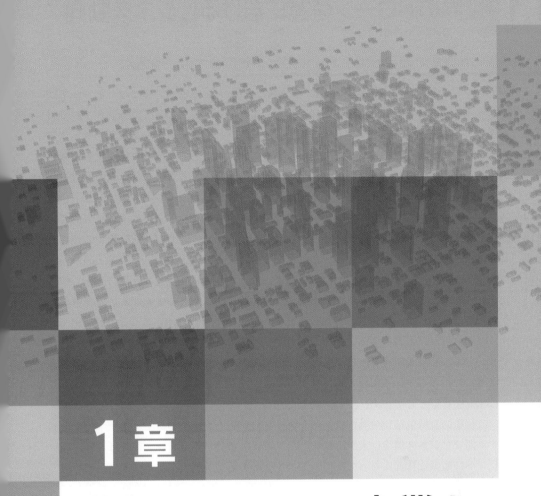

1章

世界のドローン産業を
めぐる最新動向

　本章は、世界のドローン産業をビジネス、技術、法制度、利活用の4つのカテゴリーに分けて俯瞰し、日本のドローン産業の現状が世界の中で客観的に理解できるように意図した内容となっている。1.1節は世界のドローン産業におけるビジネス動向、1.2節は世界のドローン産業における技術動向、1.3節は世界のドローン規制動向、1.4節は世界のドローン利活用動向について述べている。なお、1.4節ではパッセンジャードローン（乗客用ドローン）を内容に加えて、ドローンの大型化のユースケースとして世界の動向を考察している。

1.1 世界のドローン産業におけるビジネス動向

1.1.1　ハードウェアのコモディティ化とソフトウェアの競争激化

　ホビー用ドローンは数年前から、数kg以下の空撮用ドローンも最近は、特にハードウェアにおいてコモディティ（commodity）化の傾向が強く、市場に流通しているドローンがメーカーごとの個性を失い、購入者にとってはどこのメーカーのドローンを購入しても大差のない状態に近づいている。これらにはいくつかの要因があるが、購入者にとってはドローン選択の基準が販売価格の違いしかないことから、市場原理の常としてメーカー側は「より安いドローン」を投入するしかなくなり、結果的にそれら製品カテゴリーに属するドローンの価格が下がる傾向があり、反面企業にしてみれば価格競争で安くドローンを提供せざるを得ず、結果的に儲け幅（利益、すなわち商品として扱ううまみ）が減ることもあり、企業収益を圧迫する傾向がある。この淘汰圧力はメーカー側にとっては収益を上げにくくなる一方で、新規参入のハードルが下がり競争が激化するなど負の側面が目立つが、購入者側では均質化と低価格化をもたらし、必要なものが一定の品質で安く豊富に市場に流通するため入手しやすくなるメリットもある。こういったコモディティ化回避の経営戦略としては、付加価値の付与による多機能化などの差別化戦略があるが、過剰に機能を追加しても過剰性能で消費者にアピールできない場合もあり、ブランドイメージ戦略も各々のメーカーが同程度の力を注いでいる場合は並列化するまでの時間稼ぎにしかならず、差別化戦略にも限界が存在する。

　このような状況を背景として、DJI（中国）の製品を代表とするホビー型ドローン、空撮専用小型ドローンは積極的な低価格化の動きにある。こうしたハードウェアのコモディティ化によって、過去3年間でビジネス環境は大きく変化した。特に、ホビー用ドローン市場は、家電製品の市場トレンドに類似な状況になってきている。すなわち製品性能の向上に伴う価格の急激な低下である。2015年から2017年の間に、性能は大幅に改善しながら価格は約60％低下している。このようなDJIの戦略で、米国におけるDJI製品の占有率は**図1・1・1**のように70％を超えるシェアを有している。また、スマートフォンや自動車、家電のように、これまでの常識は中国企業がサプライヤーで、完成品は欧米や日本企業がハンドリングしていたが、それが逆転して欧米や日本企業がサプライヤーとなり中国企業が完成品を世界に輸出しブランド力を誇っている状況である。その代表的な産業がドローン産業である。DJIは、マーケティング、R&D、および製造のリーディングカンパニーになっている。米国と中国の間の貿易戦争は終わりが見えないまま続いているため、ドローン産業は経済紛争の影響を受ける最新のものでもある。例えば、中国で製造されたドローンを購入するための連邦資金の使用を禁止する、アメリカドローンセキュリティ法（2019年）は、米国のすべての連邦機関がDJIプラットフォームを購入して使用することを禁止している。しかし、図1・1・1のように、DJIの米国におけるグローバルリーダーの地位は揺れることはない。

　一方、コモディティ化したハードウェアに実装するソフトウェアと関連するビジネスエコシステム分野は激しい競争下にある。この傾向は、ソフトウェアとサービスに価値が移行する他の多くの業界でも見られる。これらのソフトウェアとサービスは、実際のビジネスニーズに対応するのに役立ち、多くの企業が現在、ソフトウェア会社、または、サービス会社として自らを自己変革している理由である。

順位	メーカー	主な機体	本社所在地	ドローン市場 への参入年	米国市場でのシェア	
1	*dji*	Mavic, Phantom	深セン，中国	2006		76.8%
2	(intel)	Shooting Star, Falcon 8	サンタ・クララ，米国	2015		3.7%
3	YUNEEC	H520, Thyphoon H	香港，中国	2010		3.1%
4	Parrot	ANAFI, Bebop 2	パリ，フランス	2009		2.2%
5	GoPro	Karma	サン・マテオ，米国	2016		1.8%
6	3DR	Solo	バークレー，米国	2009		1.5%
7	HOLY STONE	HS 100, HS700	台北，台湾	2014		0.8%
8	AUTEL ROBOTICS	X–Star Premium, EVO	ボゼル，米国	2014		0.8%
9	senseFly	eBee	ローザンヌ，スイス	2009		0.3%
10	kespry	Kespry Drone 2	メンローパーク，米国	2013		0.3%

図 1・1・1　米国における DJI 社の販売占有率（2019 年）[1]

これは投資動向にもみられる。英国に本社のあるシンクタンク企業、IDTechEx のレポートによると、**図 1・1・2**のようなドローンベンチャーへの業界の投資動向が示されている。図 1・1・2 はさまざまなドローンの新興企業 100 社の投資データをまとめている。ドローンプラットフォーム、ソフトウェア、アプリケーションソフトの SaaS 企業をカバーしている。Parrot（フランス）のようなドローン企業が社内で行った投資は除外しており、完全な買収は考慮していない。ドローンへの関心は、過去 5 年間で指数関数的な成長を示している。図 1・1・2 から、2015 年に業界への投資がピークに達したことがわかる。2012 年の約 1,000 万ドルという小さなベースから、2015 年には 4 億 5,000 万ドルへと増加した。多くのセクターでの市場支配権の争いが激化している。したがって、投資家は、特殊

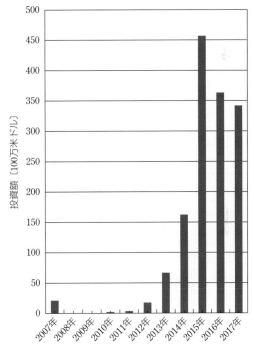

図 1・1・2　スタートアップへの投資動向[2]

なソフトウェア、優れたコンポーネント、または、独自のドローンサービス事業などに関心が移っている。

　図 1・1・3 は図 1・1・2 をハードウェア系と非ハードウェア系に分けて示している。図 1・1・3 に示すように、ハードウェア関連の投資が減少するにつれて、非ハードウェアへの投資が増加したことがわかる。これは現在の業界の一般的な傾向である。ハードウェア分野は今やゲームオーバーであるが、ソフトウェア分野、AI などによるデータ解析を含むサービス分野は今後一層の激戦となる。したがって、ハードウェア分野の生き残り戦略は、こうしたソフトウェア分野やサービス分野と連携することである。

　図1・1・4はドローン企業の設立数を示すが、2014年をピークに減少傾向にあることがわかる。この図1・1・4と図1・1・3の投資額図を考慮すると、2016年と2017年の投資の大部分は、すでに出資した企業への再投資であることがわかる。図1・1・4は80社程度の分布で世界のスタートアップをすべてカバーはしていない。恐らく実際の世界のドローンスタートアップの数はこの数十倍と想定される。ただ、全体的な傾向は変わらず、2014年辺りが設立数のピークと想定される。ハードウェア関係企業は2014年より早めに、ソフトウェアおよびサービス関係企業は遅めにピークがあり、総合して2014年のピークということである。

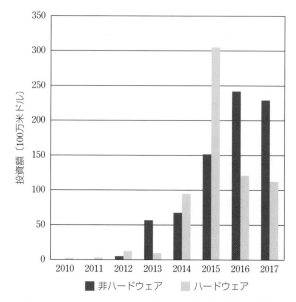

図1・1・3　ハードウェアとそれ以外の投資額推移[(2)]

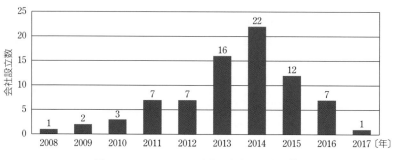

図1・1・4　ドローン企業の各年の設立数[(2)]

　一方、ドイツに本社のある Drone Industry Insight（DroneII）によれば、**図1・1・5**のように、2019年の年間総投資額12億ドルがドローン業界に投資された。そのうち、ベンチャーキャピタル（VC）投資も、2018年の6億7,900万ドルから8億3,000万ドルに増加した。ドローン業界への2008年から2019年までの11年間で、44億4,300万ドルが投資された。しかし、2019年の投資額を分析すると、実は乗客用ドローン企業への投資が大幅に増えていることがわかる。ドローン業界を一般ドローンと乗客用ドローンの2つに分類すると、乗客用ドローンは技術的および規制上のハードルがパイロットレスであれば有人航空機以上に高いと想定される。この観点から、乗客用ドローンは目下、プロトタイプ機の製造段階にあり、最も資金を必要として

いる。米国の乗客用ドローンメーカーJoby Aviation は 2019 年までに 7 億 2,000 万ドルを調達しており、このうち、トヨタ自動車が 2019 年に 3 億 9,400 万ドルを出資した。図 1・1・5 はこのような乗客用ドローンメーカーが含まれているため投資額が大幅に増加している。一方、図 1・1・3 には Joy Aviation は含まれていない。このように IDTechEx と DroneII のレポートには数字上の乖離があるが、以上のような理由による。

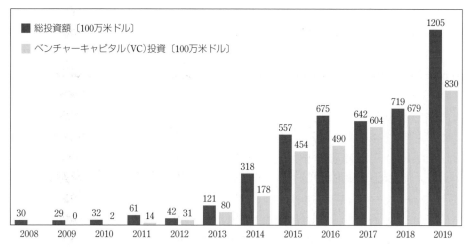

図 1・1・5　Drone Industry Insight の調査による 2008 年から 2019 年まで 11 年間の投資額[1]

1.1.2　世界のドローン産業の大分類と小分類

　DroneII 社は、2016 年から毎年ドローン市場に強い影響を与えている世界の企業・団体など約 1,000 社を抽出して、ドローン産業のトレンドを示す「Drone Ecosystem Map」を発表している。世界のドローン企業数は数千社と想定されるため、このマップに掲載されるのは各分野のコア企業と位置付けされている。特徴的な動向としては、ドローン産業はデータドリブン社会（Data Driven、情報駆動型社会）の先端を行く産業で、極めてイノベーティブな技術であることが認識され始めた。すなわち、ドローンが収集するデータはまさにビッグデータであり、このビッグデータを 5G ネットワーク経由でクラウドコンピュータに大容量高速送信する。クラウドが取得したビッグデータを AI で解析することで高い付加価値を生む。このデータドリブン社会の基礎に位置するのがドローンであり、その価値が見直されている。また、ドローンはビッグデータ、5G、クラウド、AI という最もホットな先端技術と極めて相性が良く、逆に、これら先端技術とつながらなければ価値がないともいえる。この結果として、ドローン産業の中、そして周辺で、これらの先端技術を有する企業との連携、分業や協業が加速している。

　「Drone Ecosystem Map」は 2016 年を第 1 版として、2019 年版は第 4 版となる世界のドローン企業 2019 を主としてハードウェア企業、ソフトウェア企業、サービス企業の 3 つに大分類して企業のロゴを示している。最新版である第 4 版では、マップに含めるユーザーを厳選しており、ロゴをクリックするとその企業のホームページにアクセスすることができる。現在、ドローンを中心とする企業、組織、およびドローン市場で重要な役割を果たす企業、組織、イベント、団体のみがマップに含まれている。

〔1〕ハードウェア

　主としてハードウェア企業は合計 503 社あり、小分類としてドローンプラットフォーム（110

社）、固定翼（31社）、VTOL機（30社）、ヘリコプター（17社）、ホビー（20社）、超軽量無人機（10社）、乗客ドローン・eVTOL・エアタクシー（52社）、撃退ドローン（43社）、農業（13社）、配送（11社）、安全＆セキュリティ（24社）、ドローンポート（11社）、ドローン用部品（31社）、カメラ・画像・ビジョンシステム（28社）、誘導と航法（34社）、推進系・パワー（19社）、データ・通信（8社）、離陸・回収（11社）などがある。

　これらのプラットフォーム企業では、M&Aや統廃合、脱退、戦略転換など激しい変化がみられる。すなわち、大企業は小さな企業を買収する傾向にある。たとえば、米国のAeroVironmentは同じく米国のPulse Aerospace（2,570万ドル）を買収し、米国センサーメーカーFlir SystemsはカナダのAeryon Labs（2億ドル）を買収した。3DR社やPrecision Hawk社、Agribotix社などの米国企業はハードウェアからソフトウェアに完全に戦略転換した。一方、安全保障の観点から欧米では、特定の分野については国策として自国製ドローンを推奨している。日本も同様で政府調達向け標準設計開発、ドローン関連産業基盤強化策により令和元年度補正予算にて「安全安心なドローン基盤技術開発」事業（16.1億円）を推進している。

　乗客用ドローン（eVTOL/航空タクシー）および撃退ドローン企業は最も話題になっている分野である。今年現在、乗客用ドローン分野には約200のコンセプトがあり、都市型航空交通（UAM）の議論やデモ飛行を含む会議が増えている。この分野は今後数年間はR&Dであるため、大手企業を中心に出資も多い。大企業は乗り遅れないように最善の投資相手を確保している。米国Terrafugia社はVolvoの子会社で中国のGeely社に吸収され、米国Aurora Flight Sciences社はBoeing社に吸収されたように著しい再編が行われている。また、中国Ehang社が娯楽用ドローンからAAT（Autonomous Air Taxi）ドローンへと戦略変更をしたように、ドローン分野においての路線を変更する企業も多い。一方、ガトウィック空港、ヒースロー空港、フランクフルト空港、ドバイ空港、シンガポール空港、その他多くの空港での最近のドローンニアミス事件により、撃退ドローン技術への関心が高まっている。2018年末以来、メディアは撃退ドローン技術にスポットライトを当てている。

〔2〕ソフトウェア

　主としてソフトウェア企業は合計118社であり、飛行・編隊・オペレーション（29社）、オープンソース・SDK（4社）、航法・CV・AI（6社）、UTM・LANNC（13社）、データ解析・ワークフロー・CV・AI（66社）などがある。ドローン市場レポートにみられるように、ソフトウェアはドローン市場で最も急成長している分野である。今日でも、人々はドローンが収集する膨大な量のデータと、そのデータを管理するために必要なツールの需要が急速に高まっている。これによりソフトウェア企業は規模を拡大しており、今日、コンピュータビジョン（CV）と人工知能（AI）は、ドローンデータ取得と解析のために重要性が一層高まっている。一方、ドローン業界のソフトウェア革新により、タスク固有のソフトウェアソリューションがオールインワンソリューションに進化しつつある。このため、ソフトウェアへの投資は、最も急速に成長している。例えば、昨年末、スイスのシードラウンド企業Auterionは1,000万ドルを調達した。一方、Chinese Cloboticsは資金調達ラウンドで1,100万ドルを調達し、ドイツのDFSはベルギーのUniflyを1,300万ドルで買収した。

〔3〕サービス

　主としてサービス企業は合計326社あり、配送（19社）やドローンショー（10社）を含むサービスプロバイダー（138社）、教育・シミュレーション・トレーニング（20社）、システム実装・エンジニアリング（21社）、メンテナンス（4社）、市場調査・コンサルタント（4社）、メ

ディア・ニュース・ブログ・マガジン（21社）、保険（9社）、飛行エリア（10社）、ドローン団体・展示会・会議・イベント（37社）、小売店（33社）などである。ドローンサービス市場は、商業用ドローン業界で最大の重要分野である。数年前のハードウェア会社と同じように、サービス会社も専門化を続けている。最初は多くのドローンサービス会社が複数のアプリケーションをターゲットにしようとしていたが、現在はよりニッチなソリューションを生み出すために焦点を絞り込んで専門性を出している。現在、3種類の市場があり、①飛行パイロット、②データ（ビデオおよび画像）収集、③ハードウェアメンテナンス・トレーニングなどである。例えば、一部の企業は、フリーランスのパイロットネットワークに基づいてサービスプロバイダーとして市場に位置している。別のサービスの分野である保険は着実に成長している。これは主に、世界中のドローン規制の増加により、すべての商用ドローンは保険が義務付けられているためである。

　最後に、特筆すべき点としてドローン企業のマーケティングとブランディングの品質の大きな改善がある。これは業界の成熟度を反映している。また、企業が販売およびマーケティングに多くの金額を費やしていること、およびドローン企業が販売およびマーケティングの専門家を一層多く雇用しているというドローンの就職市場調査のレポートもある。ハードウェア業界と同じように、サービス業界で最高の企業は、市場統合プロセスの一部として大企業に買収されている（例：ICR Integrity が Sky–Futures Partners を買収）。

1.1.3　世界のドローン市場の成長予測

　図 1・1・6 は世界のドローン市場のトータルな成長予測を示している。この図は、2018年から2024年までの世界のホビーも含めたドローン市場規模を示している。グローバルドローン市場は、2018年に約141億ドルのグローバル市場を生み出した。2024年までに、グローバルドローン市場は431億ドルを超える成長が期待されている。なお、年間成長率（CAGR）を20.5％と予測している。

　図 1・1・7 はハードウェア、ソフトウェア、サービスの3分野についての収益予測である。サービス分野が最も大きく、次にハードウェア、ソフトウェアという順になっている。

　図 1・1・8 は世界のドローンの利活用分野を15の応用分野に分けて図示している。このドローンアプリケーションデータベースは、クライアントから定期的に受け取るドローンアプリケーションの用途に関する質問に対する回答をまとめている。本質的には、すべての産業分野におけるドローンの現在および過去の使用事例の包括的な概要となっている。DRONEII チームは730を超えるユースケースを分析し、100を超えるさまざまな国で、80を超えるメーカーや

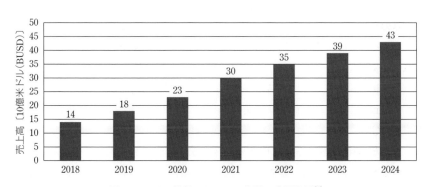

図 1・1・6　世界のドローン市場の成長予測[3]

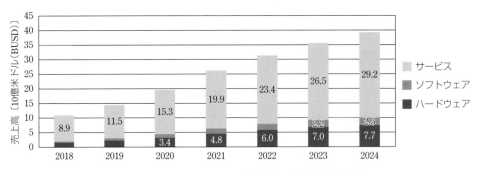

図 1・1・7　世界のドローン市場の 3 分野別収益予測[3]

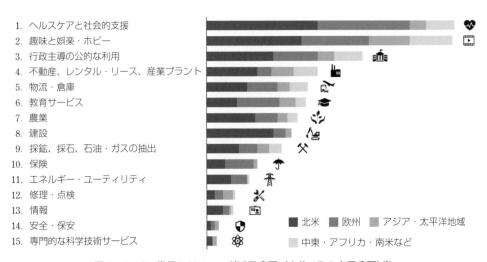

図 1・1・8　世界のドローン利活用分野（上位 15 の応用分野）[1]

サービス企業に対して実施した。このデータセットは 2004 年から 2018 年までの期間のユース
ケースを収集したものである。これから AED 搬送などのヘルスケアと社会的支援、個人の楽
しみやエンターテインメントとしての利用が最も多いことがわかる。

1.1.4　ドローンに関する仕事の分類とドローンの拠点

　図 1・1・9 はドローンに関するジョブのカテゴリーと需要および仕事場所地域を示している。
業界の成熟に伴い、企業は最新の UAV テクノロジーの開発だけでなく、最高のエンジニアを獲
得するために競争している状況である。とくにソフトウェア技術者の求人倍率は極めて高い。
求職者は米国、中国、欧州（フランス、スイス、ドイツ）、イスラエル、カナダ、日本の順で、
米国企業はトップリクルーターであるが、注目すべきはイスラエルである。ドローン業界での
仕事のホットスポットは、米国、特にカリフォルニアで、雇用しているほとんどの企業の本拠
地となっている。ヨーロッパでは、フランス、イギリス、ドイツ、スイス、オランダがドロー
ン関連の主要なホットスポットである。一方、中東では、主に Airobotics と Percepto のおかげ
で、イスラエルは特に好調なドローン産業の本拠地で、テルアビブに拠点を置く Civdrone のよ
うな新興企業もある。

　全体として、DroneII がドローンに関する 903 の求人広告を分析したところ、622 はハードウ
ェアメーカー、150 はソフトウェアであった。プラットフォームメーカーからの求人広告がほ
とんどにもかかわらず、最も求められている実際の仕事はソフトウェアエンジニアであった。

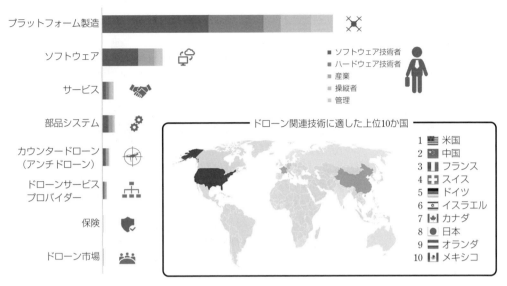

図1・1・9　ドローンに関するジョブのカテゴリと需要および仕事場所地域[(1)]

ソフトウェアエンジニアは、ドローン業界でプラットフォームメーカーとソフトウェア会社の両方から最も人気がある。

1.2 世界のドローン産業における技術動向

1.2.1　ドローンのデザイン動向

　航空機産業の歴史は長く、1903年のライト兄弟の動力付き人類初飛行から約100年以上の歴史を持っている。この間多くの飛行実験失敗の教訓や航空機墜落事故から学びながら、今日知られている航空機の設計理論が確立されて空の大量輸送時代が始まり、2017年までに飛行機で移動した人は世界で40億人以上、現在の世界の航空機保有数は4万機とも5万機ともいわれている。一方、小型無人航空機ドローンは発祥は航空工学というより電子工学、ロボティクス、コンピュータサイエンスという異分野から誕生して、すでに約20年以上になり、そろそろ設計理論も確立される時期になっている。ドローンは軽量かつバッテリー駆動で、部品点数は約2,000点とノートパソコン並みで、構成する主要部品はほぼ共通となっている。これが1.1.1項で述べたハードウェアのコモディティ化が促進する所以である。ただ、過去数年間でデザインの爆発的な増加があったが、次第に収束しようとしている。少なくとも現時点では、特定の企業と製品の技術的および商業的成功のおかげで、ドローンのデザインが定型化しつつある。**図1・2・1**に主なドローンのデザインを示す。図1・2・1はクワッドコプター型マルチコプター、および、固定翼機を示している。一般にクワッドコプターは、ホバリング飛行や垂直離着陸の高性能化をもたらし、固定翼は長時間および長距離飛行に適している。

1.2.2　ドローンサイズとフレーム素材

　図1・2・2にドローンサイズとフレーム素材について示す。機体の対角線長さが200 mmから300 mm程度の手のひらサイズのドローンはホビー用といえるが、これらのフレーム素材は

図1・2・1　ドローンの主要なデザイン

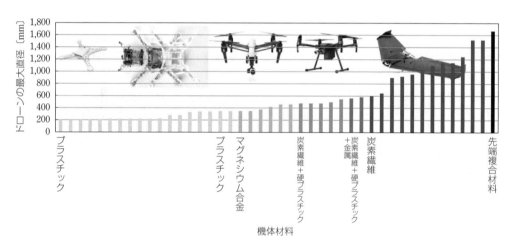

図1・2・2　ドローンサイズとフレーム素材[2]

ABS樹脂あるいはポリカーボネートのようなプラスチックによる一体成型が多い。ここで、ABS樹脂はポリスチレンを改良して作ったAS樹脂にさらにポリブタジエンというゴムを添加して作ったプラスチックで、耐薬品性、耐衝撃性、プリント性能に優れる樹脂であり、電気製品の外装、OA機器類、自動車部品、家庭用品全般、玩具など幅広く使われる汎用プラスチックである。ポリカーボネートは高い透明度を持つプラスチックで、特にその耐衝撃性の高さとプラスチックの中では高い耐熱性を持つことから工業利用製品が多く、光学部品や車のヘッドランプなどにも使われている。対角線長さが400 mm前後になると軽量化とともに高強度化が求められ、他の金属材料からの軽量化だけでなく、硬プラスチックがプラスチックより高強度化する観点から利用される。同時に、マグネシウム合金が利用される。これは軽量で優れた性質を持っているが、高価であることが難点である。安価になればプラスチックを代替する可能性もある。もっとも軽い金属で強度もあることから、ドローン、宇宙船、航空機など航空宇宙分野での需要が高い。400 mm～600 mmの範囲では一部プラスチックとカーボンファイバー（炭素繊維）の混合型の機体フレームが用いられ、600 mm以上の大きさを有するドローンはカ

ーボンファイバー強化プラスチック（CFRP）を利用することが一般的である。CFRP の長所を一言でいうと、「軽くて強い」という点である。鉄と比較すると比重で 1/4、比強度で 10 倍、比弾性率が 7 倍ある。その他にも、耐摩耗性、耐熱性、熱伸縮性、耐酸性、電気伝導性に優れる。短所としては、製造コストの高さ、加工の難しさ、リサイクルの難しさが挙げられる。また、素材自体が異方性を持ち、どういった形で積層するか、また、損傷を受けた場合の破損の判断が難しく、クリティカルな状況での使用は細心の注意が必要である。

1.2.3　モーター・プロペラ・シュラウド技術

モーターやプロペラに関しては概要は文献（4）（5）にも述べている。今後、第 3 者上空飛行などの都市部での物流ドローンや乗客用ドローンは、**図 1・2・3** に示すようなプロペラガードを発展させた、シュラウド、または、ダクテッドファンと呼ばれる安全設計や騒音低減設計が急務である。この場合、高推力・低騒音の最適化設計によるモーター、プロペラ、シュラウドの一体設計が求められる。このような垂直離着陸を備えたダクテッドファン型ドローンは、同等の固定翼および開放翼ドローンに比べて多くの利点がある。それらは、大きな安全性向上、大幅なパフォーマンス向上、さらに、プロペラ騒音抑制効果などが期待される。シュラウドは丸みを帯びた「前縁」と滑らかな「後縁」を持ち、乱流を層流に変える働きがあるため、都市部上空などでの騒音低減化に効果を発揮する。また、シュラウドのプロファイル設計にも依存するが、開放翼ドローンのペイロードを 2 倍近くまで増加できる[6]。

図 1・2・3　シュラウド付きドローン

1.2.4　バッテリー技術

バッテリーには現在、リチウムイオン電池が使用されている。この電池は正式にはリチウムイオン二次電池（lithium-ion rechargeable battery）と呼ばれ、正極と負極の間をリチウムイオンが移動することで充電や放電を行う二次電池である。正極、負極、電解質それぞれの材料は用途やメーカーによってさまざまであるが、代表的な構成は、正極にリチウム遷移金属複合酸化物、負極に炭素材料、電解質に有機溶媒などの非水電解質を用いる。リチウムポリマー電池はリチウムイオン電池の一種で、電解質にゲル状のポリマー（高分子）を用いている。一方、リチウムイオン電池を超える次世代電池と期待されているのが「リチウム硫黄電池」[4]で、耐久性向上や大型化につながる成果が出ている。この電池は正極に硫黄、負極にリチウム金属化合物を使い、単位重量当たりの容量であるエネルギー密度は、リチウムイオン電池の 4 倍以上になる。1～2 年の間に実用化される可能性がある。さらに将来的には固体の電解質を使う全固体電池[4]、ナトリウムイオン電池、空気中の酸素を取り込んで化学反応する空気電池[4]などが期待されている。

1.2.5　電子速度制御器

電子速度制御器（Electronic Speed Controller、ESC）は、速度基準信号（スロットルレバー、ジョイスティック）に従い、電界効果型トランジスタ（FET）のスイッチングレートを変化さ

せる。デューティサイクル、またはスイッチング周波数を調整することによりモーターの回転速度を変える[4]。ここで、ドローン用モーターの多くはブラシレスDCモーターである。ブラシレスDCモーターは、従来のブラシ付きDCモーターと比較して高効率、省電力、長寿命、軽量であるため、ラジコン飛行機やドローンに多用される。ESCは許容電流の視点から3つのカテゴリがある。①低レート（最大25 A）：ほとんどすべての民生用ドローンはこのタイプを使用している、②中レート（最大60 A）：大型の民生用ドローンに使用される、③高レート（60 A以上、最大150 A）：主に乗客ドローン（空飛ぶクルマ）に使用される。ドローンサイズの増加に伴いESCの2つの主要な改善点が見られる。1つは、中型ドローン用の低サイズおよび低電流ドローンのMOSFETスイッチから、中〜高電流ESCのIGBTへの変更が可能である。2つは、超高電流アプリケーションでは、ESCにシリコンカーバイドなどのワイドバンドギャップパワースイッチ技術が使用されることである。さらに、近年はPWMの台形波駆動から正弦波駆動へ変更がなされ、これにより効率が向上し損失が減少している。これは、高出力アプリケーションでは不可欠である。

1.2.6　ドローンの一般的な衝突回避技術動向

　ドローンの一般的な衝突回避技術については、（1）カメラによるビジョンベース、（2）超音波センサー、（3）赤外線、（4）レーザー・ライダー、（5）小型レーダーなどによる方法が一般的である。

〔1〕ビジョンベース（Vision based）

　近接した物体の正確な識別法として画像処理（ビジョンベース）法が一般的である。たとえば、Mavic Proは、良好な照明条件で15 m隔てた先の障害物を認識できる。ビジョンベースでは一層長い距離、たとえば100 m先の障害物でも有効である。ただし、それは高分解能カメラを必要とするため、より高価になることを意味する。画像処理には色が付いており、オブジェクトの形状をフレームだけでキャプチャすることが可能である。そのため、カメラを使用したオブジェクトの認識は、他のセンサーを使用した場合よりはるかに簡単である。ただし、画像処理の性能は天候や光の条件に左右される。Phantom 4（DJI）およびTyphoon-H（Yuneec）などはビジョンベースの衝突回避機能が実装されている。

〔2〕超音波（Ultrasound）

　超音波センサーによる衝突回避法は経済的であるが、限られた検出範囲（20 cmから5 m）であるという欠点がある。ただ、照明条件とオブジェクトの透明度に依存しない。しかし、オブジェクトに依存し、超音波がガラスや水に当たるとうまく機能しないことになる。ほとんどすべてのDJI製品は、物体の回避に超音波を使用している。

〔3〕赤外線（Infrared）

　最短の検知範囲で価格が安いが、霧や雨などの気象条件、および直接の高輝度光の影響を受けやすい欠点がある。例えば、シャープのGP2Y0A02YK0Fは、赤外線の反射ビームを使用して、6〜60インチ（20〜150 cm）の範囲の距離を測定できる。

〔4〕LiDAR（ライダー）

　LiDARとはLight Detection and Ranging、または、Laser Imaging Detection and Rangingの略である。「光検出と測距」ないし「レーザー画像検出と測距」は、光を用いたリモートセンシング技術の1つで、パルス状に発光するレーザー照射に対する散乱光を測定し、遠距離にある対象までの距離やその対象の性質を分析するものである。この技法はレーダーに類似しており、

表1・2・1　さまざまな衝突回避センサーの特性

センサーの種類	使用方法	適用範囲	価格	電力消費量	さまざまな気象条件での適用性	重さ	例
ビジョン	ステレオまたはシングルのカメラを使用して障害物を検出	中距離（10–20 m）	中間	中間	天候や環境の照明条件の影響を受ける	中間	Phantom4（DJI）やTyphoonH（Yuneec）に実装
超音波	超音波とその反射を使用して障害物を検出	近距離（20 cm–5 m）	安い	低い	表面性状の影響を受ける	軽い	ほとんどのドローンで至近距離の障害物検知に使用
赤外線	オブジェクトからの赤外線反射を使用して、オブジェクトの存在を検出	近距離（20 cm–1.5 m）	安い	低い	天候や環境の照明条件の影響を少々受ける	軽い	GP2Y0A02YK0F（シャープ）
ライダー（LiDAR）	レーザーパルスとその反射を使用してオブジェクトを検出	遠距離（200 m）	高い	中間	天候や環境の照明条件の影響を少々受ける	中間	Vu8 LiDAR センサー
レーダー	電磁波とその反射を使用してオブジェクトを検出	超遠距離（750 m）	高い	高い	すべてのセンシング技術の中で最高の性能	重い	MESA–DAA（Echodyne）
レーダー（ミリ波）	ミリ波電磁波とその反射を使用してオブジェクトを検出	遠距離（100 m）	中間	低い	すべてのセンシング技術の中で最高の性能	軽い	さまざまな企業がミリ波レーダーチップとキットを開発販売

レーダーの電波を光に置き換えたものである。対象までの距離は、発光後反射光を受光するまでの時間の差で求められる。そのため、レーザーレーダー（Laser radar）の語が用いられることもあるが、電波を用いるレーダーと混同しやすいので避けるべきである。重量がわずか130 gのVu8 LiDARセンサーは、最大700フィート（215 m）の範囲で障害物を検出できる。

〔5〕レーダー（Radar）

Radar は Radio Detecting and Ranging（電波探知測距）の略である。速度違反自動取締装置（通称：オービス）でもお馴染みの、瞬時に速度を計測できるレーダー探知機は有名である。電波を発射して遠方にある物体を探知、そこまでの距離と方位を測る装置である。人間の目が見ている可視光線よりもはるかに波長が長い電波を使用することから、雲や霧を通して、はるかに遠くの目標を探知することができる。最も基本的なレーダーはパルスレーダーである。原理的には送・受信の各アンテナと送信機・受信機および指示器から構成される。これは一般的に大型で高電力消費、かつ、高価（数千ドル）である。Echodyne の革新的な MESSA レーダーなどがある。さらに、Radar（ミリ波技術）もある。

以上をまとめると表1・2・1のようになる。

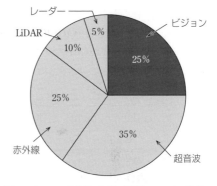

図1・2・4　小型無人機の距離センサー技術の市場シェア[2]

ドローンで活用されている測距センサー、衝突回避センサーの占有率を示したのが図1・2・4である。ビジョンベースが25 %、超音波センサーが35 %、赤外線が25 %、ライダーが10 %、レーダーが5 %となっている。超音波センサーと赤外線センサーが最もよく利用されているが、これはホビー用で広く利用されているためで、安価であることが大きな理由である。一方、AIによる画像解析などを考慮すると今後はビジョンベースが広く普及していく可能性がある。距

離測定と障害物のパターン認識による航法としての利用と、ビッグデータ解析としてのデータ収集で、一石二鳥である。

1.2.7　ドローン搭載センサー

　ドローンは本質的に、飛行しているセンサーといえる。最も一般的なセンサーは航空写真を撮る RGB カメラである。この RGB カメラは、マルチスペクトルカメラまたはハイパースペクトルカメラ、さらには LiDAR に置き換えることができる。これにより、ドローンはさまざまな場所でさまざまな情報を取得できる。さらに、自律飛行ドローンに搭載すれば、より専門的なセンサーが搭載できる。これらのセンサーは軽量で低電力でなければならない。以下に、ナビゲーションおよびアプリケーション固有のセンサーについて述べる。

　ドローンの自己位置を知る仕組みとしては、GPS 衛星など GNSS からの GPS 位置情報が基本であるが、GNSS だけでは誤差があること、高層建築物や山の陰では、上空からの電波が正しく受信できない、あるいは、屋内や洞窟、橋の下やトンネル内など非 GPS 環境下で自己位置を知るためには別の航法センサーが必要となる。非 GPS 環境下の自己位置推定法については第 2 章で詳しく述べるが、RGB カメラを用いたビジュアル SLAM という技術を利用するのが一般的になりつつある。**図 1・2・5** は RGB カメラを除くナビゲーションとアプリケーションに利用されるセンサーを示している。LiDAR センサーは航法と 3 次元測量などの両方に利用でき、マルチスペクトルセンサーは生育調査、大気汚染調査、海洋汚染調査などに用いられる。ナビゲーションの自律性に向けて、いくつかのセンサーを組み合わせて活用するセンサーフュージョンが重要となっている。

　図 1・2・6 は自律性を高度化していくには、さまざまなセンサーを冗長化して活用しながら、さらに、AI の適用によって、ドローンの飛行をマニュアル操縦から完全な目視外（BVLOS：Beyond Visual Line of Sight）自律飛行へと進化していることを示している。**表 1・2・2** は図 1・2・6 に対して、センサーフュージョンの例を示している。例えば、BVLOS については、センサーに関して、通信リンク＋ジャイロセンサーと加速度計＋GPS＋赤外線、超音波、ステレオカメラ＋人工知能とディープラーニング技術を多用したロバストな制御系を構築して、かつ、耐空性を向上して自律性を高める、という具合である。さらに、ステータスでは無人機の自己位置を GPS により特定して、トランスポンダー（ADS–B）、またはリモート ID によって運航管理センターに知らせ、運航管理センターは BVLOS 飛行下での安全な管制を実現する。

図 1・2・5　ナビゲーションおよびアプリケーション固有のセンサー[2]

　ドローンで使用している現在のセンサー類と将来のセンサー類を**図1・2・7**に示す。図1・2・7で、現状はドローン自身の姿勢推定用に3軸ジャイロ、3軸加速度、3軸方位の各センサー、高度の推定に気圧計、障害物の接近認識に近接センサー、2次元的自己位置推定にGPS受信機、障害物との衝突回避などに前方、後方、下方に各2個ずつカメラを設置している。一方、未来型ドローンは、従来型に追加して衝突回避にLiDAR、RTK型GPS、4G（5G）ネットワーク、対象物認識用AIによるディープラーニング、ドローン用トランスポンダーであるADS–BまたはリモートIDなどである。

　ここで、ADS–BとはAutomatic Dependent Surveillance – Broadcastの略である。ADS–Bを搭載している航空機のADS–B内のトランスポンダーがGPSの信号を受信し、飛行中の航空機の位置を精密に測定し、それを他の情報（速度、方向、高度、機体情報）とともに、他の航空機や管制官に送る。GPSの情報はレーダーよりも精密である。それに加えて、ディジタル的に色々な情報を付加する事でレーダーと無線交信を中心とした航空管制よりもより正確で、より安全に、そしてより効率的な管制が可能になる。管制官だけでなく、他のADS–B機にも直接情報を送り、表示されるので、より安全な飛行が可能である。

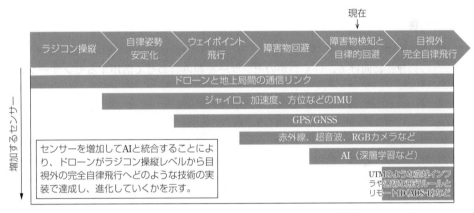

図1・2・6　センサフュージョンと自律性の進化[2]

表1・2・2　センサーフュージョンと自律性の進化の説明[2]

	ラジコン操縦	自律姿勢安定化	ウェイポイント飛行	障害物回避	障害物検知と自律的回避	目視外完全自律飛行
センサー	ドローンと地上局間の通信リンク	通信リンク＋ジャイロ・加速度・方位	通信リンク＋ジャイロ・加速度・方位＋GPS	通信リンク＋ジャイロ・加速度・方位＋GPS＋赤外線、超音波、RGBカメラ	通信リンク＋ジャイロ・加速度・方位＋GPS＋赤外線、超音波、ステレオカメラ＋AIと深層学習技術	通信リンク＋ジャイロ・加速度・方位＋GPS＋赤外線、超音波、ステレオカメラ＋AIと深層学習技術＋UTM、飛行ルール、リモートID
状態	ドローンのラジコン操作はドローンの登場とともに利用されている。	ジャイロ、加速度、方位センサーはフライトコントローラーに姿勢情報などを提供しドローンを風外乱から安定化させることが可能。	GPSなどの測位システムが追加されたため、ドローンの飛行経路を事前に設定できるようになり、この経路に沿って自律飛行することが可能。	物体や障害物を回避するために、さまざまなセンサーを使用することが可能となり、最も一般的な方法は超音波、赤外線である。RGBカメラも利用される。	障害物回避技術にAIとディープラーニング技術を追加することで、さまざまな環境認識や学習をすることが可能になった。	目視外空域を完全自律で飛行するために、障害物回避はもちろん、有人機、無人機の認識、天候、着陸地点の混雑などの情報やリモートIDによる地上インフラの識別が必要となる。

　一方、リモートIDであるが、ASTM（American Society for Testing and Materials／米国試験材料協会：世界最大級の民間規格制定機関）が、2020年春にリモートIDに関するその標準仕様を発表した。これは、Active Standard ASTM F3411としても知られている。自動車のナンバープレートの機能と同様に、リモートID標準は、国などから割り当てられたIDを使用してドローンを識別する技術である。リモートIDは、2つの形式（ブロードキャストとネットワーク）のメッセージ形式、送信方法、および最小パフォーマンス標準を定義している。Broadcast Remote IDは、UASからUASの近くにある受信機への無線信号の直接送信に基づいている。ネットワークリモートIDは、UASと直接または間接的にインターフェイスするネットワークリモートIDサービスプロバイダー（Net-RID SP）からのインターネットによる通信、またはネットワークに参加していない場合は他のソースとの通信に基づいている。これが世界標準になる可能性が高いと思われる。

　図1・2・8に示す超音波センサーは、障害物回避のための安価なセンサーとしてホビー用や産業用で非常に一般的である。障害物までの距離を計算し、しきい値に達したかどうかを確認する。しきい値に達すると、飛行制御ソフトウェアは障害物方向へのさらなる飛行を停止する。

　図1・2・9、図1・2・10に示す赤外線センサーは、あらゆる方向の障害物を避けるためにも非常に一般的なセンサーである。赤外線センサーは超音波センサー同様に、フライトコントロー

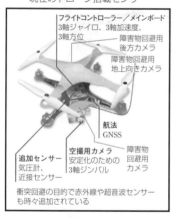
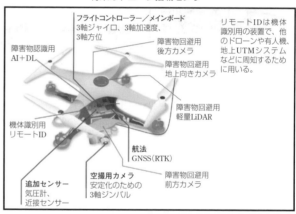

図1・2・7　ドローン搭載センサーの現在と未来[2]

DJI Matrice 100はドローンの周囲にある障害物に衝突しないようにドローンの4つの側面に4つの超音波センサーを使用している。

DJI Phantom 4はドローンの下部に超音波センサーがあり、着陸時にドローンの高さを計測して静かに着陸するようにしている。

Walkera QR Infra Xは飛行時に地面からの距離を保つために超音波センサーが使用されている。

図1・2・8　障害物検知センサーとしての超音波センサー[2]

ラーは、赤外線センサーが近接した物体を検出すると閾値に応じて飛行を制限することになる。

慣性計測ユニット（IMU）は、X、Y、およびZ軸の3つの加速度、X、Y、およびZ軸の3つのレートジャイロ（角速度）を取得するユニットである。これらのデータはドローンのフライトコントローラー（FC）に集められる。さらに、X、Y、およびZ軸の磁気方位信号をFCに集められることで、ドローンの姿勢推定演算が可能となる。**図1・2・11**にDJIのフライトコントローラN3の写真を示す。図の下左がフライトコントローラーN3で、上図から、さまざまなモ

上方向赤外線センサー

障害物回避と室内での精度の高いホバリング用

室内での精度の高いホバリング用

地形検出用

DJI Inspireには3つの赤外線センサーが使われている。下向きには着陸時の地形検出用、上向きには橋梁点検などで衝突回避、サイドにも衝突回避用が使われている。

DJI Phantom 4には側面に2つの赤外線センサーがあり障害物回避を行う。

図1・2・9　障害物検知センサーとしての赤外線センサー①[2]

Walkera Voyager 5は前面に赤外線センサーがあり衝突回避を行う。

Walkera Vitusは衝突回避を7mの範囲と水平から30°、垂直30°で実行する。

Yuneec Typhoon HはIntel Realsense technology社の赤外線センサーと独自のアルゴリズムを用いている。

図1・2・10　障害物検知センサーとしての赤外線センサー②[2]

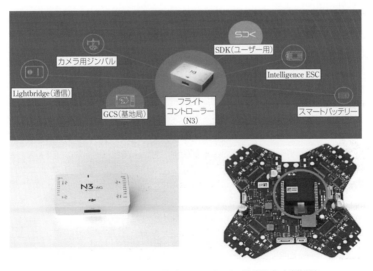

カメラ用ジンバル

SDK（ユーザー用）

Intelligence ESC

Lightbridge（通信）

GCS（基地局）

フライトコントローラー（N3）

スマートバッテリー

図1・2・11　DJIのフライトコントローラN3と内部回路

ジュールがフライトコントローラーN3に接続されている様子を示している。この場合は、バッテリー、ESC、GCS地上局、通信モデムのLightbridge、ジンバル、SDKの6モジュールがつながっている。IMUは2個用いて冗長性を図り、飛行システム全体の信頼性を高めている。具体的には、故障したIMUユニットが異常信号を出力した場合は、もう1つのIMUによって安全な飛行を継続する。図1・2・11右下の画像はフライトコントローラーの内部回路とそのIMUを囲んでいる。このN3は、多くのDJI製品で使用されている汎用FCである。

　GNSS（Global Navigation Satellite System）は、全地球航法衛星システムと呼ばれ、2011年から国土地理院が呼称することになった。全地球測位システムは米国のGPSシステムを指し、測位衛星システムの1つに過ぎないとしている。したがって、GNSSはGPS（米国）、GLONASS（ロシア）、Galileo（EU）、BDS（中国）の4つの国または地域の測位衛星システムのことである。なお、国土地理院では日本の準天頂衛星である「みちびき」もGNSSには入るものと定義している。このGNSSはドローンのナビゲーションには不可欠なセンサーである。GNSSの動作原理はよく知られており、地球上のGNSS受信機に信号を送信する衛星に基づいている。現在地球周回軌道上には約100個の測位衛星が周回している。定点ホバリング、自動帰還機能、およびウェイポイントナビゲーション、飛行禁止エリアに侵入しないジオフェンス機能などの自律飛行機能を備えたドローンは、すべて図1・2・12に示すようなGNSS受信機を使用する。

　RGBカメラは、ドローンを空飛ぶカメラに変えることで、爆発的な普及に繋がった。とくに人がこれまで目にしたことのない風景アングルや生態系を撮影したり、接写することによる躍動感・ダイナミクスによる感動を与え続けた。RGB画像は通常、高解像度のサーフェスモデルまたは3D点群が必要な測量、マッピング、GISミッションでも使用されている。

　図1・2・13に示す2014年に設立された米国MicaSense社は、940万ドルの資金で、フランスのParrot社に買収された。このシアトルに拠点を置く会社は、ドローンで使用されるマルチスペクトルカメラを販売していた。一方、ドイツのCubert GmbHはマルチスペクトルおよびハイパースペクトルカメラの最前線を目指す革新的なドイツ企業である。彼らは、植物の監視などのアプリケーション向けに、軽量のUAV用カメラを使用して3Dハイパースペクトル情報を生成することを目指している。Cubert社は、マルチスペクトルセンサーとハイパースペクト

図1・2・12　DJIの代表的なGNSS（GPS）受信機

ルセンサーの多様な製品をリリースしている。マルチスペクトルカメラには 16 または 25 の帯域があり、ハイパースペクトルカメラには異なる帯域に 125 のチャネルがある。これらは約 600 g と約 350 g の軽量製品で、製品をさらに軽量化することで市場をさらに拡大できると考えられる。

　2014 年に設立された米国の uAvionix は、2017 年までに 1,000 万ドルを調達した。小型ドローン向けの軽量で設置面積の小さい、図 1・2・14 に示すような ADS–B ソリューションのメーカーである。同社の製品により、顧客は民間の空域で無人航空機を安全かつ確実に運用できる。ドイツのベルリンにある First Sensors は、図 1・2・14 右に示すセンサー分野で活躍する 30 年の歴史を持つ会社で、気圧センサー、慣性センサーなど成熟した製品を持ち、成長する産業用ドローン市場に参入するための適切なパートナーを探している。

　LeddarTech はカナダのケベック州にある会社で 2007 年に設立され、図 1・2・15 に示す LiDAR テクノロジーに特化している。2017 年までに 1 億ドル以上を調達している。LeddarTech 社は、LiDAR の設計と製造を担い 130 g の軽量化を図り、検出範囲を 215 m とするドローンアプリケーション向け LiDAR のカスタマイズに成功している。ワシントン州ベルビューにある

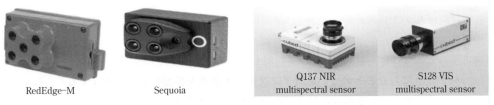

RedEdge–M　　　　Sequoia　　　　　　Q137 NIR　　　　　S128 VIS
　　　　　　　　　　　　　　　multispectral sensor　multispectral sensor

図 1・2・13　MicaSense（a Parrot company）と Cubert GmbH のマルチスペクトルカメラ

オプティカルセンサー　　　放射性センサー　　　気圧センサー

SkyBeacon ADS–B　　SkyEcho ADS–B

流れセンサー　　　　　慣性センサー　　　　カメラ

図 1・2・14　uAvionix の ADS–B と FirstSensors の各種センサー

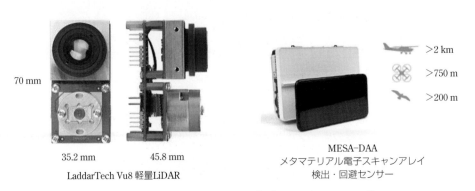

70 mm

>2 km
>750 m
>200 m

35.2 mm　　　45.8 mm　　　　　　　MESA–DAA
LaddarTech Vu8 軽量LiDAR　　　　　　メタマテリアル電子スキャンアレイ
　　　　　　　　　　　　　　　　　　　　検出・回避センサー

図 1・2・15　LeddarTech のライダーと Echodyne のレーダー

Echodyne は、レーダーテクノロジー企業で、図 1·2·15 に示すような小型から中型の無人機用レーダーを扱っている。2017 年 7 月のテストでレーダー探知に成功して、最大 750 m 離れた場所から DJI の Phantom を追跡可能とした。センサーの重量は約 800 g であるが、ドローンを使用する場合はまだ多少重い。MESA–DAA（メタマテリアル電子走査アレイ検出および回避）について、従来のレーダーにはアンテナのアレイがあり、アレイ内の各アンテナには高価な電子移相器がある。これらの位相シフターは、レーダービームを操縦するために使用される。Echodyne は、銅線を積み重ねて回路基板に銅線の繰返しパターンのトレースを作成し、配線のさまざまな部分に電圧を印加することにより、受動的にビームを誘導することができる。

1.2.8　ドローン自律飛行とデータ解析のためのソフトウェア

　ドローンの自律飛行用オンボードソフトウェアは、ドローン自体の姿勢制御や飛行制御を担うソフトウェアである。このソフトウェアにより、無人機は自律的な安定飛行や、障害物回避飛行を実現することができる。こうしたソフトウェアは、独自のコードまたはオープンソースソフトウェア（Drone Code）を使用してドローンメーカーによって開発されている。

　ドローンの姿勢推定と姿勢安定化制御、および目標軌道追従飛行制御は現在ほぼ確立されている[5]。現在のソフトウェア研究開発の動向は、**図 1·2·16** に示すように自律航法のさらなる高度な制御を実現することである。たとえば、障害物回避飛行を自律的に行うこと、それを低速飛行から高速飛行でも実行できること、屋内および屋外ともに実行できることである。さらには、例えば電線のような細い障害物や、小さな障害物でも検知して回避できるということである。目下、世界の有力なドローンメーカはこの課題に精力的に取り組んでいる。

　最終的なゴールは完全な自律性を有したドローンを目指している。すなわち、完全自律型ドローンはミッションだけ与えられ、あとはすべてドローン自身の自律性でミッションプランニングとミッションマネジメントを実行する。例えば、消防ミッションについて考えると、自律型ドローンはおよその目的地だけ与えられる。これ以外は何の情報も与えられない。まず、飛行経路を自律的に計画して自律飛行を実行する。途中、障害物などを回避するのは当然である。火災現場に急行した後は、火災の検出、周辺状況把握、リスク評価と管理、液体の噴霧による消火活動、バッテリー残量をチェックして自動着陸、バッテリー充電または自動交換で、再度離陸して消火活動などを行うという具合である。

図 1·2·16　ドローン実装ソフトウェア（自律性の高度化）

　次に、ミッション計画とミッション管理に関するソフトウェアについてである。このソフトウェアによって飛行全行程のミッション計画とあらゆる事態を想定したミッション管理を行う。このソフトウェアは特定のミッションに固有な特定の飛行経路を生成し、必要に応じてデータを収集し管理する。特に、安全性と規制の観点から、飛行経路が制限区域に違反していない経路であること、および、特定の地域での飛行に対して飛行許可証明書/承認が行われているこ

とを確認する。あるいは、最新の空域分離マップを利用するなどの考慮を行う。さらに、ミッションデータ管理の視点からドローンは膨大な量のデータを生成するが、ミッション管理ソフトウェアは、これらのデータを安全に管理する。とくに、このソフトウェアは、サービスプロバイダーがタスクを自動化するのに役立つ周辺のアプリケーションソフトウェア開発キットの提供についても管理する。

　データ解析のソフトウェアは、ドローンによって収集したデータの価値を高めるための極めて重要な解析ソフトウェアとなる。ドローンビジネスの神髄となる意味で重要である。このソフトウェアは収集したデータを分析し加工し融合して、真に付加価値の高いレポートを作成する。ドローンビジネスが目指すデータドリブン社会の極みである。データ解析ソフトウェアは、主にAIアルゴリズムに基づいている。このためAIアルゴリズムは、可能な限りリアルタイムで大量のデータを解析できる必要がある。したがって、常により効率的なアルゴリズムとすべきで、かつ、高い計算能力が要求される。必要に応じてエッジコンピューティング、必要に応じてクラウドコンピューティングの仕分けが必要であり、これらの高速大容量通信は5Gが望ましい。付加価値の判定やレポートを活用するのは各分野固有のエンドユーザーであり、エンドユーザーは優れた知識と経験則を有している。これらの知見をはるかに越える付加価値をこのソフトウェアが担うことになり、責任重大である。

1.2.9　ソフトウェアのオープンソース化とクローズドソース化

　独自のオープンソースコードには、すべての業界で賛否両論がある。ドローン業界も例外ではない。クローズドソースの場合、発生する可能性のあるソフトウェアバグに対して企業はすべての責任を負うことになるが、オープンソースの場合は経験豊富で熟練したユーザーを介してバグ取りがなされ、安価にスピーディに洗練されたソフトウェアが構築される可能性がある。ただ、ソフトウェアに起因した致命的な事故発生の際の責任の所在は曖昧である点に課題を残している。

　図1・2・17に主要な世界のプレイヤー7社のソフトウェアオープン化状況を示している。特筆すべきはDJIドローンで、すべてのドローンに独自のクローズドソースコードを使用している。DJIは優秀なソフトウェアエンジニアが多数在籍していることもクローズドソース化している理由である。一方でDJIはプロ級のユーザー向けに、ソースコードを見ることなくソフトウェアのカスタマイズが行えるソフトウェア開発キット（SDK）をリリースしている。したがって、このSDKを活用することで、DJIドローンユーザーがDJIが提供するコア機能とライブラリを使用してさまざまなアプリを作成し、DJIファミリーのユーザーへ便宜を図るという戦略となっている。このような、DJIドローン数は年間300万を擁しているという。

　一方、ドローン業界で有名なオープンソースはArduPilotと呼ばれている。ArduPilotは最初にDronecodeプロジェクトとして、2014年にLinux財団によって非営利組織として設立されたが、2016年にDronecodeの中核であった3D Robotics（3DR）の業績不振や、オープンソースライセンスに関する意見の不一致により分裂した。ArduPilotはGPLv3

会社名	クローズド ソースコード	オープン ソースコード
DJI	✓	
Parrot		✓
3DR		✓
Yuneec		✓
Precision hawk	✓	
Aeryon Labs	✓	
Draganfly	✓	

図1・2・17　世界のソフトウェアオープン化状況[2]

（General Public License）の下でライセンス化されており、Dronecode の BSD ライセンスとは異なり、すべてのコードの変更を公開する必要があるため、コラボレーションが促進される環境となっている。ArduPilot のソースコードは GitHub で入手できる。Ardupilot がインストールされているドローン数は 100 万を超えているが、DJI ドローン数の 1/3 程度に留まっている。3DR のドローン Solo は Ardupilot ベースであったが、DJI との競争に敗れた後は、3DR はサービスに特化してビジネスを継続している。

Dronecode プロジェクトは、Linux 財団が支援するプロジェクトであり、UAV 開発用の共通のオープンソースプラットフォームの構築に取り組んでいる。ここ数年で多くの変更が行われたが、今日では、プラットフォーム全体のコンポーネントのガバナンス構造として機能している。これらのコンポーネントには、PX4 オートパイロットフライトコントロールシステム、MAVLink ロボット通信ツールキット、ミッションプランニング、および構成用の QGroundControl ユーザーインタフェースが含まれ、すべて個別の GitHub リポジトリがある。その他に、LibrePilot や Paparazzi UAV など、あまり有名ではない他のオープンソースソフトウェアがある。オープンソースプラットフォームは、コードの透明性や無料などの利点があるが、市場をリードする DJI は、SDK を使用してユーザーにある程度のカスタマイズを行ってきた。また、DJI の顧客だけでもオープンソースコミュニティよりもはるかに大きく、2017 年の販売台数が 300 万台に達して Ardupilot の過去累積 100 万台を遥かに凌いでいる。

1.2.10　ドローンの自動化から自律化へ

まず最初に、「自動」と「自律」の違いを定義する必要がある。類似の分野に自動運転の分野がある。この場合、自動運転と自律運転はどう違うのか？　これについて、欧州では大枠のガイドラインとして、ドライバーが監視役として責任を負うのが自動運転、完全な無人運転を自律運転と呼ぶそうである。国語辞典には「自律」とは、「他からの支配や強制を受けず、自分自身で立てた規範に沿って行動すること」とある。ロボットの研究も与えられたプログラムのシーケンスに従って制御される自動ロボットから、ロボット自身が自ら学習して独自にルールを作り、仮説検証しながら最適な方法をステップバイステップで選択し判断していくスマートな自律ロボット研究に移行しようとしている。米国シンクタンクのガートナー社は、スマートマシンについて「自律的に行動し、知能と自己学習機能を備え、状況に応じて自らが判断して適応し、これまで人間しかできないと思われていた作業を実行する電子機械」と定義している。こうした自律型のスマートマシンの実現には、自然言語処理や機械学習といった人工知能、知識の源泉となるビッグデータ、その膨大なデータを蓄積・処理するクラウド、さらに状況を正しく把握するセンサー、人とのやりとりをするデバイスなど広範な技術が必要である。

図 1・2・18 はドローンの自動化から自律化への進化を示している。図 1・2・18 で考えると上記の「自動」と「自律」の定義から、「自動レベル」はレベル 3 までであろう。一方、「自律レベル」はパイロットが意思決定に関与しないレベル 4 からとなる。

- レベル 0：自動化なし、パイロットはあらゆる動きを完全に制御している。プラットフォームは常に手動で 100 ％制御される。
- レベル 1：低い自律性、パイロットアシスタンス、パイロットはドローンの全体的な操作と安全性を引き続き管理している。ただし、ドローンは、一定の時間、少なくとも 1 つの重要な機能を自動化して関与している。
- レベル 2：部分自動化（部分的自律性）、パイロットはまだドローンの安全な操作に責任が

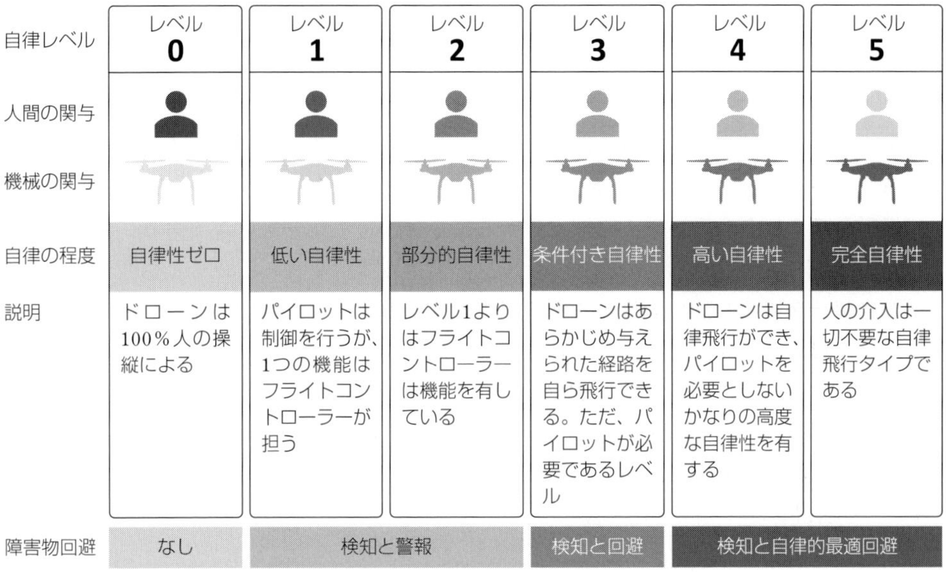

自律レベル	レベル 0	レベル 1	レベル 2	レベル 3	レベル 4	レベル 5
人間の関与						
機械の関与						
自律の程度	自律性ゼロ	低い自律性	部分的自律性	条件付き自律性	高い自律性	完全自律性
説明	ドローンは100％人の操縦による	パイロットは制御を行うが、1つの機能はフライトコントローラーが担う	レベル1よりはフライトコントローラーは機能を有している	ドローンはあらかじめ与えられた経路を自ら飛行できる。ただ、パイロットが必要であるレベル	ドローンは自律飛行ができ、パイロットを必要としないかなりの高度な自律性を有する	人の介入は一切不要な自律飛行タイプである
障害物回避	なし	検知と警報		検知と回避	検知と自律的最適回避	

図 1・2・18　ドローンの自動化から自律化への進化[1]

あり、何かが起こった場合にドローンを制御する準備をしている。ただし、特定の条件下では、無人機は機首方位、高度、速度の制御を担っている。パイロットは、空域、飛行状態の監視、緊急時の対応などはすべての責任を有している。事前にプログラムされた飛行経路を自動操縦装置にアップロードし、ドローンは離陸後にこれらの経路に沿って飛行するタスクを開始する。

・レベル3：条件付き自動化（条件付き自律性）、レベル2のように、無人機は自分自身で飛行できるが、人間のパイロットは引き続き注意を払い、いつでも引き継ぐ準備をする必要がある。ドローンは、介入が必要な場合にパイロットに通知する。このレベルは、ドローンが「特定の条件が与えられた」ときにすべての機能を実行できることを意味する。ドローンは事前にプログラムされた飛行経路に沿って飛行し、搭載されたセンサーが障害物を検出すると無人機は停止し、パイロットに近接した物体のアラームを送信する。パイロットは障害物回避を行うため、方位/高度を手動で修正する。一部のメーカーは、完全に自動化されたドローンポートを準備しており、ドローン運用の自動化を推進している。これによりバッテリー交換などの作業から人間が解放されることを意味する。

露天掘り鉱山などの測量などのミッションにおいては、ドローンが同じタスクを頻繁に実行するためこうしたドローンポートは有効となる。事前にプログラムされた飛行経路は同じで、ドローンはドローンポートを基地として自動離着陸機能やドローン格納容器としてのシェルターとバッテリー自動充電・自動交換を行い、指定されたスケジュールに従ってドローンを自動的に運用することができる。現在、実用レベルの最先端ドローンはレベル3にある。

・レベル4：高度な自動化（高い自律性）、ドローンは人が制御する必要はもはや全くない。適切な状況下でフルタイムで自律的に飛行できる。ドローンにはバックアップシステムが搭載されており、1つのシステムに障害が発生してもバックアップシステムが代替して引き続き動作する。その動作は、あらかじめ実装された機能またはシステムの規範や一連のルールに依存する。飛行経路内の障害物を自律的に感知し、機首方位や高度を自律的に変

更することで積極的に衝突回避を行う。現在、研究レベルの最先端ドローンはレベル 4 である。

・レベル 5：完全自律化、ドローンは、人間の介入を期待せずに、あらゆる状況下で自身を制御する。これは、あらゆる条件下でのすべての飛行タスクのフルタイムの自律化が含まれる。このようなドローンの例は世界には存在していない。この場合、AI ツールを使用して飛行計画を行う。言い換えれば、日常的に自律学習するシステムである。ある日、レベル 5 のドローンが飛行して海岸線でサメを監視する任務を負っていると想像しよう。ドローンは毎日海岸線を監視するが、飛行経路の特定の領域は日頃飛行しているため、ビッグデータが得られていること、このデータを AI により日々学習していること、この結果、このドローンは、このエリアを監視する飛行を自力で計画することができる。このようなレベル 5 の自律性は都市型航空交通と大型貨物配送という 2 つの重要な目標を達成することが可能なドローンでもある。

1.2.11　高速大容量通信 5G 環境によるインフラの高度化

第 5 世代移動通信システム（5G）は、1G、2G、3G、4G に続く無線通信システムである。5G のインタフェースは、6 GHz 以下の周波数帯を使って LTE/LTE-Advanced と互換性を維持しつつ、6 GHz を超えたセンチ波（マイクロ波）により近い 28 GHz 帯帯域も使った、新しい無線通信方式である。5G 通信のメリットとして、人々の生活の劇的な変化が期待される。会話をデバイス間でリアルタイム通訳し、多言語間でのスムーズなコミュニケーションが可能になったり、膨大なデータに基づき、ドローンの普及加速化、完全自動運転の実現、IoT によるスマートシティなどが期待される。さらに、5G の普及に伴い、VR、AI、同時多数車両の自動運転、同時多数機ドローンの自律飛行といった関連技術の開発が進み、これらのイノベーションにより経済の成長や産業の新陳代謝が促進され、また 2025 年には 5G の接続数が 12 億に達すると予測されている。**図 1・2・19** に示したように、5G は高速・大容量・低遅延・多接続の特徴があ

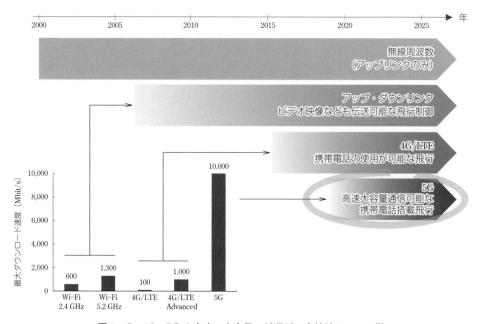

図 1・2・19　5G の高速・大容量・低遅延・多接続について[1]

る。4G の通信速度は理論的には毎秒 100 メガビット（Mbit/s）であるが、5G は毎秒 10 ギガビット（Gbit/s）となり、5G は理論上の最高速度で現在の 4G よりも 100 倍高速化される。また、5G は遅延を大幅に削減できるため応答性が向上する。4G で 20 ミリ秒（ms）程度の遅延は、5G では 4 ミリ秒の遅延と約 1/5 程度になる。さらに、基地局 1 台から同時に接続できる端末を 4G に比べて飛躍的に増やせることができる。例えば、これまでは自宅で PC やスマートフォンなど数台程度の接続だったものが、5G により 100 台程度の機器やセンサーを同時にネットに接続することができるようになる。カバーするエリアで比較すると 1 km² あたり 4G では約 4,000 台の同時接続に対して、5G は約 100 万台同時接続が可能となる。

1.2.12　ドローン搭載携帯電話の上空利用[6]

　無人航空機は、航空法において、地表からの高度が 150 m 以下であり、なおかつ人口集中地区や空港など周辺以外の空域であれば、特段の申請などを行わずとも飛行させることが可能となっており、農業分野や物流分野に代表されるさまざまな分野での利用拡大が期待されている。そうした中で、カバーエリアが広く、高速・大容量のデータ伝送が可能な携帯電話システムを、ドローンなどに搭載し、画像・データ伝送などに活用したいとのニーズが高まっている。一方で、携帯電話システムは地上での利用を前提に構築されているため、携帯電話をドローンなどに搭載して上空で利用すると、**図 1・2・20** のように地上の携帯電話に対して混信を与える恐れがある。わが国においては、総務省による検討の結果と携帯事業者からの希望を踏まえ、800 MHz 帯、900 MHz 帯、1.7 GHz 帯、2 GHz 帯（すべて FDD バンド）について、上空利用における技術的条件を定めることとした。ドローンなどに搭載する携帯電話は、地上で用いる携帯電話と同等の規格であることから、既存の FDD−LTE の技術的条件に上空利用に必要な事項を加えることで技術的条件を定めることとした。さらに、上空利用時に適用される技術的条件としては、(1) 上空で利用可能な周波数は、800 MHz 帯、900 MHz 帯、1.7 GHz 帯、2 GHz 帯に限定、(2) 上空で利用する場合にあっては、地表からの高度 150 m 以下に限ること、(3) 上空で利用される移動局は、上空利用に最適な送信電力制御機能を有することを新たに加えることとした。

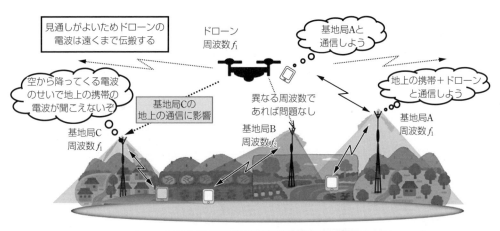

図 1・2・20　携帯電話の上空利用に向けた期待[7]

1.3 世界のドローン法整備の動向 [(8)〜(11)]

　ドローンの法整備は、世界各国において関係当局は常に神経をとがらせている重要なかつ繊細な仕事である。なぜなら、法整備をすることで空の安全を担保し、同時に技術革新を含む産業促進をはかる必要があるからである。そして、技術のイノベーションが法整備よりも一般にはるかに速いスピードであるため、ドローン法整備と技術革新のバランスをとることは大変難しい。この結果、各国はかなり異なったアプローチをとっている。とくに、規制当局とドローン業界の利害関係者との継続的な対話は非常に重要で、ドローン規制をする側とドローンビジネスを展開する側の両者が何を考えているかを相互に知る必要がある。ドローン業界に関するこの相互の定性的な理解は、商業用ドローンの現在および将来の飛躍的発展には欠かせない。

　世界のすべての国がドローン規制を持っているわけではない。いくつかはドローン専用の法律があり、ドローンを含めるように一般的な航空規制を採用している国もあれば、無人航空機にまったく言及していない国もある。航空法におけるドローンへの言及は、ドローンの現在および将来の開発に対して、将来の基盤産業として政府が認定するためにも最低限必要なことである。

　常に法律は、時代遅れにならないように近未来をイメージして準備していく必要がある。とくに、ドローン業界が成長しているダイナミックな進化を考えると、ドローン規制を定期的に更新することが重要で、継続的な改訂は政府と所管する当局の意欲を反映しており、そのことが商業用ドローンを成長させることにもつながる。

　人手を介しない完全自律的なドローンが近い将来多数出現するにもかかわらず、ドローン飛行業界は依然として多くの人材を必要としている。これは商業用ドローン業界での多様な仕事のための人材の必要性と特別な訓練の必要性を意味している。このためパイロットのトレーニングと認証にどのような社会インフラが整っているかが重要である。ドローン飛行用運航管理システムは、多数機が飛び交うドローン社会にとって重要なサポートシステムとなる。これらには、保険要件、ドローン登録、飛行許可を取得するための標準手順を含む商用ドローンの責任ある使用を促進するためのさまざまなシステムが含まれる。こうしたシステムは、それがどの程度包括的であるかだけでなく、どのように明確に合理化されているかも重要である。

　クライアントが最初に尋ねる最も一般的な質問は、「どこでドローンを実際に飛ばすことができますか？」である。無人機の運用に対して重量、飛行ミッション、飛行エリア、飛行の仕方など規制が大きく異なる。規制当局は、ドローン業界が現行の法律を順守しながら、最先端のソリューションを開発しビジネスを行える一連の運用上の規範モデルを提供することが重要である。たとえば、BVLOS（Beyond Visual Line of Sight）のフライトの場合の条件、夜間やイベント、人の近傍を飛行するための条件などを明示することが必要である。

　なお、UAM（Urban Air Mobility）などの都市の空中移動の場合、無人機・有人機の空域に関して空域統合が不可欠である。一方、都市環境や「特別な条件」でドローンを飛ばすためには、現在制限されているゾーンで無人航空機がスムーズに運用できることが重要である。健全なドローン規制を構築するための最良の戦略は、主要な業界関係者と協力して、利害関係のあるすべての関係者と徹底的な議論を重ね、最終的には最大多数の最大幸福の視点に委ねることであろう。

　新しい技術について、社会的受容はその成功に不可欠である。人々が通常ドローンを使用す

る際の主な懸念事項は、許可なしに近くを飛行し、プライバシーを侵害することである。ドローンが都市部を飛行する場合の多くの議論は、プライバシーと個人データ保護の問題に集中している。最も将来を見据えた責任あるドローン規制はこの問題を予測し、人々のプライバシーを保護するために飛行する際のドローンオペレーターの責任の明確かを図ることである。最高のドローン法とは、データ保護やプライバシーの懸念も含めて、エアリスク、グランドリスクなど、あらゆる想定されるリスクを最低限に抑える法律である。

　ドローン規制は①リスク（関連する重量など）、②プライバシー、③データ保護、④安全保障などを懸念する観点から取り組まれ、2002 年以降さまざまな国がドローンの空域の規制を開始しており、その数は毎年増加している。2002 年に英国とオーストラリアがパイオニアとなった。1947 年に設立された国際民間航空機関（ICAO）は、各国当局に連携のプラットフォームを提供している。欧州航空安全庁（EASA）は、無人機の運用に関する一般的な規則の提案を作成しており、ルールは、無人機の性能にのみ基づいているのではなく、リスクの割合と運用をベースにしている。2012 年に設立された無人機システムの規則に関する航空当局間会議（JARUS：Joint Authorities for Rulemaking on Unmanned Systems）は、52 か国の国家当局と EASA および EUROCONTROL のグループであり、基準の調和と国内規制のガイダンスの提供を試みている。欧州航空航法安全機構（EUROCONTROL）は、国家航空当局と協力して、民間のドローンを欧州の空域に安全に統合するためのフレームワークを作成している。

　図 1・3・1 に示すように、世界のほぼ半数の国には規制がない。これらの国ではドローンは、禁止も許可もされていない曖昧な状態になっている。

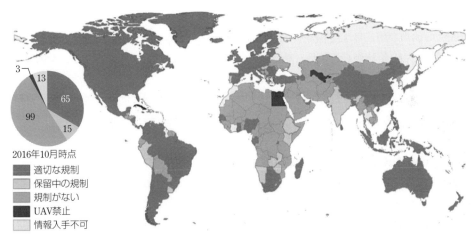

図 1・3・1　世界のドローンの規制に関する現状[2]

　ここではドローンの世界 19 か国の法規制について概要を紹介する。ただし、法規制はドローン技術の進歩やドローンを取り巻く社会情勢とともに常に変化していることを念頭に置く必要がある。

1.3.1　アジア地域

　ドローン製造のリーダーとして世界的に認められている（特に中国を中心に）地域で、この地域からは世界的によく知られた機体が世界に輸出されている。日本をはじめとする国々は高度な技術の拠点として位置し、シンガポールなど経済的に豊かな国では、最新の高性能無人機

に対する需要が高い。

〔1〕日本

【国交省航空局（Civil Aviation Bureau）、2015 年 12 月 10 日〜】

　日本は世界に先駆けて小型無人航空機を農薬散布用として積極的に活用してきたが、2015 年 4 月に首相官邸屋上でドローンが発見された事件を契機に、法整備を急ぎ 2015 年 12 月 10 日から改正航空法が施行されている。主な規定を以下に示す。

- ・重量 200 g 以上の機体は、以下の改正航空法が適用されるが、許可を受ければその限りではない
- ・飛行高度は地上から 150 m 以下であること
- ・空港周辺の規制（国土交通大臣が指定したエリアは飛行禁止）
- ・人または家屋が密集している地域の規制（国土交通大臣が指定したエリアは飛行禁止）
- ・日中に飛行すること（日の出から日没まで）
- ・VLOS（Visual Line-of-Sight、目視範囲内）（直接肉眼による）で飛行すること、遠距離飛行の場合は目視内飛行になるように常時監視者を立てる
- ・第三者の人または物件（建物や車など）との間に 30 m 以上の距離を保って飛行すること
- ・祭礼、縁日など多数の人が集まる催しの上空では飛行させない
- ・爆発物など危険物を輸送しない
- ・無人航空機から物を投下しない
- ・災害など緊急時の際、国または地方公共団体から飛行の依頼を受けた場合は、「飛行の禁止空域」、「飛行の方法」に関する規制は適用されない
- ・罰則規定があり、法令に違反した場合は罰金 50 万円が課される
- ・BVLOS および第三者上空等ロードマップ：BVLOS（Beyond Visual Line-of-Sight、目視範囲外）は 2018 年秋から遠隔地（離島、山岳部、人口過疎地）で可能となり、全国 5 か所で開始された。2019 年に NEDO はテスト用 UTM システムを発表した。2020 年から BVLOS は、A（空港周辺）、B（150 m 以上）、C（人口密集地）クラス以外の空域で広く許可される見通しである。A、B、C 内の BVLOS は 2022 年に計画されている。

〔2〕中国

【Civil Aviation Authority of China（CAAC）、2015 年 12 月 29 日〜】

　中国は無人機の使用に関する規制を急速に強化している。2016 年までは法規制は驚くほど緩やかであったが、中国民用航空局（CAAC）は 2017 年 6 月から 250 g 以上の機体は所有者の個人情報と製品情報をオンラインで入力することを義務付けた。そして入力後に発行されるラベルを機体に貼付することになっている。ラベルは登録番号と QR コードが記載されており、これに違反すると処罰される。

- ・高度は 100 m 以下飛行で、ドローンは 7 種類にクラス分けされる。クラス I：≦ 1.5 kg、クラス II：≦ 7 kg、クラス III：≦ 25 kg、クラス IV：≦ 150 kg、クラス V：農業 UAS ≦ 5,700 kg および ≦ 15 m 高度、クラス VI：無人飛行船、クラス VII：クラス I および II VLOS および高度 100 m を超える
- ・7 kg 未満のすべての無人機は中国での飛行が許可されている
- ・ドローン機体の重量が 7〜116 kg の場合、CAAC からのライセンスが必要
- ・16 kg 以上の無人機は操縦の免許と UAV の認証が必要
- ・管理空域内のドローンの飛行は、事前に承認が必要

・すべての商業用ドローンの飛行は CAAC の承認が必要

・飛行場や飛行経路の近くでは飛行しない

・北京、上海などの飛行禁止エリアが設けられている

・BVLOS および第三者上空飛行等ロードマップ：BVLOS は可能であるが、パイロットは常に無人機を制御できなければならない。2019 年に中国政府は、クラス II ドローンの都市交通管理システムのパイロットプロジェクトを開始し、2020 年から中国は、UAV プラットフォームのタイプ（標準ペイロード、貨物、乗客など）に応じた耐空性認証プロセスの確立を計画している。さらに、アプリケーション（送電線検査、農業、測量）についても計画している。

　パイロットは、衝突を回避する目的で、他の航空機、人、車両、船舶、構造物との飛行経路を十分に監視できるように、無人機を視覚内距離に維持する必要がある。パイロットは VLOS ≦ 500 m で運用する必要がある。EVLOS（Extended Visual Line-of-Sight）は、操作マニュアルに記載されている手順に従って、視覚的な拡張も可能である。

〔3〕シンガポール

【Civil Aviation Authority of Singapore（CAAS）】

　シンガポールでドローンを商業的に使用することを検討している場合は、シンガポール民間航空局（CAAS）のオペレーター許可書と、意図する作業と使用する機器の概要を示すアクティビティ許可証が必要である。

・飛行は目視範囲内のみ

・フライトは良好な気象条件で良好な視認性をもって行わなければならない

・飛行高度は 200 フィート以下（60 m 以下）

・飛行場から 5 km 以内のエリアの飛行は禁止

・飛行時には、特に密集した都市部では、無人機と人や建物との間に「十分な距離」を保つ必要がある

1.3.2　南北アメリカ地域

　小型無人機に関して世界で最も先進的な地域の 1 つである米州（特に北米）は、ドローンの開発から活用まで広くリーダーシップを有しているエリアである。

〔1〕米国

【Federal Aviation Authority（FAA）、2016 年 6 月 21 日～】

　ホビー用と商業用とで区別されており、首都ワシントンなど飛行禁止エリアが指定されている。2017 年 5 月から米国連邦航空局（FAA）は、無人航空機が飛行できる場所や高度を記載した全国の電子地図を公開し始めた。現在はオンラインでの利用が可能なようで、空域への迅速なアクセスが容易とのことである。

（1）ホビー用

・機体は 25 kg 以下

・飛行高度は 400 フィート以下（約 120 m 以下）

・昼間の目視内飛行のみ（第三者上空の飛行はしない）

・操縦は 16 歳以上で、筆記試験にパスすることが条件

・公的な組織による災害時の飛行：利用は免除・承認書（COA）と呼ばれる許可を FAA から取得すること（オンラインで数時間で取得可）。ただし、空域の指定や日中の目視内飛行

のみ。

(2) 商業用

- ・機体は 25 kg 以下
- ・FAA が定める規制（Section333）の免除許可を取得することが必要
- ・日中のみ飛行可
- ・飛行高度は 400 フィート以下（約 120 m 以下）
- ・操縦士および操縦士と密にコンタクトできる監視者の目視可能な範囲のみ飛行可
- ・操縦士は 16 歳以上、24 か月ごとに米国運輸保安局（TSA）による航空学試験と身元調査に合格すること。証明書を取得すれば事前の飛行許可申請なしに飛行可能と簡略化された。

(3) 登録制度

- ・250 g〜25 kg までのドローンの登録義務（2015 年 12 月以降）
- ・ID を機体に貼り付けること（オンラインで申請）
- ・登録料 5 ドル、有効期間は 3 年間
- ・BVLOSおよび第三者上空飛行等ロードマップ：免除証明書を申請して取得することによってのみ、提案された操作を安全に実行できると FAA が判断した場合、BVLOS が可能である。これには、107.31 での VLOS 操作が含まれる。2019 年にリアルタイム認証の低高度認証および通知機能（LAANC）は、さらなるプロバイダーに拡張される。2020 年から FAA は、リモート ID 規制が最終決定されない限り、特定の条件下で免除を必要とせずに、夜間および夜間の運用を簡素化する計画を発表した。さらに、UAV パイロットの分類とミッションカテゴリに応じた登録が検討されている。2020 年以降、FAA は追加の要件のスタンドオフ距離、追加の動作およびパフォーマンスの制限、UAS トラフィック管理（UTM）の使用、および追加のペイロード制限を実装する予定。ドローン製造業者は、設計証明や重要な安全システムに関する要件を満たすことが期待されている。

〔2〕カナダ

【Transport Canada Civil Aviation（TCCA）、2019 年 6 月 1 日〜】

オペレーターは、0.25 kg を超えてドローンを操作する場合にのみ、特定の飛行操作証明書を申請する必要がある。また、ライセンスについては基本証明書をオンライン試験で取得する。上級証明書はオンライン試験で取得し、フライトレビューと 2 年間のトレーニングを修了した後に取得する。

- ・ドローンは、日中や天気の良い日に飛行しなければならない
- ・飛行は目視内範囲のみ
- ・可能な限り私有地上空は飛行しない
- ・空港から 9 km 以内のエリアは飛行してはならない
- ・飛行高度は地上から 300 フィート以内（約 90 m 以内）
- ・飛行時は人、動物、構造物、道路または車両から 500 フィート（約 150 m）の距離を保つ
- ・軍事基地、刑務所または森林火災などの飛行が制限された空域に入ることはできない
- ・BVLOS および第 3 者上空飛行等ロードマップ：BVLOS は、特定のフライト運用証明書（SFOC）で運用できる。2019 年および 2020 年から、新しい規制では、ドローンメーカーが高度な操作で動作するための高度な安全対策が必要となる。また、基本的な操作のための基本的な試験を課すことで、都市部または遠隔地でのドローンの使用を簡素化する。

以上は、ホビー用利用者のルールもカバーしているが、航空機の重さが 35 kg を超えるか、

商業目的で飛行する場合は、SFOC（Special Flight Operations Certificate）が必要である。

〔3〕ブラジル

【Agencia Nacional de Aviacao Civil（ANAC）、2017 年 5 月 2 日〜】

　飛行許可はケースバイケースで与えられる。下記のクラス 1 および 2 のドローンを操作するパイロットには、証明書が必要である。120 m 以上で操縦するパイロットには、当局から付与された従来のパイロットのライセンスが必要である。

- ・機体クラス、クラス 1：150 kg 以上、クラス 2：25 kg 以上 150 kg 以下、クラス 3：0.25 kg 以上 25 kg 以下
- ・飛行は目視内範囲のみ
- ・飛行高度は 400 フィート以下（約 120 m 以下）
- ・400 フィートの限界を超えて飛行したい場合は免許が必要
- ・ドローン飛行が可能な最少年齢は 18 歳
- ・第 3 者の人や建物などから 30 m 以上離れて飛行する
- ・パイロットは有効な保険に加入していること
- ・BVLOS および第三者上空飛行等ロードマップ：規制に記載されている特別な要件（設計承認、耐空性証明書、運用および保守マニュアルなど）に従って、EVLOS および BVLOS 運用および 120 m を超えるクラス 3 運用のすべての無人機運用が許可される。

1.3.3　オセアニア地域

　ドローン規制に関して最も積極的な大陸の 1 つであるオセアニアでは、2002 年に早くもドローン関連法案が可決された。オーストラリアやニュージーランドなどの国では、壮大な景観に対して空撮をはじめさまざまな応用に積極的にドローンが活用されている。

〔1〕オーストラリア

【Civil Aviation Safety Authority（CASA）、2017 年 9 月 14 日〜】

　プラットフォームが 2 kg 未満の場合、オペレーターは ARN（Aviation Reference Number）に登録し、当局に通知する必要がある。通知は 3 年間有効。プラットフォームが 2 kg を超える場合、および/または標準操作条件（SOC）以外の操作を行う場合、オペレーターは飛行許可（ReOC）を取得する必要がある。12 か月間有効である。

- ・機体カテゴリ：0.1 kg 以下はマイクロ、0.1 kg〜2 kg は極小型ドローン、2 kg〜25 kg は小型ドローン、25 kg〜150 kg が中型ドローン、150 kg 以上は大型ドローンと分類
- ・飛行高度は 400 フィート以下（約 120 m 以下）
- ・空港から 5.5 km 以内のエリアは飛行してはならない
- ・第三者の人や建物などから 30 m 以上離れて飛行する
- ・日中や天気の良い日に飛行する
- ・人口密集地では飛行禁止
- ・飛行は目視内範囲のみ
- ・許可なく火災現場、警察の出動現場上空を飛行してはいけない
- ・BVLOS および第三者上空飛行等ロードマップ：BVLOS には特別な ReOC と特定の飛行許可が必要で、かつ、パイロットには RePL と航空機無線オペレーターライセンス（AROC）が必要となる。2019 年 7 月以降、0.25 kg を超えるすべてのドローンの登録が必要になる。2020 年から CASA は、オーストラリアの空域システムへのドローンの統合、初期の耐空性

および認証基準に関するロードマップを発表した。CASA は、完全かつリアルタイムの UTM ネットワークを開発しており、高密度で制御された空域を超えるドローン運航管理システムを運用する計画。

　商用飛行にはパイロットとパイロットが所属する事業者の両方の認定が必要。パイロットは「UAV コントローラーの証明書」を持っていること、ビジネスは「UAV オペレーターの証明書」を所持していること。

〔2〕ニュージーランド

【Civil Aviation Authority of Newzealand（NZCAA）】

　ニュージーランドは非常に人気のある観光地で、ドローン使用量の増加に対応して、ニュージーランド民間航空局（NZCAA）は以下の 12 の重要なルールを実施している。

- ・25 kg 以上の機体は使用しない。飛行は安全であることを常に確認してから使用する。
- ・人、財産、および他の航空機への危険を最小限に抑えるために可能な限り努力する
- ・日中に飛行すること
- ・有人航空機と無人機が遭遇した際は有人航空機に優先権がある
- ・他の無人航空機からの安全な距離を確保するために、双眼鏡などの助けを借りずに肉眼で無人機を見ることができること
- ・パイロットは、飛行場所に適用されている空域制限に関する情報を表示すること
- ・飛行場から 4 km 以内の飛行は行なわない（免除が認められない限り）
- ・飛行高度は地上 400 フィート（約 120 m 以下）を超えない（免除が認められない限り）
- ・管理空域を飛行する場合は、航空管制の許可を得る必要がある
- ・許可なしに特別な空域（軍事基地、発電所など）で飛行しない
- ・第三者私有地上空を飛行する場合は、地権者の同意が必要
- ・BVLOS および第三者上空飛行等ロードマップ：不明

1.3.4　ヨーロッパ地域

　ヨーロッパはドローンの技術革新をリードしてきた地域で、最も早くドローンの可能性を実現してきた。以下に示すように規制の厳しさは国によって異なる。しかし、EU 航空管制機関（EASA）はヨーロッパにおける統一したドローン法整備を検討してきた。そして、第 1 段階として、2020 年 12 月 31 日から、ドローン登録制が施行されることになった。

- ①　重量が 250 g 以上のドローン登録の義務化。一度登録すると、国の民間航空局によって定義された期間有効であり、その後、更新する必要がある。重量が 250 g 未満で、個人データを検出できるカメラやその他のセンサーがない場合は不要。ただし、機体が「おもちゃ」であることを証明できれば、カメラまたは他のセンサーを使用してもよい。
- ②　登録すると、「UAS オペレーター登録番号」が届く。この番号は、所有しているすべてのドローンにステッカーで表示する必要がある。また、「ドローンのリモート識別システム」にアップロードする必要がある。
- ③　オペレーターとしての登録はヨーロッパ全体で認められ、情報はすべての EU National Aviation Authorities（NAA）がアクセスできる独自のシステムで利用できる。

〔1〕英国

【Civil Aviation Authority（CAA）、2019 年 3 月 13 日～】

　英国では、オーストラリアとともに2002年から世界に先駆けて無人機の飛行規則を定め、ド

表1・3・1　英国民間航空局（CAA）の小型無人航空機分類

UAV 重量	耐空証明*4	機体登録	飛行許可	操縦資格
20 kg 以下	不要	不要	必要*1	必要*1, 2
2 kg〜150 kg	必要*3	必要*2	必要	必要*2
150 kg 以上	EASA、一部 CAA の承認	必要	必要	必要*2

＊1：商用飛行、または人口密集地域や人、物の近くを飛行する場合
＊2：飛行許可申請時に操縦者の経験が考慮される
＊3：耐空証明、機体登録要件から例外適用の可能性有
＊4：耐空証明とは機体の強度、構造、性能が基準に適合しているかの証明のこと

ローンを責任ある立場で飛行させる方法を規定するガイドラインは英国民間航空局（CAA）によって策定されている。CAA により小型無人航空機は表1・3・1のように3種類に分類されている。パイロットの能力（理論的および実用的）は、コース参加の証明を提供できる承認されたトレーニング機関である National Qualified Entity（NQE）によって証明される必要がある。

・目視内飛行であること
・飛行高度は 400 フィート以下（約 120 m 以下）
・第三者の人や車両、建物から 50 m 以上の距離を維持すること
・カメラ付きドローンが飛行する際は、第三者のプライバシーを尊重すること
・事前の許可を得ずに発電所、国の施設、軍事基地の場所は飛行しない
・日中のみの飛行で、夜間は飛行しない
・空撮などドローンをビジネスにしているパイロットは、CAA の許可を得て無人航空機の性能を証明するための訓練プログラムを完了しなければならない
・BVLOS および第三者上空飛行等ロードマップ：BVLOS は許可されていないが、非標準の許可を申請できる。2019 年 11 月から、ドローンオペレーターの登録とリモートパイロットの能力の登録が施行される。2020 年から英国は EASA 規制との相互運用性を完全にサポートする予定である。一方、英国は警察がアンチドローンに取り組み、多くの力を傾注することを計画している。

〔2〕フランス

【French Civil Aviation Authority（FCAA）、2015 年 5 月 17 日〜】

フランスは 4 つの飛行シナリオ（S1、S2、S3、S4）に分類して法規制を定めている。とくに業務用で使用する場合はどのシナリオで飛行するか決めて、事前に承認を得る必要がある。また、操縦者は免許を取得する必要がある。運用シナリオ S4 および事前定義された運用シナリオ（S1、S2、または S3）のいずれかと一致しない操作については、一連のフライトごとに承認が必要である（S＝Scenario の略）。

(1) 人口集中地区以外のエリアでの飛行

S1、S2、S3 には、学科試験の証明書と実際のテストが必要である。S4 には、100 時間の飛行経験に加えて、学科試験の証明書と有人航空免許が必要である。25 kg を超える RPAS を使用するには、パイロットに特定の承認が必要である。

(a) 目視外飛行
・S2：飛行ゾーンに第三者は立ち入らない。パイロットから水平距離 1 km 以内の飛行、2 kg 以上の機体は飛行高度 50 m 以内とする。どの重量でも型式証明は必要
・S4：S1、S2 以外のシナリオ。重量 2 kg 以下で、撮影や監視などの用途に限る。どの重量

でも型式証明は必要、飛行高度は 150 m 以内

（b）目視内飛行

・S1：第三者の上空を飛行しない。パイロットから水平距離 200 m 以内の飛行に限る。重量 25 kg 以上の場合は型式証明は必要

（2）人口集中地区内のエリアでの飛行

・S3：第三者の上空を飛行しない。重量 8 kg 以下でパイロットから水平距離で 100 m 以内の飛行に限る。重量 2 kg 以上の場合は型式証明は必要

・BVLOS および第三者上空飛行等ロードマップ：S2 の場合は EVLOS（1,000 m）、S4 の場合は BVLOS 可となる。2019 年の現在、フランス当局は、BVLOS および自律飛行運用の免除を試験的に実施している。2020 年から、フランスは EASA と JARUS グループの両方と協力して新しい EU 法を実施し、SESAR U-Space プログラムに参加する計画である。

〔3〕ドイツ

【German Federal Aviation Office（FAO）、2017 年 4 月 6 日～】

ドイツは 2017 年 10 月から重量 250 g 以上のドローンのパイロットは所有者の氏名と住所を記載したバッジやアルミステッカーを携帯することとなった。ドローンの重量が 2 kg 以上の場合、パイロットは免許証、または航空スポーツ協会の証明書を提示するか、試験が義務付けられた。5 kg を超える場合は連邦航空局から特別許可を得る必要がある。また、プライバシー保護から居住区域から 1.5 km 以内の飛行には認証が求められる。

・飛行は目視範囲内の 200～300 m のエリア内で行う。飛行高度は地域によって、30～100 m に制限しているので注意

・空港から 1.5 km 以内のエリアでの飛行は禁止

・ベルリンの政府区域は飛行禁止エリアに指定

・5 kg 未満の重量の機体は特定の法律などは免除

・軍事施設、発電所、工業地帯、事故現場、大勢の人の頭上飛行には許可が必要

・25 kg 以下の商用無人航空機のパイロットは地方自治体の飛行許可証が必要で、25 kg を超える無人飛行機は使用が許可されない

・飛行許可証を取得するためには、保険証書、トレーニング証明書、使用予定のドローンに関する技術的説明書の提出が必要

・ドイツ国内の飛行禁止アリアが指定されている

・BVLOS および第三者上空飛行等ロードマップ：BVLOS は SORA-GER による特別な許可がある場合のみ。2019 年にドイツ政府は、ドイツの空域における飛行制御と ATM システムを中心とした無人の航空アプリケーションと航空モビリティソリューションを促進するための助成金を提供し、空中タクシーの安全な運用と視線を超えた運用のテストを実施している。2020 年からすでに EASA および JARUS グループの両方と協力して新しい EU 法を実施し、SESAR U-Space プログラムに参加している。

〔4〕イタリア

【Ente Nazionale per l'Aviazione Civile（ENAC）、2018 年 5 月 21 日～】

「危険を伴わない」飛行の場合、オペレーターは航空当局の Web サイトを使用してコンプライアンス宣言を提出する必要がある。「危険が伴う」飛行の場合、オペレーターは SORA、運用マニュアル、保守プログラムなどの許可を申請する必要がある。「研究開発」を目的とした業務は、当局の許可が必要である。パイロットはパイロット証明書（≦ 25 kg の座学と飛行試験）

またはパイロットライセンス（>25 kg および BVLOS）と医療証明書が必要である。さらに、パイロットは飛行活動を記録する必要がある。

- 機体クラス：クラス 1 ≤ 0，3 kg、クラス II ≤ 2 kg、クラス III ≤ 25 kg、25 kg < クラス IV ≤ 150 kg
- 飛行高度は 150 m 以下
- ドローンは水平距離 490 フィート以内（150 m 以内）で飛行
- 人口密度の高い地域、ビーチ、国立公園、鉄道、道路、工業プラントでの飛行は不可
- 飛行場から 8 km 以上離れた場所で飛行すること
- 日中のみの飛行可
- 人や建物から少なくとも 50 m 以上離れて飛行しなければならない
- 飛行できる機体重量は 25 kg 以下のみ
- 第三者保険に加入しなければならない
- 危険物を運んではいけない
- 「pilota di RPA」の記号が付いた視認性の高いベストを着用する（RPA パイロット）
- BVLOS および第三者上空飛行等ロードマップ：「危険を伴う」飛行権限がある場合、または公開されている標準シナリオに従っている場合のみ可。BVLOS 操作のパイロットには、パイロットライセンスが必要である。2019 年に ENAC は、耐空性要件を備えた標準シナリオを確立した。2020 年から ENAC は EASA 規制との相互運用性を完全にサポートし、EU の法律を実施している。イタリアは、SESAR U–Space プログラムに参加している。

〔5〕スイス

【Bundesamt für Zivilluftfahrt（BAZL）】

30 kg 未満の許可は不要。低リスク操作のみ標準許可（距離が 100 m の小規模イベントと大イベントの群集の空撮写真、調査と監視用の BVLOS は許可される）される。ただし、たとえば BVLOS フライトの場合、リスク評価手段に従ってパイロットスキルを証明する必要がある。

- 高度は 150 m 以下
- パイロットは、衝突を回避する目的で、他の航空機、人、車両、船舶、構造物との飛行経路を監視するのに十分な距離を維持する必要があり、VLOS 内で操作する。
- 500 g 以上の機体は保険に加入しなければならない
- 群衆の真上および横（100 m 水平）、−制限区域（空港、混雑した区域など）、農薬散布ドローンは標準的な許可が必要。
- オペレーターは原則、一連の標準手順で運用する。標準操作以外のすべての操作は、完全な SORA を基準にする必要がある。
- BVLOS および第三者上空飛行等ロードマップ：BVLOS は高さが 150 m に制限されている。2 km 以上の BVLOS の飛行は特別な許可が必要である。2020 年からスイスは無人機登録を開始する。スイスは EASA、EASA 機関および関係国との議論を主導しており、EASA 規制との相互運用性を完全にサポートしている。

〔6〕スペイン

【Spanish Civil Aviation Authority（AESA）、2018 年 12 月 1 日〜】

営利目的で使用する場合は、当局に直ちに申請/登録しなければならない。また、座学および実技の証明書と医療証明書が必要である。

- 重量 25 kg までの機体の飛行は許可される

・ただし、機体の耐空証明書が必要

・ドローンは目視範囲内で、最大水平距離 500 m 以内で飛行可能

・飛行高度は 400 フィート以下（120 m 以下）

・欧州航空安全機関（EASA）またはスペイン ATO によって認可されたパイロットライセンスと医師の診断書が必要

・最新のドローン操作マニュアルを携帯

・有効な保険加入

・ドローンパイロットは 18 歳以上であること

・飛行場や飛行場近くでは飛行しない

・夜間は飛行しない

・スペイン国内の飛行禁止エリアが指定されている

・BVLOS および第三者上空飛行等ロードマップ：EVLOS 内での運用は、テストフライトの公開された標準シナリオに従って可能である。当局に通知すれば、2 kg 未満のドローンで BVLOS 操作が可能である。なお、機体が 2 kg を超える BVLOS 飛行は、特別許可が必要となる。2019 年に AESA は、新しい EASA の法律が要求するツールと手順（2018 年 12 月に公開された標準手順）を適合させている。2020 年から AESA は既に EASA および JARUS グループの両方と協力して、SESAR U-Space プログラムに参加する新しい EU 立法を実施している。

〔7〕スウェーデン

　スウェーデンはカメラ搭載型ドローンに対して、プライバシーの保護の観点から厳しい法制化を行っていることで有名で、カメラ付きドローンの飛行には許可が必要である。

・ドローンは目視範囲内で、最大水平距離 500 m 以内で飛行可能

・飛行高度は 400 フィート以下（120 m 以下）

・第三者上空、つまり操縦者など以外の人の上空は飛行しない。とくに、群衆の上空など

・カメラ搭載型ドローンは飛行許可を得る必要がある

・商用ドローン、研究用ドローン、空撮用ドローンは許可が必要

・BVLOS および第三者上空飛行等ロードマップ：不明

〔8〕フィンランド

　フィンランドの無人機法規制は、ドローン飛行時に個人情報、機体情報、運用情報を添付することを義務づけられているという興味深い点があるが、それ以外のルールはかなり標準的である。

・ドローンパイロットは 18 歳以上であること

・緊急対応サービスの活動と干渉したり、妨害などをしない

・ドローンは目視範囲内で、最大水平距離 500 m 以内で飛行可能

・飛行高度は 400 フィート以下（120 m 以下）

・気象の悪いときには飛行しない

・空港近くでは 50 m 以上の高度で飛行しない

・ドローンにパイロットの個人情報を添付すること

・BVLOS および第三者上空飛行等ロードマップ：不明

1.3.5　アフリカ地域

　アフリカ地域は、アジアや欧米豪州と比較してより厳しい法規制となっているようであるが、道路などのインフラが遅れているためか、ドローンのニーズは極めて高い。大陸全体で規制の厳しさは異なるが、ここではアフリカの3つの国について紹介する。

〔1〕ケニア

　ケニアでは、使用されているすべてのドローンの登録が要求され、実際に登録システムを実施中である。その理由は、無人航空機がますます普及するにつれて、安全性とアカウンタビリティが向上するということである。

- ・18歳以上のケニア人であれば飛行できる
- ・ドローンパイロット（商業用であれレクリエーション用であれ）は、ケニア民間航空局（KCAA）が発行した「RPAS（遠隔操縦航空機システム）運航証書」を申請しなければならない
- ・飛行前に正しい第三者保険に加入しなければならない
- ・夜間の飛行や視界の悪い飛行は禁止
- ・事故はすべてKCAAに報告すること
- ・飛行場から10km以内のドローンの飛行は許可されない。飛行場の所有者の書面による許可とKCAAの承認が必要

〔2〕南アフリカ共和国

【South African Civil Aviation Authority】

　すべての民間企業、またはドローンのNGOオペレーターは、当局でオペレーター証明書（ROC）を申請する必要がある。証明書は12か月ごとに更新する必要がある。すべてのパイロットは、関連するカテゴリ（飛行機/ヘリコプター/マルチローター）および飛行方法（VLOS/EVLOS/BVLOS）の有効なリモートパイロットライセンス（RPL）を所有している必要がある。RPLは24か月間有効で、必要なトレーニングは、承認されたトレーニング組織で実施する必要がある。

- ・重量7kgまでのドローンは飛行することができる
- ・夜間の飛行は許可が必要
- ・飛行高度は400フィート以下（120m以下）
- ・ドローンは目視範囲内で、最大水平距離500m以内で飛行可能
- ・飛行は人、道路、構造物から少なくとも50m以上の距離で行う
- ・飛行場から10km以上離れた場所で飛行すること
- ・飛行禁止区域の発電所、国のモニュメント、犯罪現場、刑務所など上空は飛行しない
- ・現在、南アフリカで無人機を商用運用するためのライセンス要件は5つある。①南アフリカ民間航空局（SACAA）に登録されている、②パイロットは遠隔操縦ライセンス取得、③交通局からのエアサービスライセンス取得、④承認書（商業目的で使用される各無人機）、⑤リモートオペレータ証明書（承認された操作マニュアルを含むこと）

　これらの明確に定義されたガイドラインは大変面倒にも思えるが、パイロットにとっては公平公正な方法であり、安全な無人飛行を成功させるための、優れた規制の方法と言える。無謀な飛行の機会を制限するためにも必要な措置と思われる。

- ・BVLOSおよび第三者上空飛行等ロードマップ：2019年から2020年に南アフリカ民間航空

局は、簡単だが安全なコンプライアンスと迅速な承認プロセス、航空機登録、監視、免許、空域統合の改善を促進するロードマップに取り組んでいる。

〔3〕ジンバブエ

2016年5月、ジンバブエで無人機使用に関する新しいガイドラインが発表された。以下は、ジンバブエ民間航空局（CAAZ）の無人機規制の要点である。

・無人機を操縦する前に、有効な CAAZ 発行のライセンスが必要
・飛行前にドローンが正常に動作していることを確認
・夜間飛行や気象条件が悪い時の飛行はしない
・飛行は目視範囲内で行う
・道路から離陸したり、道路に沿って飛んだり、道路から30 m 以内を飛行しない
・管理空域内は飛行しない
・パイロットは、無人機からの荷物の引渡しや落下、危険物の運搬をしてはならない
・ドローン飛行前8時間以内または飛行中には、薬物やアルコールを摂取してはならない
・パイロットは、フォーメーションなどにより複数のドローンを飛行したり、空中で曲芸飛行を行ってはならない
・飛行高度は400 フィート以下（120 m 以下）
・飛行場から少なくとも5.5 km 以上離れた場所で飛行する
・刑務所、警察署、法廷、戦略的施設などの上空は飛行禁止
・飛行は人、建物から少なくとも30 m 以上の距離で行う（飛行許可がない場合）

1.4 　世界のドローン利活用動向

1.4.1　利活用分野別のビジネス予測

図1・4・1は、ドローン利活用の市場の積上げ予測を示している。現在、主な市場はホビー用ドローンであるが、これは近い将来大きく変わるものと思われ、ドローン市場の大部分は産業応用で占められるであろう。ほとんどの産業応用ドローンは10年以内にピークに達するが、物

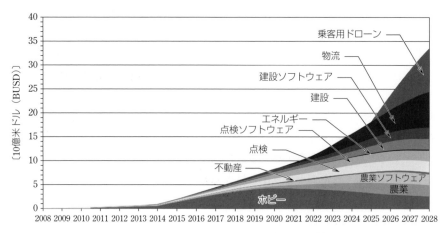

図1・4・1　利活用分野別のビジネス予測[(2)]

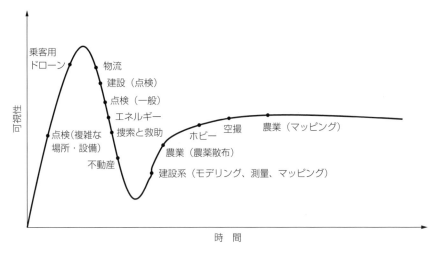

図1・4・2　ドローン利活用のハイプ曲線[2]

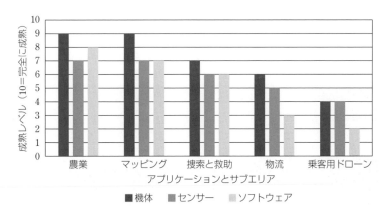

図1・4・3　ドローン利活用における技術成熟度レベル[2]

流ドローンや乗客ドローン（人を搬送するドローン）は、他の利活用が停滞/減少していく中で、大規模な新たな市場を形成し始めると考えられる。**図1・4・2**はドローン利活用に関するハイプ曲線を示す。世界的には最も安定期に入ったビジネス分野は農業（マッピング）、空撮、ホビー用ドローン、回復期に入ったのは農業（農薬散布）、建設系（モデリング、測量、マッピング）あたりである。不動産、捜索と救助、緊急出動、点検（一般）、建設（点検）は、流行期を経て幻滅期に入ろうとしている。物流は流行期を越えて少しずつ幻滅期へ、乗客ドローンは黎明期から流行期へ、そして、大変難しい箇所の点検はこれから黎明期へ入る状況にある。物流や乗客ドローンはさまざまな分野から注目されているが、実は農業、空撮、マッピングと測量は数年前にそのような注目を集めた。

　さまざまな利活用分野における機体、センサー、およびソフトウェアの成熟度レベルについて**図1・4・3**に示す。農業は機体に関してほぼ確立された分野で、農業用にカスタマイズされたドローンも多々存在している。しかし、農業では精密農業・スマート農業のような分野では情報収集のために、より専門的なセンサーが必要である。これは新しいセンサーによる新しい解析ソフトウェアのニーズを意味している。3Dマッピングでは、既存の機体についてほぼ条件を満たしているが、LiDARやミリ波レーダーなどの新しいセンサーは、重量、容積、価格などについて改善する必要がある。これらは、新しいソフトウェアアルゴリズムを意味する。捜索

と救助のためには、より特殊な機体が必要である。例えば、寒い気候や暑い気候でのよりタフな、より安定したバッテリー、より高い環境適応性などである。無人機を安全かつ耐久性のある機体に改善する必要がある。例えば、より長距離飛行、より多い積載量、荷物の搭載やリリースの仕組みなどで検討を要する。また、完全自律航法に関しても遠距離画像伝送通信などの課題がある。複数機・多数機の飛行のための安全運航管理システムなどの社会基盤が求められる。

物流ドローンに関しては、機体の信頼性・耐久性・安全性に関して耐空証明可能なレベルへの品質保証が要求されるため、一層のハードウェアの改善から障害物回避を伴う完全自律飛行可能なセンシング、さらに飛行中に、AIなどを組み込んだ故障解析やリスク解析が可能な、大脳型ドローンの登場が待たれる。ましてや乗客ドローンに至っては、いまだ研究開発途上であり、機体の安全性と信頼性に関連する一層のR&Dが求められる。

図1・4・4はドローン利活用分野における技術成熟度マップを示している。4段階に分けられ、成熟、ほぼ改善の必要がない、改善が必要、大幅な改善が必要で示している。物流や乗客ドローンは改善が必要または大幅な改善が必要となっている。

用　途	機　体	センサー	航法ソフトウェア	データ解析ソフトウェア	マネジメントソフトウェア	タスク自動化ソフトウェア
農　業		農作物の特定の病気を検出するには、カスタマイズされたセンサーが必要		精密農業に代表されるデータを付加価値の高いものにする解析ソフトウェアが必要		自動化レベルを一層高度化することや、一層の専門性が必要
マッピング（点検）		エリアに適した点検用のセンサーが必要	より良いタスク実現のため障害物回避アルゴリズムが求められる	欠陥検出のアルゴリズムは高精度化が要求される		人の介在を最終的には減じないとコストパフォーマンスは良くない
マッピング（その他）		より高精度なマッピング用のLiDAR、レーダーが必要				上記と同様に、人の介在を減らす工夫が必要
物　流	さまざまな目的の物流があり、その目的に合致した機体開発が求められる		都市部も含めて複雑な環境を飛行するため高精度な航法アルゴリズムが必要	該当せず	宅配・物流のマネジメントソフトウェアは全くの未成熟で、ここが物流分野の鍵となる	基本的に物流の無人化が大きな課題でこのための自動化が必要
乗客用ドローン	人間を搬送する機体は安全性、信頼性など有人航空機並みの耐空証明が求められる	乗客用ドローンに用いられるセンサーは冗長で信頼度の高いもので、自動運転以上のセンサーシステムとなろう	乗客用ドローンに用いられる航法アルゴリズムは有人機のパイロット並みのレベルが要求されるため、まだたくさんの課題が山積しており、開発用の時間と経費が必要	該当せず	UTMなどのシステムとの連携が必要	乗客用ドローンではパイロットレスが重要なので、タスク自動化はパイロットレス化そのものである

■成熟　　□少しの改善が必要　　▨改善必要　　▩大幅な改善が必要

図1・4・4　ドローン利活用分野における技術成熟度マップ[(2)]

1.4.2　農林水産業分野の利活用動向

　ドローンの応用分野ではまず最初に第1次産業農林水産業分野が挙げられる。農業分野は農薬散布、灌漑・雑草・生育調査や植物病・植生解析の精密農業、播種・肥料散布、鳥獣対策、収穫物搬送、受粉作業、養殖業や魚群探査の水産業、森林調査や防虫・植林用苗木搬送などの林業など多岐にわたっている。搭載する機器類は高解像度RGBカメラ、サーマルカメラ、およびマルチスペクトルやハイパースペクトルカメラなどや、薬剤散布用の機器類、RTK対応のGPS受信機などである。

　ドローンは、一般の農家または専門的なパイロットによって操縦され、データはデータ分析会社または新興の大規模な分析会社によって処理される場合がある。無人機自体は、安定した飛行をする小型のクワッドコプターや、より広いエリアをカバーする固定翼が一般的である。

　精密農業の普及は、ビジネスに大きな影響をもたらし、農業のバリューチェーンを変化させる可能性がある。将来、データ分析会社は、データドリブン農業という新しいビジネス展開が高まるにつれて大きな価値を獲得するようになり、飛躍的に成長する可能性がある。特定の圃場に対して専門的立場から常時植物の植生解析とポートフォリオを作成することで、生育状況のきめ細かな把握から灌漑・防虫・肥料散布・最適収穫期予測などを診断できる。この場合、ドローンは自律的なデータ収集プラットフォームとなり、データ変換マシンとして正確で軽量なロボットとして再認識される。

　こうした精密農業は、衛星、有人航空機、またはドローンで行われているが、解像度が異なること、農場面積に応じた価格が異なること、および気象条件による影響があることなどにより差別化されている。**マッピング**には、RGBマッピング、熱マッピング、マルチスペクトルマッピングなどがある。**図1・4・5**、**図1・4・6**はドローンと衛星からのマッピングの様子を示している。当然ながら衛星、有人航空機、およびドローンによって精度・分解能は異なってくる。ドローンの分解能は数cmで、衛星の分解能は0.5 m、有人航空機はドローンと衛星の間にある。次に、コストであるが、ドローンは、オルソモザイク出力を込みでマッピング料金は1時間当たり100〜200ドル、衛星サービスプロバイダーは100 km² 未満の注文を受けないようであるが、

ドローン取得画像　　　　　　　　　衛星取得画像

図1・4・5　ドローンと衛星からのマッピングの違い

図1・4・6　ドローン、有人航空機、衛星によるマッピング（リモートセンシング）

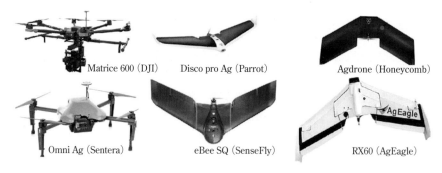

Matrice 600（DJI）　　Disco pro Ag（Parrot）　　　　Agdrone（Honeycomb）

Omni Ag（Sentera）　　eBee SQ（SenseFly）　　　　RX60（AgEagle）

図1・4・7　データ取得のために農業で使用される一般的なドローン

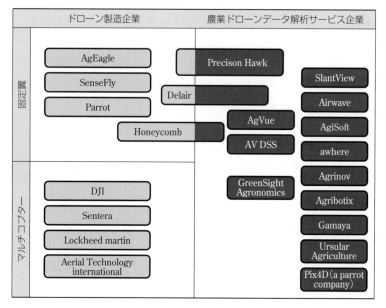

図1・4・8　精密農業分野のドローンメーカーとデータ解析サービス会社[2]

衛星を用いたマッピング料金は約130ドル/km^{2}である。有人航空機は先と同様にドローンと衛星の間にある。全体として、5 ha未満のフィールドでは、ドローンは他より圧倒的に有利である。迅速なアクセス性、より高い飛行頻度、より高い分解能と精度、天候（雲）の影響を受けないことを考えると、より大きな農場でも好まれるかもしれない。ドローンは、農場の航空写真と地図を取得し農家にデータを提供することで、データ駆動型の農業が実現し精密農業が実行される。人工衛星や有人ヘリコプターが長い間このリモートセンシングを行ってきた。ここで、画像処理して有用なマップを提供するステップが現在非常に高価となっている。ここでは専門家の知見が重要な役割を果たすが、今後AIツールを活用して汎用化と低コスト化、普及促進を図ることが重要である。

　図1・4・7に示すように農業で使用されている多くのデータ取得用ドローンは固定翼が多い。これは、回転翼と比べて飛行時間が長く、1回の飛行でより多くの地上をカバーできるためである。こうした精密農業分野ではプレイヤーとして、ドローンメーカー、ドローン飛行サービス、データ解析サービスの大きく3つの分野がある。**図1・4・8**は精密農業分野のドローンメーカーとデータ解析サービス会社を示す。精密農業分野におけるドローンのバリューチェーンである。ドローンのメーカーは、固定翼とマルチコプターシステムの2つのカテゴリのデバイス

表 1・4・1　世界の主要な農業用ドローン[2]

企業名	機体名	価格〔米ドル〕	型	散布タンク〔kg〕	自律性	マニュアル操縦	飛行時間〔min〕	翼長〔cm〕	飛行速度〔km/hr〕
DJI	Agras MG-1	15,000	オクトコプター	10	あり	可			
SenseFly	eBee Ag	25,000	固定翼	なし	あり	不可	45	96	
Precision Hawk	Landcaster 5	25,000 –35,000	固定翼	なし	あり	不可	45	150	43.2–57.6
ヤマハ発動機	RMAX	90,000 –130,000		25	あり	可			10
Delair-tech	DT-18	8,600	固定翼	4	あり			330	50
Aerial Technology Limited	AG550	3,000	ヘキサコプター		あり	可	26		61.7
Farm Intelligence2	Quand Indago	25,000	クワッドコプター		あり		45		72
AgEagle	RX-60	17,500	固定翼				60	124.5	46.7
Parrot	Disco Pro Ag	4,500	固定翼	なし	あり	可	30	115	
Sentera	Omni Ag	13,000	クワッドコプター	なし	あり	可	25		54

を提供している。前者は、マッピングや偵察などの長距離の活動により適しており、後者は、精密な噴霧や綿密な検査などにより適している。価値はますますデータ処理と分析の部分にシフトすると予想される。この場合、農家はデータに基づいた実用的なアドバイスを提供されることを期待している。このため、データ解析専門企業、コンサルタント、大学などの専門家は、独自の研究と専門知識を使用して、特定のほ場データ、特定の植生作物、農業シナリオ、気象条件などのビッグデータを取得し、詳細なきめ細かなデータ分析を行って、これらに対処する専用ソフトウェアの開発が求められる。

2015 年 11 月、DJI は 8 ローターの Agras MG-1 を発売した。これは、農薬散布専用の自律型ドローンである。15,000 ドルの価格で 10 ℓ の液体を保持するスプレータンクで 2.8〜4 ha/時で薬剤散布する。8 m/s で移動し、作物からの正確な距離を維持できるため、精密な散布が可能で、特別に設計された冷却システムにより、モーターは高出力領域で動作できる。MG-1S という新しいバージョンは 2017 年後半に発売され、RTK 対応 GPS の使用を促進し、より正確に自動化されたミッションを行うことができる。

市場に提供されて、ある程度のシェアを有するさまざまな農業用ドローンの比較をすると、**表1・4・1**になる。農業分野で使用されるさまざまなドローンに関する比較情報を提供している。ヤマハと DJI（Agras）は、農薬散布用である。ヤマハは、日本で成功裏に使用された高価な実証済みの無人ヘリコプターである。DJI はホビー用ドローンの優位性を活用して、新しい成長戦略としている。市販されている他のドローンは、マルチコプターまたは固定翼である。多くの場合、小型、軽量、低コストで、それらは荷物を運ぶことができず、かわりにデータ取得を専門的に実行するために使用される。

1.4.3　マッピング分野の利活用動向（林業、鉱業、建設、不動産、検査、測量など）

マッピングとモデリングは、ドローン応用分野として最初から注目されていた分野であり、

ドローンの中核的役割を担っている。ここでマッピングとは2次元、3次元の地図作成のことであるが、これは航空写真測量、または、ドローンによる空中からのレーザー測量によって生成できる。測量したいエリアを巡行させ、写真どうしが重なるよう、一定間隔で連続写真を撮影する。こうして撮影した写真データと、撮影した時のドローンの位置（緯度、経度、高度）からさまざまな成果品が得られる。視差分をずらせて撮影した2枚の写真を3Dメガネで見ると、平面写真から立体像が得られる。この原理を応用した空中三角測量で対象物の3D位置情報を取得する。ドローンの空中写真からは、正確な縮尺を持った2D地図（平面図）を始め、レンズの歪みを補正したオルソ画像、等高線付きで高低差がわかる地図、3Dモデルなどが容易に得られる。これがモデリングである。

　図1・4・9に代表的なマッピングとモデリングのミッションで、鉱山露天掘り測量、建設現場工事進捗、森林生育調査、橋と構造物の点検、3Dモデリング、不動産評価、土地測量、精密農業などを示している。この場合、多くは通常のRGBカメラを搭載して飛行するだけで情報収集ができ、必要に応じて市販のソフトウェアでデータを加工することで3Dモデルなどが得られる。LiDAR搭載ドローンは、カメラを搭載したカメラよりも平均で10倍高い。また、LiDARは、照明レベルや気象条件の影響を強く受けない。この点がカメラ測量の課題であるが、カメラは多くの情報が得られる点で、AI技術などとの連携が良いため1億画素数のカメラや、4Kカメラ、8Kカメラなどの進化に合わせて広く活用されていくものと思われる。さらには、仮想現実感VRや拡張現実感ARなどともつながって新たな世界が構築される可能性がある。

鉱山露天掘り測量　　　建設現場工事進捗　　　森林生育調査　　　橋と構造物の点検

3Dモデリング　　　不動産評価　　　土地測量　　　精密農業

図1・4・9　ドローンによるマッピングとモデリング

1.4.4　災害対応分野の利活用動向

　災害対応ドローンのミッションはいくつか考えられるが、地震、火山噴火、台風やハリケーン・竜巻などの自然災害が発生したことを想定すると、大きく4つのミッションが考えられる。まずは、①発生直後に最初に緊急出動して災害状況の正しい把握をする、②人命救助のための緊急車両の通行可能なルートを探索する、③要救助者・介護者の発見と状況把握をする、④要救助者・介護者へ緊急物資などの搬送を行う。

　噴火の場合は、溶岩はどこまで広がっているのか？　大地震の場合は、どの道が安全に通れるのか、危険なのか？　洪水や大規模火災の場合は、どこに逃げれば安全なのか？　図1・4・10に示すように大震災や大火災によって、今まで道だった場所が道ではなくなる瞬間、地図

図1・4・10　大災害発生直後の被災地上空飛行

があるかないかは命にかかわってくる。そんなとき、ドローンを災害発生時の緊急ハザードマップ作成に利用すれば多くの命が助かる可能性がある。さらに、自動操縦によって津波で浸水した町の上や、放射能で汚染された場所など、人が入れないエリアに行き、画像や映像を撮影することができる。訓練されたドローン操縦士が即座に出動して、FPVなどにより現地状況を空撮し、最短時間で被災地の地図の最新情報を公開することは技術的に可能である。被災地に取り残された要救助者の救援に大きな助けとなる。

1.4.5　配送と物流分野の利活用動向

(1) ドローンで何を運ぶか？

現在、ドローンが提供する商品は、小売商品、食品、医療用品、工業用品の4つの種類に分類できる。これらは、ドローンの配送が一般的になるための克服すべき技術的課題、社会的受容性、および法律上のハードルが非常に異なっている。ドローン配送市場の種類も現在非常に異なる段階にある。

現在の小売商品配送の主な特徴は、JD.com、Amazon、DHL、楽天などの電子商取引プラットフォームからの商品の配送の需要が高いとみられる。一方、これまでのところ、食べ物はレストランからの配達を必要とするが、将来的にはスーパーマーケットや産地直送食料品の配達や食品倉庫の在庫品の配送の可能性がある。ドローンで配達される医療品には、献血、予防接種、薬、PCR検査キット、抗毒液が含まれ、場合によっては臓器移植やその他の医療用品も含まれる。最後に、納入される工業製品は、その時点でドローンがサービスを提供している産業に大きく依存することになる。自動車工場では自動車部品である場合があるが、エネルギープラントでは検査および保守ツールである場合がある。

ドローン配送・物流の市場マップを図1・4・11に示す。市場内の主要なセグメントと、それらのセグメントに応じた現在の市場プレーヤーの位置付けを概説している。これから小売商品と医療用品のニーズが高いことがわかる。これは現在のドローンの飛距離やペイロードに関係していると考えられる。

(2) 誰がドローンで運ぶのか？

ドローンの配達を請け負う最も重要な企業は、ドローンサービスプロバイダーとビジネス内部サービス（エンドユーザー）に分割できる。両社の主な違いは、前者が他者にサービスを提供し、後者がドローンを採用して独自のワークフローを改善することである。DSPとして動作する著名な企業には、Wing、Zipline、Flytrex、Flirtey、Matternet、Volans-i、およびAntworksが含まれる。

(3) 誰がドローンを飛ばすのか？

一方、エンドユーザーとしてビジネス内部サービス用のドローンを運用する最も有名な企業には、JD.com、DHL、Amazon、Walmart、楽天、Zomato、SF Expressが含まれる。さらに大

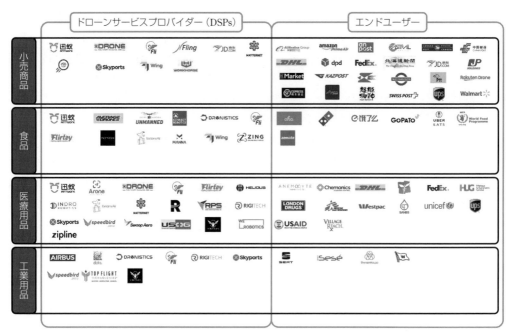

図1・4・11　ドローン配送・物流の市場マップ[1]

規模な郵便サービス会社または電子商取引企業や物流，とくに BtoC のロジスティクス関連企業が候補となる。しかし、世界食糧計画やユニセフのように、人道目的でドローンの配達を行っている政府間プログラムもある。

(4) ドローンの配達は今どこで起こっているか？

ドローン配達のホットスポットは現在、次の場所がある。Zipline が血液を届けているアフリカのルワンダとガーナである。オセアニアのオーストラリアとバヌアツでは、Wing と Swoop Aero がそれぞれ政府承認のドローン配達を行っている。ヨーロッパのフィンランド、アイスランド、スイスでは、Wing、Flytrex、Matternet がそれぞれ小売、食品、医薬品のドローン配達を行っている。アジアの中国と日本は、楽天、JD.com、Ele.me、SF Express が配送を行っている（一部実証実験を含む）。Zipline が 2020 年にインドで営業を開始する予定である。米国のいくつかの州では、Wing、Flytrex および UPS がすべて商品を配達している。中国では Antworks 社が医薬品を配送している。

(5) 配達に関するドローン規制はどのくらい厳しいか？

ドローンの配送会社は、ドローンの規則や規制に関しては条件をクリアすることは容易ではない。他の場合とは異なり、ドローンの配達には通常、BVLOS 飛行の必要がある。多くの配達用ドローンが消費者に荷物を搬送することを考えると、人口の多い都市部で膨大な数のドローン配達を行う必要がある。これらのミッション特性により、ドローンの配達には民間航空当局による特別な承認が必要である。このため、最近、Uber Eats、Wing、Amazon Prime Air、UPS、Flytrex、Flirtey を含む多くの企業が特別な免除を申請しており、一部の企業は他の企業よりも早期に取得に成功している。UPS は最近、最高の Part 135 FAA 承認を取得した。つまり、サービスの範囲を制限することなく、標準のオペレーターとしてドローンの配送を行うことができる。一方、Wing は以前、より限定的な形式のパート 135 FAA 認証を取得した。これは、ミッションの範囲を一度に 1 人のパイロットに制限する承認である。一方、Antworks 社も 2019 年

10月15日に中国民間航空局（CAAC）から、都市部での商用ドローン配送を可能にする「特定UASパイロット運用承認」（Specific UAS Pilot Operation Approval）と、「UAS配送ビジネスライセンス」（UAS Delivery Business License）を取得した。このように世界ではUPS・MatternetとAntworksの2社が、いわゆる目視外・第三者上空飛行のライセンスを取得したことになる。

(6) 2020年に何が期待できるか？

継続的な拡張である。ドローン配達に関する誇大広告がピークに達すると、多くの新しいドローン配送会社が設立されてくるであろう。これらのいくつかは、最近の開発によって革新的なソリューションを提案する可能性があり、他のものは、既存のソリューションの類似のサービスを提供する魅力的でない会社となり、サバイバル競争で敗退する可能性がある。いくつかの重要なプレーヤーが現在いくつかの国で完全に承認された運用を開始していることを考えると、UPS、Wing、Zipline、Volans–i、Flytrexなどのより著名な企業の運用の盤石さが見込まれる。また、事業者にとってドローン配送の収益性を高めるために、配送コストを適切なレベルに下げる必要がある。

ドローン配送についての課題は多々ある。世界のほとんどの地域で、現在はドローン配送が法的に合法化されていない。ドローンの飛行時間が短く、最後の数マイルに制限されている。ドローンの信頼性や安全性が十分に証明されていない。配送コストがペイしない。通信や運航管理システム、離発着地点などの社会インフラが不備である。プライバシーや騒音など多数機が飛行することによる環境アメニティが乱される懸念がある、などである。

1.4.6　乗客用ドローン（空飛ぶクルマ）の動向

図1・4・12に示すように、乗客用ドローン、航空タクシー、空飛ぶクルマ、eVTOLは、将来人間を運ぶために設計・製作されているパイロットレス小型ドローンを指している。このため、空のタクシーと空飛ぶクルマを区別することは難しくなっている。これらのプラットフォームには共通するキーワードが1つある。それは「人間を運ぶ」ということである。したがって、

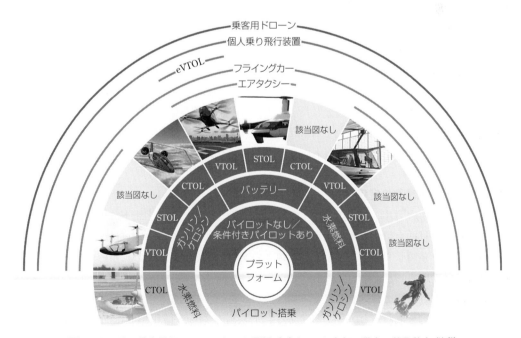

図1・4・12　乗客用ドローンの3つの分類（パイロット有無、動力、離発着方式）[1]

それらを最も正確に説明する用語は、パッセンジャードローン、すなわち乗客用ドローンである。

2018年12月20日に開催された、空の移動革命に向けた官民協議会で「空の移動革命ロードマップ」が承認されている。ここでは人の搬送を前提とした、電動、垂直離着陸、パイロットレスの3つのキーワードが重要な視点となっている。一方で、ビジネスモデルとしてニーズの高い、人ではなく物資搬送用のドローンの大型化という観点から、ペイロード10～500 kg程度の機体開発や試験飛行が求められる。これは山間部などで伐採樹木の搬送や植樹用苗木などの林業、送電線延伸・点検分野などの電力設備分野、また、道路のない場所への大型荷物搬送など建設分野、さらには災害対応分野などで高いニーズを有していると想定される。こうした重量物搬送で実績を積み重ねてパッセンジャードローンへ進化させるという流れも戦略的に考えられる。

(1) 乗客用ドローンの定義

人間を運ぶために設計されている空中プラットフォームを区別するレベルがある。最初のレベルは、パイロットがいる（有人）であるか、無人であるかである。

多くのプラットフォームが将来パイロットなしで飛行することを目指しているにもかかわらず、現在はまだ有人であるということである。真に自律的なソリューションが利用可能になり航空当局に認定されると、乗客用ドローンはパイロットの関与なしに人間を運ぶことができる。ドローン業界が成長して産業分野の一定のシェアを獲得する頃には、乗客用ドローン分野は飛躍的な発展が開始されるであろう。それはドローンの社会的受容性が許容レベルになったということの証であるからである。

(2) 乗客用ドローンの種類

乗客用ドローンを分類する方法に、エネルギー源がある。プラットフォームのほとんどは、電気モーターで駆動される。ただし、電気エネルギーはバッテリー単独か、燃料電池と組み合わせた水素燃料か、または、エンジン・タービンと発電機の組合せによるガソリンなどの内燃機関かによる。さらに、乗客用ドローンを分類するための3番目の基準は飛行方式である。これらのプラットフォームは、垂直離着陸（VTOL）、短距離離着陸（STOL）、および従来の離陸着陸（CTOL）の3つのバリエーションがある。これらは「より長い飛行」、「より大きいペイロード」、または、「滑走路のない都市での運用」など、特定の目的に合うように設計されている。乗客用ドローンと同じ技術を使用する電動プラットフォーム（たとえば、マルチローター構成）で、ホバーバイク、動力源を背負った1人乗り電気航空機、スケートボードのような空中ホバークラフト、それに類似な1人乗りマルチコプターなどがある。これらは水素またはガソリンを動力源とするビークルで、人が操縦するという意味で、乗客用ドローンとは異なると考えられる。

(3) 関連する他の用語の定義

空飛ぶクルマ、eVTOL、航空タクシーなど、具体的な用語は、乗客用ドローンが持つ非常に具体的な機能と目的を指すために使用されている。例えば、航空タクシーは、乗客用ドローンの特定の目的を強調している。商業目的で地上の交通渋滞を避けるために市内中心部で旅客を輸送することである。したがって、航空タクシーは、同時に個人用の飛行装置ではない。空飛ぶクルマは特定の機能を強調しており、飛行機が合法的に地上の公道を走行する車と空を飛ぶモビリティの両方を兼ねるということである。SF映画の「Back to the Future」を地でいく世界である。そのようなプラットフォームが克服しなければならない技術的および認証のハードル

は極めて高い。現在、いくつかのプラットフォームには車輪が付いている場合があるが、これらはプラットフォームを格納庫から離陸地点まで移動するためのもので、路上での運転には使用されない。

　最後に、eVTOL乗客ドローンは産業用ドローンの大型版である。ドローンは電動式で、垂直離着陸機能を備えている。eVTOLという用語は都市部でのエコシステムなUAM（Urban Air Mobility：都市型航空交通）を強調するための用語である。現在の有人ヘリコプターはその意味でガソリン型であるため、gVTOLということになる。これらの重要な用語は、すでに存在する200以上の乗客用ドローンソリューションの違いを理解するために重要である。飛行救急車、空港シャトルなどのように、乗客用ドローンのより具体的な使用が発展するにつれて、より多くのより具体的な用語が出現するであろう。

　図1・4・13は、Uberを中心に自動車業界、航空機業界、スタートアップの激烈な競争状態にある相関関係を示している。図1・4・13で、左上の破線で囲まれたエリアにある企業は自動車業界、右側の破線内は航空機業界、下の横長の破線内がスタートアップ、そして、Uberと書かれて破線で囲まれている8社はUberと共同開発している企業である。これからUberがいかに本腰を入れているかがわかる。ドローン産業が成熟してくる頃にUAMの時代が始まるといわれている。トヨタ自動車がJoby Aviationに3億9,400万米ドル（1ドル110円換算で、433億4,000万円）を出資して話題にもなった。Joby Aviationはすでに7億2千万ドル（792億円）を累計で調達済みである。機体開発から耐空証明・型式証明の認証取得まで長いR&Dがあり、これに持ちこたえる必要があるため、ドローン産業とは桁違いな資金調達となっている。

（野波健蔵）

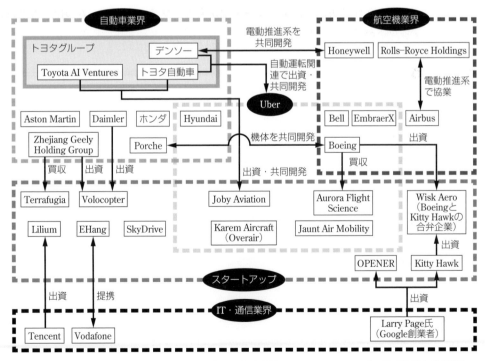

図1・4・13　Uberを中心とした自動車業界、航空機業界、スタートアップの激烈な競争状態[12]

【参考文献】
（1） https://www.droneii.com/drone–publications
（2） Drones 2018–2038: Components, Technologies, Roadmaps, Market Forecasts, IDTech Dx Research, 2019
（3） The Drone Market Report 2019, Drone Industry Insight
（4） 野波健蔵 編著：ドローン産業応用のすべて―開発の基礎から活用の実際まで―、オーム社、2018 年
（5） 野波健蔵：ドローン工学入門―モデリングから制御まで―、コロナ社、2020 年
（6） J. L. Pereira : "Hover and wind–tunnel testing of shrouded rotors for improved micro air vehicle design" ph. D Thesis, University of Maryland （2008）
（7） https://www.soumu.go.jp/main_content/000665992.pdf
（8） 野波健蔵：世界の小形無人航空機（ドローン）法規制と動向、電子情報通信学会誌、Vol. 101、No. 12 （2018 年）
（9） https://www.heliguy.com/blog/2016/06/14/heliguys–guide–to–global–drone–regulations/#europe–link
（10） https://dronebangkok.live/2018/06/17/canada–drone–regulations/
https://www.borg.media/category/regulation/abroad–regulation/
（11） 森・浜田松本法律事務所・ロボット法研究会：ドローンビジネスと法規制、清文社、2017 年
（12） 空飛ぶクルマ急上昇、日経エレクトロニクス、2020 年 3 月

2章

ドローンの自律制御技術と周辺技術

　本章は、ドローンプラットフォームの頭脳部である自律制御技術と周辺技術について最新のホットなトピックスを述べている。2.1 節では先進的モデルベース自律制御、2.2 節では最新のビジュアル SLAM による自律制御、2.3 節では環境認識と知能型 AI ベース自律制御、2.4 節では大脳型飛行ロボットのあるべき姿、2.5 節では深層学習アルゴリズムによるビッグデータ処理、2.6 節ではエッジコンピューティングとクラウドコンピューティング、2.7 節では携帯電話網ネットワーク LTE と 5G、2.8 節では自律飛行ロボットと無線周波数帯、2.9 節では自律型ドローンとアンチドローン、2.10 節では高信頼性駆動系に関するドローンについて述べる。

2.1 モデル予測制御による衝突回避

　ドローンが自律飛行を行う際、角速度制御、姿勢制御、速度制御、位置制御といったさまざまな制御が用いられている。また、その制御手法についても、現在、多くのドローンで採用されている PID 制御に代表される試行錯誤的な手法、ニューラルネットワークやファジー制御といった経験則ベースの手法などさまざまなものがある。こういった制御手法の中でもモデルベース制御手法は、対象となるドローンの運動を数式モデルで表現し、それをもとに制御系を設計する系統的な手法である。本書の前巻にあたる『ドローン産業応用のすべて』の 2.1 節「IMU を用いた姿勢制御技術」では、モデルベース制御手法の 1 つである最適制御理論を用いたドローンの姿勢制御系の設計について述べた。モデルベース制御手法の特徴として、制御対象の運動を正確に表現する数式モデルが得られれば、一定以上の制御性能を保証する制御器を容易に設計できる点、設計する制御器に対してロバスト性や外乱抑圧性といった機能を付加することができる点が挙げられる。

　本節では、より先端的なモデルベース制御手法によるドローンの自律制御技術として、モデル予測制御（Model Predictive Control；MPC）を用いたドローンの衝突回避について述べる。はじめに、モデル予測制御の基本的な事項について解説する。モデル予測制御はその名のとおり「数式モデル」を用いて未来を「予測」しながら、最適な制御入力を計算する手法である。ここではそのイメージと特徴を述べたうえで、モデル予測制御の一般的な定式化について説明する。つぎに、モデル予測制御を用いたドローンの衝突回避システムの設計について述べる。障害物や他機体の周りに設定する進入禁止エリアなどの制約条件の設計と、それらをモデル予測制御の計算に導入する方法について説明する。最後に、モデル予測制御を用いて設計した衝突回避システムの有効性を飛行実験によって示す。

2.1.1　モデル予測制御

　モデル予測制御とは、数式モデルを用いて制御対象の有限時間未来までの運動を予測し、予測した区間において設定した評価関数を最小化することで現在の最適入力を求めるというサイクルを制御時刻ごとに繰り返し行う制御手法である。最適化計算の評価区間（Horizon）が時間とともに未来へ後退していく（Receding）ことから、Receding Horizon（RH）制御とも呼ばれる。モデル予測制御は1970年代頃に登場し、従来は産業界において製油プロセスや化学プラントといった比較的応答の遅いシステムにのみ適用されてきた[1]。これは、最適化計算の計算負荷がとても大きく、旧来の計算機では多くの計算時間を要してしまうためであった。しかしながら、近年の計算機性能の飛躍的向上と計算負荷の小さい数値解法の登場によって、自動車や産業機械、ロボットといった応答の速いシステムにも適用が可能となり、さまざまな分野で注目を集めている。

　モデル予測制御の定式化の説明に入る前に、ここではモデル予測制御の大まかなイメージを図 2・1・1 によって説明する。図 2・1・1 では、一般的なフィードバック制御とモデル予測制御をそれぞれ車の運転に例えて示している。一般的なフィードバック制御は、基本的に「現在」のセンサー情報をフィードバックし、「現在」の制御入力を決定する。これは、車の運転に例えるとドライバーが「現在」の自車の位置と車道の中心とのずれ、すなわち自車の真横のセンターラインとの距離（図 2・1・1(a) 中の矢印）を見ながら運転することに等しい。一方、モデル予測

制御は、「現在」のセンサー情報と対象のモデルから「未来」の挙動を予測し、予測した挙動に対する評価を行って「現在」の制御入力を決定する。これは、ドライバーが「現在」の自車の位置と速度から「未来」の軌道（図2・1・1(b)中の点線）を予測し、予測軌道と自車前方の車道の様子を比較して、「未来」における車道とのずれ（図2・1・1(b)中の矢印）を小さくするように「現在」のステアリング角度、アクセル、ブレーキなどの入力を決定して運転することに等しい。いうまでもないが、人間が車を運転する際に行っているのは後者であり、前者のように車を運転する人はいないと思われる。このように、人間が自然に行っている「予測」と「評価」というプロセスをフィードバック制御に取り入れたのがモデル予測制御であるといえる。

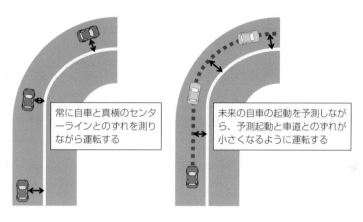

（a）一般的なフィードバック制御 　　　　（b）モデル予測制御

図2・1・1　モデル予測制御のイメージ

次に、モデル予測制御の一般的な定式化について述べ、その特徴について説明する。はじめに、「数式モデル」を用いた「予測」について定式化する。今回、対象の運動を表現する数式モデルとして『ドローン産業応用のすべて』2.1節の姿勢制御系の設計と同様に、以下に示す状態空間モデルを採用する。

$$\dot{\boldsymbol{x}}(t) = \boldsymbol{A}\boldsymbol{x}(t) + \boldsymbol{B}\boldsymbol{u}(t) \tag{2・1・1}$$

$$\boldsymbol{y}(t) = \boldsymbol{C}\boldsymbol{x}(t) \tag{2・1・2}$$

ただしここで、式中の t は時間変数、$\boldsymbol{x}(t)$ はシステムの状態ベクトル、$\boldsymbol{u}(t)$ は入力ベクトル、$\boldsymbol{y}(t)$ は出力ベクトルをそれぞれ表している。また、$\boldsymbol{A}$、$\boldsymbol{B}$、$\boldsymbol{C}$ はモデルパラメーターを表す行列である。いま、現在時刻 t_1 から T_p 秒後未来までの入力が $\boldsymbol{u}(\tau)$（$\tau = [t_1,\ t_1 + T_\mathrm{p}]$）であると仮定し、現在時刻の状態 $\boldsymbol{x}(t_1)$ が既知である（実際にセンサーや推定器によって得ることができる）とすれば、$\boldsymbol{x}(t_1)$ を初期値とし、$\boldsymbol{u}(\tau)$ を用いて式(2・1・1)を積分することで、T_p 秒後未来までの状態の予測値 $\bar{\boldsymbol{x}}(\tau)$（$\tau = [t_1,\ t_1 + T_\mathrm{p}]$）を得ることができる。次に、予測区間における「評価」について定式化する。いま、予測によって得られた状態の予測値と入力を用いて、区間 $[t_1,\ t_1 + T_\mathrm{p}]$ において評価関数 $J(\bar{\boldsymbol{x}},\ \boldsymbol{u})$ を定義する。J は問題に応じて設計者が自由に設定することができる関数であるが、ここでは、姿勢制御系の設計に用いた最適制御理論と同様に以下の2次形式評価関数を例として挙げる。

$$J(\bar{\boldsymbol{x}},\ \boldsymbol{u}) = \int_{t_1}^{t_1 + T_p} \{\bar{\boldsymbol{x}}T(\tau)\bar{\boldsymbol{x}}(\tau) + \boldsymbol{u}T(\tau)\boldsymbol{u}(\tau)\}d\tau \tag{2・1・3}$$

いま、式(2・1・1)のもとで式(2・1・3)の評価関数を最小化する最適化問題を解くことで、区間

$[t_1,\ t_1+T_p]$における最適状態予測値$\bar{\boldsymbol{x}}^*(\tau)$と最適入力系列$\boldsymbol{u}^*(\tau)$を得ることができる。得られた最適入力系列の初期値は現在時刻の最適入力$\boldsymbol{u}^*(t_1)$であるので、これを現在の制御入力として制御対象に入力する。そして、時間が経過し次の制御時刻$t_2\ (t_2 > t_1)$になった際には、上記の予測、評価、最適化を再び行い、得られた最適入力系列の初期値$\boldsymbol{u}^*(t_2)$を制御入力として対象に入力する。その際、評価区間はt_2を起点として$[t_2,\ t_2+T_p]$となり、未来方向に後退することとなる。これを制御時間ごとに逐次繰り返すことで式(2·1·3)の評価に従った制御を行うことが可能となる。

　モデル予測制御の最大の特徴として、評価関数の最適化を行う際に状態や入力のさまざまな制約条件を陽に考慮することができる点が挙げられる。例えば、制御対象の速度を一定以下とする制約条件を導入することで、速度を抑えつつ可能な限り早く目的地に到着するといった制御が可能となる。次項では、この特徴を利用することでドローンの衝突回避システムをモデル予測制御によって設計する。

2.1.2　モデル予測制御を用いたドローンの衝突回避システム

　GPSによる自律飛行が可能なドローンが世に登場して久しく、現在そういった自律型ドローンが産業分野のさまざまな現場で活用されている。そして、現場においてドローンを安全に運用するために最も重要であり、現場から求められているのが衝突回避能力である。飛行経路上に存在する障害物の回避はもちろん、複数のドローンを同時運用する際に機体間の衝突回避を実現することも非常に重要である。ドローンに限らず、移動体の衝突回避に関する手法はこれまでにも数多く考案されており、人工ポテンシャル法[2]〜[4]や仮想的なバネ−マス構造を利用した手法[5]などが有名である。しかしながら、いずれの手法も衝突回避システムを制御器とは別に設計する必要があり、制御器とのバランスをうまく調整しないと目的地に到着できない袋小路に入ってしまうことや、制御自体が不安定化してしまうといった問題点がある。このような問題点を解決するために、制御器自体に衝突回避機能を付加する手段としてモデル予測制御が注目されている[6]〜[9]。以上を背景として、ここではモデル予測制御を用いたドローンの衝突回避制御の設計について解説する。以降では、まずモデル予測制御の設計に必要となるドローンの「モデル」と「評価関数」について説明し、その後、衝突回避を実現するための制約条件とその導入方法について解説する。

　はじめに、ドローンの並進運動の数式モデルを導出する。本節で対象とするドローンは『ドローン産業応用のすべて』2.1節において設計した角速度制御系と姿勢制御系が施されたものであり、ドローンへの入力はロール、ピッチ、ヨー各軸の姿勢角指令値u_ϕ、u_θ、u_ψと上下方向の推力指令値u_Tである。ここで、ドローンのヨー方向の姿勢と並進運動は独立しているため、ヨー方向の姿勢運動を無視すると、対象とするドローンの並進運動のダイナミクスは次に示す微分方程式で表すことができる。

$$
\begin{bmatrix} \dot{x} \\ \dot{v}_x \\ \dot{a}_x \end{bmatrix} = \begin{bmatrix} 0 & 1 & 0 \\ 0 & 0 & 1 \\ 0 & \alpha_{1x} & \alpha_{2x} \end{bmatrix} \begin{bmatrix} x \\ v_x \\ a_x \end{bmatrix} + \begin{bmatrix} 0 \\ 0 \\ \beta_x \end{bmatrix} u_\phi \tag{2·1·4}
$$

$$
\begin{bmatrix} \dot{y} \\ \dot{v}_y \\ \dot{a}_y \end{bmatrix} = \begin{bmatrix} 0 & 1 & 0 \\ 0 & 0 & 1 \\ 0 & \alpha_{1y} & \alpha_{2y} \end{bmatrix} \begin{bmatrix} y \\ v_y \\ a_y \end{bmatrix} + \begin{bmatrix} 0 \\ 0 \\ \beta_y \end{bmatrix} u_\theta \tag{2·1·5}
$$

$$\begin{bmatrix} \dot{z} \\ \dot{v}_z \\ \dot{a}_z \end{bmatrix} = \begin{bmatrix} 0 & 1 & 0 \\ 0 & 0 & 1 \\ 0 & \alpha_{1z} & \alpha_{2z} \end{bmatrix} \begin{bmatrix} z \\ v_z \\ a_z \end{bmatrix} + \begin{bmatrix} 0 \\ 0 \\ \beta_z \end{bmatrix} u_T \tag{2・1・6}$$

ただしここで、式中の x、y、z はドローンの3軸位置、v_x、v_y、v_z は3軸速度、a_x、a_y、a_z は3軸加速度をそれぞれ表している。また、α、β はパラメーターであり、姿勢制御でドローンを飛行させた際の飛行データより同定することができる。式(2・1・4)～(2・1・5)をまとめて、ドローンの状態を $\boldsymbol{x} = [x \ \ y \ \ z \ \ v_x \ \ v_y \ \ v_z \ \ a_x \ \ a_y \ \ a_z]^T$、入力を $\boldsymbol{u} = [u_\phi \ \ u_\theta \ \ u_T]^T$ とすると、ドローンの並進運動の数式モデルを式(2・1・1)の形で得ることができる。

次に、評価関数について説明する。今回、予測区間において以下に示す評価関数を設計した。

$$J = \Phi(\bar{\boldsymbol{x}}(t+T_p)) + \int_t^{t+T_p} \{L(\bar{\boldsymbol{x}}(\tau), \boldsymbol{u}(\tau)) + r_u P_u(\boldsymbol{u}(\tau)) + \frac{1}{r_x} B(\bar{\boldsymbol{x}}(\tau)) + r_c P_c(\boldsymbol{r})\} d\tau \tag{2・1・7}$$

ここで、式中の $\bar{\boldsymbol{x}}$ は予測区間における状態 $\boldsymbol{x}$ の予測値を表している。また、$\Phi(\bar{\boldsymbol{x}}(t+T_p))$ と $L(\bar{\boldsymbol{x}}(\tau)、\boldsymbol{u}(\tau))$ は終端コストおよびステージコストと呼ばれ、それぞれ次式で表される。

$$\Phi(\bar{\boldsymbol{x}}(t+T_p)) = \bar{\boldsymbol{x}}^T(t+T_p)\boldsymbol{S}\,\bar{\boldsymbol{x}}(t+T_p) \tag{2・1・8}$$

$$L(\bar{\boldsymbol{x}}(\tau)、\boldsymbol{u}(\tau)) = \bar{\boldsymbol{x}}^T(\tau)\boldsymbol{Q}\,\bar{\boldsymbol{x}}(\tau) + \boldsymbol{u}^T(\tau)\boldsymbol{R}\,\boldsymbol{u}(\tau) \tag{2・1・9}$$

終端コストは、予測区間の終端における状態を評価する項であり、システム全体の安定性を保証するために用いられる。一方、ステージコストは予測区間の各時刻における状態と入力を評価する項であり、目標軌道への追従性能の向上や制御入力が過大になることを防ぐ目的で用いられる。また、式中の $\boldsymbol{S} \in R^{9×9}$、$\boldsymbol{Q} \in R^{9×9}$、$\boldsymbol{R} \in R^{3×3}$ は重み行列を表している。評価関数後半の3つの項は制約条件に関係する項であり、以下で詳しく説明する。

続いて、衝突回避を実現するための制約条件について説明する。今回は状態と入力に関する3つの制約条件を設計する。1つ目の制約条件は入力に関する制約である。入力制約の概要を図2・1・2(a) に示す。入力制約は、目標地点に向かう際や衝突を回避する際のドローンの傾きを抑制するために用いられる。こうすることでドローンの急激な挙動を抑制することができる。いま、最大傾斜角度 α を設定し、ドローンの傾き角度が α 以下となるようにロールおよびピッチ姿勢指令値に次式に示す制限を設ける。

$$g_u(\boldsymbol{u}) = u_\phi^2 + u_\theta^2 - \alpha^2 \geq 0 \tag{2・1・10}$$

2つ目の制約条件は衝突回避のための状態制約である。この状態制約の概要を図2・1・3(b) に示す。ここでは位置 (x_j, y_j, z_j) にある障害物ないしは他のドローンの周囲に半径 r の円柱状の

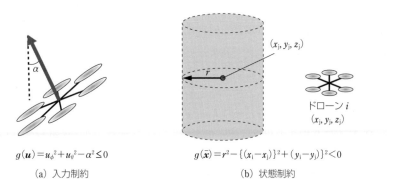

$g(\boldsymbol{u}) = u_\phi^2 + u_\theta^2 - \alpha^2 \leq 0$

(a) 入力制約

$g(\bar{\boldsymbol{x}}) = r^2 - \{(x_i - x_j)\}^2 + (y_i - y_j)\}^2 < 0$

(b) 状態制約

(x_j, y_j, z_j)

ドローン i
(x_j, y_j, z_j)

図2・1・2　入力制約と状態制約

進入禁止エリアを設け、ドローン i（位置 (x_i, y_i, z_i)）がエリア内に進入しないように、次式に示す状態の制約を設定する。

$$g_x(\bar{\boldsymbol{x}}) = r^2 - \{(x_i - x_j)^2 + (y_i - y_j)^2\} < 0 \tag{2・1・11}$$

この制約は、障害物ないしは他機体と自機体との相対距離が常に進入禁止エリアの半径よりも大きいことを表している。これらの制約条件をモデル予測制御に組み込むためにペナルティ関数とバリア関数という２つの関数を導入する。**図2・1・3**にペナルティ関数およびバリア関数のイメージを示す。これらの関数は、制約条件を侵害しない範囲では小さな値となり、制約を侵害するないしは侵害しそうな際に大きな値となる関数である。今回、入力制約にはペナルティ関数 $P_u(\boldsymbol{u})$ を、状態制約にはバリア関数 $B(\bar{\boldsymbol{x}})$ をそれぞれ採用した。具体的なペナルティ関数およびバリア関数を次式に示す。

$$P_u(\boldsymbol{u}) = [\max\{0, g_u(\boldsymbol{u})\}]^2 \tag{2・1・12}$$

$$B(\bar{\boldsymbol{x}}) = \frac{1}{g_x(\bar{\boldsymbol{x}})^2} \tag{2・1・13}$$

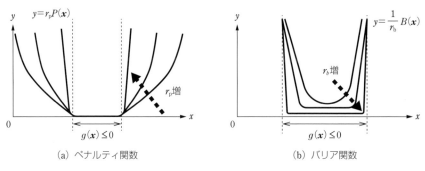

(a) ペナルティ関数　　　　　　(b) バリア関数

図2・1・3　ペナルティ関数とバリア関数

これらの関数を評価関数 J に加えることでモデル予測制御に制約を導入することができる。制約が満たされている場合にはペナルティ関数とバリア関数はともに小さな値となるが、制約が侵害されるないしはされそうな際には大きな値をとることはすでに説明した。いま、評価関数 J の最小化を行うプロセスにおいて、ペナルティ関数やバリア関数が大きな値となる解は明示的に避けられるため、最終的に制約を満たす範囲の解が選択されることとなる。

以上で示した制約条件を導入することで、衝突回避を実現することができる。しかしながら、これらの制約だけでは回避軌道について考慮することができていない。これは静止障害物回避の際には特に問題にならないが、ドローン間の衝突回避を考える際には大きな問題となる。回避軌道に関する制約を考慮しない場合、回避軌道が他機体の進行方向前方に回り込むことも考えられ、回避前よりも衝突のリスクが高まる可能性がある。このような事態を防ぐために、他機体との相対位置ベクトルを用いた制約条件を導入する[10]。この相対位置ベクトル拘束は、船舶が海上で衝突するおそれがあるとき、相手船を右側に見る方の船が回避する、互いに相手船の左側を通過するように回避するというルールを参考に定式化した。

いま、**図2・1・4**に２機体の相対位置ベクトルの定義を示す。図は時刻 t における自機体（ドローン i）と他機体（ドローン j）の位置関係を表している。ドローンから伸びる破線の矢印は各ドローンの進行方向を、太い矢印は今回定義する２つの相対位置ベクトルを表している。２つのベクトルは、それぞれ自機体の現在位置と自機体の予測位置との相対位置を表すベクトル

$\boldsymbol{r}_{\mathrm{i}} = [r_{\mathrm{ix}} \quad r_{\mathrm{iy}}]^T$ と自機体の現在位置と他機体の予測位置との相対位置を表すベクトル $\boldsymbol{r}_{\mathrm{ij}} = [r_{\mathrm{ijx}} \quad r_{\mathrm{ijy}}]^T$ である。これらのベクトルを用いて回避軌道に関する、以下の制約条件を導入する。

$$g_{\mathrm{r}}(\boldsymbol{r}) = r_{\mathrm{ix}} r_{\mathrm{ijy}} - r_{\mathrm{iy}} r_{\mathrm{ijx}} \le 0 \tag{2・1・14}$$

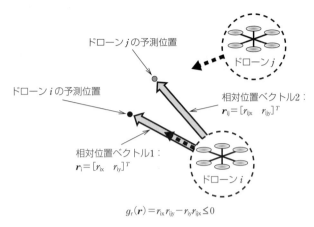

図 2・1・4　相対位置ベクトル

ここで、$g_{\mathrm{r}}(\boldsymbol{r})$ は他機体の予測位置が自機体の進行方向右側にいる場合に正の値、左側にいる場合に負の値となる関数であり、これを用いて次式に示すペナルティ関数を定義する。

$$P_{\mathrm{c}}(\boldsymbol{r}) = \begin{cases} [\max\{0, g_{\mathrm{r}}(\boldsymbol{r})\}]^2, & if \quad |\boldsymbol{r}_{\mathrm{i}} - \boldsymbol{r}_{\mathrm{ij}}| < R_{\mathrm{h}} \quad and \quad g_{\mathrm{r}}(\boldsymbol{r}) > 0 \\ 0 & , otherwise \end{cases} \tag{2・1・15}$$

このペナルティ関数は、自機体と他機体の予測位置の相対距離が閾値 R_{h} 未満かつ制約を侵害している（他機体の予測位置が自機体の進行方向右側にいる）場合に大きな値をとり、それ以外の場合で 0 となる関数である。このペナルティ関数を評価関数に導入することで、衝突回避の際に他機体の進行方向の後方に回り込む軌道が明示的に選択されるようになり、衝突リスクを低減することができる。

最終的に、設計された評価関数 J を最小化し、得られた最適入力系列の初期値を制御入力とすることで衝突回避を実現することができる。評価関数を最小化する最適化手法としてはこれまで、解析的、数値的なさまざまな方法が提案されているが、本書ではモデル予測制御に特化した数値解法である C/GMRES 法を採用する。C/GMRES 法の詳細については文献（11）を参照されたい。

2.1.3　飛行実験

ここまでに設計したモデル予測制御による衝突回避システムを用いて飛行実験を実施し、その有効性を示す。飛行実験は重量 200 g 程度の小型ドローンを用い、光学式モーションキャプチャの環境下で実施した。

はじめに、静止障害物の回避実験の結果を**図 2・1・5** に示す。ドローンは図中のスタート地点から飛行開始し、ゴール地点を目指して飛行を行う。また、スタート地点とゴール地点の中間に静止障害物を配置しており、障害物の周囲に半径 40 cm の円柱状進入禁止エリアを設けている。図中の実線がドローンの飛行軌跡を、破線が進入禁止エリアの境界を示している。この図より、ドローンは最初直進飛行をしているが、進入禁止エリアの直前で進路を変えて静止障害物を回避しつつゴール地点に到達していることがわかる。このように、設計した衝突回避シス

テムによって障害物回避が可能であることが示された。

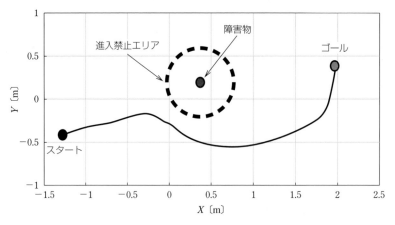

図 2・1・5　静止障害物の回避

　つぎに、2 機のドローンを用いた衝突回避実験の結果を**図 2・1・6** に示す。図は各時刻のドローンの位置および飛行軌跡を示しており、(a)、(b)、(c)、(d) の順に時間が経過している。図中の実線が各ドローンの飛行軌跡、破線が各ドローンの周囲に設定した進入禁止エリアの境界を表している。この実験では、各ドローンが互いの位置を交換するように目標地点を設定しており、何もしなければ正面衝突をする状況で飛行している。図からわかるように、ドローン間の距離が十分に離れている際（図(a)）には、互いに違づく方向に直進運動をしているが、ドローンが進入禁止エリアを侵害しそうになると（図(b)）、進行方向を変えて、互いに衝突を避けながら目標地点に到達している（図(c) および(d)）ことがわかる。また、回避軌道に着目すると、2 機のドローンが互いを左に見る方向に避けていることがわかり、相対位置ベクトルの制約条件が効果を発揮していることがわかる。以上の実験結果より、モデル予測制御を用いて設計した衝突回避システムが障害物回避および複数ドローンの衝突回避に対して有効であると結論付けることができる。

　今回、モデル予測制御を衝突回避という機能にのみ着目して用いたが、モデル予測制御の評価関数や制約条件の設計は大きな自由度を含んでいる。そのため、エネルギー効率を考慮した飛行制御や強い風外乱下でのモーターの飽和現象を抑制する制御器の設計など、モデル予測制御によってドローンがより知能的な飛行能力を獲得する可能性が大いに広がっているといえる。

（鈴木　智）

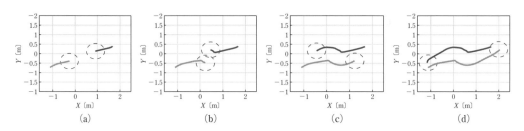

図 2・1・6　2 機体の衝突回避

【参考文献】

（1）Jan M. Maciejowski 著、足立修一・管野政明 訳：モデル予測制御 〜制約のもとでの最適制御〜、東京電機大学出版局（2005）

（2）D. H. Kim, H. Wang, S. Shim: Decentralized Control of Autonomous SwarmSystems Using Artificial Potential Functions Analytical Design Guidelines, Proc. of the 43rd IEEE Conf. Dec. Contr., Vol. 1, pp. 159–164 (2004)

（3）石川敏照、堀浩一：相対速度を考慮した人工ポテンシャル法による衝突回避アルゴリズム、人工知能学会全国大会論文集（2008）

（4）島倉諭、項警宇、稲垣伸吉、鈴木達也：ポテンシャルを組み込んだパーティクルコントロールによる自律移動ロボットの障害物回避制御、ロボティクス・メカトロニクス講演会講演概要集（2009）

（5）小木曽公尚、磯田周季：仮想的なインピーダンスを用いた複数移動ロボット系の動作計画、日本ロボット学会誌、Vol. 11, No. 7, pp. 1039–1046（1993）

（6）D. H. Shim, H. J. Kim and S. Sastry: Decentralized Nonlinear Model Predictive Control of Multiple Flying Robots, Proc. of the 42th IEEE Conf. Dec. Contr., pp. 3621–3626 (2003)

（7）H. Chung, H. J. Kim and S. Sastry: Autonomous Helicopter Formation using Model Predictive Control, Proc. of the AIAA Guidance, Navigation, and Control Conference and Exhibit (2006)

（8）M. Saffarian and F. Fahimi: Control of Helicopters' Formation Using Non Iterative Nonlinear Model Predictive Approach, Proc. of the American Control Conference, pp. 3707–3712 (2008)

（9）J. Shin and H. J. Kim: Nonlinear Model Predictive Formation Flight", IEEE Trans. Syst., Man, Cybern. A, Syst., Vol. 39, No. 5, pp. 1116–1125 (2009)

（10）Satoshi SUZUKI, Masamitsu SHIBATA, Takashi SASAOKA, Kojiro IIZUKA, Takashi KAWAMURA: Collision–free guidance control of multiple small UAVs based on distributed model predictive control, Mechanical Engineering Journal, vol. 4, issue. 4, pp. 17–00117 (2017)

（11）大塚敏行：非線形最適制御入門、コロナ社（2011）

2.2　最新のビジュアルSLAMによる自律制御

2.2.1　ビジュアル SLAM の概要

ビジュアル SLAM（Visual Simultaneous Localization and Mapping）とは、カメラで周囲を認識し、自分の位置を把握するための自己位置推定技術である。この技術が搭載されたドローンは、人間の目のようにカメラで周囲環境を 3 次元的に把握し、見えている景色から自分の位置を特定することができる。ドローンの自律飛行の動作シーケンスは

①　目的地を設定する（10 m 先に行きたい）

②　自己位置を推定する（いま自分は 3 m 地点にいる）

③　その差分から次の動作を決定する（なので、もう 7 m 先に進もう）

となるが、この中で当該技術は②の機能を果たすものである。

ビジュアル SLAM を用いれば、GPS 電波が届かない環境（非 GPS 環境）でもドローンが自律飛行を行うことができる。例えば、

図 2・2・1　ビジュアル SLAM を搭載した ACSL-Mini

橋梁下やプラント上部など、現行の業務では大きなコストや労災事故リスクがある高所点検の多くは GPS 情報の取得が難しい環境にあるため、一般的な GPS 型ドローンでは自律飛行による点検が非常に困難になる（一般的に、ドローンの自己位置推定には GPS が用いられている）。このような場合において、ビジュアル SLAM による自己位置推定技術が自律飛行のための鍵となる。

2.2.2　ビジュアル SLAM の原理

ビジュアル SLAM を搭載したドローンは、離陸してから飛行中は常時下記の動作を行い、自己位置推定を実現している。

〔1〕映像から特徴点を抽出する

まず、ビジュアル SLAM では、1 枚の画像の中で特徴的な点を拾い上げ、「特徴点」としてその配置を認識する。具体的には、物体や模様の境界線などの局所的にコントラストの高い点が特徴点として抽出される（図 2・2・2）。この特徴点の数が多ければ多いほど、自己位置推定がより正確に、ロバスト（簡単に見失わない）になる傾向がある。

図 2・2・2　特徴点を抽出した画像

〔2〕特徴点を重ね合わせて特徴点マップを生成する

複数箇所で特徴点が抽出されたら、それらの「視差」（図 2・2・3）を利用して奥行きも含めた 3 次元配置を検知する。さらに、それらの 3 次元配置を全てつなぎ合わせ、飛行した領域の特徴点マップ（図 2・2・4）を生成する。「視差」とは、2 点で同じ方向に写真を撮った際に生じる画角内の差分のことで、遠い被写体ほど視差が小さく、近い被写体ほど視差が大きくなる（車窓から外を眺めると、遠い山は動かないように見えるが手前の電柱は一瞬で過ぎ去ってしまうのは、この視差の差分による）。このような視差による立体視の方式は、人間が両目で行っているものと同じ原理である。また、このような方式での立体認識は、近いものほど正確に行うことが可能である。

ドローンは飛行中、常にこの特徴点マップの生成を行って周囲環境の認識を行う。マップ外の新たな領域に入ったときには特徴点と既知のマップをつなぎ合わせてマップを拡張していく。

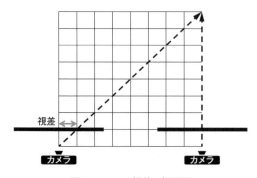

図 2・2・3　視差の概要図

図 2・2・4　特徴点マップ

〔3〕特徴点マップと画角内の特徴点を照合して自己位置を推定する

上記の処理をもとに、ドローンは毎フレームごとに画角内の特徴点配置と、これまで生成した特徴点マップの照合を行う。これにより、ドローンは自分がマップ上のどこにいるのかを把握することができ、ひいては離着陸地（原点）からの相対位置（前に3m、右に5mなど）を知ることが可能になる。

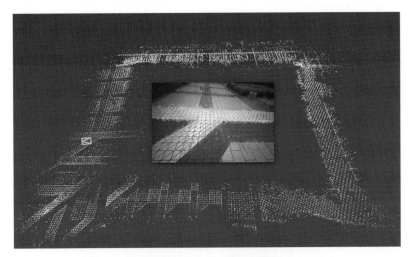

図2・2・5 特徴点マップと推定自己位置（左の枠）

2.2.3 ビジュアル SLAM の方式

ビジュアル SLAM を実現する方式は、主に2通り存在する。

〔1〕単眼カメラによる SLAM

これはカメラを1個だけ用いて行うビジュアル SLAM である。この方式では、飛行中に移動しながら複数点の特徴点を抽出し、特徴点マップを生成しながら自己位置推定を行う。構成が簡素になるため、比較的軽量で実装しやすいという利点がある。その反面、複数箇所での特徴点抽出に移動のためのタイムラグが発生するため、自己位置推定の精度やロバスト性能は比較的低い。

図2・2・6 ビジュアル SLAM 用単眼カメラ

最近では、2点間の「視差」ではなく、深層学習（ディープラーニング）を用いて被写体の大きさを推定し、それをもとに自己位置を推定する手法も提案されてきている。

〔2〕ステレオカメラによる SLAM

これはカメラを2個同時に用いて行うビジュアル SLAM である。この方式では、同時に2点からの撮影が可能で1フレームでリアルタイムに特徴点マップ生成が可能なため、単

図2・2・7 ビジュアル SLAM 用ステレオカメラ

眼カメラによる SLAM よりも高い精度・ロバスト性能を実現可能である。ただし、市販の SLAM 用ステレオカメラは屋内用ドローンとしては大きく、自前でカメラ開発をする場合にはカメラの正確な配置や同期などの調整が必要で、技術的難易度は比較的高い。

2.2.4　ビジュアル SLAM の性質（利用上の注意点）

　ビジュアル SLAM は環境光を利用したローカルな自己位置推定技術のため、GPS とは異なる特有の性質を持つ。当該技術を利用する際にはこの性質を理解し、必要に応じて他の自己位置推定技術（レーザーSLAM[※1] など）と組み合わせるなどの注意が必要である。

　本技術は、下記のような環境での飛行を得意とする。一般的には、特徴点を多く取れる次のような場所が理想的である。

・複雑な模様が見られる環境（古い工場など）
・立体的な構造物が多くある環境（プラント工場など）

図 2・2・8　ビジュアル SLAM での飛行に適した環境例（砂利）

　一方、下記のような環境は不得意とするので、運用の際は注意が必要である。

・十分な環境光を確保できない環境

図 2・2・9　ビジュアル SLAM に適さない環境例（暗所、一様な壁、繰り返し模様、水面）

※1　カメラ（ビジョン）の代わりにレーザーを照射して、その反射光で周囲環境を認識する方式

・特徴点の取れない一様な環境

・特徴点から自己位置を割り出せない、繰返しパターンの環境

・特徴点から自己位置を割り出せない、流動的な環境（水面など）

（Chris T. Raabe）

2.3　環境認識と知能型 AI ベース自律制御

2.3.1　畳み込みニューラルネットワーク

　近年、ディープラーニングアルゴリズムは、機械学習と人工知能（AI）の領域に革命をもたらした[1]。非常に複雑なタスクに取り組む能力により、非常に人気が高く、多くの場合、従来の機械学習手法よりも優れている。たとえば、AlphaGo というディープニューラルネットワークは、AI にとって最も難しいゲームの 1 つと見なされている囲碁のゲームで、人間の世界チャンピオンを破ることができた[2]。

　コンピュータビジョンの領域では、畳み込みニューラルネットワーク（Convolution Neural Network；CNN）は常に、画像認識タスクで最先端のパフォーマンスを達成してきた。「これは人である」または「これは車である」。このようなパフォーマンスは、ImageNet データベース[3]などの大量のデータを利用できるようになったことで可能になった。さらに、GPU の最近の進歩により、以前よりも深く、より複雑なネットワークをトレーニングすることができる。

　CNN は画像分類のタスクに最初に適用されたが、最近では、セマンティックセグメンテーションまたはピクセル単位のラベリングという、より困難なタスクにも使用されている[4]。セマンティックセグメンテーションとは、各ピクセルをその意味（周辺のピクセルの情報）に基づいて、カテゴリ分類する手法で、セマンティックセグメンテーションは、画像の各ピクセルにクラスラベル（またはカテゴリー）を割り当てることで構成される。

　図 2・3・1 に示すように、ドローンは CNN を使用して環境認識を実行できる。つまり、ドローンの下にある環境の「セマンティックマップ」を作成できる。ドローンに接続された RGB カメラを使用して、画像またはビデオフレームの各ピクセルをいくつかのカテゴリーのいずれかに割り当てることができる。図 2・3・1（b）では、結果が色分けされている。家の入力画像のピクセルは「赤」、舗装された地面は「灰色」、車は「青」、植生は「緑」などでコード化される。セマンティックマッピングはマッピングとは異なることに注意する。LiDAR テクノロジーを使用する場合は、特定の（セマンティック）カテゴリではなく、環境の 3D 表現の作成を対象と

 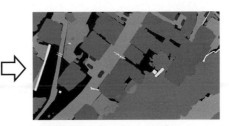

（a）ドローンによる空撮画像　　　（b）空撮画像のセマンティックセグメンテーション

図 2・3・1　奥多摩地域のドローン空撮画像のセマンティックセグメンテーション

している。

　同様に、CNNはドローンの視点からでも、人物などの特定のオブジェクトを検出するために使用できる[5]。環境認識やドローンからの人の検出、その他の監視タスクには、厳密なリアルタイム要件はない。対照的に、自動運転車やインテリジェントドローンなどの車両の自律制御には、リアルタイムの応答性が必要である。軽量で強力なモバイルGPUプラットフォームが最近利用可能になったことで、CNNは、ドローンに搭載されたリアルタイム制御でも十分高速になった[6]。

2.3.2　環境認識

　環境認識、つまり「セマンティックマッピング」は、セマンティックセグメンテーションアーキテクチャに基づいている。標準的なアプローチは、セマンティックセグメンテーションに適したネットワークである完全畳み込みネットワーク（FCN）に画像分類アーキテクチャを適応させることである[7]。例えば、セマンティックセグメンテーションのタスクに残余ネットワークまたはResNet[8]を適合させることができる。そのようなアプローチには、以下のような魅力的な特性がある。

- ・モデルの簡単な最適化、つまり、最適化の極小値を回避することでトレーニングを高速化
- ・さまざまなカテゴリーの認識における高精度化
- ・ドローンに搭載された推論をサポートするモデルの軽量化

　私たちの作業では、残余ネットワークの1つのバージョンであるResNet-50（50はレイヤーを参照）をFCNに適合させている[4]。結果は、**図2・3・2**に示すように、スキップ接続を備えたFCN-ResNet-50である。

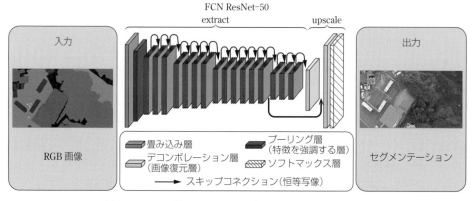

図2・3・2　環境認識のためのディープラーニングモデル

　ドローンに搭載された環境認識システムは、RGB画像（ビデオフィードからのフレーム）を入力として受け取り、入力画像のセマンティックセグメンテーションを出力する。推論中に、ディープラーニングモデルFCN ResNet-50は最初に特徴抽出を実行し、次に、結果のセグメンテーションを入力画像の元のサイズに拡大する。図2・3・2では、「畳み込み」、「デコンボリューション」、「プーリング」、「Softmax」、「スキップコネクション」という用語は、ディープラーニングモデルの高度な技術的操作を指す。簡単にいえば、畳み込み層は、学習した「フィルター」（カーネル）で入力画像を畳み込むことにより画像から特徴を抽出する役割を果たし、プーリング層は以前の畳み込み層よりも次元を削減する。コンピュータビジョンタスク用の単純な

「エッジ検出」フィルターは、画像内の特定の方向と位置でエッジの有無を検出する。フィルターは人間のエンジニアによって設計されたのではなく、汎用のディープラーニング手順を使用してデータから学習されることに注意する。

　デコンボリューション（または転置コンボリューション）レイヤーは、コンボリューションの逆の操作を実行する。畳み込みは連続的に小さな出力を作成するが、デコンボリューションは入力を拡大し、入力画像の初期サイズを復元する（図 2・3・2 を参照）。スキップ接続は、前の層から後の層への一部の情報を保持するための、異なる層の間の追加の接続である。Softmax レイヤーは通常、「家である」、「舗装されている」、「車である」などのマルチラベル分類を実行するニューラルネットワークの最終出力レイヤーである。

　FCN ResNet-50 を環境認識に使用することの重要なポイントは、最新のモバイル GPU プラットフォームでリアルタイムの画像処理をサポートしていることである。つまり、入力画像の解像度が中程度であれば、結果は 1 秒未満で得られる。環境認識の特別なケースは、誰かが環境に存在していると仮定して、ドローン取得画像から人の検出を行うことである。人は少数のピクセルを占めるため、セマンティックセグメンテーションではなく CNN ベースのオブジェクト検出技術を使用して人を検出する[5]。最近、YOLO（「You Only Look Once」）アーキテクチャが人物検出に人気を博している[9]。YOLO を使用して、**図 2・3・3** のように RGB 画像と熱画像の両方から人物を検出することに成功している。

図 2・3・3　RBG カメラ（左）とサーマルカメラ（右）による同じドローン取得画像

2.3.3　インテリジェントな AI ベース自律制御

　多くのアプリケーションは画像分析に CNN などのディープラーニングモデルを採用しているが、自律制御のための AI 技術の使用頻度は現在のところあまり例がない[10]。しかし、ドローンの AI ベース自律制御の 1 例は、森林内の小道に沿った飛行ナビゲーションである[6]。このシステムは、森林内小道の中心に対するドローンの姿勢と森林樹木横方向からのオフセットを推定するために、TrailNet と呼ばれるディープニューラルネットワーク（DNN）を導入している。この結果、DNN ベースのコントローラーは、揺動のない安定した飛行を実現している。TrailNet DNN に加えて、システムは、環境認識のためのビジョンモジュールも利用している。これには、オブジェクト検出用の別の DNN と、低レベルの障害物検出の目的で深度を推定するための視覚オドメトリコンポーネントが含まれている。森林小道の飛行ナビゲーションシステムは、モバイル GPU プラットフォーム上でリアルタイムで実行されている。他の研究では、自律ドローンレーシングにディープラーニング手法を利用する方法を探っている[11]。

　AI ベース自律制御の特定のアプリケーションは、深層強化学習（Deep Reinforcement Learning；DRL）を使用したドローンの自動着陸である[12]。ここでは、着陸プロセスは、(1)

ランドマーク検出、(2) 垂直降下という２つのサブタスクで構成されている。DRL は、環境と対話するエージェントをトレーニングすることである。エージェントは、アクションを実行することにより、「状態」と呼ばれるさまざまなシナリオで進化する。これらのアクションは、ポジティブまたはネガティブの報酬をもたらす。エージェントは、エピソード全体、つまり環境内の最初の状態から最後の状態までの合計報酬を最大化するように挙動することになる。これまでのところ、この方法はシミュレーションでのみテストされている。

2.3.4　まとめ

　ディープラーニング手法は、ドローンの環境を認識して回避するという自律飛行の観点から、環境認識、または人の検出を含むセマンティックマッピングに大変有効に適用されている。一方、ドローンの自律飛行自体へのディープラーニング技術の先進的な適用は現在あまり進んでいない。その中で森林内の小道飛行ナビゲーションとドローンレーシングについては、例示ではあるが有力な応用分野として挙げられる。この立場から重要な課題は、機体の異常診断など周囲からの入力データを自律飛行制御にいかに有効に直接マッピングするかという課題であり、この分野はまだデータの複雑さなどから未解明の分野である。

　高性能のディープラーニングモデルは、ドローンに搭載されたモバイル GPU プラットフォームでリアルタイムに実行できる。したがって、ディープラーニングを搭載したドローンは、状況認識、災害対応のリアルタイムマッピング、捜索救助、パトロール、インフラ点検・検査など、幅広いアプリケーションで使用可能である。　　　　　　　　　(Helmut Prendinger)

【参考文献】

（1）Y. LeCun, Y. Bengio, G.E. Hinton："Deep learning", *Nature* 521（7553）, pp.436–444（2015）

（2）D. Silver, A. Huang, C. J. Maddison, A. Guez, L. Sifre, G. Van Den Driessche, J. Schrittwieser, I. Antonoglou, V. Panneershelvam, M. Lanctot, et al.："Mastering the game of Go with deep neural networks and tree search", *Nature* 529（7587）, pp.484–489（2016）

（3）A. Krizhevsky, I. Sutskever, G.E. Hinton："ImageNet classification with deep convolutional neural networks", *Proc. 25th Int'l Conf. on Neural Information Processing Systems（NIPS）*, pp.1097–1105（2012）

（4）A. Holliday, M. Barekatain, J. Laurmaa, Ch. Kandaswamy, H. Prendinger："Speedup of Deep Learning ensembles for semantic segmentation using a model compression technique", *Computer Vision and Image Understanding*, Vol.164, Nov. pp.16–26（2017）

（5）R. Geraldes, A. Goncalves, T. Lai, M. Villerabel, W. Deng, A. Salta, K. Nakayama, Y. Matsuo, H. Prendinger："UAV–based situational awareness system using Deep Learning", *IEEE Access*, Dec. Vol.7, Issue 1, pp.122583–122594（2019）

（6）N. Smolyanskiy, A. Kamenev, J. Smith, S. Birchfield："Toward low–flying autonomous MAV trail navigation using deep neural networks for environmental awareness", *Proc. IEEE/RSJ Int'l Conf. on Intelligent Robots and Systems（IROS）*, pp.4241–4247（2017）

（7）E. Shelhamer, J. Long, T. Darrell："Fully convolutional networks for semantic segmentation", *IEEE Trans. Pattern Analysis and Machine Intelligence* 39（4）, pp.640–651（2017）

（8）K. He, X. Zhang, S. Ren, J. Sun："Deep residual learning for image recognition", *Proc. IEEE Conf. on Computer Vision and Pattern Recognition（CVPR）*, pp.770–778（2016）

（9）J. Redmon, S. Divvala, R. Girshick, A. Farhadi："You only look once: Unified, real–time object detection", *Proc. IEEE Conf. on Computer Vision and Pattern Recognition（CVPR）*, pp.779–788（2016）

（10）A. Carrio, C. Sampedro, A. Rodriguez–Ramos, P. Campoy："A Review of Deep Learning methods and applications for Unmanned Aerial Vehicles", *Journal of Sensors*, 3296874:1–3296874:13（2017）

（11）J.A. Delmerico, T. Cieslewski, H. Rebecq, M. Faessler, D. Scaramuzza："Are we ready for autonomous drone racing? The UZH–FPV drone racing dataset", *Proc. IEEE Int'l Conf. on Robotics and Automation* (*ICRA*), 6713–6719 (2019)

(12) R. Polvara, M. Patacchiola, S. Sharma1, J. Wan, A. Manning, R. Sutton, A. Cangelosi : "Toward end–to–end control for UAV autonomous landing via deep reinforcement learning", *Proc. Int'l Conf. on Unmanned Aircraft Systems* (*ICUAS*) (2018)

2.4 大脳型飛行ロボットのあるべき姿

2.4.1　AI 技術によって高度化された自律飛行制御

　1956 年のダートマス会議で提唱された「人工知能」は現在、第 3 回目の熱狂的な高揚期を迎えている。2006 年のディープラーニングの発明と、2010 年以降のビッグデータ収集環境の整備、計算資源となる GPU の高性能化により、2012 年にディープラーニングが画像認識コンテストで他の手法に圧倒的大差を付けて優勝したことで、技術的特異点という概念は急速に世界中の識者の注目を集め、現実味を持って受け止められるようになった。**図 2・4・1** は CPU と GPU の性能比較を行うために、ディープラーニング推論を行った結果である。5 ノード CPU クラスターと各 GPU クラスターを比較している。なお、コストはほぼ同等としている。いずれの場合も GPU クラスターが優れていることがわかる。TF は機械学習のオープンソース、ResNet152、50 は CNN の中間層 152、50 を示す。

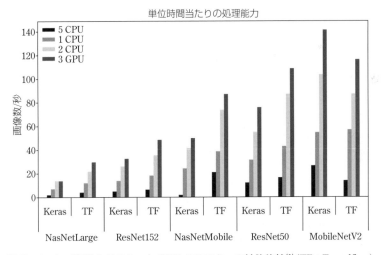

図 2・4・1　CPU クラスターと GPU クラスターの性能比較[1]（TF：Tensolflow）

　ディープラーニングの発明と急速な普及を受けて、IT 関連企業を中心に実用化を目指した研究開発が進んでいる。例えば、DeepMind 社が作成した「AlphaGo」が人間の世界チャンピオンであったプロ棋士に勝利したことを筆頭に、猫認識の Google Brain、IBM 社のクイズ番組で人間と対戦して圧倒的な強さを示した「Watson」、Apple 社の iOS に組み込まれている「Siri」の音声認識ソフトなど汎用人工知能を開発するプロジェクトが世界中で数多く立ち上げられている。

　こうした AI 技術を知能型自律制御ビークル分野でも適用する動きが活発化している。2005 年、無人自動車で山岳地帯を駆け抜けるレースの「DARPA Grand Challenge」で優勝したスタンフォード大学チームリーダーであったセバスチャン・スランは Google 社に引き抜かれて、自動運転の時代を切り開いた。同様に小型無人航空機の自動操縦技術への適用が始まっている。

　スイスに拠点を置く 2 つの企業は、無人航空機（UAV）用の新しいビジョンベースのガイダンスシステムの研究開発を行っている。Daedalean 社と UAVenture 社が共同開発した新しいシステムは、安全な着陸誘導や、非 GPS 環境下の飛行を安全に行うための視覚的ナビゲーションなどの機能を備えている。このシステムは、UAVenture 社の既存の AirRails フライトコントロールシステムを使用している。Daedalean 社は、新世代の eVTOL 機と既存の回転翼機および固定翼機の両方の自律飛行をサポートするために AI ベースの自動操縦を実装している。オートパイロットにコンピュータビジョンとビジョンベースのナビゲーション機能を追加し、最終的には、既存のフライトコントローラーとナビゲーションとガイダンスは AI ベースという新しいオートパイロットになる。Daedalean 社によると、本システムは視覚データを処理する安全性認定ニューラルネットワークの理想的なデモンストレーターで、人間のパイロットが行っている目と視覚情報・学習機能を可能にしている。したがって、ピンポイントの正確な着陸または高度制御などの地形追従のための距離センサーに視覚センサーが追加されることで信頼性・安全性が強化され、着陸地点の事前マーク付けは不要となり、地上の動的障害物を認識する能力も格段に向上する。本システムは 2018 年 2 月から開発および飛行試験を行っており、緊急着陸地点のリアルタイムの視覚ベースの検出を行っている。GPS ガイダンスが利用できない状況でも、ビジョンベースのナビゲーションと姿勢推定を提供している。これとは別に、Daedalean 社は、AI 自動操縦をサポートするために 3D 仮想環境シミュレーションプラットフォームを開発して、このプラットフォームを使用してニューラルネットワークを訓練し、自動操縦に必要な視覚皮質機能を強化している。このプロセスでは、想定されるあらゆるシナリオに対処するためにニューラルネットワークをトレーニングしており、実際の飛行では実行不可能な回数の訓練を重ねているという。

　図 2・4・2 はドローンと AI の関係をわかりやすく示しており、発電用風力タービンの点検を模式的に表している。図 2・4・2 を順に説明していく。

　ドローンは図のようにタービンブレードの周囲を飛行しているが、ここではデータ取得をしながら衝突回避が重要となる。ここで求められる技術は、機械知覚または認識（Machine Perception）である。ドローンによる AI 関連タスクの多くは画像を処理して認識しているため、ドローンで収集したデータをもとに環境または物体を検知し認識することになる。これは通常、RGB カメラ、ステレオカメラ、LiDAR などのセンサーで行われるが、このプロセスを機械認識と呼ぶ。

　次に、**コンピュータビジョン（CV）** のプロセスである。ドローンが生のセンサーデータを収集したら、通常は意味のある情報を抽出するために何らかの方法でデータ分析をする必要がある。この機能はコンピュータビジョンと呼ばれ、1 つまたは複数の画像からの有用な情報の自動抽出、分析、および理解を行う。続いて、**機械学習（ML）** へ移行して、パラメーターを最適化するために機械学習の手法を適用する。特定の指示でタスクを実行したソフトウェア（コンピュータビジョンソフトウェアなど）とは異なり、機械学習アルゴリズムは、新しいデータに対して最適化学習が可能なようにプログラム化され設計されている。機械学習の一部であるディープラーニング（DL）は、情報処理の特殊な方法であり、意思決定にニューラルネットワ

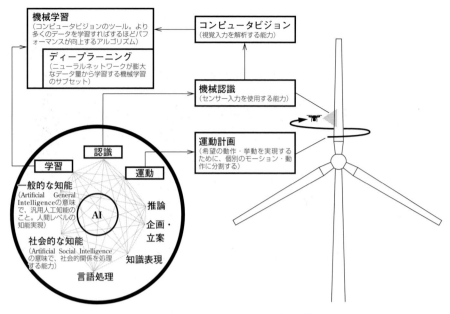

図2・4・2　ドローンとAIの関係[(2)]

ークと大量のデータを使用する機械学習の1つの方法である。相互接続されたニューロンで構成される人間の脳の機能に基づいた人工ニューラルネットワークは多段・複数の層で構成され、各層は次の層に接続され、特定のタスクを担当している。この設計により、学習内容を新しいコンテンツと組み合わせて拡張することができる。

　とくに、ドローンの分野ではディープラーニングアルゴリズムを使用して最初のステップが実行されている。これはGPU（グラフィックプロセッシングユニット）の最近の著しい進化により、DLを活用することが可能になった。GPUを介してはるかに多くのコンピューティング能力を利用できるが、それでもDLアルゴリズムのトレーニングにはかなりの時間がかかり、DLで特定のタスクを確実に実行するにはほとんど何百万もの画像が必要である。したがって、これは、画像の大きなデータセットと十分な処理能力にアクセスできる場合、通常はDLが従来のMLおよびCVよりも優れているため、DLが望ましい選択であることを意味している。

　そして、モーションプランニングについては、状況認識に関しては強力なツールであり、より広い意味では、障害物回避技術と目視外飛行に対応している。モーションプランニングの前提条件は、通常、環境、つまりMachine Perceptionをすることである。そのために、ドローンは、SLAM（Simultaneous Localization and Mapping）技術などで環境を視覚化する。これにより、無人機は、環境内にあるものを正確に特定する必要はなく、環境までの距離のみを特定できる。モーションプランニングのコンテキストでは、ディープラーニングが展開され、建造物、樹木、車、人間などのオブジェクトを検出して認識し、対応する飛行ルートを作成できる。あらゆる種類のMLアプローチでは、膨大なデータセットと多くのトレーニングが必要である。

　したがって、使用できる写真の数が限られている場合は、画像処理ソフトウェアが最適なソリューションになる可能性がある。巨大なデータセットが利用可能であり、多くの異なるタスクを処理する必要がある場合、MLまたはDLアプローチはおそらく画像処理ソフトウェアソリューションよりも確実に優れている。つまり、画像処理ソフトウェアのタスクが多く複雑になるほど、データサイズが大きくなるため、ML/DLアプローチがそれらを解決する最良の方

法である可能性が高くなる。以上の例から、AI は 3D 環境認識による衝突回避と自己位置推定機能、そして、実時間経路生成というガイダンスとナビゲーション機能を有している。

　図 2・4・3 は飛行中のドローンに搭載されたカメラからの動画（a）を瞬時に分析して、対象物をクラス分けしている。（b）では赤色は建物、緑は樹木、青は車、灰色は舗装された道路などと分析している。（c）は信頼性を示し、白は 100% の信頼性を灰色は信頼性が低くなることを表している。これは NVIDIA の JETSON TX1 によるビッグデータを十分に DL で学習した後に実環境に適用した例である。実時間処理で十分に対応でき、ドローンが飛行中に異常が発生して不時着ポイントを探索するときなどに使用可能である。この結果から、AI は着陸地点を決定できるガイダンス能力として自律飛行技術に活用できる。

　さらに、AI による飛行中のドローン自身の異常診断と異常検出、原因究明や異常の程度を判断して、ミッション継続・中止の決断と緊急着陸する機能も実装できるであろう。自律飛行技術の未来は大脳型ドローンの実装であるが、AI はそのコア技術となりうる。本書でこれまで述べてきたモデルベース制御と AI 技術が融合することで、新たな知能型・生物型自律飛行ドローンが誕生するであろう。

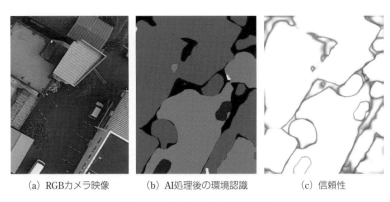

(a) RGBカメラ映像　　　(b) AI処理後の環境認識　　　(c) 信頼性

図 2・4・3　AI による環境認識

2.4.2　飛行自律性・環境複雑性・ミッション複雑性と飛行リスク

　さて、実際の飛行ロボットが自動車や電車のように日々の生活に欠かせない空を飛ぶロボットとして活躍するためには、ドローンの飛行自律性以外に考慮しなければならないことがある。それは**図 2・4・4** に示すように環境複雑性レベル、ミッション複雑性レベルである。同一の飛行自律性レベルにおいても環境複雑性レベルの程度で難易度が変化するし、ミッション複雑性を考慮するとさらに難易度が変化する。

　環境複雑性についてはどのような空域を飛行するかということで、有人機や無人機の数と密集度、空域が明確に分離されているか、とくに、この場合飛行速度や飛行の向きに応じた空域分離がなされているか、高度に依存した飛行禁止ゾーンなどの制約の有無、山間部などのように地形や高低差が変動しているか、逆に都市部では高層ビルなどが乱立する空間の飛行であるかどうか、鉄塔や電波塔、さらには細い索状の電線のように一般の 3D 地図にも存在が明確でない環境であるか否か、局地的気象の情報の有無や突風、ビル風の有無など、さらに、離発着場所の環境や混雑具合は制約のある飛行ロボットにとっては極めて重要な情報である。こうした情報を地上支援システムや UTM のようなインフラ設備が支援できるどうかなどは飛行自律性のレベルが高度であっても、その影響を強く受ける。

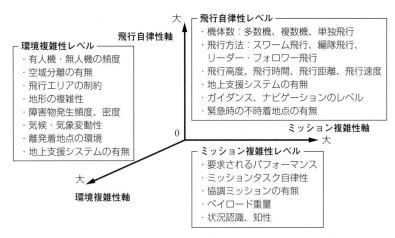

図2・4・4 飛行自律性レベル・環境複雑性レベル、ミッション複雑性レベル

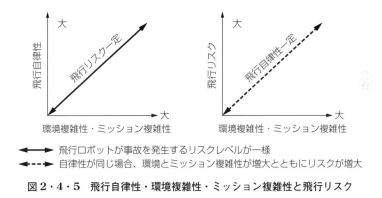

図2・4・5 飛行自律性・環境複雑性・ミッション複雑性と飛行リスク

　ミッション複雑性については、飛行のミッションは何か、ミッションタスクの自律性については、カメラ画像などによる遠隔操縦での作業か完全自律性を求めるミッションか、あるいは着陸するか否か、協調性については例えば複数飛行ロボットでのミッションか、地上ロボットなどとのコラボレーションか、ペイロードの重量はとくに重要で飛行性能と強く関連する事項である。たとえば飛行ロボットに搭載されたロボットアームで空中作業を行うことを想定するとさまざまな状況が考えられ、予期せぬ事態が発生する可能性があるが、その場合の状況認識と判断、知性が求められる。

　飛行自律性は機体数に適した自律飛行方法があり、それらはスワームと呼ばれる群れ飛行、整然と隊列を組んでの飛行である編隊飛行、その編隊飛行もリーダーがいるリーダーフォロワー飛行などがある。同時に飛行高度、飛行時間、飛行距離、飛行速度は飛行における基本情報で、制約のある飛行ロボットにおいては最適な飛行を実現する必要がある。さらに、ネットワークによる支援やリアルタイムの風速、風向きなどの情報を入手できるかも大変重要である。AIによるガイダンスやナビゲーションのレベルは飛行ロボットそれぞれが異なるとすると、その事前情報を得られるかどうかも重要である。そして、不時着エリアが空域にどの程度の密度で存在するかも自律飛行ロボットにとっては気になる点である。

　図2・4・5は飛行自律性、環境複雑性、ミッション複雑性と飛行リスクについて俯瞰している。ここで飛行リスクとは、飛行ロボットが飛行中にトラブルが発生したり、最悪の場合に墜落したりする危険がある、いわゆる事故発生リスクのことをいう。図2・4・5の左図は、飛行リスク

を一定にするためには、環境やミッションの複雑さが増加した場合、そのぶんだけ自律性を高める必要があることを示しており、右上がりの実線がその意味を示している。もし自律性を増加させず同じ状態で、環境やミッションの複雑さが増加すれば、飛行リスクは増加するということである。したがって、どの程度の環境複雑性、ミッション複雑性に対してどの程度の自律性を担保すべきかは別途、深い議論が必要である。このように実際の飛行ロボットは飛行環境やユースケースを配慮した一層の考察が求められる。これについては本書の範囲を越えているのでここでは触れない。

2.4.3　群知能活用によるドローンショー、物流や災害対応への活用

　多数の小型ドローンが上昇すると、夜間フェスティバルに参加するためドナウ川の河岸に集まった 10 万人の観客の上空で、まるで電子ムクドリのように群を形成した。オーストリア・リンツで毎年催される世界最大の芸術、科学、テクノロジーの祭典、Ars Electronica フェスティバルだ（**図 2・4・6**）。

　各クワッドコプターには、カラー LED ライトが搭載されている。ドローンの群れは 10 分間にわたって複雑な空中ダンスを演じ、3D ワイヤーフレームによる絶えず色の変わる抽象的な形や動画、文字を形成した。このドローンによるパフォーマンスは、群知能として知られる自然界の現象を踏襲したものである[3]。群知能は、生物が有する機能の 1 つである。

　同様に、**図 2・4・7** もインテル社が 2018 年創立 50 周年記念イベントで 2018 機のドローンショーを演じた。各ドローンは光の粒、ピクセルとなった。それが 3D 空間（スペース）におけるピクセルだ。実は 1 名のオペレーターで飛行させている。**図 2・4・8** に示す機体は全長 30 cm、重さ 227 g のクワッドコプターで、アニメーターが定めた 3 次元軌跡に従って 2018 機が同期して飛行し急降下したり旋回したりしている。飛行の仕組みはアニメーターの時間とともに変化する 3D グラフィックスをひたすらなぞる飛行となる。したがって、リーダー機の 3 次元空間位置が確定すると全体が群知能となって幻想的な 3 次元の光ピクセルショーとしてできあがる。

図 2・4・6　オーストリア・リンツの Ars Electronica ショー

図 2・4・7　インテル社の 2018 機の Shooting Star ショー

図2・4・8　インテル社の Shooting Star

したがって、周囲のドローンとは一切通信はせず、各ドローンは地上の1台のコンピュータとのみ接続しているだけである。アニメーションライトは40億色に変えられ、アニメーターのサウンドと配色に合わせて同期するようになっている。つまり、もはや機体数は関係ないということである[4]。この群知能の技術を活用すれば、物流ドローンや災害対応ドローンも多数機の一括フォーメーション制御が安全に、かつ、信頼性高く実現できるであろう。　　　（野波健蔵）

【参考文献】
（1）https://azure.microsoft.com/en-us/blog/gpus-vs-cpus-for-deployment-of-deep-learning-models/
（2）https://www.droneii.com/drones-and-artificial-intelligence
（3）https://www.autodesk.co.jp/redshift/swarm-intelligence/
（4）https://www.drone.jp/news/20191029123038.html

2.5 深層学習アルゴリズムによるビッグデータ処理

2.5.1　ディープラーニングとニューラルネットワーク

　ディープラーニング（DL）および関連する人工知能（AI）技術は、ロボット工学、自動運転車、金融、ヘルスケアなど、産業のすべてのセクターで広く採用されている。AIの「誕生」は1956年に遡り、初期のニューラルネットワークは1940年代に最初に考案されたが、最近のディープラーニングへの飛躍は、次の3つの主要な要因によって後押しされた。それは、①ビッグデータの活用性、②ハードウェアパワー、③高度なディープラーニングアルゴリズム[1]である。

　ディープラーニングモデルは、本質的に多くの層を持つニューラルネットワーク（NN）[2]である。これらのモデルはサイズが非常に大きくなる可能性があり、AlexNet[3]には6,000万のパラメーターがあり、VGG-16[4]にはさらに1億3,800万のパラメーターがある。深層学習アルゴリズムの基礎となる数学的手法は、必ずしも完全に新しいものではない。ただし、現在はより大きなデータセットとより高い計算能力を備えているため、人間レベルのコンピュータビジョンや機械翻訳などの次世代の深層学習アプリケーションが可能になっている。

　ディープラーニングモデルはビッグデータ、つまり、監視付き学習を可能にする

ImageNet[3]などの多数のラベル付けされたデータを用いれば間違いなく成功に至る。進歩的・革新的な学習により、専門家が機能を手動で設計しなければならないような機能エンジニアリングを専門家に依頼することなく、データの非線形関係を見つける。ディープラーニングモデルはトレーニングデータを過剰に適合させる可能性がある。したがって、モデルがどれだけうまく一般化しているか、つまり、見えないデータをどれだけ正しく分類できるかを検証するには、豊富なデータを用意することが重要である。この点が決定的に重要となる。

　学習サイクルのもう少し詳しい説明を行う。**図2・5・1** に示すニューラルネットワークには、各入力の特徴 x（例えば、画像の各ピクセル）とバイアス b に関連付けられたパラメーターセット w（重みのセット）がある。学習の目的は、重み w とバイアス b のセットに最適な値を見つけることである。これにより、モデルは、「これは車である」または「これは歩行者である」などの最も正確な予測 $\hat{y}$ を達成できる。学習のプロセスは、**図2・5・2** に示すように、①→②→③→④のサイクルで表される。最初に、①のフォワードパスは、ネットワークの各レイヤーのすべてのユニットのアクティベーションを計算する。直感的には、どのニューロンが「発火」（アクティブ化）されるべきかを推定する。2番目に、②の「損失」で、つまりモデル予測 $\hat{y}$ とグランドトゥルース（たとえば、「これは車である」）の間の差が計算される。3番目に、③の後方伝播パスが勾配（微分）を計算し、最後のステップで、ニューラルネットワーク全体の重み w とバイアス b は、ネットワークのパフォーマンスを改善するために、つまり、勾配降下最適化法によって「損失」を最小化するために調整される。良好なモデルパフォーマンスを実現するには、このサイクルを数千回繰り返す必要がある。

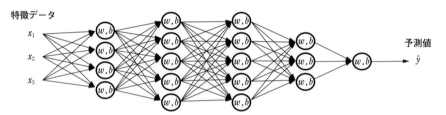

図2・5・1　3つの入力、4つの非表示中間層、1つの出力を持つ汎用的なニューラルネットワーク

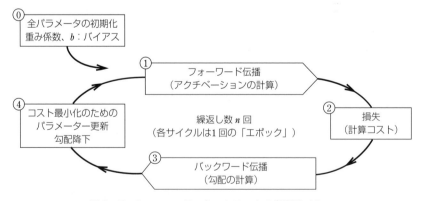

図2・5・2　ニューラルネットワークの学習サイクル

　ディープラーニングのアルゴリズムが成功裏に動作するためには、次の3つが重要である[5]。それはビッグデータの活用性、ハードウェアパワー、高度なディープラーニングアルゴリズムの3つである。以下ではこれらについて述べる。

2.5.2 ビッグデータ

深層学習は、さまざまなアプリケーションに使用できる。アプリケーションの例をいくつか考察して、データの活用性の問題について考える。まずはコンピュータビジョンである。深層学習は、コンピュータビジョンタスクに非常に適している。コンピュータビジョンアプリケーションでは、ディープラーニングモデルをトレーニングするために多数の画像が必要である。これらは、ImageNet[3]などのパブリックデータベースから入手できることが多く、約1,000のカテゴリと1,400万を超えるラベル付き画像が含まれている。しかし、ドローンの視点からの画像分析による監視など、最近のいくつかのアプリケーションの場合、適切なデータベースが存在しない場合がある。ここで、成功率の高い画像認識システムを開発するためには、新しいデータを収集し、広範なラベル付けを行う必要がある[6]。ディープラーニングを使用して橋などのインフラ点検の損傷を検出する場合も同様である[7]。こうした点検・検査データは長年にわたって地方自治体によって収集されてきたが、ディープラーニングモデルに役立つように、まず体系的にラベル付けする必要がある。

次は、IoTアプリケーションである。モノのインターネットアプリケーションは、多くの場合、大きなストリーミングデータに関連している。例えば、航空宇宙産業では、飛行機に埋め込まれたセンサーを介して、重要な要素のほぼリアルタイムの測定値を収集している。ここで、機械学習とディープラーニングは、故障予測メンテナンス、つまり予防診断ということで、一部の航空機器を交換するための最適なタイミングの予測に使用できる。1秒ごとのセンサーデータは膨大であるが、実際の障害の数（飛行中のトラブル発生確率、発生数）はかなり少なくなる可能性があるため、機械学習タスクは非常に困難になる[8]。

最後に自然言語処理である。深層学習は音声認識で非常に成功している。これはエンドツーエンド学習の形式であり、入力はオーディオで、出力はトランスクリプト、すなわち文字表現である。ここで、良好な結果を得るには、最大100,000時間のデータが必要である。さまざまなアクセントも必要であるが、さまざまな発話速度パターンの代表的なサンプルも必要である。

2.5.3 ハードウェアパワー

ディープラーニングの成功の主な原動力は、最大7TFLOPS、つまり1秒当たり最大で7京回（7,000,000,000,000,000）の浮動小数点演算を実行するという驚異的なパフォーマンスを持つGPUの存在が大きい。これまで見てきたように、ディープラーニングには、フォワード伝播パスとバックワード伝播パスという2つの基本的な操作がある。どちらの演算も基本的に行列の乗算であり、GPUは特に行列の処理に優れている。そのため、GPUはディープラーニングモデルのトレーニングに適したハードウェアになったといえる。なお、このプロセスには何時間もかかる可能性がある。

GPUは並列アーキテクチャに基づいている。中央処理装置（CPU）は1セットの非常に複雑な命令を順番に処理するのに優れているが、一方、GPUは多くのセットの非常に単純な命令を同時に処理するのに優れている。豊富なGPUパワーにより、ディープラーニングモデルの開発者は、ディープニューラルネットワークの多数の異なる設計を反復でき、数日ではなく数時間で実験を実行できる。これはまた、巨大なGPUコンピューティングリソースを持つ企業がディープラーニング分野のリーダーとなっている理由をも説明している。

ディープラーニングモデルのトレーニングは時間のかかるプロセスであるが、最大1.5T

FLOP のモバイル GPU により、ディープラーニングモデルでの推論がリアルタイムで可能になった。これは、自動運転やインテリジェントドローン飛行などの自律型ビークルにおいて、何らかの障害物の検出などの推論をリアルタイムで実行する必要がある場合に非常に有効となる。

2.5.4　先端的ディープラーニングアルゴリズム

近年、畳み込みニューラルネットワーク（CNN）、リカレントニューラルネットワーク（RNN）など、多数の高度なディープラーニングモデルまたはアルゴリズムが設計および公開されている。毎年、異なるモデル構造を備えた新しいディープラーニングアーキテクチャが提示され、既存のモデルに対して評価されている。CNN などのディープラーニングモデルの設計は、いわゆる「ハイパーパラメータ」が多数あるため、次のような重要な作業が必要となる。

- ・ニューラルネットワークのレイヤー数、ネットワークの「深さ」
- ・畳み込みやプーリングなどの技術的操作に対応するレイヤーのタイプ
- ・学習した「フィルター」（カーネル）のサイズ
- ・逆伝播パスでの更新操作（勾配降下）の「学習率」
- ・シグモイド関数や整流線形単位（ReLU）などの非線形「アクティブ化」関数の選択

これらのハイパーパラメーターが適切に調整されている場合、ディープラーニングモデルは見えないデータとして一般化される。ただし、ほとんどの場合、信頼性の高い予測でディープラーニングモデルを実現するために必要なデータ量は、単純に入手できない。1 つの戦略は転移学習で、既存または関連するタスクからの知識が新しいタスクに転移される[9]。

「データ拡張」として知られる別の戦略は、実際に新しいデータを収集する必要はなく、トレーニングモデルに使用できる画像の量と多様性を高めるためによく使用される[10]。コンピュータビジョンでは、既存の画像を新しい画像に「拡張」するために使用される最も一般的な手法のいくつかは、位置拡張（例：スケーリング、クロッピング、フリッピング、パディング、回転、変換）および色拡張（例：明るさ、コントラスト、彩度、色相）である。

ネットワークの汎化能力を改善するためのさらなる方法は、「ドロップアウト」戦略である。この方法では、トレーニング中に一部の入力がランダムに無視（つまり、ドロップアウト）されるため、ネットワークは特定の入力に過度に依存できない[11]。別の手法は、入力にランダムノイズを追加することである。「重みの制約」戦略では、ネットワークに非常に大きな重みがある場合、つまり、入力またはアクティブ化の 1 つが他を支配している場合、損失関数を介してペナルティが課される。

2.5.5　ディープラーニングの成功要因と課題

過去数年間、ディープラーニングが過去数十年の AI の誇大宣伝を超えたのは、本質的に 3 つの要因であった。3 つの重要な成功要因は次のとおりである。

① 人間がラベル付けしたデータの大規模なデータセット（「ビッグデータ」）の活用性
② GPU テクノロジーに基づく高性能コンピューティングプラットフォーム
③ 大学や企業が開発した強力なディープラーニングアルゴリズム

画像認識や同様のタスクのためのディープラーニングの重要なボトルネックは、ラベル付けされたデータの欠如である。ただし、「データ拡張」などの方法は、既存のデータから（より大きな）データを作成するために提案されている。ディープラーニングの研究をリードしているのは、巨大な GPU コンピューティングリソースを持つ企業であることが多い。

（Helmut Prendinger）

【参考文献】

（1）Y. LeCun, Y. Bengio, G.E. Hinton："Deep learning", *Nature* 521（7553）, pp.436–444（2015）

（2）I. Goodfellow, Y. Bengio, A. Courville：Deep Learning, The MIT Press, Cambridge, MA, London, England（2016）

（3）A. Krizhevsky, I. Sutskever, G.E. Hinton："ImageNet classification with deep convolutional neural networks", Proc. 25th Int'l Conf. on *Neural Information Processing Systems*（*NIPS*）, pp.1097–1105（2012）

（4）K. Simonyan, A. Zisserman："Very deep convolutional networks for large–scale image recognition", Proc. Int'l Conf. on *Learning Representations*（*ICLR*）（2015）

（5）W. Thompson："Deep Learning: The confluence of big data, big models, big compute", datanami.com, Jan. 10（2019）

（6）M. Barekatain, M. Marti, H.–F. Shih, S. Murray, K. Nakayama, Y. Matsuo, H. Prendinger："Okutama–Action: An aerial view video dataset for concurrent human action detection", 1st Joint BMTT–PETS Workshop on Tracking and Surveillance, in conj. with CVPR, Honolulu, Hawaii, USA（2017）

（7）J.J. Rubio, T. Kashiwa, T. Laiteerapong, W. Deng, K. Nagai, S. Escalera, K. Nakayama, Y. Matsuo, H. Prendinger："Multi–class structural damage segmentation using fully convolutional networks", *Computers in Industry*, Vol. 112, 103121（2019）

（8）M. Baptista, E.M.P. Henriques, I.P. de Medeiros, J.P. Malere, C.L. Nascimento Jr, H. Prendinger："Remaining useful life estimation in aeronautics: Combining data–driven and Kalman filtering", *Reliability Engineering & Safety*, Vol. 184, pp.228–239（2019）

（9）S.J. Pan, Q. Yang, W. Fan, S.J. Pan（PhD）："A survey on transfer learning", IEEE Trans. on *Knowledge and Data Engineering*, Vol. 22, Issue 10, pp.1345–1359（2010）

（10）L. Perez, J. Wang："The effectiveness of data augmentation in image classification using Deep Learning", CoRR abs/1712.04621（2017）

（11）N. Srivastava, G.E. Hinton, A. Krizhevsky, I. Sutskever, R. Salakhutdinov："Dropout: a simple way to prevent neural networks from overfitting", *Journal of Machine Learning Research* 15（1）, pp.1929–1958（2014）

2.6 エッジコンピューティングとクラウドコンピューティング

2.6.1 クラウドコンピューティングとは

　ドローンは、さまざまな技術を組み合わせて実現されている。中でも、注目されているのが「クラウドコンピューティング」である。「クラウドコンピューティング」とは、インターネットの発展・進化とともに、使用されるようになった概念である。言葉としては 1990 年代後半から存在したが、1995 年の Windows 95、2007 年の初代 iPhone などの登場、光回線や 3G、4G などの通信インフラの拡充によってインターネットが広く普及するのに伴って、一般的な言葉・概念として定着した。

　クラウドコンピューティングでは、CPU やメモリ、ストレージ、ネットワークなどのコンピュータリソースがデータセンターに用意され、ユーザーはインターネットを介して、これらのコンピュータリソースを利用する形態をとる。

　ユーザー側でもコンピュータを用意する必要はあるが、必ずしも強力なCPUや大量のメモリは必要とせず、Webブラウザが稼働するレベルの性能を持つコンピュータであれば、クラウドコンピューティングを利用することは可能である。

　インターネットという不特定多数のユーザーが利用するネットワークを介して利用する仕組みのため、このネットワークを雲（クラウド）に見立てて「クラウドコンピューティング」と呼ばれるようになった。たんに「クラウド」と呼ぶことも多い。

　「クラウドコンピューティング」と対となる言葉・概念が「オンプレミス」である（図2・6・1）。これは、サーバーやストレージなどを自社施設内に設置して、自ら運用・管理する形態を指す。インターネットが普及する以前は、企業のITシステムはオンプレミスが主流であったが、現在はクラウドを利用する企業が増えつつあり、オンプレミスとクラウドを併用する企業が増えている。このように、オンプレミスとクラウドを組み合わせた使い方を「ハイブリッドクラウド」と呼ぶこともある。

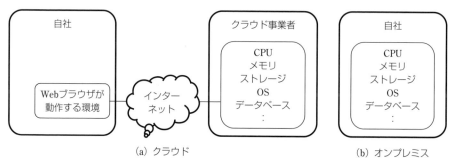

図2・6・1　クラウドとオンプレミス

2.6.2　クラウドの種類：パブリッククラウドとプライベートクラウド

　クラウドコンピューティングは、提供主体や内容によっていくつかに分類される。まず、提供する主体の違いによって「パブリッククラウド」と「プライベートクラウド」に分けられる。

　「パブリッククラウド」は、自社ではない外部の企業が商用で提供するクラウドである。代表的なものとしては米アマゾンのAmazon Web Services（AWS）（図2・6・2）、米マイクロソフトのMicrosoft Azure（Azure）、米グーグルのGoogle Cloud Platform（GCP）、米IBMのIBM Cloudなどがある。これらの企業は、世界各地に巨大なデータセンターを建設し、それらを相

図2・6・2　**Amazon Web Services（AWS）のWeb**サイト。サイトから申し込むだけで、さまざまなクラウドサービスを利用できる

互に接続して、さまざまなクラウドサービスをグローバルに提供している。

　また、国内においてはニフティ、富士通、インターネットイニシアティブ（IIJ）などの主要
ITベンダーもパブリッククラウドを提供している。さらに、中国ではAlibaba（阿里巴巴集団、
アリババ）、Tencent（騰訊、テンセント）などの巨大IT企業もパブリッククラウドを提供して
いる。

　「プライベートクラウド」は、企業がデータセンターなどに自社サーバーやストレージなど
のIT機器を設置し、専用線やインターネットを介してそれらのコンピュータリソースを利用
する形態を指す。パブリッククラウドでは、コンピュータリソースは外部のクラウド事業者が
所有・管理するが、プライベートクラウドは利用する企業自身が所有・管理することになる。
すべてを自社で管理するという意味では、オンプレミスの形態の1つという見方もできる。

2.6.3　クラウドの種類：IaaS、PaaS、SaaS

　クラウドコンピューティングは、提供されるサービスの内容によっていくつかに分類される。
最も代表的な分類が「IaaS」「PaaS」「SaaS」である。

　「IaaS」は「Infrastructure as a Service」の略で、「イアース」「アイアース」と呼ぶ。これは、
CPUやメモリ、ストレージ、ネットワークなどのハードウェアのリソースをクラウドで提供す
るものだ。ユーザーがCPUの種類、メモリサイズ、ストレージサイズなどをコンソール画面で
設定すると、設定どおりの仮想マシンが作成され、利用可能となる。ユーザーは、その仮想マ
シンに必要なソフトウェアなどを導入して活用する。

　「PaaS」は「Platform as a Service」の略で「パース」と呼ぶ。これはCPUやメモリ、スト
レージなどのハードウェアを提供するIaaSよりも、一段階レイヤーの高い機能を提供する。デー
タベース（DBMS）、アプリケーションの開発環境などがそれに当たる。たとえば、開発環境の
PaaSであれば、ユーザーはログインするだけでアプリケーションを開発できる。その下で稼働
するサーバーやストレージなどはクラウドを提供する事業者側で管理されるため、ユーザーが
気にする必要はない。

　「SaaS」は「Software as a Service」の略で「サース」と呼ぶ。これは、アプリケーションそ
のものをクラウドから提供するものだ。代表的なサービスとしては、MicrosoftのOffice 365、
GoogleのG Suite（図2・6・3）、セールスフォース・ドットコムの顧客管理システム（CRM）
などが挙げられる。

図2・6・3　Googleが提供する**SaaS**サービスである「**G Suite**」の**Web**サイト。メールや文書作成、表計算
などのアプリケーションを利用できる

　SaaS を用いれば、ユーザーはパソコンにソフトウェアをインストールすることなく、Web ブラウザを用いて文書作成や表計算、プレゼン、顧客管理、営業管理などのアプリケーションを利用できる。作成されたデータもクラウドに保存されるため、異なる場所、異なるデバイスでも同じデータにアクセス可能である。

　なお、「IaaS」「PaaS」「SaaS」のように、インターネットを通じてあらゆるリソースを提供する形態を総称して「XaaS（X as a Service）」（ザース）と呼ぶこともある。「X」は未知の値を意味し、そこにさまざまなアルファベットを与えて多様なクラウドサービスを表現する。

　例えば「DaaS」は「Desktop as a Service」の意味で、Windows などのデスクトップ環境をクラウドから提供するサービスを指す。ただし、企業によってあてはめるアルファベットと意味は異なり、マーケティングの文脈で使用される言葉も多いので注意が必要である。

2.6.4　クラウドのメリット

　クラウドが急速に広まっているのは、それだけメリットが多いからだ。**表 2.6.1** は、一般的に挙げられるクラウドのメリットである。

表 2.6.1　クラウドのメリット

メリット
インフラの調達が不要
運用・管理の負荷が下げられる
初期投資を抑えられる
拡張性・柔軟性が高い

　クラウドを使えば、ユーザーはハードウェアやソフトウェアを調達する必要がなくなる。従来、企業は、サーバーやストレージ、ネットワーク機器などのハードウェア、OS、データベース、アプリケーションなどのソフトウェアを調達し、時間とコストをかけてシステムを構築する必要があった。しかし、クラウドであれば、必要なハードウェアやソフトウェアは、画面で指定するだけですぐに用意できる。

　さらに、システムの運用・管理も必要ない。オンプレミスだと、OS やアプリケーションの更新、セキュリティパッチの適用、トラブル時の対応など、すべて自社で対応する必要がある。しかしクラウドであれば、その必要はない。

　初期投資も抑えられる。多くのクラウドサービスは毎月一定の金額を支払うサブスクリプション型、データやリソースの使用量に応じて支払う従量課金型の料金体系を持っている。このため、ハードウェアやソフトウェアの初期投資が大きいオンプレミスのシステムの比べると、導入時のコストを低く抑えられる。

　拡張性・柔軟性も高い。例えば、サーバーの増強が必要になったら、画面のボタンを押すだけですぐに追加できる。逆に、サーバーが不要になれば、利用を停止するだけでよい。ビジネスの拡大/縮小に合わせてシステムを柔軟に変更できることは、クラウドの大きいメリットといえる。

2.6.5　クラウドのデメリット

　オンプレミスに対して多くのメリットがあるクラウドだが、デメリットも少なくない。このため、利用する際には、メリット/デメリットの両面を検討することが重要になる。ここでは、**表 2.6.2** に示すデメリットについて解説する。

表 2.6.2　クラウドのデメリット

デメリット
障害を自社でコントロールできない
使い方によっては高コストになる
突然のサービスの変更や中止がありうる

　クラウドのデメリットの 1 つが、トラブル・障害時の対応だ。自社で運用するオンプレミスのシステムであれば、障害が発生したら、自ら原因を調査して必要な対応を打てる。

　しかしクラウドでは、ユーザーである企業は、クラウド事業者の対応に委ねることしかできない。たとえば、パブリッククラウドで EC サイトを運営している企業は、クラウドで障害が発生すると、その間は EC サイトの運営ができなくなり、自らは何も対策できない状態に陥る。

　また、使い方によってはクラウドは高コストになる可能性がある。例えば、データ量に応じて課金される従量課金型のクラウドの場合、一度に大量のアクセスが集中すると、料金も一挙に跳ね上がる。したがって、初期コストの安さだけに注目して安易に契約すると、かえって高くつく可能性がある。

　さらにクラウドでは、サービス内容が突然変更になったり、場合によっては中止されるリスクもある。クラウド事業者が民間企業である以上、事業としての採算が合わなくなれば撤退もありうる。したがって、クラウドを利用する際には、クラウド事業者の規模や体力、事業継続性にも注意を払う必要があるだろう。

　なお、クラウドの初期には、クラウドのセキュリティを不安視する声も少なくなかった。しかし、多くのクラウドサービスが耐震基準などの安全基準を満たす堅固なデータセンターで運営され、かつセキュリティの各種認証も取得するのが当たり前になったいま、むしろ「クラウドの方が安全」という認識が一般的となっている。

2.6.6　エッジコンピューティングとは

　クラウドコンピューティングは、CPU やストレージなどのコンピュータリソースをデータセンターに集約した中央集権型の仕組みだ。ユーザーが使用するコンピュータは、Web ブラウザが動作するレベルの能力があれば十分であり、それ以外の処理はネットワークの向こう側にあるクラウド側で行っても問題はない。

　ただし、この仕組みにはボトルネックが存在する。それがネットワークだ。クラウドコンピューティングでは、クラウド側とユーザー側のやりとりは、すべてネットワークを介して行われる。このため、ネットワークが脆弱だったり障害が発生したりすると、仕組みそのものが機能しなくなる。

　さらに、最近はユーザーやデバイス側で発生するデータが爆発的に増えている。理由は IoT（Internet of Things）だ。工場の生産ロボットや建設現場の建設機械、家庭内の家電、自動運転車など、さまざまなモノに搭載されたセンサーからは、膨大なデータが吐き出される。この膨大なデータをすべてクラウドで処理しようとすると、ネットワークはパンクしてしまうだろう。

　そこで登場したのが「エッジコンピューティング」である。これは、センサーやデバイスから発生したデータを、発生現場に近い場所（エッジ）で処理する技術や考え方のことだ。クラウドコンピューティングを「中央集権型」だとすれば、エッジコンピューティングはそれを補う「分散型」の仕組みといえるだろう。

2.6.7　エッジコンピューティングのメリット

　エッジコンピューティングが注目される理由は、クラウドとエッジで処理を分けることに、次のようなメリットがあるからだ。

- ・低遅延によるリアルタムなデータ処理
- ・通信量の最適化とコストの削減
- ・セキュリティの強化
- ・事業継続性の確保

　膨大なデータをクラウドで処理すると、ネットワークの遅延や障害によってデータ処理が影響を受ける。また、どんなに高速なネットワークを使っても、クラウドとのやりとりにはわずかに遅延が発生してしまう。

　ネットワークの遅延や障害は、リアルタイム処理を必要とする作業・業務では、致命的な結果をもたらす。例えば、遠隔医療や自動運転においては、通信が1秒間でも途絶えたら、人命にかかわる事故に直結するだろう。

　しかし、エッジでデータを処理すれば、ネットワークの影響を受けることなくリアルタイムなデータ処理が可能になる。

　さらに、エッジでデータを処理し、必要なデータだけをクラウドに送れば、通信量を抑えることができ、結果的に通信コストの削減にもつながる。

　セキュリティ面でもメリットは大きい。個人情報や機密情報が含まれるデータをクラウドに送信すると漏えいのリスクがある。しかし、こうした情報をエッジで管理したり、エッジ側で情報を匿名化して送信したりすれば、漏えいのリスクを低減できる。

　事業継続性の観点でも、エッジコンピューティングにはメリットがある。すべてのデータやシステムがクラウドにあると、クラウドまたはネットワークの障害によって企業は事業を継続することが困難になる。しかし、有事に備えたデータやシステムをエッジに置いておけば、被害を最小限にとどめ、事業継続性を高めることができる。

2.6.8　ドローンにおけるクラウドとエッジの活用

　現在、多くのドローンは無線を利用した遠隔操作によって操縦する。プログラムによって指定された航路を飛行し、GPSを利用して位置を修正できる機種もあるが、自ら障害物を認識して回避したり、状況に合わせて最短ルートを選択したりできる高度な機能は、まだ確立されていない。

　しかし、クラウドコンピューティングとエッジコンピューティングを組み合わせることで、こうした高度な機能を持つドローンを開発することも可能になる。

　たとえば、現在、ドローンの自動飛行ではGPS機能が利用されている。現在の座標と目的地の座標を測定し、飛行ルートを設定するのが一般的だ。しかし、GPSではインターネットを利用するため、インターネットの障害が発生すると仕組みそのものが機能しなくなる。また、インターネットを介するとどうしても遅延が発生するため、リアルタイムな処理も難しい。

　しかし、エッジコンピューティングを組み合わせると、現場でデータをリアルタイムに処理して、障害物の検知やルート変更が可能になる。また、仮にインターネットに障害が発生しても、エッジ側の処理だけで自律飛行が可能になる。

　撮影した画像をクラウドに送る場合でも、いったんエッジ側でデータを蓄積し、加工して送信すれば、ネットワークの負荷を減らし、高速な処理が可能になる。

　さらに、今後、5G技術が普及すると、限定されたエリアで高速な通信を実現する「ローカル5G」を活用することで、ドローン周辺の各種機器とのリアルタイムなデータ通信が可能になる。その結果、周辺の状況に合わせてルートを変更したり、複数のドローンが協調しながら自律的に飛行することも可能になるだろう。

　このように、ドローンを「飛行するIoTデバイス」ととらえ、他のIoTデバイスの中に位置づけたうえで、目的に合わせてクラウドとエッジでデータ処理を分散すれば、ドローンの可能性はさらに広がるだろう。

（原口　豊）

2.7 携帯電話ネットワークの上空利用に向けた取り組み

　近年、各種業務プロセスの自働化や最適化を実現する手段の1つとして、ドローンの活用が注目されている。特にドローンによる長距離物流サービスや、災害発生時などでの迅速かつ詳細な広域監視サービスといったユースケースは、社会的意義も高く一定の商業ニーズがあるものの、広い範囲に渡ってドローンが安全に飛行できるよう、常に地上の制御局と常時通信を行い、遠隔で監視・制御できる環境が必要となる。

　このようなドローンの広域飛行を支える通信として、NTTドコモではドローンとの通信手段にLTEなどのモバイルネットワークを利用した「セルラードローン」について各種検証、国際標準化、研究開発を進めている。

2.7.1　モバイルネットワークの進展

　1980年代から開始したモバイル通信ネットワークは、およそ10年ごとに大きく進化してきている。モバイル通信は第1世代通信（1G）から第4世代通信（4G）に至るまで、通信速度の向上を進め、主に人と人とのコミュニケーションを行うためのツールとして発展してきた。

　今後、さまざまなモノがネットワークにつながるこれからのIoT時代において、NTTドコモはその重要な基盤となる2010年に第5世代通信（5G）に係る基礎研究を開始し、2014年から実施している実証実験や2019年9月に開始した5Gプレサービスを通じて、5Gシステムの研究開発や5Gを活用したサービスの有用性検証など、さまざまな取組みを実施してきた。このような取組みで得られた知見をもとに、2020年3月25日に第5世代移動通信システム「5G」のサービスを開始した。

　5Gは、「高速・大容量」「低遅延」「多数端末との接続」という特長を有しており、4K/8K高精細映像やAR/VRを活用した高臨場感のある映像の伝送、ならびに自動運転サポートや遠隔医療などを実現するなど、コミュニケーションのあり方を変化させ、新たなビジネスの進展に貢献すると期待されている（**図2・7・1**）。

2.7.2　ドローンにモバイル通信を活用するメリット

　ドローンは常に地上と通信をしながら飛行するが、地上との通信においては無線LANと同様に免許および登録を要しない無線局や画像伝送用に整備された周波数帯域を活用する場合が多い[1]。これに対し、ドローンに携帯電話などモバイル通信デバイスを搭載し活用する場合の主な利点を下記に示す（**図2・7・2**）。

（1）より広範囲に

　モバイル通信は移動しながらも接続先の基地局を切り換えることで通信を継続できる。これを活用することで広域に飛行するドローンが地上との通信を継続し、飛行中の継続的な状態把握や急な飛行経路の変更が生じた場合にも柔軟に対応できるようになるなど、「より広範囲」にドローンを航行させることができる。

（2）より簡単、早期に

　モバイル通信の基地局ネットワークは陸上移動通信サービスとしてすでに日本全国に構築さ

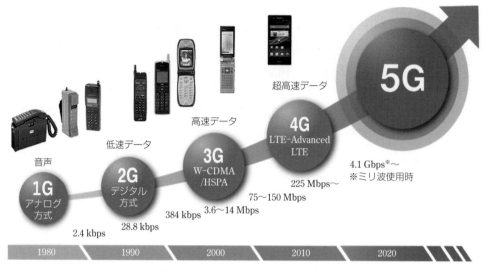

図2・7・1　モバイル通信の進展[8]

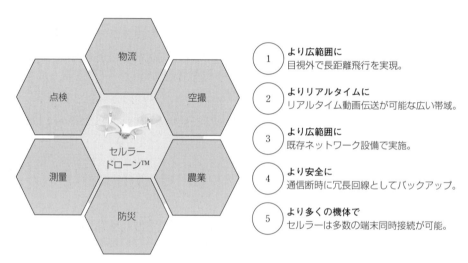

図2・7・2　モバイル通信をドローンに活用するメリット

れている。この陸上移動通信サービス向けのインフラを上空での通信でも活用することで、上空での通信環境の整備に必要となるコストを抑えられれば、「より簡単、早期」にドローン向けの通信環境を整備することができる。

　ドローンに搭載する通信端末についても、地上のスマートフォンやIoTデバイスとの共用が可能であれば、既存の地上通信向けのエコシステムを活用することで、比較的早期かつ安価に調達できる可能性がある。

（3）より広い用途で

　ドローンと地上の通信用途としては、ドローンの飛行位置の把握や、機体状況の取得といった、比較的低速な通信速度で実現できるユースケースもある一方で、高解像度の動画像をリアルタイムに上空からの映像を取得したい、といった広帯域通信を必要とするケースもある。モバイル通信は2020年3月時点でダウンロード時最大約1.7 Gbps、送信時最大131.3 Mbpsもの高速大容量通信を実現するなど、他の無線通信と比較して多様なユースケースに対応可能である。

（4）より安全に

　地上局とドローンの通信が切断されてしまうことのないように、従来の無線LANなどでの通信経路に加え、モバイル通信を加えて通信を冗長化するなど、複数の通信手段を併用することでドローン飛行の安全性を高めることが可能である。さらにモバイル通信ネットワークとして具備している識別、登録、認証に係るシステム基盤を活用することで、ドローンと地上の通信におけるセキュリティ強度を高めることも可能である。

（5）より多くの機体で

　従来の無線LANなどでの通信においては、地上局とドローンの間の通信に使用する周波数チャネルが比較的少なく、他のドローンとの通信に重なってしまうことで干渉が発生し接続できない場合が発生することがある。この結果、同時に飛行可能なドローンの機体数が大幅に制限されてしまう場合があり、今後ドローンの需要が高まり、飛行台数が増加した場合には大きな障壁となり得る。一方でモバイルネットワークは既に地上向けに多数の携帯端末やIoT向け通信デバイスなどを収容できるような通信方式であり、より多くのドローンが同時に近接して飛行したとしても安定した通信環境を提供可能である。

2.7.3　実用化に向けた課題

　このような世界を実現するうえで、解決すべき課題が主に2点ある。1つは地上の通信への干渉問題である。上空でドローンに搭載した携帯電話が電波を発射した場合、地上での通信に比べ建物などによる遮へいの影響を受けにくく、比較的遠方まで電波が届くことから、地上での通信に対し干渉を与えてしまう場合があることが判っている。このような状況から現在、ドローンにおけるモバイル通信の上空利用については携帯電話事業者による実用化試験局の位置付けで運用されている[2]。このような運用は2016年7月から開始されており、NTTドコモは日本で初めて免許を取得、ドローンから高品質な動画像がモバイルネットワーク経由で問題なく送受信できるか、目視外環境を飛行するドローンに対し適切な監視・制御が行えるか、などを継続的に検証し、地上と上空のどちらにおいても良好な通信環境が構築できるよう、国際標準化活動を含めモバイルネットワークを最適化する研究開発を進めている。このような上空および陸上を含めた3次元的な通信環境の適正化を実現する技術開発を前提に、当該制度の緩和に向けた各種検討が進められている[3]。

　NTTドコモでは、既に2019年3月にセルラードローンが搭載するLTE通信端末の送信電力を最適化するネットワーク機能を開発し、商用ネットワークでの運用を開始している[4]。

　もう1つの課題は上空での通信品質を事前に把握することである。モバイル通信は陸上での利用を前提に構築しているため、現状のネットワーク構成で期待できる上空の通信品質について事前に検証する必要がある。特に長距離・目視外飛行が前提となるユースケースでは、運航中の地上との通信断は飛行安全管理上、大きなリスクであり、当該リスクが最小となる飛行ルートを策定する必要がある。このような課題の解決に向け、NTTドコモでは上空のエリアマップ（3Dエリアマップ）を開発している（**図2・7・3**）。このマップでは、計算機シミュレーションや実地での測定結果をもとに、実際にドローンが飛行した場合の通信品質や通信切断リスクを可視化し、飛行計画の検討に反映させることで、通信環境も考慮したより安心、安全なドローン運航を支援することが可能となる。

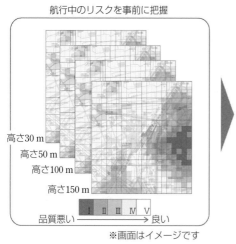
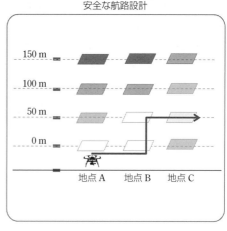

航行中のリスクを事前に把握　　　　　　　　安全な航路設計

図２・７・３　3D セルラーエリアマップを活用した安心安全なドローン飛行支援

2.7.4　実用化に向けた取組み状況

〔1〕 ドローンの長距離目視外飛行（レベル 3）への取組み

　筆者らは上空でのモバイル通信を活用したドローン飛行の有用性検証に向け、さまざまな電波環境やドローンの利用形態を想定した実証実験に取り組んでいる。例えば物流分野においては、2017 年 11 月にブルーイノベーション株式会社、東京大学鈴木・土屋研究室、日本郵便株式会社、株式会社自律制御システム研究所と連携し、国交省、長野県伊那市の協力のもと、モバイル通信を活用したドローンのリアルタイム監視システムと物流用ドローンポートシステムを連携させた物流事業者による荷物等の輸送における総合検証実験を実施し、上空のドローンに対する LTE ネットワークの接続性や、モバイル通信を介したドローンのリアルタイム遠隔監視が有用であることを確認した（**図 2・7・4**）[5]。

図２・７・４　モバイル通信とドローンポートによる総合検証実験（2017 年）

　さらに、2019 年 3 月には、日本郵便株式会社と株式会社自律制御システム研究所の協力のもと、レベル 3（補助者なしでの長距離目視外飛行）環境で LTE によるドローンの自律飛行の実証実験に成功した[3]。2019 年 10 月には、東京都、ANA ホールディングス株式会社、株式会社自律制御システム研究所と連携して、令和元年度台風 19 号の被害を受けた西多摩郡奥多摩町

日原地区へ、救援物資をドローンにより搬送するなど、NTT ドコモはドローンを活用した社会課題の解決に向け取り組んでいる[6]。

〔2〕運航管理システム（UTM）への取組み

地上と上空を含めたモバイル通信環境全体を適切に維持運営するためには、上空のドローンの通信状況を把握し、必要に応じて適切に管理する必要がある。このような管理においてはドローン運行管理システム（UTM）と高い親和性があり、NTT ドコモは NEDO「ロボット・ドローンが活躍する省エネルギー社会の実現プロジェクト」に参画するなど、ドローンの運航管理システムの研究開発についても取り組んでいる[7]。

2019 年 10 月には、「福島ロボットテストフィールド」（福島県南相馬市・浪江町）において、同一空域で複数事業者のドローンが安全に飛行するための運航管理システムとの相互接続試験を実施し、1 時間 1 km^2 当たり 100 フライト以上のドローン運航管理に成功した。本実験において、NTT ドコモはドローンへの搭載性に優れた小型軽量な LTE 端末を提供し、市販の小型ドローンを含めた一般のドローン事業者が、本プロジェクトで開発した運航管理統合機能に円滑に接続できるよう接続支援を行うなど、UTM の社会実証に向けた取り組みに大きく貢献している。

本節では、ドローンに向けのモバイル通信の活用に向けた取組みを紹介した。このような取組みとドローン運航管理システムと高度に連携させることで、災害発生などに伴う輻輳時など通信環境に変化が生じた際の運航ルートの再設定が可能になるなど、柔軟かつ安全なドローン運航の早期実現に貢献するとともに、有限かつ希少な公共財である電波資源および空域資源の経済的活用を推進することで、ドローンの普及拡大、および早期社会実装に向けて、引き続き取り組んでいく。

（山田武史）

【参考文献】
（1）総務省ホームページ：https://www.tele.soumu.go.jp/j/sys/others/drone/index.htm
（2）総務省ホームページ：http://www.tele.soumu.go.jp/j/sys/others/uav/
（3）内閣府 第 8 回 成長戦略ワーキング・グループ資料：
    https://www8.cao.go.jp/kisei-kaikaku/kisei/meeting/wg/seicho/20200319/agenda.html
（4）NTT ドコモ報道発表：セルラードローンの送信電力最適化機能を開発 ―上空での LTE によるドローンのレベル 3 自律飛行に成功―
    https://www.nttdocomo.co.jp/info/news_release/2019/03/12_00.html,
（5）国交省ホームページ：物流用ドローンポートシステムの 検証実験結果について
    https://www.mlit.go.jp/common/001215391.pdf
（6）東京都　報道発表：ドローンを活用した空路による救援物資の提供
    https://www.koho.metro.tokyo.lg.jp/diary/report/2019/10/28/02.html
（7）NEDO ホームページ：https://nedo-dress.jp/
（8）NTT ドコモホームページ：https://www.nttdocomo.co.jp/corporate/technology/rd/tech/5g/

2.8 自律飛行ロボットと無線周波数帯

2.8.1　ドローンの無線システム

〔1〕産業用ドローンが使用する主な無線システム

　ドローンは地上からの無線システムで制御監視されており、小さな機体の中に多くの電子回路とともに複数の無線機器を配置している。産業用に使用されるドローンには一般的に**図2・8・1**に示すような無線機が搭載されている。

① 操縦制御用　2.4 GHz 帯

② データテレメトリー用　920 MHz 帯

③ 映像伝送用　1.2 GHz 帯（アナログ）、2.4 GHz 帯（ディジタル）、5 GHz 帯（ディジタル／アナログ）

④ GNSS（GPS）受信機　1.5 GHz 帯

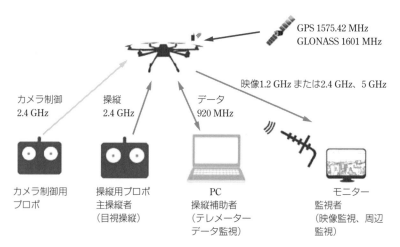

図2・8・1　ドローンの無線システム

表2.8.1　ドローンが使用する主な無線周波数帯

分類	無線局免許	周波数帯	送信出力	利用形態	備　考	無線従事者資格
免許および登録を要しない無線局	不要	72・73 MHz 帯等	500 m で 200 μV 以下	操縦用	ラジコン用	不要
		920 MHz 帯等	20 mW	操縦用・データ通信用	特定小電力無線機	
		2.4 GHz	10 mW/MHz	操縦用・画像伝送用 データ伝送用	小電力データ通信システム	
携帯局	要	1.2 GHz 帯	1 W 最大	画像伝送用（アナログ）	今後使用しない	三陸特以上
携帯局 陸上移動局		169 MHz	上空 10 mW	操縦用 画像伝送用 データ伝送用	無人移動体画像伝送システム H28 年制定	
		2.4 GHz	最大 1 W			
		5.7 GHz	最大 1 W			
アマチュア無線局		5.6 GHz アマチュア無線	最大 2 W		技適または保証認定	アマチュア無線 4 級以上

　わが国の電波法においてドローンが使用できる無線周波数帯は**表2.8.1**の周波数になる。近年ではこのほかに携帯電話などの移動通信システムを実用化試験局の免許を受けることでLTE端末をドローンに搭載してシームレスな運用を行う取組みも始まっている。また、衛星系の無線機器はどこでも運用できるメリットがあるが、小型のドローンに搭載するには重量の問題や通信遅延、運用費用の問題などがありあまり使われていない。

　操縦やデータテレメトリングに使用される電波法で規定された小電力データ通信システムや特定小電力無線機を使う場合は無資格無申請で使用できるが、映像を伝送する無人移動体画像伝送システムのような出力の大きい無線機の場合は免許が必要な場合もある。

　また、表2.8.1において無線局免許が不要とされている周波数帯を使用した機器でも基本的に「技適」登録がなされている無線機が対象であり、海外通販等で諸外国から購入した技適のない無線機を搭載したドローンは国内では使用できないので注意がいる。

〔2〕操縦用の無線システム

　操縦用には長年使用されていたVHF帯アナログFM方式に代わって、2.4 GHzのディジタル無線機が使われ、周波数拡散方式の1つであるFHSS（周波数ホッピング周波数拡散）方式が多く採用されている。FHSS方式は2.4 GHz帯を1ミリ秒以下の短い時間で周波数をランダムに変更しながら通信する方式であり、従来のアナログ方式に比べて混信に強いのが特長である。**図2·8·2**にFHSS方式の例を示す。

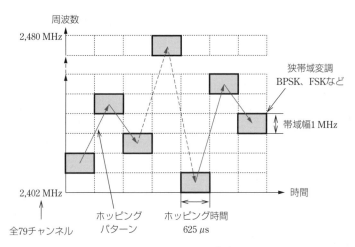

図2·8·2　FHSS方式

〔3〕テレメトリング通信

　機体と地上基地局とのテレメトリング通信にはLPWA（低消費長距離無線通信システム）920 MHz帯の特定小電力無線機が使われることが多い。免許は不要で使用でき、出力電力は20 mW程度であるがデータ量を少なくして、低速で通信を行うことにより長距離（10〜20 km）伝送も可能である。使用できるチャンネル数も多く、安価で小型の無線モジュールが市販されており、小型・軽量のためドローンなどに搭載するのに都合がよい。

〔4〕映像伝送システム

　機上カメラのカラー映像を地上の基地局へ伝送するには無線周波数の帯域幅が10〜20 MHz必要であるからGHz帯の周波数が使われる。2.4 GHzのWi-Fi帯によるOFDM（直交周波数分割多重）方式を用いた画像伝送無線は産業用のドローンにも使用されているが、操縦用の

2.4 GHz 無線機と周波数帯が同一であるため、相互干渉して通信距離が短くなる欠点もある。このため、2.4 GHz 帯に操縦信号（アップリンク）と映像信号（ダウンリンク）を混在させるときには、機体が送ってくるデータ量の多い映像信号の隙間をついてデータ量の少ない操縦信号を地上から機体へ送り、互いに干渉しない TDD（Time Division Duplex: 時分割複信、**図2・8・3**）を使う場合もある。

　過去に使用されていたアナログの 1.2 GHz に代わり、より帯域が得られる 5.7 GHz 帯の映像無線機は電波法「無人移動体画像伝送システム」に合致して、産業用のドローンに使用されている。アナログ方式の 1 W 出力の無線機は高利得受信アンテナを使用して 30 km の長距離伝送も可能であり、OFDM 方式の HD 映像伝送では 1～3 km の伝送が可能である。これらの映像伝送無線機は産業用であり、法人に免許され、運用者は資格（陸上特殊無線技士）が必要である。またこれらの運用周波数帯で混信防止対策がない送信装置の場合は免許申請に際して「混信防止を図る資料」を提出する必要がある。

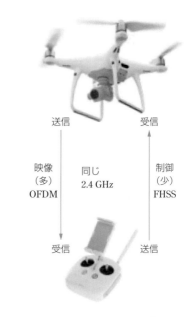

図2・8・3　TDD方式

〔5〕GNSS 受信機

　ドローンの屋外運用では GNSS（Global Navigation Satellite System）に依存して航行する場合がほとんどであり、姿勢を制御するジャイロセンサーとの組合せにより自己位置推定をしながら飛行するが、GPS などは衛星無線機であり、宇宙からの微弱電波を受けてい

図2・8・4　5.7 GHz 映像伝送無線

る高感度の無線機であるから機体内で発生する雑音にも敏感であり、GPS アンテナの配置には配慮が必要である。また、市街地や山間部など、電波を遮へいするものがあると GPS の補足数は一気に減少する場合もあるので、常に GPS の受信状態を監視しておかなければならない。さらに、市街地での運用では GPS の電波がビルなどで反射して、マルチパスフェージングを発生させることにより測定精度が劣化する場合もあるので留意が必要である。

2.8.2　無線システムの脆弱性

〔1〕操縦用の 2.4 GHz 無線機

　現在、産業用ドローンの操縦用に一般的に使用されている 2.4 GHz の無線機は 2008 年に市場に投入されたが、もともとはラジコン模型飛行機用に開発された製品であり、現在の産業用に利活用されてきているドローンも技術的にはこういったラジコン模型の技術が進化発展してきたものと考えることができる。ラジコン飛行機は専用の飛行場

図2・8・5　操縦用の送信機と受信機

や人家のない場所で楽しむことが多いため、電波の外的干渉を受けることがなかったが、近年のドローン運用では市街地での運用シーンも多くみられるため、市街地での 2.4 GHz 帯の電波の混雑状態を無視できなくなってきた。

〔2〕混雑する 2.4 GHz 帯

2.4 GHz 帯（2,400～2,500 MHz）は国際的に ISM Band（Industry Scientific Medical Band）と呼ばれ、わが国では基本的にメーカーや販売店が技適を取得した無線機器であれば資格も届出も不要で使える無線周波数帯であり、その用途は多岐に及んでいる。現在 2.4 GHz 帯で使用されている主な無線（高周波システム）は下記のとおりである。

> **2.4 GHz 無線 LAN、構内無線局（移動体識別）、電波ビーコン（VICS），移動衛星システム（DL）、電子レンジ、アマチュア無線、工業用 RF 発生器、ドローン映像 DL、データ通信機器、ラジコンプロポ、他特定小電力機器、etc.,**

近年では 2.4 GHz 帯の Wi-Fi は携帯電話にも内蔵されているから、市街地では 2.4 GHz は飽和状態になっている。

図 2・8・6 は市街地（屋外）で Wi-Fi 電波（2,400～2,484 MHz）を測定した結果である。2.4 GHz 帯は完全に埋め尽くされていることがわかる。無線通信システムが混信により破綻するかどうかは弱肉強食の世界であり、自身の通信信号強度が高い場合には混信を受けても影響は少なく、操縦用の FHSS（Frequency Hopping Spread Spectrum）は Wi-Fi 電波に比べて信号密度が高いため、即通信遮断になることはないが、S/N 比（信号対雑音比）が低下して、通信距離が低下する。また同じ 2.4 GHz で映像伝送をしている場合はデータ伝送のスループットが低下して通信距離の低下、映像の劣化（ブロックノイズ）や伝送遅延（コマ落ち：フレームレートの低下）、映像のフリーズ、ブラックアウトが発生することがある。

一方、家庭内やオフィスで盛んに使用されている 5 GHz 帯の Wi-Fi 無線 LAN（W52, 53, 56 Band）は周波数帯域も広く混雑度も低いが、残念ながらわが国の電波法ではまだ上空運用が許可になっておらずドローンに使用することができない。

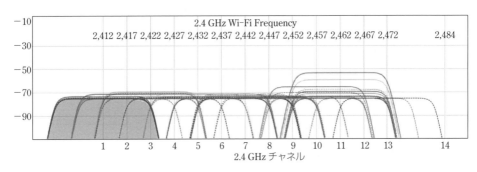

図 2・8・6　2.4 GHz 帯を占有する Wi-Fi 電波

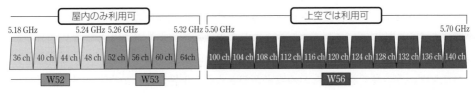

図 2・8・7　5 GHz 帯の Wi-Fi

〔3〕受信機の電力干渉と感度抑圧

　受信機の電力干渉とは、受信機が遠方から到来する微弱な電波を受信しているときに、近くにある強力な電波が入感すると、受信機のアンテナ入力回路が飽和して機能しなくなる、あるいは感度抑圧といって、回路増幅度を受信機が自動で絞り込んでしまい、その結果目的の電波が受信できなくなってしまう現象をいう。この強力な電波とは受信バンド外の電波であっても受信機のフロントエンド回路が受信する帯域であれば現象は起きてしまう。

　ドローンに使われるラジコン用のマイクロウェーブ受信機は小型軽量化も技術課題であるため、アンテナ入力端子での妨害波除去や過大入力対策などは一般の産業用受信機に比べて必ずしも万全とはいえない。したがって、2.4 GHz バンドの帯域外の強力な電波により電力干渉を受けてしまうことがある。これは 2.4 GHz 帯にひしめき合っている Wi-Fi 無線機などの混信とは異なる操縦用無線機の問題点である。

〔4〕市街地にあふれる商用無線局

　現在、操縦用に使用している 2.4 GHz 帯の上方および下方の周波数には多くの商用無線機が稼働しており、携帯電話基地局もその1つである。市街地であるならいたるところのビルの屋上などの高所に設置されていて、2.4 GHz で空中を飛行するドローンにとっては電力干渉・感度抑圧の原因となる大敵である。

　市街地でなくとも郊外の鉄塔に設備されている携帯基地局の出力電力はドローンの無線に比べて 1,000 倍も大きいことがあるため注意がいる。**図2・8・8** に Wi-Fi とドローンの運用周波数を取り囲む携帯電話基地御局や WiMax 基地局の周波数配置を示した。

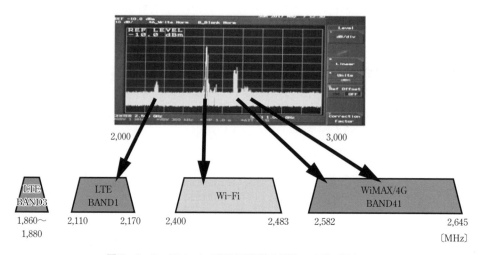

図2・8・8　ドローンの運用周波数の近傍には敵が沢山いる

〔5〕フェールセーフと訓練

　操縦用無線がこういった外部干渉により遮断され、制御不能になったからといって、昔のラジコン飛行機のように即墜落にはならず、フェールセーフ機能が働く。このためドローンの運用に際しては操縦用を含む各種のドローンの無線機器の電波途絶のときの保有機のフェールセーフ機能の設定を確実にしておくことやそのときの振る舞いをしっかりと認識しておくことが重要である。一般的にフェールセーフによる Go-Home は指定高度まで上昇して帰還、その場でホバリング、その場で着陸、などの設定ができるが、現場に則した設定をあらかじめしておき、慌てないことが肝要である。帰路に障害物に接触するような事故事例もあり、こういった

場面での日ごろの訓練が必要である。

〔6〕 ドローンの EMC 対策と電波環境調査の必要性

　無線で操縦制御されるドローンの無線系が妨害を受けて破綻することは運用上危険である。また、ドローンには無線系だけでなく多くの繊細で高感度のセンサー群が搭載されているから、ドローンの EMC（Electric Magnetic Compatibility）を配慮した構造と設計をすべきである。

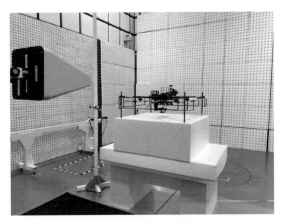

図 2・8・9　電波暗室で EMC 試験中のドローン

　また、商用基地局が散在する市街地でドローンを運用する場合には、専用の測定器を用いてドローンの安全運航に問題がないかを事前に調査することも肝要である。　　　　　（戸澤洋二）

2.9 自律型ドローンとアンチドローン（カウンタードローン）

　関西国際空港で 2019 年 10 月以降、小型無人機「ドローン」の目撃情報が相次いだ。そのたびに滑走路が閉鎖され、空の便がストップする事態に追い込まれた。沖合 5 km ほどの人工島にある関西国際空港では 10～11 月に計 3 回、ドローンのような物体を見たという目撃情報があり、2 本ある滑走路が一時閉鎖された。国土交通省によると、計 109 便で最大約 2 時間の遅延や別の空港への目的地変更といった影響が出た。

　2019 年 9 月 14 日、サウジアラビア隣国で不安定な情勢が続くイエメンを拠点とする反政府勢力「フーシ派」が、サウジアラビアの石油施設 2 か所を固定翼型ドローンで攻撃して、世界最大のアブカイク石油施設に甚大な被害を与えた。この攻撃では、約 10 機の固定翼型ドローンが利用され、約 2,000 km を飛行して攻撃されたとのことである。

　2018 年 12 月 19 日 21 時、2 機のドローンが滑走路に侵入したとして、英国ガトウィック空港が滑走路を閉鎖した。翌 20 日午前 3 時、空港当局は滑走路の使用を再開したものの、わずか 45 分後にはドローンの目撃情報があったとして再度滑走路を閉鎖した。その後、同日夜 9 時半の最後の目撃情報まで、24 時間に 50 件以上のドローン目撃情報が寄せられた。この日、同空港は 750 フライト、11 万人の利用客が予定されていたが、終日の滑走路閉鎖により、着陸予定だった機体はヒースローやマンチェスターといった国内の他空港、パリやアムステルダムとい

った近隣諸国の空港に迂回した。

　このように、違法ドローンの飛行報告や実際に甚大な被害に遭遇しているのが現実であるため、アンチドローンソリューションの需要はかつてないほど高まっている。アンチドローン（カウンタードローン）とは、合法的な飛行でないドローン（飛行禁止エリア、飛行方法、飛行目的など）に対して、検知・識別・撃退などにより空域から排除することで、地域の安全を維持する技術の総称である。アンチドローン市場の現状はどうか、今後どのように成長していくか、かつ、現在利用可能なアンチドローンのソリューションと対策を把握することは大変重要である。そもそも、ドローンは一層自律型ドローンへの進化を速めているため、当然ながらアンチドローンも自律型ドローンとの競争になる。自律飛行の技術が進化すれば、この技術を凌ぐ技術で対応するしかないことになる。早い話が、自律型ドローンの弱点をアンチドローンで攻略するということであろう。まさに「鉾と楯の議論」である。

　大まかに言えば、アンチドローンソリューション手順は、不正ドローンの検出、非双方向対策、および物理的阻止の３つの手順に分けることができる。これら３つの手順は、青・黄・赤のように危険度が次第に高まることであるが、物理的阻止に関しては違法ドローンから人・施設を保護するための技術で実力行使的な側面があるため、法規制によっても制限される。

2.9.1　検出、追跡、識別

　ドローンの脅威に対処する最初のステップは、実際に自分の近くにいる違法ドローンを検出・追跡・認識することである。これはアンチドローン検出ソリューションの目的である。さまざまなセンサーを使用して、周囲の不正ドローンを認識することができる。ただし、検出ツールに関しては、データ保護とプライバシーに関する法律は非常に厳しく、この技術を適切に使用するにはこれらを遵守する必要があることに留意することが非常に重要である。

　違法ドローンの検出に使用されるセンサーとしては、図2・9・1に示すように音響、視覚（可視光）、熱（赤外線）、無線周波数（RF）、レーダー（電波照射による反射波）になる。これらのソリューションにはそれぞれ長所と短所があるが、このため、これらのソリューションは互

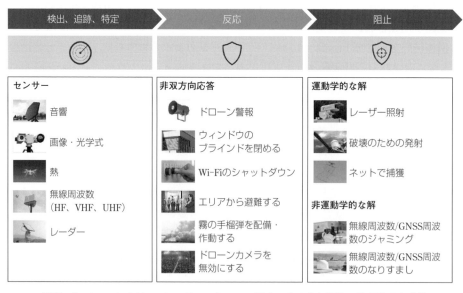

図2・9・1　アンチドローンソリューションの検出、非双方向対策、物理的阻止法[1]

いに組み合わせて使用されるべきである。

　音響についてはプロペラ・エンジン音などの音源探査による方法で、音源探査とは対象物から発せられる音がどこから発生しているかを測定により特定することである。測定方法としては1つのマイクロフォン（音響インテシティ、音圧マッピング）、複数マイクロフォン（音響フォログラフィ、ビームフォーミング）などの方法がある。音響フォログラフィは、結果の信頼性が高く、空間分解能が優れているが、周波数域は6.4 kHz以下が一般的である。一方、ビームフォーミングは短時間測定が可能である。また、高周波音20 kHzまで可能で遠距離測定可能であるが、低周波数は分解能が悪化する。

　図2・9・2に空中音響技術を活用したドローン探知技術（沖電気工業株式会社）の事例を紹介する。デュアルパラボラ型指向性音響センサーを用いた運用で、直線距離で300 mの特定方位、全方位、敷地内上空空域をカバーできるとしている。

	探知距離	探知範囲	方位精度
デュアルパラボラ型指向性音響センサー	直球300 m	指向角90°	±10°
無指向性音響センサー（従来タイプ）	半径最大150 m	水平：360° 俯仰角：±90°	±10°

(a) 音響センサー性能比較

①特定方位の監視距離延伸　　　②全方位上空監視　　　③敷地内上空監視

(b) デュアルパラボラ型音響センサーを用いた運用例

図2・9・2　空中音響技術を活用したドローン探知技術（沖電気工業株式会社）[2]

　無線周波数による探知技術は、コントロール・テレメトリー電波などから位置を特定する探知技術である。ドローンの飛行では、①ドローンから送信する電波でテレメトリー情報伝送、②ドローンから送信する電波でテレメトリー画像伝送、③ドローンが受信する電波でコントロール用電波、④ドローンが受信する電波でGPS測位用電波、の4種類の電波が利用されている。

　違法ドローンが飛行している場合、コントロール用電波、あるいは、テレメトリー用電波を探知してドローンや操縦者の位置を特定できる。テレメトリー信号は、コントロール信号より探知が容易である。違法ドローンが完全自律飛行をしている場合は、コントロール用、テレメトリー用信号は送信されない可能性が大で、この際はGPS電波による探知のみ可能となる。要は探知対象とするドローンのリバースエンジニアリングを行って、ドローンの機種ごとに異なるテレメトリー情報用受信機の特性を把握することであり、ソフトウェア無線技術で受信機特性を再現することである。音による探知は200〜300 mであるのに対して、電波による探知は1〜2 km程度と広域探知が可能であるという利点はあるが、逆に地上近くになるとマルチパス現象が発生して、精度が悪くなるという欠点がある。

2.9.2　非双方向対策

　違法ドローンの機体種類、飛行位置、飛行速度、飛行方向などが特定された次の手順は、飛行禁止エリア、または、突発的な飛行制限エリアに向かっていると思われる場合、脅威への対

処を開始するには2つの方法がある。①ドローンが施設に与える影響を軽減する非対話型の手段を採用する、または、②ドローンを飛行禁止空域から排除する方法を採用する、という方法である。法的に制約のある排除手段がどれほどの信頼性があるかを考えると、多くの施設はまず非双方向型のドローン対策を最初に採用する。脅威に応じて、アラームを鳴らしたり、窓のブラインドを閉じて侵入を防いだり、Wi-Fiをシャットダウンしてサイバー攻撃を回避したり、エリアから人々を避難させたりできる。多くの場合、非常に安価で実行しやすいオプションが多数ある。ドローンの脅威は市民社会では比較的新しいため、脅威に対処する際の戦略や標準化されたポリシーが設定されている施設はまだほとんどない。しかし、飛行ドローンの数が今後劇的に増えるにつれて、2020年代後半頃には重要施設などでは標準装備すべきものとなる。非双方向対策が効果を発揮しない場合、脅威に対処するには物理的阻止しかない。これらは通常、かなり高価であり洗練されたソリューションとなる。通常、違法ドローンの物理的阻止法については法的に制限される。

2.9.3　物理的阻止ソリューション

　物理的阻止ソリューションは、直接的ソリューションと間接的ソリューションに分けられる。直接的ソリューションは、物理的手段を使用してドローンを強制的に飛行停止させるアンチドローンツールで、間接的ソリューションは物理的手段ではなく信号ベースのツールを使用してドローンを制限区域での飛行停止、進路変更、または飛行空域移動をさせるアンチドローンツールである。具体的に直接的方法は、地上から人によって、時には迎撃ドローン部隊の助けを借りて違法ドローンを迎撃するレーザー攻撃、ネット捕獲、および射撃撃墜などがある。一方、間接的ソリューションに関しては、無線機器デバイスのジャミング、または、なりすましスプーフィングするなどの方法がある。このために、RFリンクと衛星（GNSS）リンクの両方を利用してジャミング、スプーフィングする。

　これらのツールの高度な専門性と複雑さを考えると、それらは現在、軍隊でも特殊部隊、警察でも特殊な任務を有するチーム、および政府などの高度な専門チームのみが合法的に利用可能である。しかし将来は、飛行中ドローンの数が劇的に増大するため、警備会社などの専門的に訓練された民間部門と協力して、重要なインフラ施設を脅威から保護する必要がある。各国政府は、今後アンチドローン技術を使用するための法的ロードマップの作成に取り組む必要がある。

　次に、GNSS信号に対するジャミング（電波妨害）について紹介する。GNSS衛星は地上2万kmの上空を地球周回軌道で飛んでいる。GNSS衛星はL1帯（1.5 GHz）、L2帯（1.2 GHz）、L3帯（1.1 GHz帯）が使用されている。ジャミングとはGNSS搬送波と同じ周波数の無変調妨害電波で受信機を妨害することである。ただし、妨害エネルギーは約100倍程度必要で、これは他機への混信の原因となるので慎重を期する。

　図2・9・3に三菱電機製のドローンの電波を探知してジャミングする装置を示す。ドローン搭載のGNSS受信機はGNSS衛星を向いているため、一層難しいといえる。また、「なりすまし」という技術であるスプーフィングは、GNSS衛星と同じコードパターンの信号を少しタイミングをずらして受信機に受信させる方法である。このほか、強い電磁波を放出して、センサー信号を狂わせる、強いノイズを発生させる方法、とくに、地磁気信号を狂わせて特定バリアには侵入させない飛行進路妨害や、飛行進路強制変更をさせるなどの方法がある。

　図2・9・4は英国 OpenWorks Engineering 社のネットガンで、狙撃手がドローンに向けてネ

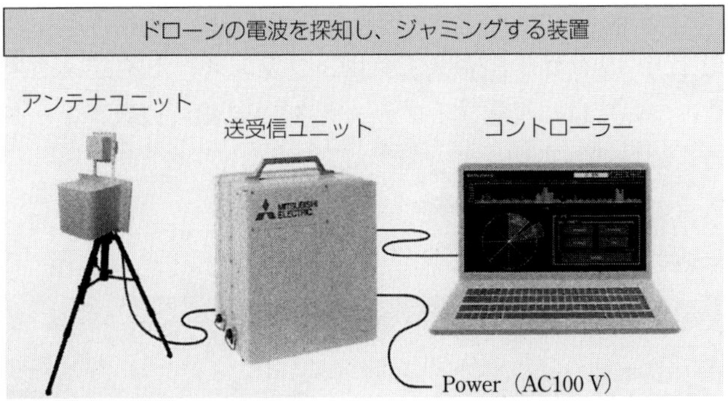

ドローンの電波を探知し、ジャミングする装置
アンテナユニット
送受信ユニット
コントローラー
MITSUBISHI ELECTRIC
Power（AC100 V）

図2・9・3　ドローンの電波を探知してジャミングする装置（三菱電機株式会社）[3]

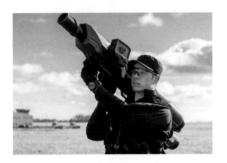

図2・9・4　ネットガン（OpenWorks Engineering社）[3]

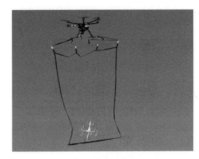

図2・9・5　ネットによる違法ドローン捕獲[3]

会社			Dedrone	DeTect	GRYPHON SENSORS	AIRBUS	Blighter	IAI	RAFAEL	SCG		Selex ES			Radio Hill	BATTELLE						
製品目		AIRFENCE	Drone tracker & jammer	Drone Watcher and DSR	Skylight	-	AUDS	Drone Guard	Drone Dome	Drone RANGER	Wide/Far Alert, Dronegun	Falcon Shield	Black Sage	MESMER	Drone Buster	Drone Defender	ARTEMIS Counter UAS	Airspace	Skywall	Excipio Aerial Netting System	-	HEL
国																						
カテゴリー		検知	検知と追跡			検知とジャミング								検知となりすまし	マニュアルジャミング			傍受				破壊
検知	光学	-	✓	-	✓	-	✓	✓	✓	✓	-	✓	✓	-	-	-	-	✓	-	-	-	-
	無線周波数スキャン	✓	✓	✓	✓	-	-	-	-	-	-	✓	-	✓	-	-	-	-	-	-	-	-
	音響	-	✓	-	-	-	-	-	-	-	✓	-	-	-	-	-	-	-	-	-	-	-
自己位置	レーダー	-	✓*	✓	✓	✓	✓	✓	✓	✓	-	✓	✓	-	-	-	-	✓	-	-	-	(✓)
能動的防御	直接的ジャミング	-	-	-	-	✓	✓	✓	✓	✓	✓	✓	✓	-	✓	✓	-	-	-	-	-	-
	全方向ジャミング	-	✓**	-	-	-	-	-	-	✓	✓	-	✓	-	-	✓	✓	-	-	-	-	-
	傍受/捕獲（キャプチャ）	-	-	-	-	-	-	-	-	-	-	-	-	-	-	-	-	✓	✓	✓	✓	-
	破壊	-	-	-	-	-	-	-	-	-	-	-	-	-	-	-	-	-	-	-	-	✓
	なりすまし	-	-	-	-	-	-	-	-	-	-	-	-	✓	-	-	-	-	-	-	-	-
ハードウェア、ソフトウェア、ネットワーク、インタフェースなどすべての自動的調査		-	✓**	-	-	✓	✓	✓	✓	✓	✓	✓	✓	✓	-	-	-	✓	-	-	-	✓
モジュール性（個別に利用可能な機能）		-	✓	✓	✓	-	-	-	-	-	✓	-	✓	-	-	✓	-	-	-	-	-	-

図2・9・6　世界の主要なアンチドローン企業と検出・追跡・認識技術、物理的阻止技術[4]

ットガンを照準を合わせて地上からネットを撃ち、違法ドローンを捕獲するというものである。この方法はドローンにネットガンを搭載して空中から撃つという方法もある。**図2・9・5**は捕獲用ドローンが違法ドローンの近くまで飛行して違法ドローン近傍でネットを放ち、捕獲するという方法である。

　図 2・9・6 は世界の主要なアンチドローン企業と検出・追跡・認識技術、物理的阻止技術について示している。21 社中 10 社は米国企業で英国、フランス、ドイツ、イスラエル各 2 社となっている。探知技術については、視覚（オプティクス）、無線周波数、レーダーが多用されている。同一会社がこれらの技術を併用して、欠点を補完しているものと思われる。物理的阻止ソリューションでは電波の指向性ジャミング、全方向ジャミングが圧倒的に多い。

　図 2・9・7 はアンチドローン（カウンタードローン）市場の成長予測である。2019 年には 12 億ドルが、2024 年には 66 億ドル（年成長率 41.1 %）に成長すると期待されている分野である。　　　　（野波健蔵）

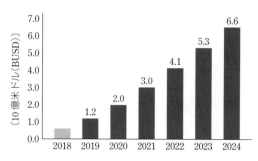

図 2・9・7　アンチドローン市場の成長予測[5]

【参考文献】

（1）https://www.droneii.com/anti–drone–solutions–possibilities–and–challenges
（2）https://iotnews.jp/archives/39641
（3）http://www.eiseisokui.or.jp/media/pdf/sympo_2018/03.pdf
（4）https://www.droneii.com/wp–content/uploads/2017/10/counter–drone–market–solutions.pdf
（5）https://www.droneii.com/project/counter–drone–market–size–and–forecast–2019–2024

2.10 高信頼性駆動系に関するドローン

2.10.1　高信頼性駆動系を備えたドローンの必要性

　マルチコプター型ドローンは、とても墜落しやすい航空機であるため、高信頼性駆動系を使用しない機体は簡単に墜落してしまうものであることを理解しておく必要がある。このことは、自動車と航空機を比較すると一目瞭然である。自動車はエンジンが停止しても、路面との大きな摩擦抵抗により停止が容易である。他方、ドローンを含む航空機は、空中を飛行するので、エンジンやモーターなどの動力が停止すると、墜落するほかない。しかし、動力を失った重い航空機はいうまでもなくとても危険である。航空機のなかでも、大きな主翼を持つ航空機の場合には、動力をすべて失っても空気中を滑空できるので、不時着させることで墜落を回避できる可能性がある。他方で、航空機のうち、ヘリコプターやドローンのように主翼を持たない重い回転翼機の場合には、動力を失うと瞬時に垂直に落下墜落する可能性が高いため、大変危険である。

　有人の回転翼機が落下してしまうと、乗員はパラシュートなどで脱出しない限り死亡してしまうだろう。また、有人・無人にかかわらず、10 kg 以上の回転翼機が落下して衝突すれば地上の通行人の死亡事故につながるだろう。ドローンは墜落することを前提に安全設計を行わないと大惨事を招きかねないため、ドローンを墜落させない構造にすることが望まれる。すなわち、このような背景から、高信頼性駆動系を備えたドローンが必要とされているのである。

2.10.2　ドローンの飛行原理

　ドローンとはさまざまな構造の無人航空機の総称であるが、ここでは最も一般的な4枚のプロペラからなるマルチコプター型ドローンの飛行原理について述べてゆく。ドローンの動きは、**図2·10·1**のヘリコプターの動きと同じである。ドローンが飛行する際には、機体を傾けて飛行する。飛行の際の前後方向の傾きをピッチ（Pitch）、横方向の傾きをロール（Roll）、機体を上から見たときの回転方向の傾きをヨー（Yaw）という。**図2·10·2**はピッチ軸を下に傾けて機体が前進する状態を、**図2·10·3**はロール軸を左に傾けて機体が左方向に進む状態を、**図2·10·4**はヨー軸を右に傾けて機体を時計方向に回転させる状態を表す。

　次に、4枚プロペラを持つドローンにおいても、これらヘリコプターと全く同じ動きができることを以下に解説する。**図2·10·5**～**図2·10·7**のドローンにおいて、CWは時計方向に回転するプロペラを、CCWは反時計方向に回転するプロペラを表す。まずは、図2·10·5のドローンにおいて4枚のうち前2つのプロペラ回転力を弱め、後ろ2つのプロペラ回転力を強めると、図2·10·2と同様に前進する。次に、図2·10·6のドローンにおいて左2つのプロペラ回転力を弱め、右2つのプロペラ回転力を強めると、図2·10·3と同様に左に進む。そして、図2·10·7のドローンで2つのCWプロペラの回転力を弱め、2つのCCWプロペラの回転力を強めると、プロペラの反トルクにより、図2·10·4と同様にヨー軸を右に傾けて機体を時計方向に

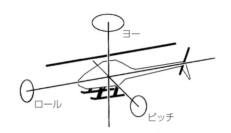

図2·10·1　ヘリコプターのピッチ、ロール、ヨー軸

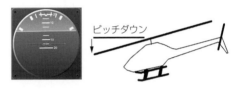

図2·10·2　ピッチ軸を下に傾けたヘリコプター

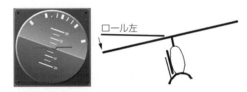

図2·10·3　ロール軸を左に傾けたヘリコプター

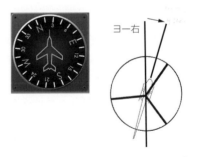

図2·10·4　ヨー軸を右に傾けたヘリコプター

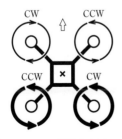

図2·10·5　前進するドローン

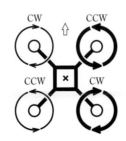

図2·10·6　左に進むドローン

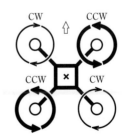

図2·10·7　時計方向に回転するドローン

回転させる。これらの動作原理により、ドローンは前後左右任意の方向に３次元を自由自在に飛行できる構造を備えているのである。

　ヘリコプターがスワッシュプレート（メインローターをピッチ軸、ロール軸方向にチルトさせる）機構とコレクティブピッチ（メインローターのピッチを可変する）機構を備えることにより前後左右任意の方向に３次元を自由自在に飛行できるのに対して、ドローンでは固定ピッチのプロペラ４枚を巧みに制御することで、同じ動作が可能となっている。

　しかしながら、４枚あるプロペラのうち、たった１枚でも故障すると機体が回転（ヨーイング）してすぐに墜落する。これに対し、６枚プロペラのマルチコプターの場合には、１枚故障すると、ホバリングと着陸は可能であるが、機動性を失い、壊れているプロペラがある方向に進もうとすると回転（ヨーイング）を止められなくなり墜落する。また、８枚プロペラのマルチコプターの場合には、２枚故障しても、ホバリングと着陸は可能であるが、機動性を失い、安定性は損なわれる。そこで、単にプロペラ枚数を増やすだけでなく、より高信頼性の駆動系を備えるドローンが望まれているのである。

2.10.3　同軸同回転のマルチコプター

　そこで、高信頼性駆動系を備えたドローンの１例として、**図 2・10・8** の同軸同回転のマルチコプター Octo Coax 2X を紹介する[1]。この駆動系のブロックダイアグラムを**図 2・10・9** に示す。ここで、FC とはフライトコントローラー、ESC は電子スピードコントローラーと呼ばれるモータードライバーである。図 2・10・8 と図 2・10・9 では、ESC・モーター・プロペラが２重化（冗長化）されているので、**図 2・10・10** のように各部品の稼働率が 0.9 であると仮定したとき、システム全体の稼働率は 0.927 となる。２重化（冗長化）しない場合の稼働率は 0.729 となり、約20% 稼働率と信頼性が向上する。

　図 2・10・8 の同軸同回転のマルチコプターが、文献（1）が発表されるまで世間に存在していなかったのには理由があった。それは、同軸同回転プロペラ系は、同軸反転プロペラ系に対して、エネルギー効率が 30% 程度悪いためであった。しかし、その後の故障解析により、図 2・10・8 のマルチコプターにおいて同軸反転プロペラ系を用いると故障に対して非常に脆弱であることがわかってきた。例えば、②のプロペラ系統（ESC・モーター・プロペラ）が故障したとき、⑥のプロペラ系統は２倍の推進力を発生させないと水平を保持できない。同軸反転プロペラ系では、②と⑥のプロペラは逆回転なので、機体がヨーイングしようとし、そのヨーイングモーメントを打ち消すように、②と⑥以外の６枚プロペラで補正することになる。一方、図 2・10・8 のマルチコプターにおいて同軸同回転プロペラ系を用いると、故障に対して非常に強く

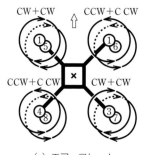

（a）エアーフレーム　　　　　（b）実機例

図 2・10・8　同軸同回転のマルチコプター、Octo Coax 2X

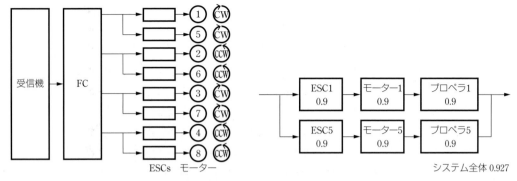

図2・10・9　Octo Coax 2X の駆動系　　　　図2・10・10　システムの稼働率

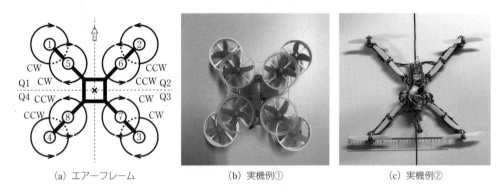

(a) エアーフレーム　　　　(b) 実機例①　　　　(c) 実機例②

図2・10・11　デンスプロペラ構造のマルチコプター①

なる。各コーナーで2枚のプロペラのうち、1枚が動いていれば、故障前と変わらず機動性を失わず安定して飛行できる。すなわち、各コーナーで最低1枚は動いているという条件下で、8枚中最大4枚のプロペラ系統（ESC・モーター・プロペラ）が故障しても、故障前と変わらず機動性を失わず安定して飛行できるということになり、これは同軸同回転プロペラ系マルチコプターの非常に大きなメリットとなる。

　図2・10・8の同軸同回転のマルチコプターOcto Coax 2X には、他にもメリットがある。それは、図2・10・9のように、一般的な4枚プロペラ用フライトコントローラーFC が使用できる点と、たとえ各コーナーで1枚ずつプロペラが故障する事態が発生してもフライトコントローラーFC の姿勢制御機能（IMU）により自動で水平を保持できるので、故障を検出せずして故障をカバーできるフォールトトレラントな機体となる点である。第三者上空など、絶対に墜落させたくない状況においてはなおのこと、エネルギー効率低下のデメリットよりも、安全性のニーズの方が極めて大きくなることが考えられ、同軸同回転のマルチコプターOcto Coax 2X 構造の機体の安全性が必要とされる。

2.10.4　デンスプロペラ構造のマルチコプター

　高信頼性駆動系を備えたドローンの2例目として、図2・10・11、図2・10・12のデンスプロペラ構造のマルチコプターを紹介する[2]。デンスプロペラ構造とは、図2・10・13のように、同じ回転方向の複数のプロペラをそれぞれの半分ずつ重なるように配置した構造である。その結果、上下のプロペラがオーバーラップする領域では、上下のプロペラが逆方向に交差することになり、エネルギー損失を0%にすることが可能となった。同軸反転プロペラは、上下のプ

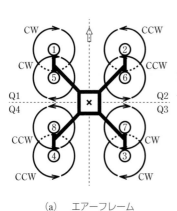

(a)　エアーフレーム

(b)　実機例

図 2・10・12　デンスプロペラ構造のマルチコプター②

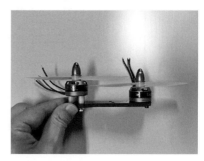

図 2・10・13　デンスプロペラ構造

ロペラが 100% の面積でオーバーラップしているが、どの領域をみても上下のプロペラが逆方向に交差して、エネルギー損失を 0% にしていることにヒントを得ている。このデンスプロペラ構造では、上下のモーターとプロペラが同じ回転方向なので、2.10.3 項の同軸同回転プロペラ系マルチコプター Octo Coax 2X と同じように、各コーナーでは同じ回転方向のプロペラを配置することが可能となった。このような仕組みとなっているため、図 2・10・11、図 2・10・12 のデンスプロペラ構造のマルチコプターは、2.10.3 節の方式のメリットはそのままに、デメリットであった 30% のエネルギー効率低下を 0% にできるのである。

2.10.5　空飛ぶタクシー

　空飛ぶタクシーの構造は、無人ドローンと全く同じ構造であることから、ドローンの構造研究と空飛ぶタクシーの構造研究は同一の研究ということができるだろう。2017 年来、ドバイ、シンガポール、中国、米国などで複数の機体メーカにより空飛ぶタクシーの実用化実験が始められている。具体的には、Ehang 社（中国）、ダイムラー社（ドイツ）傘下の e-Volo 社、Joby 社（米国）、ASKA 社（米国）、エアバス社（フランス）＆アウディ社（ドイツ）＆イタルデザイン社（イタリア）との共同開発、エアバス社（フランス）単独開発、ボーイング社＆オーロラ社（米国）との共同開発、ベルヘリコプター社（米国）＆サフラン社（フランス）との共同開発など枚挙にいとまがない。このように、中米欧の航空機企業、自動車企業がこぞって開発に取り組んでいる現状から、各国における期待の大きさがうかがい知れる。一方、日本でもプロドローン社とカーティベイター社が将来の開発を宣言しているが、日本の航空機企業、自動車企業主導のプロジェクトは今なお待たれる状況である。

　日本においては残念ながら空飛ぶタクシーの開発が遅れている現状がある。しかしながら、海外の企業が墜落しない高信頼性駆動系を備えたドローンの構造研究をすでに十分行えているというわけではない。2.10.3 項と 2.10.4 項で述べた高信頼性駆動系を備えた無人ドローンは、そのまま空飛ぶタクシーにも応用できるので、より安全な機体開発に結びつくものとして、そのさらなる開発を期待したい。 （鈴木英男）

【参考文献】

（1）　H. Suzuki, K. Matsushita, M. Hanada, S. Suzuki, T. Shinohara, N. Niijima, and T. Nakamura："A New Stable Multicopter Avoiding Crashes without the Detection of Rotor Failure -- A New Direction in Multicopter

Design --", 53rd AIAA/SAE/ASEE Joint Propulsion Conference, AIAA Propulsion and Energy Forum, Atlanta, GA, USA, pp.1-28.（2017）

（2） H. Suzuki, K. Matsushita, M. Hanada, S. Suzuki, T. Shinohara, N. Niijima, and T. Nakamura："A New Fault Tolerant Multicopter Using Dense Propellers for Size Compacting -- A New Direction in Multicopter Design Part 2 --", 54th AIAA/SAE/ASEE Joint Propulsion Conference, AIAA Propulsion and Energy Forum, Cincinnati, Ohio, USA, pp.1-14（2018）

3章

ドローン利活用最前線

　本章は、本書のコア部分でドローンがどのように活用されているか、利活用現状と課題を第一線で利活用されている企業の皆様を中心に執筆頂いている。合計 35 法人のビジネスモデルとしての成果の紹介、試行的な事例紹介、場合によっては実証試験の結果と課題、国への要望、研究開発内容など多岐に富んでいる。これらの内容は読者の利活用に示唆を与えるものと確信する。最初に全体を俯瞰した後、3.2 節は農業・林業・水産業分野、3.3 節は測量分野、3.4節は設備・インフラ点検分野、3.5 節は建築分野、3.6 節は災害対応分野、3.7節は警備分野、3.8 節は物流分野、3.9 節はマイクロドローン分野、3.10 節はエンターテインメント分野について述べている。

3.1 日本における利活用動向と展望

3.1.1 日本におけるドローン市場成長予測と産業の現状

　世界のドローン産業成長予測は図1・1・6（p.7）に示されている。一方、わが国のドローン市場成長予測は**図3・1・1**のような予測値が発表されている。この場合、ドローン市場を機体、サービス、周辺サービスの3つに分類して推定している。機体とは軍事分野を除く民生用に限定して空陸海の無人機をすべて包含している。すなわち、UAS（Unmanned Aerial Systems）、UGV（Unmanned Ground Vehicles）、USV（Unmanned Surface Vehicles）、AUV（Autonomous Underwater Vehicles）をすべて包含した市場予測であるとしている。したがって、どのような機体が何台国内で販売されているか、将来何台程度の需要があるかで、概略の価格が見積もれる。サービスとはドローンを活用した業務やソリューション事業の推計、周辺サービスとは消耗品であるバッテリー需要数、ドローンスクールでの人材育成、機体メンテナンスなどである。図1・1・6は空のみの民生用無人航空機についてである。サービス業が最も大きく成長するとの予測は、図1・1・6および図1・1・7、図3・1・1も同様である。

　3つの分類のうち、「サービス」というドローンを活用したソリューション産業の中身を少し考察する。**図3・1・2**は（a）が2016年末、（b）が2018年末の国交省における目的別許可承認の割合を示している。これから空撮が圧倒的なシェアを持っていることには変化はないが、測量が8％から14％、事故災害対応が7％から13％に、インフラ点検が7％から12％にシェアを拡大していることがわかる。この2年間でドローン活用の目的が明確になってきていることが伺え、とくに、測量、事故災害対応、インフラ点検分野において著しい活用拡大が図られていることがわかる。また、農林水産とあるのはほとんどが農薬散布と思われるが、シェアは大きく伸びておらず、飽和気味であることも想定される。なお、農薬散布の場合、年間を通じて許可承認を取得するため件数は少なくなっている。大きなシェアの空撮用途の中身であるが、海外でよく活用される不動産の空撮や保険査定、環境モニタリングなどはこのカテゴリーと考えられる。

　図3・1・3は国交省への飛行申請に対する項目別許可承認状況について、（a）2016年末までの項目別割合と、（b）2018年末までの項目別割合を示している。この図で特徴的なことは、2年間で目視外飛行が10％から17％と、7％も増加しているということである。夜間飛行についても、9.8％から15％に、イベント会場での飛行についても6.6％から9.6％に増加している。

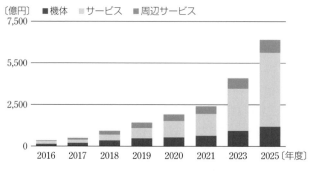

図3・1・1　日本のドローン市場成長予測[1]

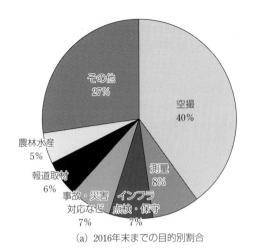
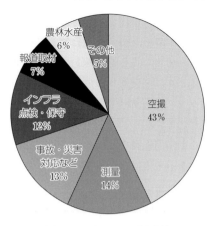

(a) 2016年末までの目的別割合　　　(b) 2018年末までの目的別割合

図3・1・2　国交省への飛行申請に対する目的別許可承認状況

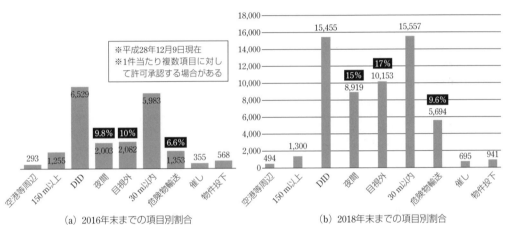

(a) 2016年末までの項目別割合　　　(b) 2018年末までの項目別割合

図3・1・3　国交省への飛行申請に対する項目別許可承認状況

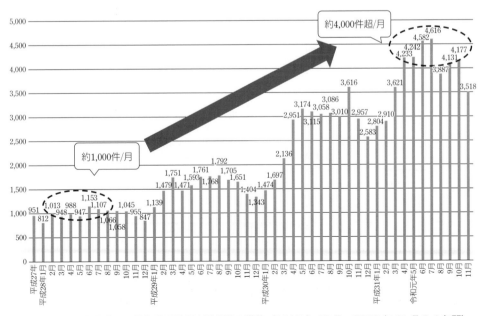

図3・1・4　国交省への飛行許可承認申請件数の推移（2015年12月～2019年11月の4年間）

このような飛行は国交省の審査基準のハードルを越えなければ、飛行許可承認は得られない。しかし、ドローンの自律飛行制御技術や、安全性・信頼性などが向上したことで、国交省が許可に踏み切ったことを意味しており重要な視点であるといえる。

　図3・1・4は国交省への飛行許可承認申請件数の推移を示しており、2015年12月から2019年11月までの毎月の申請件数を棒グラフにしている。これから2016年では平均毎月1,000件の申請に対して、2019年では平均毎月4,000件の申請があり3年間で4倍に増加しており、単純に考えると年間成長率は約60％という勢いである。図3・1・1のドローン活用によるサービス産業の成長を示す根拠となるデータでもある。

3.1.2　目視外飛行とドローンによる物資搬送

　図3・1・4で示した国交省への飛行申請に対する項目別許可承認状況について、目視外飛行が急速に伸びているが、その中身の一部を示すと**表3・1・1**になる。表3・1・1はドローンを用いた物資搬送に関する取組みで、2018年下期の代表的な取組みである。これは未来投資会議の答申を受けて、政府の目標として、「2018年度から監視者なし目視外飛行を離島や山間部などから開始する」という目標を掲げた結果、表3・1・1のような取組みとなった。

　2019年に実施されたその他の取組みでは、2019年7〜9月に神奈川県横須賀市の猿島で、楽

表3・1・1　ドローンを活用した荷物配送の取組み[(2)]

実施地域 （協力自治体）	主な事業者	期間	内容	備考
長野県白馬村	(株)白馬館 (一財)白馬村振興公社 (有)五百部商事　など	H30.10.22 ～10.23	・長野県白馬村 八方尾根スキー場 黒菱林道終点～村営八方池山荘（約1km） ［積載物］食料など ［飛行方法］目視外補助者あり	・山荘（標高差350m）への配送
福島県南相馬市	(株)自律制御システム研究所 日本郵便(株)	H30.10.30 ～(継続中)	・福島県南相馬市 小高郵便局～双葉郡浪江町 浪江郵便局（約9km） ［積載物］荷物など ［飛行方法］**目視外補助者なし**	・年末年始の繁忙期（12月～1月）を除く、毎月第2・3週の火曜日～木曜日に飛行
岡山県和気町	(株)Future Dimension Drone Institute (株)ファミリーマート (株)エアロジーラボ　など	H30.12.1 ～12.15	・岡山県和気町 和気ドーム駐車場（和気町益原多目的公園内）～津瀬地区（約10km） ［積載物］生活品など ［飛行方法］目視外補助者あり	・主に河川上空を活用
福岡県福岡市	ANAホールディングス(株) エアロセンス(株)	H30.11.20 ～11.21	・福岡市西区宮浦（唐泊港）～玄界島（約5km） ［積載物］生活品など ［飛行方法］目視外補助者あり	・離島への配送
埼玉県秩父市	楽天(株) 東京電力ベンチャーズ(株) (株)ゼンリン	H31.1.15 ～1.25	・埼玉県秩父市 浦山ダム～ネイチャーランド浦山（約3km） ［積載物］バーベキュー用品など ［飛行方法］**目視外補助者なし**	・ドローンハイウェイ構想のもと主に送電設備上空を活用
大分県佐伯市	ciRobotics(株) モバイルクリエイト(株) (株)NTTドコモ　など	H31.2.7 ～2.28	・大分県佐伯市 スーパーやの～蔵小野地区公民館（約3km） ［積載物］生活品など ［飛行方法］**目視外補助者なし**	・大分県事業として実施 ・毎週木曜日に飛行
長野県伊那市	KDDI(株) (株)ゼンリン (株)プロドローン　など	H31.3 (予定)	・長野県伊那市（距離未定） ［積載物］未定 ［飛行方法］目視外補助者あり	・長野県伊那市事業として実施 ・主に河川上空を活用

天と西友が1.5 km離れた離島の猿島にバーベキューで使用する食材やドリンクをドローンで搬送している。2019年9月と2020年1月には、ANAホールディングスが五島列島で島民が注文した品物の搬送を行っている。2020年2月にはJALがやはり五島列島の福江島で陸上げされた鮮魚を30 km以上隔てた対岸までエンジン型シングルローターヘリコプターで搬送している。この場合、陸路は車で搬送して航空便にて東京まで届けるという試験を実施している。世界のドローン利活用動向を示した図1・4・1でも明らかなように、物流ドローン市場は2020年頃から急速に拡大していくことが予測され、日本でもドローン物流は2020年代後半には大きな市場になることが想定される。

3.1.3 農林水産業分野でのドローン活用

2019年3月に「農業用ドローンの普及拡大に向けた官民協議会」が設置され、農薬散布を中

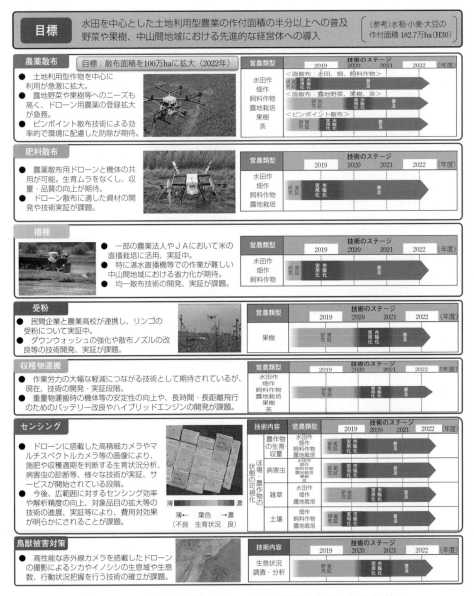

図3・1・5 農水省の農業用ドローンの普及計画（2019年3月）[3]

心に作付面積の半分以上への普及を目指している。農薬散布以外にも肥料散布、播種、受粉、収穫物運搬、センシング、鳥獣被害対策などに活用が期待されており、**図3・1・5**に課題や普及へのロードマップを示している。

3.1.4　インフラ維持管理・測量分野でのドローン活用

図3・1・6に、2019年6月21日に「小型無人機に関わる環境整備に向けた官民協議会」で承認された、インフラ維持管理・測量分野の「空の産業革命に向けたロードマップ2019」を示す。

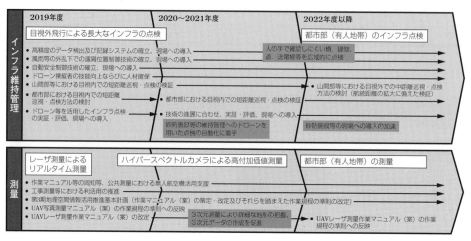

図3・1・6　インフラ維持管理・測量分野の「空の産業革命に向けたロードマップ2019」

　特徴的な点はシステム確立や現場への導入、点検の検証といったキーワードが並んでおり、まだ、検証段階を脱しておらず本格的な普及には至っていないことである。また、目視外飛行による長大なインフラ点検というキーワードも印象深い。測量分野では「UAV写真測量マニュアル（案）」や「UAVレーザ測量作業マニュアル（案）」などが準備されており、本格的な普及に至っている感がある。とくに、レーザー測量によるリアルタイム測量などはドローンビジネスとして十分に成果を生んでいる分野といえる。

3.1.5　ドローン利活用の最前線

　今の時代は、IoTの第4次産業革命の真っただ中である。IoTまたはIoE（Internet of Everything）とはデータ駆動型社会を意味しており、データにこそ付加価値があるといわれている。20世紀は石油が社会を駆動するエネルギーであったが、21世紀はデータが社会を駆動するエネルギーに置き換えられた。事実、GAFAの時価総額が石油メジャーの時価総額の数倍以上となっていることからうなずける。このデータ駆動型社会を支えるのがドローンである。

　ドローン自身は農業ほ場から、インフラ設備・測量から、警備から連日データを収集している。これらのデータはビッグデータとなり、AIなどを駆使して解析されて付加価値を上げていく。物流や災害対応でもエコシステムを実現し人命を救っている。このようなさまざまな分野で活用されて付加価値を上げる。その付加価値とはいかなる価値か、本章はこの点に照準を合わせて深堀りをしていく。3章は本書の核となる部分であり、最も重要な利活用の最前線をまとめている。ドローン利活用はいかにあるべきかという問いへのソリューションが記載されている。

（野波健蔵）

【参考文献】
（1）春原久徳・青山祐介：ドローンビジネス調査報告書 2020、インプレス総合研究所、2020 年
（2）国交省、過疎地域等におけるドローン物流ビジネスモデル検討会、資料
（3）農水省：農業用ドローンの普及に向けて（農業用ドローン普及計画）（2019 年 3 月）
　　 https://www.maff.go.jp/j/kanbo/smart/pdf/hukyuukeikaku.pdf
（4）https://www.kantei.go.jp/jp/singi/kogatamujinki/kanminkyougi_dai12/sankou.pdf

3.2 農業・林業・水産業分野における利活用最前線

3.2.1　農業分野における全体傾向

〔1〕ロードマップ

　令和元年 5 月 27 日に開催された「小型無人機に係る環境整備に向けた官民協議会」において、「空の産業革命に向けたロードマップ」の案が提示され[1]、6 月 21 日付で決定された。この度の改定では、農林水産業分野のみで 2 頁が割かれ、大きく前進した（**図3・2・1、図3・2・2**）。ロードマップでは、農業分野、林業分野、水産業分野における検討・開発・実証・マニュアル作成が示された。開発では、以下が計画され、2018 年から開始している事業がある。

・ほ場センシング：空撮画像から作付作物、ほ場境界、作物・農地被害状況などを判別する技術の開発（2018 年度〜）

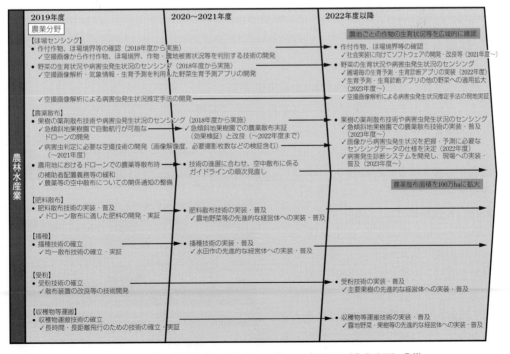

図3・2・1　空の産業革命に向けたロードマップ 2019（農業分野）①[1]

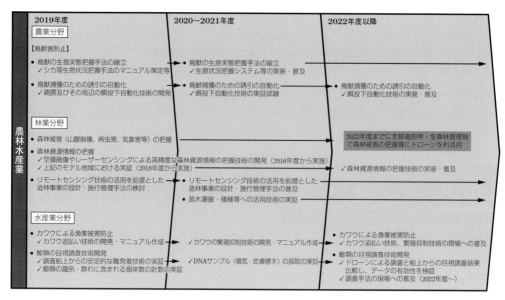

図3・2・2　空の産業革命に向けたロードマップ2019（農業分野）②[2]

・ほ場センシング：空撮画像解析・気象情報・生育予測を利用した野菜生育予測アプリの開発（2018年度〜）
・ほ場センシング：空撮画像解析による病害虫発生状況推定手法の開発（2019年度〜）
・農薬散布：急傾斜地果樹園で自動航行が可能なドローンの開発（2019年度〜）
・農薬散布：病害虫判定に必要な空撮技術の開発（2019年度〜）
・受粉：散布装置の改良などの技術開発（2019年度〜）
・鳥獣害防止：箱罠およびその周辺の餌投下自動化技術の開発（2019年度〜）
・林業分野：空撮画像やレーザーセンシングによる高精度な森林資源情報の把握技術の開発（2019年度〜）

〔2〕農業分野の諸動向

(1) 農林水産省の取組み

① 農業用ドローンの普及拡大に向けた官民協議会

　急速に成長するドローン業界のシーズを農業分野で反映・採用していくためには、官民が連携し、関係者のニーズやシーズをくみ取りながら農業用ドローンの普及拡大に向けた取組みが必要となる。2019年3月18日に、農林水産省に「農業用ドローンの普及拡大に向けた官民協議会[2]」（**図3・2・3**）が設置された（令和2年3月27日時点：法人・団体164会員、個人81会員）。協議会は、農業用ドローンの普及拡大に資するため、農業用ドローンに係る新技術などの収集・共有・会員内外への発信、現場で利用の支障となっている規制などに関する情報・意見の収集・交換などについて活動している。

図3・2・3　農業用ドローンの普及拡大に向けた官民協議会のWebページ

②　農業分野における小型無人航空機の利活用拡大に向けた検討会

　規制改革実施計画（平成 30 年 6 月 15 日閣議決定）において、各種規制の妥当性や代替手段を検討し、結論を得次第、速やかに必要な措置を講ずることとされた。航空法においても、農業分野における小型無人航空機の利用実態および技術開発の現状の把握と、各種規制がリスク回避に寄与する程度の分析を行った上で、これらの規制の代替手段を検討することとなった。具体的には、「農業分野における小型無人航空機の利活用拡大に向けた検討会」が発足し、以下の 3 つが協議された。

　a）農薬散布などにあたっての補助者配置

　b）目視外の農用地などにおける飛行の安全基準

　c）25 kg 以上の機体に求められる要件

　a）の「農薬散布等にあたっての補助者配置」については、飛行区域（農薬散布区域＋反転飛行区域）の外側に、人や車両の立入管理のための「緩衝区域」を設定すること、緩衝区域の幅は、ドローンの飛行精度と物体としてのドローンの危険性という 2 つの観点から、以下のとおり取りまとめられた。

【自動操縦の場合】

　・メーカーが位置精度を明示する場合：メーカーの示す数値とする（数 cm〜数 m）。

　・メーカーが位置精度を明示しない場合：5 m とする。

【遠隔操作機の場合】

　・操縦者が目視で確実に機体の位置を把握できる範囲以外を緩衝区域とする。

　b）の「目視外の農用地などにおける飛行の安全基準」については、従来まで補助者を義務付けていたが、補助者なしでの目視外飛行が可能となった。補助者撤廃における飛行の要件と効果を図 3・2・4 に示す。c）の「25 kg 以上の機体に求められる要件」については、25 kg 以上の機体には追加の基準がある。機能の充実により最大離陸重量が 25 kg を超える機体が開発されてきているが、農薬散布などに用いられている機体は機体サイズを問わず、メーカーにより

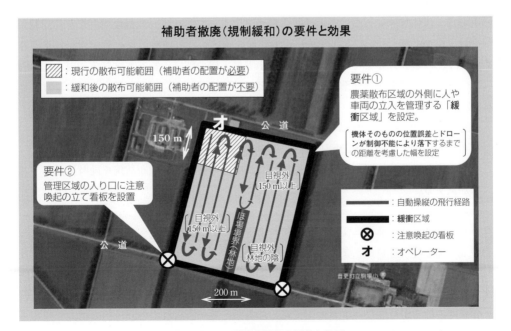

図 3・2・4　補助者撤廃の要件と効果

堅牢性・耐久性などが確認されていることが確認された。このため、25 kg 以上の機体に対して、規制緩和を行うことはリスクが高いと判断され、要件を追加しないこととなった。

(2)　農薬・施肥散布への利用

①　関連法案

　ドローンを利用した農薬・施肥散布では、「航空法」と「農薬取締法」の2つの関連法案がある。航空法では、ドローンによる農薬散布は、国土交通大臣の承認が必要な飛行形態である「危険物輸送」と「物件投下」に該当し、事前の承認が必要となる。許可・承認の申請には、①ドローン機体の機能・性能、②操縦者の飛行経歴・知識・技能、③空中散布に係る安全確保体制（飛行マニュアルなど）に関する資料の提出が必要となる。「危険物輸送」と「物件投下」では、以下の対応が求められる。詳細については、「航空局標準マニュアル（空中散布）」[3]で確認できる。

- ・補助者の適切な配置
- ・関連法令などに基づき安全に行う
- ・操縦者は、物件投下の訓練を終了した者に限る

　農薬取締法では、農薬ラベルに記載されている使用方法を遵守し、農薬のドリフトが起こらないよう注意することが必要となっている。農薬取締法は、平成30年度に改正されており、規制の合理化が図られている。農薬取締法の観点からは、「農薬無人マルチローターによる農薬の空中散布に係る安全ガイドライン」[4]が作成・公開されており、参考となる。ガイドラインには、空中散布の計画、空中散布の実施に係る情報提供、空中散布実施時の留意事項、空中散布時の実績報告、事故発生時の対応などが記載されている。

　農薬散布ドローンの機体メーカーについては機体・散布装置の使用条件（対象農作物、農薬の剤型など）ごとの散布方法に関する情報について、取扱説明書などに記載するなど、使用者が把握しやすい手段により情報提供することが求められている。散布方法の設定にあたっては、落下分散性能の把握、ドリフト状況の把握などの結果から設定するとともに、その根拠となった試験結果（試験条件を含む）も Web サイトなどで公表するよう記載されている。

　操縦者は、機体等メーカーによる散布方法が設定されておらず、取扱説明書などに記載がない場合は、当面の間、「マルチローター式小型無人機における農薬散布の暫定運行基準取りまとめ」（平成28年3月8日マルチローター式小型無人機の暫定運行基準案策定検討会）において、無人マルチローターの標準的な散布方法として策定された、以下の散布方法により実施する。

- ・飛行高度は、作物上2 m 以下。
- ・散布時の風速は、地上1.5 m において3 m/s 以下。
- ・飛行速度および飛行間隔は、機体の飛行諸元を参考に農薬の散布状況を随時確認し、適切に加減する。

②　登録農薬

　農林水産省は、使用基準に従って使用すれば安全であると判断できる農薬だけ、農薬取締法に基づき登録を行っている。また、登録の際には使用できる「作物名」や「使用時期」、「使用量」、「使用方法」などの「使用基準」を決めており、農薬が登録されていても使用基準以外の方法で使用できない。ドローンは積載重量が少なく、薬剤タンクの容量が小さいため、高濃度・少量での散布が可能な「ドローンに適した農薬」数が限られており、その拡大が求められている。そこで、農林水産省では、平成31年3月に、「ドローンに適した農薬」について、新

たに 200 剤の登録を推進する目標を立て、登録数の少ない露地野菜や果樹用の農薬を中心に、「ドローンに適した農薬」の登録数の拡大を図っている。新規に登録された農薬は、農林水産省の Web ページで公開されている⁽⁵⁾。

③　機体メーカー

農薬散布ドローンの主な機体を**表 3・2・1** に示す。

表 3・2・1　主な農薬散布機

	DJI	エンルート
機種名	Agras MG–1	AC1500
積載量	10 ℓ	9 ℓ/粒剤 13 ℓ
飛行時間	10〜15 分	16 分
サイズ	1,460×1,460×578 mm	1,340×1,530×650 mm
重量	9.8 kg（バッテリーなし）	11.9 kg（バッテリーなし）
写真		
	丸山製作所	TEAD
機種名	MMC1501	TA408
積載量	9 ℓ/粒剤 13 ℓ	8 ℓ
飛行時間	16 分	8〜14 分
サイズ	1,337×1,530×650 mm	1,152×1,152×630 mm
重量	11.9 kg（バッテリーなし）	24.7 kg
写真		

(3)　リモートセンシングを利用したスマート農業

農業分野では、従来の経験に培われた高度なノウハウとスキルを中心とした篤農技術から、データに基づいた客観的で伝えやすく誰でも実施・継承可能なスマート農業が求められている。スマート農業とは、情報技術や専門知識を高度に活用して生産管理を最適化し、収量や品質の向上、省力化、省資材を目指すものである。スマート農業では、リモートセンシングの技術が活用される。

このような中、内閣府総合科学技術・イノベーション会議において、府省の枠や旧来の分野を超えたマネジメントにより、科学技術イノベーション実現のために創設した国家プロジェクトとして、SIP（Cross–ministerial Strategic Innovation Promotion Program: 戦略的イノベーショ

ン創造プログラム）が創設された。SIP は、国民にとって真に重要な社会的課題や、日本経済再生に寄与できるような世界を先導する11の課題に取り組むものであり、農業分野は「次世代農林水産業創造技術（アグリイノベーション創出）」の課題が設定された[1]。「次世代農林水産業創造技術」の研究内容には、ロボット技術や IT、人工知能（AI）などを活用したスマート生産システムを構築することが含まれており、衛星やドローンを利用したスマート農業の技術開発が含まれている。

　農林水産省では、「小型無人機に関する関係府省庁連絡会議」[10]の第6回小型無人機に係る環境整備に向けた官民協議会（平成29年5月19日実施）において、SIP の研究内容と整合された図3・2・5に示す計画が紹介されている[11]。

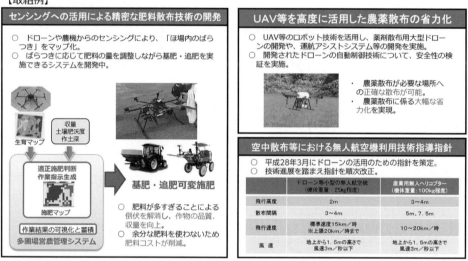

図3・2・5　　農林水産分野におけるドローン活用に向けた取組み[11]

　以下では、ドローンを利用したリモートセンシングの課題について紹介する。

① BRDF

　BRDF（双方向反射率分布関数：Bidirectional Reflectance Distribution Function）は、反射表面上のある地点 x に対して、ある方向から光が入射したとき、それぞれの方向へ、どれだけの光が反射されるかを表す関数である。BRDF の関数から、入射光の角度が大きい場合、反射が大きい傾向を示す。したがって、ドローンによる撮影は、入射光の角度が大きくなる日の出直後、もしくは日の入り直前に行うことは適していない。また、ドローンによる撮影時に低高度で撮影するなど、1枚の撮影画像に、多様な反射角度のデータが混在すると条件が揃わない。反射角度の影響を低減するためには、ドローンによる撮影時の高度やセンサーの撮影範囲を確認したうえで、観測時刻や高度を検討する必要がある。

② 天候の変化

　人間の目視ではわかりにくいが、日射量は刻々と変化している。1つのほ場に対してドローンを利用する場合、数分間の飛行により撮影することとなるが、この間においても刻々と日射

量が変化している可能性がある。撮影後の画像をつないで1枚の画像に処理した事例では、ほ場内の生育のバラつきではなく、日射量の変化を捉えており、誤った処理結果を利用している事例も散見される。特に、雲がまだらに分布している場合には、日射量の変化が大きいことから留意を要する。これらの課題を解決する方法として、天候が安定している時間帯を選択する、反射率のデータを計測するなどの対処が考えられる。天候の安定については、雲が一様に分布しており、日射量の変化が小さい天候条件を選択する方法がある。また、反射率の計測については、ほ場の反射光量とともに、下向きの入射光量を計測し、入射光量に対する反射光量の比である反射率を利用する必要がある。下向きの入射光量の計測は、ドローンの上部に上向きのセンサーを搭載する方法と、地上で上向きのセンサーを設置し、入射光量を計測する方法がある。また、反射率を利用しない場合には、画像間の天候条件の変動を補正する方法として、画像の重複領域を利用し、輝度の違いを補正する方法もある。

③ センサーの開発・専用機種の開発

ドローンには、スマート農業に特化したセンサーを搭載する必要があるが、ドローンに搭載可能な農業向けのセンサーは、海外製品が多いうえ、価格が高価である。SIPなどの研究成果から最適なセンサーの仕様を明らかにし、国内メーカーを育成するとともに、価格の低コスト化を図る必要がある。また、センサーの確定後、搭載重量に合わせた専用機体を開発し、大量生産によるコスト低減を図る必要がある。

④ 周辺光量・鏡面反射の影響

センサーの種類にも左右されるが、画像の中央部と周辺部では、輝度が異なり、輝度の補正が必要となる。利用しているセンサーの特性を把握したうえで、処理の過程で補正を行う必要がある。また、太陽と撮影ほ場とセンサーの位置関係から、ほ場内に鏡面反射が生じ、輝度が高い範囲が出現する場合がある。撮影画像内の鏡面反射やホットスポット（センサーの影ができる点のことで、その周辺で反射が高まる）を確認し適切に対処する必要がある。

⑤ 画像処理

ドローンを利用した画像撮影は、多くの画像が撮影される。その後のデータ処理には、高スペックの処理マシン、画像分析ツールなどが必要となる。画像分析ツールは、Photo Scan やPix4 D mapper が代表的である。ただし、両ツールともに、高スペックの処理マシンが必要である。現在、クラウド上で処理解析が可能なサービスがあるため、これらのサービスを利用することも一案である。また、処理した画像から農事作業に繋げるためには、地図に投影し、GIS で表示できるよう処理する必要がある。地図への投影については、衛星・航空写真を利用したベースマップへの合わせこみや、ドローンの位置情報とセンサーの仕様情報から撮影範囲を特定し、地図上に投影する方法がある。 (伊東明彦)

【参考文献】
（1）https://www.kantei.go.jp/jp/singi/kogatamujinki/
（2）https://www.maff.go.jp/j/kanbo/smart/drone.html
（3）http://www.mlit.go.jp/common/001301400.pdf
（4）https://www.maff.go.jp/j/syouan/syokubo/boujyo/attach/pdf/120507_heri_mujin-115.pdf
（5）https://www.maff.go.jp/j/kanbo/smart/nouyaku.html
（6）https://www.dji.com/jp/mg-1s
（7）https://enroute.co.jp/products/ac1500-new/
（8）http://www.maruyama.co.jp/products/42/
（9）https://www.tead.co.jp/product/ta408/

(10) http://www8.cao.go.jp/cstp/gaiyo/sip/index.html
(11) 小型無人機に係る環境整備に向けた官民協議会（第6回）
　　　http://www.kantei.go.jp/jp/singi/kogatamujinki/index.html

3.2.2　農薬散布ドローンの実装実績と課題

〔1〕農薬散布ドローンの現状

　日本の農林水産業での航空機利用は長い歴史を持っている。第二次世界大戦後の昭和20年代後半に固定翼機（セスナ）により森林害虫、いもち病などを対象にして散布されたのが始まりといわれている。その後、固定翼機に加え図**3・2・6**のような有人ヘリの参入もあり有人航空機による空中散布面積は増え続け、昭和63年にピークを迎えている。その当時で、のべ散布面積は174万haであった。なんと東京ドーム37万個分、全国の水稲作付面積の4分の1もの面積を有人航空機により空中散布が行われていた。

　平成に入り、農家の多様化が進み、他種ほ場の混在など、広域を同一の農薬で空中散布する事が難しくなり、そこで登場したのが図**3・2・7**の無人ヘリコプターであった。これまで有人航空機で散布されていたほ場が、改定農薬取締法などの施行が後押しをし、徐々に無人ヘリコプターの散布へと置き換えられていったのである。平成25年には約4万haまで防除面積は減少し、今ではほとんど見ることはなくなってしまった。無人ヘリによる空中散布防除面積は平成20年代ではほとんど変わっておらず、大体100万haほどで推移している。

　図**3・2・8**に示すマルチローター型無人航空機（農薬散布ドローン）が、一般的に認知され始めたのは平成28年からである。図**3・2・9**のように当初は、ダウンウォッシュ力や散布ノズルの改良などが求められ、実証実験の散布以外ではほとんど現場に広がることはなかった。ただ、1年以内に改善がなされ、平成29年には9,690haの空中散布がドローンによって実施された。平成30年には約2.7万haと対前年比で3倍弱と伸びている。

　農林水産省は、2022年（令和4年）までにドローンによる農薬散布面積100万haを目標に掲げており、令和元年の7月末にこれまで制定されていた農薬の空中散布における技術指導指針を廃止した。これまでの無人航空機での指導指針は、すべて一般社団法人農林水産航空協会により決定され、その後撤廃される昨年までドローンメーカーは全て農林水産航空協会の指針に沿った運用を実施してきた。これに代わって新設されたのが「空中散布ガイドライン」であ

図3・2・6　有人ヘリによる農薬散布[1]

図3・2・7　無人ヘリによる農薬散布[2]

図3・2・8　マルチコプターによる農薬散布[3]

る。このガイドラインにより、これまでは農林水産航空協会が発行するドローンオペレーターの認定証、指定業者による定期点検は不要となり、ドローンの整備は各メーカーの指針に沿った内容を各操縦者が準拠する形となった。加えて、これまで農林水産航空協会が代行で行っていた危険物輸送、物件投下に対する航空法の許可申請は、各操縦者が行うこととなった。

　現在、メーカーによってはこの農林水産航空協会と同じような仕組みを独自で作り、オペレーター認定証の発行や代理申請などを実施している。しかし事実上農薬を散布する際は、国土交通省に対しての許可申請が通れば空中散布実施することができるようになった。農薬散布ドローンの機体登録数は平成30年12月末時点で約1,500機となっており、令和2年にはこの機体数が3,000機になると予想されていた。ただコロナウイルス感染症の流

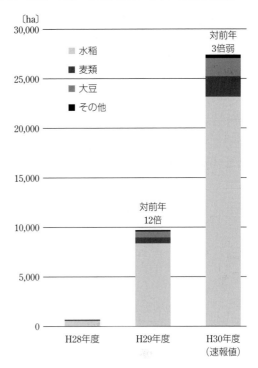

図3・2・9　ドローンによる農薬散布面積[4]

行により2020年3月に入ってから地域によってはオペレーター認定の教習実施が自粛されたり、納品予定の機体部品調達が遅れたりしているため、数字は少し落ちると思われる。オペレーターの数は機体の約3倍といわれているため、9,000名まで達すると予想されていたが、こちらも人数が実質的には7,000名くらいになると思われる。それでも、現在無人ヘリのオペレーターは10,500名ほどであり、来年度にはこの数は抜いていくと予想されている。これまで、5,000名近くのオペレーターが全国で教習を受講してきた。一度の教習では平均3名ほどで実施されるため、ここ3年間で約1,600回もの教習が行われてきたことになる。ここまで急速に教習施設が開設され、教習が実施されてきた背景には、全国の国交省認定団体に登録されたドローンスクールの存在が手助けたことは間違いないと思われる。

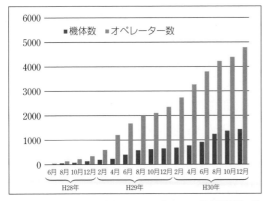

(a) (一社)農林水産航空協会におけるドローンの登録機体数（台）および技能認定操縦者数（人）の推移

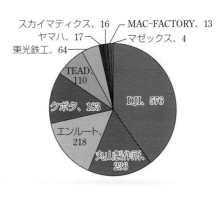

(b) 認定機種メーカー内訳（平成30年12月）

両グラフとも出典：農林水産省調べ

図3・2・10　農薬散布ドローンの機体登録数・オペレーター数の推移と認定機種メーカー[5]

〔2〕農薬散布ドローンの飛躍的普及を目指して

　ドローンスクールは農薬散布ドローンをいち早く多くの農家に伝え、飛行技術を伝え、それによりドローンによる散布面積が拡大してきた。ただ、すべてのドローンスクールが実際のほ場で農薬空中散布経験を保有しているわけではなく、教官のレベルにはかなりばらつきがあったことは否めない。特に農林水産航空協会の指導指針が撤廃された2019年7月以降に、農薬散布ドローンのスクールを開設した個人・企業の技術、知識量には大きなばらつきがある。この部分をどちらのスクールで教習を受講しても同じようなレベルの技量と知識を取得できる体制を構築することが今後の課題になる。

　また、ドローンスクールを先に実施していた教官は、自動航行への経験・知識がある一方で、これまでの無人ヘリでのスクールを実施して来た教官は、マニュアル操縦を得意とする一方で自動航行技術については苦手であるという問題も起こっている。農家からの声に耳を傾けると、マニュアル飛行よりもやはり自動航行による散布を求めている声が大きいため、安全に自動航行させる教習が今後重要になると思われる。

　空中農薬散布の市場には、2種類の人たちが存在する。

① 農家（保有しているほ場に散布する）

② 請負防除業者・個人

　農家は、「1人」で自動航行を設定し、ドローンで効率的に農薬散布を実施したい傾向にある。一方、請負防除を実施するオペレーターはナビゲーターといわれる散布作業の補助を行う人との「2名」以上体制で基本マニュアル操作による農薬散布を実施する。今後、この2種類の人たちには別々の教習を実施し、うまく両者にとってメリットのある教習内容にしていく必要があると思われる。

　無人航空機による空中散布は登録されている農薬（液剤・粒剤）に限りがあるため、水稲や麦、大豆以外では、松くい虫防除などが林業などで行われている。今後、他の作物にも使える登録農薬を増やすことにより、ドローンによる散布は普及が急速に拡大していくと期待される。また、防除用の農薬散布のみならず、肥料散布での利用拡大も進んでいる。こちらもまた、肥料メーカーによる空中散布装置に則した粒剤肥料を開発する必要がある。無人ヘリではなかなかできなかった、播種や受粉作業でもドローンの活躍が期待されているため、ドローン散布の可能性は、今後加速度的に広まっていくと思われる。

　さらに、規制緩和が実施されてから、農薬散布ドローンの活用・実装は現場で拡大していると思われるが、ここで何点か現場で感じる課題と要望を挙げておきたい。

① 国土交通省への飛行申請から許可までには、いまだに2〜3週間という時間がかかり、防除直前での申請となった際に適期防除に間に合わない場合がある。できる限り、1週間以内での許可発行をお願いしたい次第である。

② また、許可が降りてからもメールでの通知が来るまで4〜5営業日かかる。申請者（農家）は1日も早く許可が出たことを知りたいため、許可が出た当日に通知をもらいたい。

③ 国土交通省の担当官による審査基準が定まっていないため、同じ申請書を提出しても指摘箇所がバラバラである。

④ 今後自動航行による散布面積は指数関数的に増えていくと予想している。ただし国交省が出している飛行マニュアル[6]に記載されている、自動航行を実施する際の立入禁止区画の設定が飛行マニュアル内では煩雑かつ非常にわかりにくい。これを現場の教官が農家に対して教習するのは至難の技であるため、立入禁止区画の一律化など簡素化する緩

和を検討いただきたい。

⑤ 最後に一番重要な点として、**図3・2・11**に示す FISS 登録（飛行情報共有システム）を全面的に不要にしていただきたい。作物上空数メートルを飛行させる無人航空機が有人航空機との接触を行うはずもなく、通常のドローン運用とは別の仕組みを作ってもらいたい。

> （2）飛行前に、気象、機体の状況、飛行経路及び散布範囲について、安全に飛行できる状態であることを確認する。
> 　また、他の無人航空機の飛行予定の情報（飛行日時、飛行経路、飛行高度）を飛行情報共有システム（https://www.fiss.mlit.go.jp/）で確認するとともに、当該システムに飛行予定の情報を入力する。ただし、飛行情報共有システムが停電等で利用できない場合は、国土交通省航空局安全部安全企画課に無人航空機の飛行予定の情報を報告するとともに、自らの飛行予定の情報が当該システムに表示されないことを鑑み、特段の注意をもって飛行経路周辺における他の無人航空機及び航空機の有無等を確認し、安全確保に努める。

図3・2・11　国土交通省　無人航空機飛行マニュアル（空中散布）より抜粋[6]

さらに、農薬散布以外でもほ場のセンシングや鳥獣害対策などでの活用も期待されている。規制緩和と共に正しく農家の方々にドローンの有効性を伝えることができれば、農業分野でのドローン技術の導入は爆発的に広まっていくと考えている。　　　　　　　　　　（須田信也）

【参考文献】
（1）https://www.aeroasahi.co.jp/aviation/forestry/medicant.php
（2）https://www.yamaha-motor.co.jp/ums/heli/agri.html
（3）https://www.skylinkjapan.com/mg-one.html
（4）https://www.maff.go.jp/j/kanbo/smart/pdf/meguji.pdf
（5）https://www.maff.go.jp/j/kanbo/smart/pdf/hukyuukeikaku.pdf
（6）https://www.mlit.go.jp/common/001301400.pdf

3.2.3　精密農業におけるドローン活用

〔1〕精密農業に必要なドローンの高精度飛行制御技術

（1）高精度が求められる理由

農業分野における無人航空機の活用は長年にわたり無人ヘリコプターがその主流であった。また、この分野における日本の技術は世界をリードするものであり、海外でも活用され今日のマルチローター型無人航空機の開発における1つのきっかけとなったといえる。

一方で電子技術や各種センサーおよび衛星を利用した位置制御システムが次々に開発され、よく知られる事例としてはカーナ

図3・2・12　産業用無人ヘリコプター（出典：ヤマハ発動機株式会社 HP）

ビゲーションなどへの応用など格段な進歩を遂げていった。とりわけ GPS[*1] を利用した位置制御システムにより無人航空機を自動飛行させる技術が取り入れられ、マルチローター型に搭載

されるようになり、自動航行が行えるようになった。

(2) 現状の高精度技術

しかしカーナビゲーションでの位置制御システムは複数の衛星を補足し自分の位置を計算するものであり、日時場所などによって位置精度が一定にならず、数 m 程度の誤差を生ずるものであった。

この GPS による位置制御システムを農薬散布用ドローンにそのまま適用すると、農家の保有するほ場の位置が場合によっては誤差数 m 程度発生し、自分のほ場以外への誤った散布を行う可能性が高く、農薬という危険物の散布という業務にそのまま適用することは極めて困難な課題であった。

(3) 新たな飛行制御技術

そのため農薬散布業務に利用する無人航空機の自動航行については国のガイドラインにより誤差 50 cm 以内とすることが推奨されることとなった。

誤差 50 cm 以内とする自動航行システムを実現するためには現行の GPS 制御システムでは難しいことから、これまで考案された位置補正システムの中から以下の高精度位置補正システムが考案された。

【キネマティック測位（移動点も可）】

「kinematic」（キネマティック）とは物体の運動（運動学）を意味しており、キネマティック測位は動いている状態でも測位できるという特徴がある。干渉測位法にも関わらず、比較的早く 1〜2 cm の誤差で計測ができ、複数方式がある。

① RTK（Real Time Kinematic）法：測定点と基準点とのデータのやり取りが必要。
② PPP（Precise Point Positioning、精密単独測位）法：基準点が不要で単独で測位できるが、誤差を補正するための情報受信が必要となる。

とくに現状の無人航空機では RTK 方式の採用が多い。この技術をドローンに利用し、かつドローンの持つ自動航行技術と合わせることにより比較的狭い場所への適量散布が可能となった。以下の例では 5 m 四方のメッシュごとに必要量の肥料を散布する実証実験の際の事例である。

この作業には**図 3・2・13** のような作業手順が必要となる。

東光鉄工では 2016〜2019 年までの 3 年間、高精度測位および高精度飛行によるドローンの自動航行技術を利用した、**図 3・2・14** のような適量スポット肥料散布実証実験でその効果を検証した。

(3) さらなる課題と解決に向けた取組み

このように農業分野における高精度飛行制御技術は今後ますます普及が進んでいくと思われるが、一方で活用するうえで以下のような課題も存在する。

① 事前にほ場ごとの高精度測量が必要であり、時間とコストがかかる
② RTK などの運用上、日時や場所によっては飛行可能な状態（Fixed）まで数分から数十分必要な場合がある
③ ほ場に風がある場合（農薬散布にはガイドラインで風速 3 m/s 以内と規定）散布農薬が

---

*1　GPS（Global Positioning System）は、米国が上げた GPS 衛星を利用している。米国以外にも世界の GPS（正確には GNSS）は現在増えている。毎年増減しているが、下記に参考としてそれぞれの数を示す。
　　GPS（米国、32 機（2019 年））、GLONASS（ロシア、26 機（2019 年））、Galileo（欧州、27 機（2019 年））、QZSS（日本、4 機（2019 年））、BeiDou（中国、42 機（2019 年））、IRNSS（インド、8 機（2019 年））

図3・2・13 5m×5m精密スポット散布手順例（東光鉄工株式会社説明資料より）

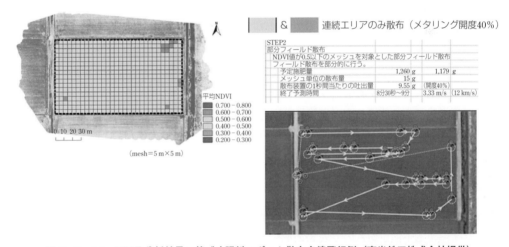

図3・2・14 NDVI分析結果に基づく肥料スポット散布自律飛行例（東光鉄工株式会社提供）

風によって流れてしまう（ドリフトと呼ぶ）現象に対して現状の自動航行システムのほとんどが対応できていない

これらの課題を解決する方法も考案されつつあり、今後より使いやすいシステムになっていくことが期待されている。

〔2〕農業分野で活用が広がるドローンの活用（果樹受粉へのドローン適用）

(1) 果樹（リンゴ）栽培の流れ

一般的なリンゴ栽培における年間の作業内容は**表3・2・2**の通りである。

このように果樹栽培（リンゴ）には年間を通して多くの作業があり、作業量も多く、農家の負担となっている。

表3・2・2 一般的なリンゴ栽培における年間作業

作業時期	作業内容
1～3月	整枝剪定
4月	粗皮削り
4月	施肥
4～8月	薬剤散布
5～9月	草刈
5月	受粉
6月	摘果
7月	袋かけ
8～10月	着色
9月	除袋
9～11月	収穫

図3・2・15　ピードスプレーヤーによる農薬散布（株式会社やまびこHPより）

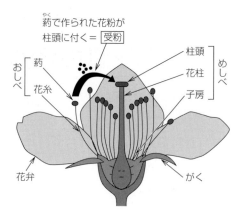

図3・2・16　リンゴの花断面図[1]

とくに薬剤散布については従来よりスピードスプレーヤーなどの活用が一般的であるが、今後、ドローンの大型化が進むことによりドローンの活用も期待されている。

また、近年、受粉作業についてもドローンの活用を研究する動きも出てきた。

(2) 果樹受粉のメカニズム

花が咲き花のおしべで作られた花粉がめしべに付着することを「受粉」と呼ぶ（**図3・2・16**）。多くの果樹が実をつけるには受粉が必要となる（以降、自然交配によるものを受粉、人工交配によるものを授粉と記述する）。

花粉は風や虫により運ばれる（自然受粉）が天候などの自然環境により不安定となる。また、ナシ、モモなどの一部の品種では花粉を作ることができない性質や、同じ品種の花粉では受粉できない性質があり、異品種を混植したり、人の手により花粉を媒介（人工授粉）したりして結実を促す必要がある[1]。

(3) 受粉に適した品種の組合せ

表3・2・3のように自家受粉しないもの、雌雄異株のものは異なる品種を混植する必要がある。組合せによって適不適があるので表3・2・4を参考にしていただきたい。

(4) 現状の果樹授粉作業と課題

果樹農家では年間を通して多くの作業があり、人手不足や高齢化などの影響も加わって作業の効率化が求められている。とりわけ授粉作業時期は、短い期間の間に作業を終える必要があり、水稲を手がける兼業農家では田植え時期と重なって人手不足が深刻な問題となっている。

表3・2・3　果樹の種類による結実方法の違い[1]

受粉しなくても 実をつける果樹		受精を行わず果実をつける。 混植の必要はない。	温州ミカン、カキ（種なし）、 イチジクなど
受粉により 実をつける果樹	自家受粉 する	自分自身の花粉で受粉するため、混植の必要はない。 ※白桃、川中島白桃、おかやま夢白桃などは花粉を作ることができないので、混植が必要。	モモ、ブドウの多くの品種
	自家受粉 しない	自分の花粉、同じ品種どうしの花粉では結実しにくいため、混植が必要。 品種の組合せによって受精しないものもある。	リンゴ、ナシ、黄桃、スモモ、 ウメ、アンズなど
雌雄異株		雌花をつける雌木と、雄花をつける雄木とが別々にあり、2本とも植えないと結実しない。	キウイ、クリなど

表3・2・4　果樹別自家受粉可否[(1)]

(a) ナシの受粉に適する品種

雌品種＼花粉品種	幸水	豊水	新高	あたご	二十世紀	あきづき
幸水	×	○	／	／	○	○
豊水	○	×	／	／	○	○
新高	○	△	×	／	○	○
あたご	○	○	／	×	○	○
二十世紀	○	○	／	／	×	○
王秋	×	○	／	／	○	○
あきづき	○	○	／	／	○	×

(c) リンゴの受粉に適する品種

雌品種＼花粉品種	つがる	王林	ふじ	ジョナゴールド
つがる	×	△	△	×
王林	△	×	△	×
ふじ	○	△	×	×
ジョナゴールド	△	○	△	×

(b) スモモの受粉に適する品種

雌品種＼花粉品種	プラム井上	サンタローザ	ソルダム	ハリウッド
プラム井上	△	○	○	○
サンタローザ	○	△	○	○
ソルダム	○	○	×	○
貴陽		○		

(d) 雌雄異株の組み合わせ

品目	雌木	雄木（受粉樹）
クリ	利平	国見、筑波、石槌
	銀寄	丹沢、国見、筑波
	石鎚	丹沢、国見、筑波
キウイ	ヘイワード	トムリ

○…適　×…不適　／…花粉が不十分　△…やや不適

　また、花粉の手配については、自身で集める場合には蕾段階での摘み取り作業も加わることとなる。花粉を購入する方法もあるが、比較的高額（10 g当たり8,000円程度）なので経営を圧迫する要因となっている。

(5) 授粉作業へのドローン活用の取組み実証実験

　青森県立名久井農業高校と東光鉄工株式会社の共同研究としてリンゴおよびサクランボへのドローンを活用した溶液受粉の実証実験を行っている（2017～2019年）。

【背　景】

　青森県を代表する果樹のリンゴは、自家不和合性が強く、他の品種の花粉で授粉を行う。そのため、訪花昆虫や人工授粉による結実の確保が、安定した生産を可能とする。名久井農業高校と東光鉄工の共同研究チームでは、平成29年から農業用ドローンを活用した果樹の溶液授粉の研究を行っている。平成29年の課題として下部の内部の結実が悪かったことが挙げられる。そこで、本研究チームは、結実率向上のため、平成30年は溶液割合とドローンが生み出すダウンウォッシュの強化、令和元年はホウ素を混合して、課題解決に向けた実験を取り組むことにした。

【目　的】

①　ドローンでの溶液授粉が可能か探る（平成29年度）

②　花粉割合を上げることで結実率にどのような影響を及ぼすか探る（平成30年度）

③　ダウンウォッシュの強化で結実場所にどのような影響を及ぼすか探る（平成30年度）

④　ホウ素が授粉および肥大に及ぼす影響を探る（令和元年度）

【試験区】※すべてわい性台木の樹を使用

・H29年度

①　ドローン区　　ふじ3本　A~C

②　ハンドスプレー区　ふじ3本　D~F

・H30年度

③　花粉割合0.3%区　ふじ4本　　G~J

④　花粉割合1%区　ふじ4本　K~N

⑤　無処理区　　　　ふじ3本　O~Q

・R1年度

⑥　花粉割合0.3%区　ふじ3本　R~T

⑦　ホウ素混合区　　ふじ3本　U~W

【使用ドローン】

東光鉄工株式会社　UAV事業部

平成29年度：TSV–AQ1、プロペラ4個、8L

平成30年度・令和元年度：TSV–AH2プロペラ6個　10L

※東光鉄工株式会社より操縦士派遣

図3・2・17　実証実験で使用されたドローン（TSV-AQ1（左）、TSV-AH2（右））

（6）授粉～結実への効果的手法の開発

　ホウ素が高等植物の正常な生育に欠かせない必須元素の1つであることは古くから知られている。名久井農業高校と東光鉄工は令和元年度から授粉液にホウ素を混入した溶剤による実証実験を行っている。

図3・2・18　溶液散布によるリンゴ受粉作業（東光鉄工株式会社提供）

　この実証実験により以下のような結果を得ることができた。

①　ホウ素混合区域の結実率は他区域に比較して結実率が高くなった（**図3・2・19**）。

②　ホウ素混合区の結実後における生育管理については調整摘果時期などを十分に注意する必要がある

各区の中心果の結実率（平均）

H29年度
①ドローン区　ふじ3本　A～C
②ハンドスプレー区　ふじ3本　D～F

H30年度
③花粉割合0.3%区　ふじ4本　G～J
④花粉割合1%区　ふじ4本　K～N
⑤無処理区　ふじ3本　O～Q

R1年度
⑥花粉割合0.3%区　ふじ3本　R～T
⑦ホウ素混合区　ふじ3本　U～W

図3・2・19　各区の中心区の結実率[(2)]

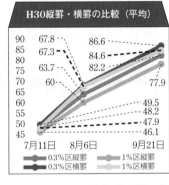

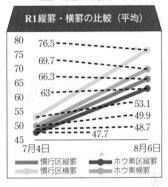

図3・2・20　年度別結実後の生育比較[(2)]

③　ドローン活用による作業時間

リンゴ（ふじ）わい化33本の人工授粉に要した時間を授粉棒を用いた人手に要した時間との比較をすると以下の結果となった。圧倒的な作業の効率化が実現可能となる。

・ドローンの場合：2名（オペレータ、ナビゲータ）により10分＝20分/人

・授粉棒の場合：3名で145分＝435分/人

〔3〕果樹へのドローンの活用（摘花へのドローン適用の可能性）

これまで述べた結実率向上に主眼を置いた取組みは、結果として結実率が高くなる一方で、その後の摘果作業が課題となる。この摘果作業を出来るだけ少なくすることは、中心花以外の周辺結実果の摘果作業の軽減化を意味する。方法の一つとして摘花剤の活用が考えられる。

東光鉄工では、秋田県北秋田農業振興普及課が行った令和元年度次世代果樹生産システム確立普及事業において「ドローンを利用した着果管理とせん定作業の改善」実証実験の摘花剤散布へのドローン活用検証に協力し、以下の結果を当課より報告を受けた。なお、当実証実験の結果は同農業振興普及課により取りまとめられた内容に基づき、使用許諾を得て転載したものである。この結果について「同農業振興普及課ではあくまで実証研究であり実用化に資するデータではない」との前提であることを申し添える。

【目的】果樹栽培の現場におけるドローンの活用法について検討する。ここでは、リンゴの摘果作業の省力化を目的として、ドローンによる摘花剤の散布効果について現地ほ場で評価する。

【試験方法】

　　試験場所：秋田県大館市中山

　　品種：自然交配した「ふじ」

　　使用摘花剤と希釈倍率：商品名「エコルーキー」（成分：ギ酸カルシウム 98.0 ％）、倍率 100
　　　　　　　　　　　　　倍、散布量は 300 ℓ/10 a

　　散布日：2019 年 5 月 13 日（満開日）、同 5 月 16 日

　　調査日：2019 年 5 月 30 日

　　摘果時間調査日：2019 年 6 月 12 日

　　試験手法：ドローンで摘花剤をリンゴ樹上空から散布する。摘花剤の使用は秋田県農作物病
　　　　　　　害虫・雑草防除基準に準ずる。

【調査項目】ドローンを利用した摘花剤散布の省力効果：結実、摘果時間、作業性に関する聞き取り

【試験結果】

　　①　予備試験としてドローン散布による溶液付着度合を確認したところ、地上 1.5 m 以上の部位については目視で溶液がほぼ付着することが確認された。

　　②　散布時間は 1 回目、2 回目ともに散布時間のみで 15 分前後、準備から散布終了までで 30 分前後を要した。

　　③　結実調査の結果、中心果結実数は試験区と対照区で差はなく、側果結実率は試験区では 50.2 ％であったのに対し、対照区では 86.5 ％であった。1 果そうあたりの平均側花数は対照区 3.5 花に対し、試験区の方が 3.9 花と多かったが、1 果そうあたりの平均結実数は試験区 2.9 果に対し、対照区 4.0 果となった。

　　④　1 樹当たりの摘果作業時間を計測したところ、試験区で平均 35.2 分、対照区で平均 41.1 分となった。

　　⑤　園主からの聞き取りでは、処理区の樹は無処理に比較して樹上部の結実が薄目で、脚立に上っての摘果がやや楽であったような印象とのことである。

〔4〕農業分野におけるこれからのドローン

　　農業分野におけるドローンの活用について現状では稲作における農薬散布、肥料散布活用が主流となっている。今後はドローンの特性（自動航行、長時間飛行、遠距離通信など）を活用した以下のような取り組みが考案されてくると考えられる。

　　（ア）離陸〜散布〜着陸までの自動航行ドローン

　　（イ）一度の充電又は燃料補給で複数回の散布が可能なドローン

　　（ウ）目視外（圃場以外）からの遠隔操縦、監視可能なドローン

　　（エ）作物の生育状況の監視と適時・適切な場所への薬剤散布ドローン

　　（オ）夜間を含めた 24 時間、ほ場を監視できるドローン

〔5〕農林水産省のドローン活用にかかわる普及促進策

　　農林水産省では今後、農業用ドローンの普及計画を大きく以下のように分類して普及促進に力を注いでいる。

【農水省の重点項目】

　　①　農薬散布：散布面積を 100 万 ha に拡大することを目的とする（〜2022 年）

②　肥料散布：農薬散布機との共用が可能。資材の開発や技術実証が必要

③　播　　　種：中山間地における省力化を期待。均一散布技術の開発が課題

④　授　　　粉：ダウンウォッシュ強化や散布ノズルの改良が課題

⑤　収穫物運搬：作業労力の大幅な軽減を期待。機体の安定性、長時間、長距離などが課題

⑥　センシング：収穫適期判断、生育状況分析、病害虫診断などに期待

⑦　鳥獣被害対策　高性能赤外線カメラによる鳥獣の生息域や生息数、行動状況把握を期待

　以上のように、今後も農業分野におけるドローン活用は研究開発が進み高性能なドローンが開発され多くの適用分野に活用されていくことが期待されている。　　　　　　　（鳥潟與明）

【参考文献】

（1）http://www.ja-kurakasa.or.jp

（2）名久井農業高校、農業用ドローンを活用したリンゴの溶液受粉の研究〜ホウ素が受粉及び果実に与える影響〜、2019年度植物学会発表資料

3.2.4　ドローンによる農業リモートセンシングの新展開

〔1〕ドローンによる農業リモートセンシングの発展

　前著「ドローン産業応用のすべて」が出版された2018年の時点から、ドローンの農業分野での利活用は大きく発展している。2019年度の日本国内のドローンビジネスの市場規模は1,409億円と推測され、2018年度の931億円から前年比で51%増加しており、分野別に見ると、2019年度はサービス市場が前年比68%増の609億円で、最も規模の大きい市場となっている[1]。中でも農業分野は260億円と最大で、ドローンを用いた農薬・肥料散布や、ドローンからのリモートセンシングによる生育状況把握などが、サービスとして急成長していることがうかがえる。

　この農業分野におけるドローンの発展には、国による支援の効果もあると考えられる。近年、少子高齢化に伴う労働力不足を背景に、スマート農業は国の重要なミッションに位置付けられ、2018年6月に閣議決定された「未来投資戦略2018」[2]においても、「2025年までに農業の担い手のほぼすべてがデータを活用した農業を実践」することが指標（KPI）として掲げられた。その後、2019年6月に閣議決定された成長戦略[3]では、国の戦略がさらに加速され、「2022年度までに、さまざまな現場で導入可能なスマート農業技術が開発され、農業者のスマート農業に関する相談体制が整う」ことを目標としている。

　この取組みの一環として、「農業用ドローンの普及拡大に向けた官民協議会」[4]が2019年3月に設立され、2020年3月27日時点では164の法人・団体および81の個人が会員となっている。この協議会のWebサイトでは、農業でのドローンの利活用に関してさまざまな情報を提供しており、例えば、「農業用ドローンカタログ」[5]では、現在市販されているさまざまな機体の仕様や、すでに提供が開始されている各種サービスの内容をカタログ形式で閲覧でき、それぞれの問合せ先も紹介されている。興味のある読者は参考にされるとよいであろう。

　本項のテーマであるリモートセンシングという観点に絞ってみると、農林水産省が2019年8月に報告した「農業用ドローンの普及拡大に向けて」[7]という資料では、ドローンによるほ場センシングの現状に関して、「ドローンに搭載した高精細カメラやマルチスペクトルカメラなどの画像により、施肥や収穫適期を判断する生育状況分析、病害虫の診断など、さまざまな技術が実証、サービスが開始されている段階」とまとめられている。また、今後の普及に向けて、「広範囲に対するセンシング効率や解析精度の向上、対象品目の拡大などの技術の進展、実証等により、費用対効果が明らかにされることが課題」としたうえで、2022年度までの目標とし

て「先進的な大規模経営体への導入」を示している。

　前書では、リモートセンシングによる診断精度を決める要素として、空間分解能と波長帯（バンド）数に着目した。そして、バンド数が多く、より詳細な情報を取得できる、マルチスペクトルカメラとハイパースペクトルカメラの仕組みについて解説した。本書では、現在ドローン搭載用として市販されているカメラについて種類ごとに解説し、各種カメラの利活用の現状と今後の動向について分析する。

〔2〕ドローンに搭載されているセンシング用カメラ

　ドローンに搭載されているカメラを説明する前に、光の波長について簡単に説明しておきたい。光は電磁波の一種なので、電波のように、周波数や波長で特徴づけられる、波の性質を持っている。人間の目に見える可視光線は、**図3・2・21** の紫から赤の範囲で、波長では約 0.4～0.7 μm（マイクロメートル）に相当する。0.4 μm よりも波長の短い光は紫外線、0.7 μm よりも波長の長い光は赤外線と呼ばれる。赤外線の中でも 0.7～1.4 μm は近赤外線と呼ばれ、それよりも長い波長の赤外線は順に、短・中・長波長赤外線と呼ばれる。さらに波長の長い赤外線は遠赤外線である。

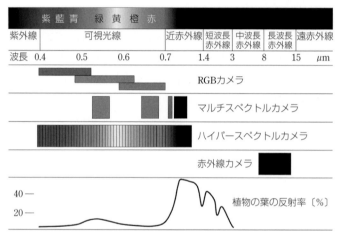

図3・2・21　各種カメラが感度を持つバンドと、植物の葉の反射率スペクトル

　図3・2・21 には植物の葉の反射率のスペクトルを模式的に示した。植物の葉に含まれる、光合成を行うクロロフィルという色素は、青と赤の波長に対応する光を強く吸収し、緑と近赤外の光の一部を反射する。人間の目に近赤外の光は見えないため、植物の葉は相対的に緑色に見えるが、反射率としては近赤外のほうが強い。このような反射率の特徴を利用して、植物の生育状態などをセンシングから推定することができる。

　さて、スマートフォンや小型ドローンなどに標準的に搭載されているカラーカメラは、赤・緑・青の三色を検出する、いわゆる RGB カメラである。市販されている多くの RGB カメラは、光を検出するイメージセンサーの各画素に赤・緑・青の光のいずれかを透過するフィルターが配置されている。そして、各画素とその周囲の画素が検出した3色の光の強さのバランスを用いて多様な色合いを表現している。各色のバンドは図3・2・21のようになっており、一部が重なっている。

　一方、マルチスペクトルカメラは、赤・緑・青以外にも近赤外や、赤から近赤外にかけての「レッドエッジ」と呼ばれるバンドにも感度を持つようにフィルターが設定されていることが

多い。また、RGB カメラと比べて、バンド幅が狭いことも特徴である。図 3·2·21 には、ドローン用のマルチスペクトルカメラとして代表的な Parrot 社 Sequoia+ [7] のバンドを参考として示した。マルチスペクトルカメラについては前書で詳しく解説したようにさまざまな方式があるが、Sequoia+ はバンドごとに異なるイメージセンサーで撮像する複眼式である。この方式は、イメージセンサーの数だけ消費電力は大きくなるが、各バンドを同時に撮像できるという利点がある。

余談だが、RGB カメラに使用されるイメージセンサーそのものは、マルチスペクトルカメラのイメージセンサーと同じく、近赤外線にも感度がある。しかし、目に見えない近赤外線の光は、目に見えるものを再現したいカラー撮影には邪魔になるので、RGB カメラには赤外線の光を遮断する赤外カットフィルターが備えられている。

複数のバンドで撮像するマルチスペクトルカメラに対し、ハイパースペクトルカメラは、バンドが連続的に設定されている。図 3·2·21 にドローン用のハイパースペクトルカメラの例として、Headwall 社の Nano–Hyperspec [8] のバンドを示した。ハイパースペクトルカメラにもさまざまな方式があるが、このカメラは最も一般的なプッシュブルーム方式を採用しており、270 バンドを同時に取得できる。

最後に、長波長赤外または熱赤外とも呼ばれる赤外線を検出するカメラ、一般的には赤外線カメラやサーマルカメラ、サーモグラフィカメラとも呼ばれるカメラがある。これは赤外線に感度を持つ非冷却マイクロボロメーターというイメージセンサーが主に使われており、被写体の温度分布を撮像することができる。図 3·2·21 にドローン用として市販されている、FLIR 社の Tau 2 [9] のバンドを示した。

〔3〕利活用の現状

さまざまなカメラを紹介してきたが、前書でも説明したように、技術的およびコスト的な側面を除けば、バンド数が多いほど情報量が多く、解析精度は向上するはずである。その意味では、ハイパースペクトルカメラが 1 台あればよい、と思われるかもしれないが、現実はそう単純ではない。ハイパースペクトルカメラは高価で、安い製品でも数百万円、ドローンに搭載するためのジンバルなどのさまざまなオプションや専用の解析ソフトウェアを加えると 1,000 万円を超える製品も多い。情報量が多いために、解析に要する計算リソースが膨大になり、現時点では研究用として大学や研究機関の研究者だけに利用されている状態である。その情報量を生かして、スペクトルのわずかな違いから、病害の有無や作物の収量を高精度で予測する研究などが世界中で行われている。

一方、最も手軽な RGB カメラは、一眼レフカメラなどの高級品を除けば、数万円以下で入手可能で、市販のドローンでは RGB カメラが標準的に搭載されている場合もある。実際に、RGB カメラを使用してほ場のセンシングを行うサービスも展開されている（スカイマティクス社の葉色解析サービス「いろは」[10] など）。このサービスは、従来、コメ農家が葉色板と呼ばれるカラーチャートを使って稲の生育状況を手元で判定していた作業を、ドローンの RGB カメラによる空撮で置き換えたといえる。ドローンからほ場全体をカラー撮影し、生育のムラや倒伏の状態、病害虫の被害状況をマップとして提供するだけでも、生産性の向上につながることは容易に想像できる。さらに、記録をディジタル情報として蓄積し、共有することで、活用の可能性は広がるであろう。

しかし、RGB カメラが持つ原理的な問題として、人間の目に見える情報のみに限られることと、図 3·2·21 に示したように各バンドのオーバーラップが大きいため、解析精度に限界がある

ことは避けられない。これに対し、近赤外のバンドを含むマルチスペクトルカメラを利用することで、高精度で多様な解析が可能になる。ただし、マルチスペクトルカメラは低価格な製品でも数十万円程度であり、操作や画像解析には専門的な知識も要求されるため、撮影と解析はサービス提供業者に依頼することが多い。例えば、ファームアイ社[11]のサービスの場合、自社製のマルチスペクトルカメラを搭載したドローンでほ場を撮影、画像を解析し、生育状況を表す植生指数（NDVI）や繁り具合を表す植被率のマップとともに、改善処方フローを生産者に提供しており、農業ソリューションビジネスとして展開している。

　赤外線カメラについては、まだ農業での応用が始まったばかりの段階だが、温暖化に伴って増加傾向にある、水稲をはじめとする作物の高温障害に対する監視手段として役立つ可能性がある。ただし、赤外線カメラだけでなく、マルチスペクトルカメラやハイパースペクトルカメラについても同様だが、人間の目に見えないバンドを撮影する場合は、ほ場の位置関係などを確認するために RGB カメラも同時に搭載する必要がある。

　以上の各種カメラの利活用の現状について表 3・2・5 にまとめた。

表 3・2・5　各種カメラの利活用の現状

種　類	価格帯	利活用の例
RGB カメラ	数万円	葉色解析による生育ムラや倒伏のマップ化
マルチスペクトルカメラ	数十万円	植生指数による生育状況のマップ化
ハイパースペクトルカメラ	数百万円以上	収量予測、病害診断
赤外線カメラ	数十万円	高温障害の監視

〔4〕今後の動向

　1つの方向性として注目されるのは、マルチスペクトルカメラのカスタマイズ化である。ハイパースペクトルカメラについて、農業分野での現状は研究段階と述べたが、その研究成果から実用的に有益な情報がもたらされる可能性は大いにあると考えている。具体的には、ハイパースペクトルカメラの計測から、生育診断や病害の検出などに最適なバンドの組合せを探し出し、その最適バンドの組合せをマルチスペクトルカメラに実装するという方法である。こうした波長探索または波長選択という手法は古くから研究されているが、これまでドローン用のマルチスペクトルカメラに応用するという実例はあまりなかった。最近、MAIA 社が M2[12] という二眼のドローン用マルチスペクトルカメラを発売し、フィルターは17バンドの中から2バンドを自由に選ぶか、または既定の2バンドのセットを選ぶことができるようにした。今後はこのような製品も含めて、マルチスペクトルカメラのバンドカスタマイズや、作物の品種や特定の生育状態・病害に合わせたバンドを使用したサービスなどが出現する可能性がある。

　もう1つの方向性としては、やはりマルチスペクトルカメラの多バンド化と機体一体化である。これも最近の話題となるが、MicaSense 社は従来型のドローン用5バンドマルチスペクトルカメラ RedEdge–MX に加えて、波長が重複しない5バンドのマルチスペクトルカメラ RedEdge–MX Blue をリリースし、両者を同時に搭載することで合計10バンドの撮像を可能とした[13]。しかし、ユーザーによっては、2台のカメラを同時搭載可能なドローンを新たに用意する必要があるかもしれない。一方、DJI 社が5バンドマルチスペクトルと RGB の6眼カメラを搭載した Phantom ベースの農業用ドローン P4 Multispectral[14] を 2019 年 10 月から販売開始した。世界最大手のドローンメーカーである DJI 社が、5バンドのカメラを農業用として投入してきたことは、多バンドの有効性を示しているとも言えるが、マルチスペクトルカメラと機

体を一体化することでユーザーの利便性が大幅に向上することは明らかである。今後、他社が追随するか注目される。

　ドローンによる農業リモートセンシングがサービスとして普及するための最重要課題は、費用対効果であることはいうまでもない。これについては、農林水産省もさまざまな実証プロジェクトを通じて評価を行っているが、センシングによる生育状況の情報提供のみのサービスで利益を上げ続けるのは現状では困難であると考えられる。可変施肥や農薬散布などのサービスとも連携し、農業ソリューションとしてのサービス展開が重要になると予想される。

（栗原純一）

【参考文献】
（1）春原久徳・青山 祐介：ドローンビジネス調査報告書 2020、インプレス総合研究所、2020 年
（2）https://www.kantei.go.jp/jp/singi/keizaisaisei/pdf/miraitousi2018_zentai.pdf
（3）https://www.kantei.go.jp/jp/singi/keizaisaisei/portal/agriculture/policy.html
（4）https://www.maff.go.jp/j/kanbo/smart/drone.html
（5）https://www.maff.go.jp/j/kanbo/smart/pdf/dronecatalog.pdf
（6）https://www.maff.go.jp/j/kanbo/smart/pdf/meguji.pdf
（7）https://www.parrot.com/business-solutions-us/parrot-professional/parrot-sequoia
（8）https://www.headwallphotonics.com/hyperspectral-sensors
（9）https://www.flir.jp/products/tau-2/
（10）https://smx-iroha.com/
（11）https://www.farmeye.co.jp/
（12）https://www.spectralcam.com/maia-m2-modular/
（13）https://micasense.com/dual-camera-system/
（14）https://www.dji.com/p4-multispectral

3.2.5　先進ドローンリモートセンシングのスマート農業への活用

〔1〕現場操作性の高い低コストのリモートセンシングプラットフォーム

　リモートセンシングは、離れたところから分光カメラなどのセンサー機器を使って、対象物の状態を測る技術である。センサー機器を搭載する装置（プラットフォーム）として、これまで人工衛星、航空機、気球などさまざまな飛行体が利用されてきたが、マルチコプター型のドローンは特に低層における操作自由度が高く低コストの新たな観測プラットフォームとして有望である[1]。

　ドローン（UAV/UAS）技術の近年の進歩と普及、および航空法の改正整備や行政的規制の緩和を背景に、農林水産分野においてもドローンの応用が活発化している。本項では、筆者らが開発した低空を自在に飛びつつほ場を観察・計量する先進ドローンセンシングシステムの構造・機能と、そのスマート農業への応用について述べる[2]。

〔2〕農業のスマート化におけるドローンリモートセンシングの役割

　農業従事者の持続的な減少と高齢化に伴い、30 a 程度の小規模ほ場を多数集積して経営規模を拡大する傾向が急激に進行している。そのため、管理しているほ場群を頻繁に見回り、適期に作物やほ場の状態に応じた管理を実施することが困難になっている場合も少なくない。このような状況のもと、省力・省資材・高品質安定生産を進めるうえで、先進的な情報技術、ロボット技術などを活用する「スマート農業」が有望である（**図 3・2・22**）。すなわち、①センシング、②情報通信、③人工知能（ビッグデータ・AI）、および④ロボット農機、の 4 つの技術、な

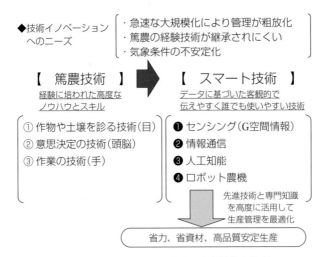

図3・2・22　スマート農業の要素技術と役割

らびにそれらの協働が農業のスマート化を支える有力技術である。そして、ほ場ごとあるいはほ場内の作物生育や土壌の実態に関する面的な情報を適時に取得するうえで、ドローンや衛星をプラットフォームとするリモートセンシングは特に重要な役割を果たす。これらの空間情報は①営農計画や栽培管理を支える基礎情報として、②農機を制御するためのディジタルマップとして、また、③人工知能を駆動するビッグデータの一角を担うほ場G空間情報として、重要な新しい情報ソースとなる。

〔3〕先進ドローンリモートセンシングシステムの構造と機能

ドローンはエンジンヘリ型、固定翼型、マルチコプター型に大別されるが、ほ場サイズ、営農規模、有視界飛行の制約、飛行時間やペイロードを勘案すると、国内（および同様な条件のアジアなど）の営農単位スケール（～100 ha）での応用には、マルチコプター型ドローンが好適である。産業用のマルチコプター型ドローンは、積載重量：～5 kg程度、飛行時間：～20分程度の性能を持つ機体が多い。飛行経路をタブレットPCなどの画面上でプログラムし、GPSデータを受信しつつ自動飛行することが可能である。また、不測の事態の際、安全に着地させるためのフェールセーフ機能を装備するなど、飛行の操作性と安全性は近年格段に高まっている。

一方、通常のビデオカメラやデジタルカメラを装備したドローンはすでに多く市販されるようになっており、一般的な空撮は簡易に行うことが可能である。したがって、雑草や病徴の発見などを検出するといった観察目的にはそういった簡易ドローンを利用できるが、作物管理に必要となる定量的な情報計測には不十分な場合が多い。また、計測データを作物の生理生態情報や土壌情報に変換するアルゴリズムを装備していないため、せっかくの空中からの情報計測機能が十分発揮されていないことが多い。

そこで、筆者らは、先進的な国産ドローン機体に独自のセンシングシステムおよび診断情報生成アルゴリズムを統合化したドローンリモートセンシングシステムを構築した（**図3・2・23**）。また、その有効性を各地の営農ほ場で検証した[3]。以下、その概要を紹介する。

（1）機体システム

機体は純国産ドローン（自律制御システム研究所、ACSL-PF1、ペイロード：電池含め約6 kg）である。カスタマイズや保守点検の容易さだけでなく、近年強まっている情報／データ

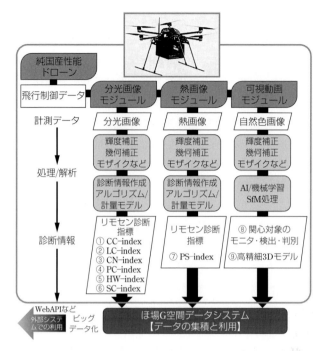

図3・2・23　先進的ドローンリモートセンシングシステムの構造と機能

セキュリティの観点からも国産機体の開発は重要である。本システムは任意の飛行経路をタブレット上で設定し、GPS制御により高い位置精度を確保しつつ、自動航行・離着陸を行うことが可能である。

(2) 画像計測システム

　搭載センサーは独自に開発・構成したもので、分光画像（波長別画像）モジュール、熱画像モジュール、および可視動画モジュールの3つのモジュールからなる。

　分光画像モジュールは、精密なハイパースペクトル計測データの基礎的解析に基づいて選定した比較的狭い半値幅（約10 nm）の5バンドを有する。中心波長とバンド幅を、生育診断などに有用な主要な特性を評価するためのアルゴリズムを実現するように設計している。そのため、高価かつデータ処理が煩雑なハイパースペクトルカメラを用いることなく、主要な診断特性値を計量することが可能である。

　熱画像モジュールにより作物や土壌の温度を連続的に測定する。可視動画モジュールは計測範囲の高精細度（4K）のモニタリングおよび後述する動画処理に使用する。

　また、取得される分光原画像を地上での分光反射率画像に変換するための分光入射光センサー、ならびに熱赤外画像データを用いるアルゴリズムの補助入力データを得るための微気象センサー（温度・湿度）を装備している。

(3) 有用情報の計測とデータ処理―診断情報作成アルゴリズム

　作物やほ場の管理のスマート化には、作物生育や土壌状態に関する主要な診断情報を実用レベルの精度と信頼性/一貫性をもって取得できることが基本的に重要である。そのためには、センシングシステムによって得られる原画像を、栽培管理上意味のある診断マップに変換するための、適切なアルゴリズムが不可欠となる。

【波長別画像計測と診断情報の作成】

① 可視～近赤外の波長別画像

　作物や土壌の診断情報を得るうえで、波長別の画像は重要な役割を果たす。開発したドローンセンシングシステムでは、可視～近赤外の波長別画像にそれぞれ適切なアルゴリズムを適用した演算を行うことにより、つぎのような診断指標を算出可能である。これらの作物・ほ場診断指標は農学的・環境生理学的な研究知見に基づくもので、営農上の管理処方に直結する。ただし、診断情報の具体的処方への反映方法については、地域・作目ごとの施肥基準ならびに営農判断によって決定されるべきものである。

　　・CC-index（群落クロロフィル量指数）：緑バイオマスの指標、生育診断全般に活用
　　・LC-index（個葉クロロフィル濃度指数）：生育中後期は SPAD と相関、追肥診断に活用
　　・CN-index（群落窒素量指数）：緑バイオマスとも高相関で窒素施肥の診断に使用
　　・PC-index（光合成容量指数）：光合成有効放射吸収率や作物生産性評価に使用
　　・HW-index（穂水分含有率指数）：成熟進度、収穫適期の診断や刈取り順計画に使用
　　・SC-index（土壌炭素含有率指数）：腐植含有率と相関、土壌肥沃度管理などに使用

　図 3・2・24 は営農法人のコムギほ場（約 15 ha）を対象として、追肥診断時期にドローン観測を行い、CC-index の分布図を作成した事例である。コムギは追肥によって収量・品質とも大きく変動するため、この時期の診断情報は処方決定の基礎として役立つ。また、このディジタルマップを可変散布農機に電送することで、ほ場内の生育に応じて施肥量を調節することが技術的には可能となっている。今後さらに作業機の精度の向上が期待される。

　そのほかの診断指標についても、水稲や小麦などのほ場を対象として、実測値による検証を行い、その有効性が確認されている。

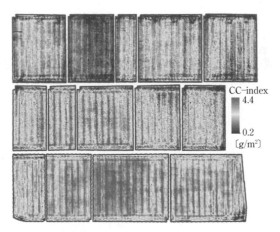

CC-index
4.4

0.2
〔g/m²〕

図 3・2・24　コムギほ場（約 15 ha）の追肥診断期のクロロフィル指標（CC-index）の分布

② 熱赤外画像

　熱赤外画像データは水分欠乏や罹病など植物のストレス程度の評価に特に役立つ。筆者らが考案した群落温度を用いて算出する植物ストレス指数（PS-index）は、植物体の乾燥や病気による生理的反応に基づくもので、植物体のストレスの検出とストレスレベルの評価に使用できる。上空を飛行しつつ水ストレス状態を把握して、灌漑スケジューリングを最適化したり、地上の自動灌水装置を遠隔的に制御する、あるいは、罹病の早期検出や罹病範囲の調査などに活用できる。飛行中に PS-index をリアルタイムで演算し地上に無線伝送することも可能となっ

ている。

【動画処理による3Dマップの作成】

　可視動画モジュールのビデオカメラによる動画は、任意の高度／ルートでの見回りと関心エリアの雑草、病徴、倒伏、畦畔、水路の問題の検出などに利用できる。また、目視観察だけでなく、これらの映像に機械学習・AI技術を適用することで、病斑、雑草など、着目エリアの問題を自動的に検出することも可能である。ただし、機械学習・AIには豊富なデータを用いた十分なトレーニングが不可欠であり、また、結果の解釈と使い方には留意する必要がある。

　一方、連続的に撮影された画像から地表面の3次元（3D）モデルを自動的に作成することが可能である。すなわち、重複する静止画像群からSfM（Structure from Motion）法によって広範囲の正射影合成画像（オルソモザイク画像）や数値標高モデルDEMを容易に作成可能である。データ処理には、Pix4Dmapper（Pix4D S.A.）やMetaShape（Agisoft）など市販の画像処理ソフトが利用できる。

　筆者らのシステムでは、高精細の可視画像から3Dモデルとオルソモザイク画像を作成するため、4K動画から一定のインターバル（上述の自動航行条件で5秒程度）で自動的に静止画像を抽出して用いた[4]。**図3・2・25**は、可視動画モジュールにより連続的に撮影された約200枚の位置データ付き静止画を処理した例で、約370万点の点群作成と、3D面を構成する約74万個のポリゴン群を生成し、3Dモデルを作成した。このように、通常の空撮画像や波長別画像から自動処理で3Dモデルを作成できるため、地形の起伏、ほ場表面の凹凸、作物の草高などの情報を実用に耐える精度でマッピングできる。農地の表面状態、作物の生育や倒伏状況の情報、そして3次元マップは、農地整備や生育・収穫管理の意思決定や管理作業に活用される。

(a) 点群　　　　　　　　　　　　　　　　　　(b) 3次元モデル

図3・2・25　連続直下視画像の**SfM**処理により生成した3次元モデルの事例：上部に表示された約200枚の直下視画像から生成した点群（a）、3次元モデル画像（b）。

〔4〕確かな使い方のためのワークフロー

　高い機動性や高解像度の観測はドローンセンシングの大きなメリットである。しかし、実際の診断や予測に使える信頼性の高い空間情報を安定的に作成するためには、以下のような手順をふまえる必要がある（**図3・2・26**）。

(1) 目的に応じた適切な観測計画と運用

　対象とする面積やほ場配置、知りたい情報、地上解像度、さらにはオルソモザイク画像を作成する際の連続画像間の重複率などを考慮して、安全かつ効率的にデータを取得するために好適な飛行機体やセンサー仕様（波長帯、画角、空間分解能）を選定し、観測諸元（調査範囲、地上解像度、飛行高度、積載重量、飛行時間など）を設計する。例えば、筆者らの開発したシステムは、それらの要件を勘案し、主要な利用場面に包括的に対応できるような設計とした。

また、その運用にあたっては、飛行高度100 m、水平移動速度4 m/sで自動航行し、連続画像の重複率はおおむね70〜80%とし、約10分程度のフライト1回で2〜3 haのほ場をカバーする観測諸元を基本としている。

（2）良質な分光画像の取得

画像データの品質に影響する主な因子は、①機体因子、②センサー因子、および③環境因子である。機体因子としては、振動や移動、姿勢変動、センサーや記録系・制御系に対する電磁波の影響、姿勢の変動などに注意する。画質に関わる因子としては、露光時間や感度特性、周辺減光などの問題を考慮する。環境因子としては、天候や太陽高度の変化に伴う地表面への日射強度の変動が最も重要である。基本的に補正は必要であるが、誤差を低減する上で、できるだけ日射の安定した条件で運用することが得策である。

（3）輝度精度を確保する画像データ処理

バンド別の水平面入射強度（参照光）を地上面観測と同時に記録し対象物の反射率を導く。参照光計測センサーを地表面計測センサーとともにドローンに搭載する方式と、前者を地上に設置する方法があるが、いずれも上向き・下向きデータの同期性と、参照光データの精度確保が要件となる。筆者らが開発したシステムでは地上設置型の参照光センサーを装備し、微気象データもGPS時刻とともに連続的に取得する方式である。そのほか、反射率既知のグレイスケールを地上に設置し、計測画像内にそれを写し込む方法もあるが、広域を対象とする実践的な利用場面には向かない。

（4）幾何精度を確保するためのデータ処理

歪みが少なくグローバルな位置データを持つ画像を生成することは、年次や生育時期の異なる画像データを一貫性のある形で集積するうえで重要である。広範囲の合成画像（オルソモザイク画像）の作成はSfM処理によって行う。適当な基準点を用いたり、機体あるいはセンサーに装備したGPSデータを併用することにより処理速度や精度を向上させる。

（5）適切なアルゴリズムの適用

リモートセンシングの主力である可視〜近赤外〜熱赤外の波長別画像計測については、現在、市販のマルチスペクトルカメラ、ハイパースペクトルカメラ、サーマルカメラが利用できる。しかし、記録される画像から有用な情報を得るためには、適切な変換アルゴリズムが不可欠である。すなわち、主要な作物・ほ場特性に関して実用レベルの精度と信頼性の高い情報を得るためには、それぞれの特性に対応した適切なアルゴリズムを選定して適用することが肝要である。筆者らのシステムでは各特性を実用レベルの精度で評価可能な波長仕様の簡易型分光画像モジュールを開発し、ハイパースペクトルデータなどの基礎解析に基づいて考案したアルゴリズムを実装している。

（6）ネットインフラを用いた迅速な診断情報の提供

診断情報を作業計画や機械作業に結びつけるためには、ディジタルマップを迅速に利用者の手元に届けることが重要である。Webサーバーでのデータ集積方法やシステム間のデータ授受、

1. 目的に応じた適切な観測計画と運用
2. 良質な分光画像の計測
3. 輝度精度を確保する画像データ処理
4. 幾何精度の確保と適切な範囲の画像データ作成
5. 評価アルゴリズムによる診断情報マップの作成
6. 適切な解像度・形式の診断情報マップ作成・提供

図3・2・26　スマート農業に向けたドローンリモートセンシングのワークフロー

スマートフォンなどの端末での表示、さらには農業機械での利用データ形式の標準化など、生産現場でのデータ利用環境はすでに整っている。今後は、オリジナルな良質の画像データを取得するワークフローの実践と、年々作成される画像データを基盤データとして集積するとともに、人工知能などによって活用する技術やシステムを構築することが重要な課題である。

〔5〕高度な自動見回りの普及と省力的な空中管理作業へ

本項で紹介したような先進的ドローンリモートセンシングシステムによって以下のようなことが可能となっている。

① ドローン作物の倒伏、畦畔雑草（けいはん）の繁茂状況、ほ場内の水回り、水路状況などを鳥の目のように高精細に観察できる。

② ほ場ごとあるいはほ場内の作物生育状態の違いを面的・定量的に把握できる。すなわちクロロフィル量、窒素含有量、収穫適期、病気・水ストレスレベル、土壌肥沃度（ひよく）などのバラつきを分布図として閲覧できる。また、ディジタルマップとして農機作業に活用できる。

③ ほ場の凸凹や作物草高などの3次元起伏マップを作成し、ほ場の均平作業や生育状況の把握に活用できる。

このように、高度なセンサーの目で楽に見回り情報を収集するための技術的・制度的環境は整ってきた。ドローンリモートセンシングによる計測情報は農業のスマート化に大きく貢献すると考えられる。

さらに、ドローンはリモートセンシングのプラットフォームとしてだけでなく、農薬・肥料の散布（特に局所散布）、資材運搬、受粉、鳥獣害防止などの空中管理作業にも活用できる。今後は、リモートセンシングによる空間情報を活用しつつ、空中からの管理作業を行うための要素技術および技術体系を構築することによって、作物生産における省力・省資材を大幅に進めることが期待される。

（井上吉雄）

【参考文献】
（1）井上吉雄編著：―農業と環境調査のための― リモートセンシング・GIS・GPS活用ガイド、森北出版、2019年
（2）井上吉雄：リモートセンシングのスマート農業への実装に向けた研究開発の最前線―SIPプログラムによるリモートセンシングイニシアティブの活動概要―、日本リモートセンシング学会誌、39、414 (2019)
（3）井上吉雄、横山正樹：ドローンリモートセンシングによる作物・農地診断情報計測とそのスマート農業への応用、日本リモートセンシング学会誌、37、224 (2017)
（4）井上吉雄、横山正樹：ドローンリモートセンシングによる農地の分光画像・3D情報計測―スマート農業に向けたG空間情報計測―、精密工学会誌、85、236–242 (2019)

3.3 測量分野における利活用最前線

3.3.1 ドローンによるレーザー測量

〔1〕ドローン測量の変革

測量分野における利活用は、ドローンにカメラを搭載して撮影した複数の写真を用いる写真測量から始まった。ドローンによる写真測量を一気に加速させたのが、SfM（Structure from

Motion の略称）技術である。SfM は撮影した複数枚の写真から対象の形状を復元する技術の総称で、専用ソフトウェアに複数の写真を入力することで、3 次元のモデルを容易に作ることができるようになった。写真測量に必要な飛行に関しても自動航行が可能となり、現地に測量座標系に合わせるための評定点（GCP：Ground Control Point の略称）を設置して撮影・処理することで、精度も向上した。

2012 年、PPK（Post Processing Kinematic：後処理キネマティック）で撮影画像に正確な座標を記録できる機器が開発され、GCP の大幅な削減により写真測量が効率化された。近年では同様の仕組みを取り入れた DJI 社製の Phantom RTK（Real Time Kinematic：リアルタイムキネマティック）が現場に投入され、ドローンによる写真測量の標準手法となった。

一方で写真測量の課題は、植生下の地形を直接計測できないことである。これを可能にしたのが、航空レーザー測量である。この手法は、レーザー測距（LiDAR：Light Detection and Ranging の略称、地表から戻るレーザー光の時間差からの距離決定法）、INS（Inertial Navigation System：慣性ナビゲーションシステムとして GNSS と IMU を組み合わせたものであり、機器自体の位置や姿勢情報を計測するシステム）を組み合わせた技術である。

一般的な航空レーザー測量は、高高度を高速で移動しながら計測するもので、幅広い範囲を一気に計測できる優れた技術である。一方、対地高度が高くなるに応じてレーザーのスポット点の直径が広がり精度が低下し、高度と速度に応じて単位面積当たりの計測点密度も粗くなる。広範囲測量をターゲットとしている航空レーザー測量は単位面積当たりの測量費用は安いが、1 回当たりの計測固定費が高く、例えば小規模な崖崩れを対象とすれば計測コストは極めて割高となっている。このような背景からも、小規模な対象範囲でも安価に高精度で計測出来る手法の開発が求められていた。

こうした中、LiDAR、INS 機器を小型・軽量化し、ドローンと一体化した機器が 2013 年に開発・実装された。その後、改良されたドローン搭載可能型レーザーシステム（図 3・3・1）、さらに河川・浅海域や水害直後の濡れた地物も計測可能なグリーンレーザーシステムが開発されている。

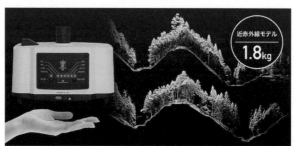

図 3・3・1　ドローン搭載型レーザー測量システムと得られた植生下の断面図

〔2〕写真測量とレーザー測量の違い

写真測量とレーザー測量では、ドローンの飛行ルートの違い（図 3・3・2）がある。写真測量の場合はサイドラップとオーバーラップが必要になるため、対象範囲外も飛行させることになる。計測範囲外に民家があることなども多く、写真測量では飛行自体が難しくなることもある。一方、レーザー測量の場合は、対象範囲内のフライトだけで済み、写真測量のようなラップ率を計算した複雑なフライトプランの作成が不要である。さらに写真測量のように、技術者が現地で測量して標定点や対空標識を設置するといった手間からも解放されるメリットが大きい。

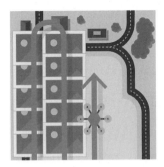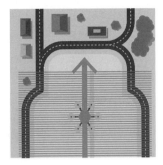

図3・3・2　写真測量とレーザー測量時のドローンの飛行ルートの違い

　測量成果の内容も大きく変化している。国土交通省では、「ICT（Information and Communication Technology）の全面的な活用（ICT土工）」などの施策を建設現場に導入することによって、建設生産システム全体の生産性向上を図り、もって魅力ある建設現場を目指すとし、i-Constructionの取組みが進められている。この中で要求される測量成果は、従来の等高線をベースとした地形図ではなく、3D点群である。

　写真測量でも、3D点群出力が対応可能である。ところが実際には、点群密度にかかわらず高画素の写真が必要で、例えば1,200万画素程度の画像でも1枚5MB程度の容量となる。さらにSfMソフトを使った解析工程の自動化が進んでいる現在でも、300枚程度の写真から3次元データを得るのには、1日以上の時間を費やす．

　一方、レーザー測量では、必須の情報はLiDARの照射角度と距離情報、INSによる位置・姿勢情報のみで、1点当たりの情報量は数十バイトである。必要な点密度に応じて高度と速度を決めることで、必要以上なデータを取らなくていいよう最適化することができる。この結果、レーザー測量の場合はRawデータの容量と大きく変わらず、データが小さい。むだなデータがなくハンドリングがしやすい上、処理時間が短く、その場でi-Constructionに活用できるヒートマップを出力させることが可能である。

〔3〕レーザーシステムの概要と構成機器の選択条件

　写真測量の機材がカメラだけなのに対し、レーザー機器は可動部品を含む多くのデバイスからなる。レーザー測量機器では、LiDARの照射角度と距離情報、INSによる位置・姿勢情報から照射点の座標値が得られる。どの機器を選択するかによって、その精度と分解能が異なってくる。INSは必要精度に依存するが、高精度測量用として市場に存在するINSは概ね同程度の仕様となっている。

　LiDARは種々のものがあり、車載タイプの自動運転用センサーが転用されている例が多数ある。これは、本来の用途が自動運転用で精度と分解能が低いが、安価である。一方、測量用センサーはビーム径が細く距離分解能も精度も高いが、高価である。LiDARではレーザー照射数が多いほど、細かい計測が可能となる。そのぶんデータ量が大きくなるので、必要とするデータ密度に合わせた選定が必要となる。レーザー照射数が多く高精度な機器も存在するが、それらの機材は大型で重く、運用には搭載荷重が十分な大型ドローンが必要となる。

　樹木下の地形計測の場合、レーザーレートが速くてもコース間が広いと十分に樹木下の地形を捉えられない。これを補うには、細かいコース間ピッチでスキャン（**図3・3・3**）すればよい。これにより、樹木下の地形を捉えられる可能性が高くなる．広範囲の計測を行うには飛行時間を伸ばすことが肝要で、それには機器を軽量化する必要がある。

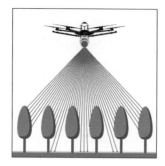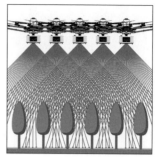

図３・３・３　細かいピッチを飛ぶことで樹木下の地形を捉える

　測量で必要となるのは、主に高さ精度である。真下の高さ精度は GNSS の高さ精度に距離精度を加えたもので、レーザー測距精度は距離にそれほど依存せず高精度である。高さ精度は、真下から角度が付くほど INS による角度精度が影響し、これはレーザー測距精度による影響よりかなり大きい。真横の場合の高さ精度は、レーザー測距精度に関係なく INS のロール精度のみとなる。高さ精度の点からも、実際に使用できる照射範囲は 90°（真下から ±45°）より狭い範囲となる。

　以下では、筆者が開発に携わったドローン搭載レーザーシステムの内容を紹介することで、その利活用の最前線を伝えたい。

〔4〕ドローン搭載型レーザーシステム（TDOT）

　i-Construction や一般的な測量時のレーザーシステムには、今や測量の必須アイテムとなったトータルステーションのような位置づけとなる「使える機器」が欲しい。「誰もが高精度で航空レーザー測量ができる」をコンセプトに開発が進められている。

　LiDAR のセンサーは、記述の理由からビーム径が細く距離分解能も精度も高い測量用センサーとし、照射範囲は実用的に有利な 90°（真下から ±45°）としている。前述のように樹木下の地形を高精度に計測するには、細かいコース間ピッチで航行する必要がある。これを実現するには飛行時間を延ばす必要があり、とにかく軽量化が必要である。完成した TDOT（近赤外線モデル）の重量は 1.8 kg で、汎用機（例えば DJI 社の Matrice 600 Pro）に搭載した場合（**図３・３・４**）の飛行時間は概ね27分である。

　レーザー機器は可動部品を含む多くのデバイスからなり高価で、導入を考えているユーザーから

図３・３・４　汎用機に搭載して飛ばしている様子

は「きちんと動かせるか、使いこなせるか、解析は難しくないか、メンテナンスは大丈夫か」などと心配されることが多い。開発では、この不安を払拭すべくシンプルなわかりやすい設計としている。例えば、操作はスキャン開始の ON と OFF のみであり、フライトで必要となるアライメント飛行は、自動飛行で行うことができる。フライト中は手持ちのスマートフォンでデバイス群のステータスの監視（**図３・３・５**）が可能である。

図3・3・5 TDOTの操作パネルとスマートフォンのステータス表示画面

着陸後すぐに計測結果をプレビューでき、計測漏れや樹木下の地形の確認などを行うことで、現場で再計測の可否を判断できる。最終的な処理を行ううえで障壁となるのは、最適軌跡解析である。これまで専門職が高価なソフトウェアを用いていたこの作業も、データをクラウド上にアップすることで処理される。この結果をPCにダウンロードし、コースの分割や姿勢の微調整を行い、最終的な点群データ（**図3・3・6**）が出力される。

メンテナンス面では、日本国内でハードウェア・ソフトウェア開発が行われており、機器のファームウェアの更新もスマートフォンを通じて自動的に最新版となる仕組みである。

図3・3・6 プレビュー、クラウド、PPアプリの画面

〔5〕ドローン搭載型グリーンレーザー機器の概要と事例

2013年にドローン搭載型レーザー機器をリリースして以降、世界各社から種々のシステムが提供されているが、そのすべてが近赤外線レーザーによる計測装置である。近赤外レーザーは、水中や濡れた地面などが計測できないが、グリーンレーザーを使うことでそれが可能となる。グリーンレーザーは近赤外線レーザーと比較して水への吸収率が少ないので、濡れた路面や浅い水底を計測することが可能となるのだ。

グリーンレーザーを開発したきっかけは、ここ数年の台風被害、洪水・土砂災害の多発である。近赤外線を用いたドローンレーザー測量では、被災後、路面や対象地形が乾くのを待つ必要があった。2018年に開発・実装したグリーンレーザー機器：TDOT GREEN（**図3・3・7**）では、これらの課題の解決に個別に取り組み、機器の改善が進められている。

計測事例を通じ、計測に関する課題だけでなく、新しい用途が浮かびあがってきた。まずは陸と水域の同時計測である。従来、陸上はドローン搭載型に限らずさまざまな測量機器で計測され、水域では船や小型ボートで音響測深がなされているが、境界部の計測ができない。仮に

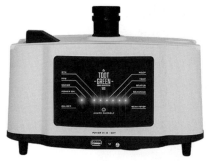

最長測定距離	≧10%　158m　　≧60%　300m over
精度	≧10%　±15mm　≧60%　±5mm
パルスレート	60,000Hz／秒
FOV（視野角）	90°（±45°）
エコー切り替え	1st&Last／4echo
スキャン速度	30走査／秒
レーザー波長	532±1nm
ビーム拡がり角	0.3mrad
レーザークラス	対地高度 <40m:クラス1　>40m:クラス3R
重量	2.8kg(本体のみ／アンテナ除く)
INS	
水平精度	±10mm
高さ精度	±20mm
姿勢精度	Yaw ±0.02°、Pitch/Roll ±0.01°

図３・３・７　TDOT GREEN の写真、仕様

浅いところに船を入れ最新のマルチビーム測深装置を使えたとしても、水深１mで取得できる幅は最大でも10m幅である。これが、TDOT GREEN では高度50mの高度から100mの幅で一気に取れる（**図３・３・8**）。しかも陸域境界を含めて計測できる。連続計測時間に至っては数百倍の効率化となる。

水中では、水面での屈折と水中での光の速度が遅くなることから補正が必要である。これは専用プログラム（Under Water Correct）により、自動的に補正（**図３・３・9**）が行われる。

代表事例として、砂浜海岸、珊瑚礁海岸

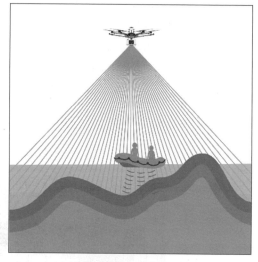

図３・３・8　浅瀬を素早く取れる大きなメリット

および河川域での計測例を紹介する。砂浜海岸では、2時期の計測から海底の砂の高まり（サンドバー）の経時変化（**図３・３・10**）が可視化され、透明度の高い珊瑚礁海域では汀線から水深10mに至る詳細な海底地形形状（**図３・３・11**）が捉えられている。さらに河川堤防、高水敷、低水路と中洲など、河川区域内の水域から陸域までの連続的かつ詳細な構造（**図３・３・12**）が確認できる。

一方、グリーンレーザーは最新機器なので、深いところまでスキャンできると勘違いされていることが多い。レーザー測量は光を使う計測なので、対象物まで光が届かないと計測はできない。前述の通り珊瑚礁海域で水深10m以上の計測実績があるが、濁った川では水深2m以

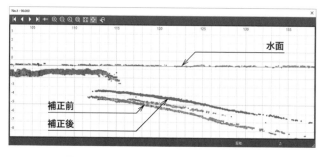

図３・３・9　水深補正前と補正後の比較図

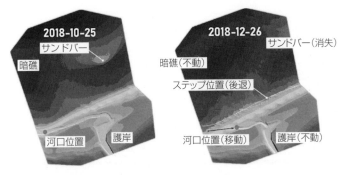

図3・3・10 海底の砂の高まり（サンドバー）の経時変化

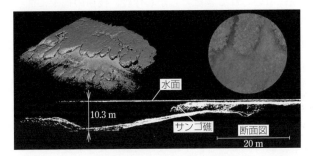

図3・3・11 珊瑚礁海域での水深10m以上の計測実績

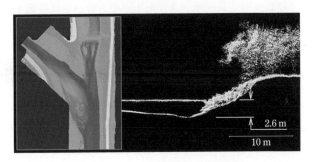

図3・3・12 河川区域内での計測例

下であっても計測できないこともある。川底が浮泥状となっている場所では計測が困難となることもある。

　測深深度の限界はドローン搭載型に限らず、有人機搭載型のグリーンレーザー（ALB：Airborne Laser Bathymetry、航空レーザー測深機）も同様の傾向にある。測深応力を上げるにはレーザーパワーを上げ、ビーム径を拡げ、レンズ径を大きくし受光感度を上げるなどの方法が考えられるが、電源容量や重量が限られる小型〜中型ドローン搭載型ではトレードオフの関係である。

　TDOT GREEN の開発コンセプトは、陸域と水域境界部を高精度に同時取得できるドローン搭載型の小型・軽量システムである。したがって、その目的と条件を踏まえた適用範囲での計測・運用が必要で、濁りの多い深い水深部分では現状は音響測深の併用も必要である。

〔6〕今後の動向

　測量用ドローンはマルチコプターが主流であるが、飛行時間が限られるため広範囲の計測には向かない。1つの方策としては、エンジンや燃料電池を搭載したハイブリッドドローンがあ

げられる。

　広範囲の計測の本命はやはり固定翼や VTOL 型となる。しかし、固定翼や VTOL 型の場合、最低飛行可能速度が時速 60 km 程度となる。そのため、ラインレート（スキャニングの走査速度）を毎秒数百ラインとすることが必須となる。また、これらの機体では目視外飛行への対応を含めた安全性の確保が必須となるが、現場に導入されていくのはそう遠くないと考えられる。

（冨井隆春）

3.3.2　測量分野におけるドローンの応用と利活用事例

　測量とは元来、土地を測ることとされており、その成果の多くは地図という形で表現することで、さまざまな用途に用いられてきた。しかし今般、技術の進歩に従って、社会が求めるよりリアルな3次元空間情報を測る技術として測量は大きく変貌を遂げ始めており、ドローンの利活用はまさにその潮流の最前線にある。ここでは、ドローンによる測量分野の技術革新とそれらを応用した新しい「測る技術」を、事例とともに紹介する。

〔1〕ドローン搭載型レーザースキャナーの精度に関する評価事例

　測量の分野では、ドローンから撮影する画像を用いた3次元形状復元、すなわち SfM（Structure from Motion）/MVS（Multi View Stereo）による点群測量の有用性が広く認識され、これまでの点の測量から面の測量へと、小地域の測量が大きく変化している。しかしながら、森林など植生のある領域では、枝葉に遮られ上空からの画像を用いた地形取得は困難であるため、木漏れ日のように地盤へ届くレーザースキャナーをドローンに搭載する点群測量が広まり始めている。

(1)　ドローン搭載型レーザースキャナーの概要

　ドローンが飛行する位置と姿勢を、衛星測位の GNSS（Global Navigation Satellite System）と慣性計測装置の IMU（Inertial Measurement Unit）を組み合わせた直接定位システムによって高精度・高頻度に取得し、レーザースキャナーが照射したレーザー光の照射角度と対象物から反射した時間から得られる距離を用いてドローンからの相対的な3次元座標を統合し、測量成果である3次元点群が生成される。直接定位システムとレーザースキャナーは、それぞれの機器が単体で市場に存在し、これらを統合した計測装置が製品化されている。ドローンに搭載する計測装置は、小型・軽量が求められるが、機器が高精度になるほど重量を増す傾向にあり、重量や飛行距離（計測範囲）と精度の両立が難しい状況にある。このような背景から軽量の汎用型レーザースキャナーと重量のある測量用レーザースキャナーなどの選択肢があり、そのレーザースキャナーの精度を勘案して直接定位システムが選ばれて製品化される。これら単体の機器仕様はメーカーによって示されるが、統合された計測装置の仕様はあまり明示されていない。そこで、ここではドローン搭載型レーザースキャナーの計測装置に由来する理論誤差を算出し、評価した事例を紹介する。

(2)　計測事例と精度評価

　ドローン搭載型レーザースキャナーから得られる計測点の分散、すなわち理論誤差は、機器構成が同一の航空レーザー測量の論文[1]を参考にして観測方程式を式（3·3·1）とし、誤差伝播を適用して導出した。なお、観測方程式の式（3·3·1）は、GNSS による位置 $[x\,y\,z]^T$、IMUによる姿勢を示す回転行列 R、ボアサイト角の行列 Ω、レーザースキャナーの取り付け差異の行列 T、レーザースキャナーの測定距離 ρ とスキャン角 θ、IMU とレーザースキャナーとの位置関係を示すレバーアーム $[a_x\,a_y\,a_z]^T$ などで構成し、計測地点の3次元座標を算出する式であ

る。

$$
\begin{bmatrix} x \\ y \\ z \end{bmatrix} = \begin{bmatrix} X \\ Y \\ Z \end{bmatrix} + R \left[(I + \Omega)\, T \begin{pmatrix} \rho \sin\theta \\ 0 \\ \rho \cos\theta \end{pmatrix} + \begin{bmatrix} a_x \\ a_y \\ a_z \end{bmatrix} \right] \tag{3・3・1}
$$

　ここでは、汎用型と測量用のレーザースキャナーを用いて評価実験を行った。実験は、約 200 m × 100 m の範囲に、精度検証に用いる対空標識を設置して実施したが、地域や計測年月など計測条件が異なる。使用した計測装置の仕様や計測条件を**表3・3・1** および **表3・3・2** に示す。表3・3・1 から姿勢（ロール、ピッチ、ヘディング）の計測精度やレーザースキャナーの測距範囲や測距精度の違いが確認できる。また、取得した点群を鳥瞰表示にして**図3・3・13** に示す。汎用型の実験ヤードは法面が隣接した宅地造成地であり、測量用の実験ヤードは樹木が繁茂する法面が近接する平坦部である。

　実験の評価は、対空標識の座標の半径 10 cm に内包される点群を用いて IDW（Inverse Distance Weighted）法によって内挿した値を高さの最確値として、参照座標と比較し、平均2乗誤差を算出した。その結果は、汎用型で ± 0.04 m 程度、測量用では対地高度 100 m と 75 m の違いがほぼ確認されず ± 0.02 m 未満を得た。

　一方、理論誤差は、各変数の分散を表3・3・1 の機器に応じた値などを用いて算出した。例えば、位置精度は実験ヤードの上空視界が良好なことから 0.02 m を採用し、スキャン角は代表値

表3・3・1　ドローン搭載型レーザースキャナーの機器仕様

直接定位システム	汎用型	測量用	レーザースキャナー	汎用型	測量用
機材名称	Applanix APX–15 UAV	Applanix AP40	機材名称	Velodyne VLP–16 Puck	RIEGL VUX–1HA
位置精度	0.02〜0.05 m	0.02〜0.05 m	照射レート	300 kHz	300〜1,000 kHz
ロール、ピッチ	0.025°	0.015°	測距範囲	100 m	235〜420 m
ヘディング	0.080°	0.020°	測距精度	± 0.030 m	± 0.005 m

表3・3・2　計測条件の概要

	汎用型	測量用
実験時期	2017 年 1 月	2018 年 5 月
対地高度	40 m	100 m、75 m
飛行速度	3 m/s	5 m/s、3 m/s
照射レート	300 kHz	500 kHz
調整点/検証点	9 点/39 点	5 点/20 点

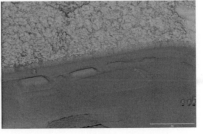

図3・3・13　建設現場の3次元点群による景況（左：汎用型、右：測量用）

として直下の 0° と 35° を用いた。スキャン角 35° は、スキャン有効角 45° で隣接コースの重複度 30% の場合に、重複部の中央に相当する。計測の対地高度に応じた理論誤差を **図 3・3・14** に示す。高さの理論誤差 σz は汎用型で 0.04 m 未満、測量用で 0.02 m 程度であった。また、汎用型および測量用の機器を問わず、スキャン角に応じて水平誤差が増大する傾向が認められる。対地高度の増加においても微小ながら誤差の増大を伴うことも確認できる。

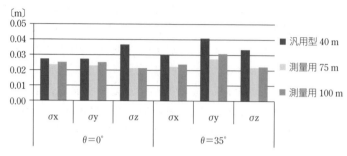

図 3・3・14　理論誤差

　実験結果による高さの平均 2 乗誤差と理論誤差は、ほぼ一致する値を示し、評価の妥当性を確認できた。ここでは水平精度に関する評価は対空標識の判読の困難さなどから実施しなかったが、理論誤差の算出によってスキャン角と誤差に関連があることが認められた。ドローン搭載型レーザースキャナーは、その機動力から斜面のオーバーハングなど複雑な地形も取得可能であるが、スキャン角が計測精度に影響を与える可能性があることを認識して運用する必要性があることが理解された。　　　　　　　　　　　　　　　　　　　　　　　　（中野一也）

【参考文献】
（1）J. Skaloud, D. Lichti：Rigorous approach to bore-sight self-calibration in airborne laser scanning, ISPRS Journal of Photogrammetry & Remote Sensing, 61, pp.47-59, 2006

〔2〕 諸施設の施工管理のためのドローンの活用

(1) ドローン活用の背景

　諸施設の施工現場では日々、進捗管理が行われ、その後の工程管理に生かされている。進捗の現状を把握し、また施主などへの報告を行ううえで、現場の状況写真は極めて重宝であり、ほとんどすべての施工現場で活用されている。

　ところが、施工現場は日々、地形・形状が変化しており、適確な状況写真を撮影するうえで、その撮影地点（撮影者の足場）や撮影方向（撮影対象の位置）によっては、撮影作業そのものが困難であったり不可能であったりすることも少なくなく、工程管理や諸報告に支障をきたすことになる。

　このような現状に対し、近年、利用用途が広がりつつあるドローンを用いることにより、低空あるいは中空から撮影対象現場を撮影することが可能となり、より効果的な画像が得られることが期待され、工事全体の管理に貢献すると考えられる。

　本項では、大都市の河川沿いかつ鉄道敷地に隣接した区域での工事に対して、その状況写真をドローンを用いて実施した事例を紹介する。この紹介を通して、状況写真撮影の障害となる事項を整理し、その対処方法についても考察する。

(2) ドローン活用の目的

　ここで取り上げる事例は、河川法面上に鉄道が敷設されて常時営業されている環境下で、その法面の耐震強化工事が鉄道近接工事として行われているものを対象とし、これの進捗状況写

真をドローンで撮影することを目的としたものである。

(3) 現場撮影の課題と対処方法

(a) 施工現場の制約条件

施工現場は、JR中央線 御茶ノ水〜水道橋間の鉄道敷地北側に位置し、神田川右岸の法面の耐震強化工事として実施されているものである（**図3・3・15**）。

鉄道近接工事としての管理が行われているほか、現場下の神田川は、都市河川として、洪水流下性能を確保する必要性から、足場などの工作物を流水空間内に設置することが許されず、法面上の空間にすべてを押し込まねばならないという、極めて厳しい制約が課せられている。

図3・3・15　現地の状況

工事の現況写真を撮る体制も制約が多く、法面対岸に細い管理用通路があるほかは十分な足場がなく、現場下は河川、現場上は鉄道施設、という立地条件においては、極めて限られた地点・アングルでの撮影しかできないという状況にある。

(b) ドローン活用の画期的な条件および制約条件

まさに、工事現場の周辺は「足の踏み場もない」状況である。それだからこそ、足の「踏み場のいらない」ドローンの活躍の場であるといえよう。今回の現場では、上述のように、河川流路中に杭1本打ってはならないという工事上の制約があったため、河川の水面上空には何の工作物もないという状況であった。したがって、河川中央部の上空はフリースペースとなっており、ドローンが自由に飛行することが可能であるという好条件があったのである。

一方、河川水面上空から、工事法面を挟んで向こう側は、鉄道敷地となっており、中央快速線、中央緩行線の複々線の営業路線であり、ラッシュ時には、通勤電車が1分30秒ごとに通過していく日本屈指の大動脈である。よもやこの空間に、ドローン1機が迷い込んで電車を止めてしまうようなことがあってはならない場所である。

(c) ドローンの安全運航のための対処方法

絶対安全な運航を確保し、かつ自由な撮影位置・アングルを得た撮影を実現するために、次のような手法を提案し、実現した。

まず依頼者の許可を得て、小舟をチャーターし、神田川を上下しつつ、船上からドローンを飛ばすこととした。飛行は通例用いられるような自動航行ではなく、船上から真上に上げるだけの完全手動とした。船上から真上に上げるだけといっても、その船自体が上下するので、工事現場に沿って自由に動くわけである。

ここは大都市の河川区域なので、都市部における電波の障害が常につきまとう。そこで操縦は、完全手動とするとともに、ドローン自体も命綱をつけて船上から制御することとした。暴走しても命綱により暴走を食い止めることが可能となったのである。上空への飛行にあたっては、撮影対象の法面が鉄道敷地よりも下にあるので、鉄道敷地よりも上には飛ばないこととし、万が一にも鉄道敷地に飛び込むことがありえない方式とした（**図3・3・16**）。

(d) 種々のアングルの写真を得るための撮影方法

上空からの撮影方法としては、鳥瞰的な画像と対面した画像の2通りが最もポピュラーとい

える。今回の業務においては、御茶ノ水から水道橋に
遡る際は、上流方を向いた「俯瞰撮影」とし、水道橋
から御茶ノ水に下る際は、法面に直面した「垂直撮
影」とした。上り時と下り時は同じ姿勢を保つことと
し、運航の安定に配慮した。

（4）業務を終えて

　安全運航への強い意志を確認しつつ、今回の業務で
は大きな事故もなく終了することができた。世の中で
はドローンの功罪がニュースになりつつある時期で、
ドローン墜落のニュースがあるたびに、本業務におけ
る安全体制への要求が強まってきた時期もあった。事
故の発生を常に予知し、それに対する対策を事前に執
り行うことにより、事故発生に至らずに済んでいる。
もう事故は起こらないだろうという慢心が芽生えた瞬

図3・3・16　飛行状況

間が、事故が発生する瞬間であることを、作業者は認識しておく必要があろう。（大山容一）

〔3〕グリーンレーザードローンの概要と計測事例

　近年の気候変動に伴い、大雨の発生頻度が増加傾向を示し、計画規模を上回る洪水が毎年の
ように発生している。洪水を安全に流下させるためのインフラ施設が河道や堤防などであり、
こうしたインフラ施設の役割は、ますます重要となっている。例えば、河川管理では、インフ
ラ施設などで災害リスクのある箇所をもれなく確実に把握し、適切に対処することが求められ
る。このために、多くの河川では、陸部だけではなく水部の地形やインフラ施設の形状を面的
に把握できる緑波長光のレーザースキャナー（グリーンレーザースキャナー）を利用した航空
レーザー測深（Airborne LiDAR Bathymetry：ALB）が利用されている。しかし、ALB は、運
航費用の高い有人航空機を用いるため、狭い範囲の計測コスト面において課題が指摘されてい
た。この課題を解決するために、機材運行費が比較的安価であるドローンにグリーンレーザー
スキャナーを搭載したグリーンレーザードローンが登場した。

　グリーンレーザードローンの計測概念を図3・3・17 に示す。この計測システムは、ドローン
からグリーンレーザー光を地上に向けて照射、計測対象物から反射し戻ってきたレーザー光の
往復時間から距離を観測し、GNSS、IMU で観測した機体の位置と姿勢の情報をあわせて解析
することで、3次元点群を生成する。さらに水部では、上空から水部に照射されたグリーン
レーザー光の一部が水面で反射し、一部が水面を透過して水中を進み、水底で反射する。水部の
レーザー計測では、空中部と水部の光波の進行が異なることによる屈折を考慮して補正を行う。

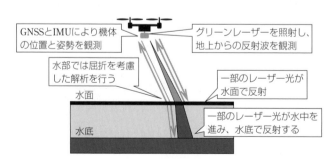

図3・3・17　グリーンレーザードローンの計測概念図

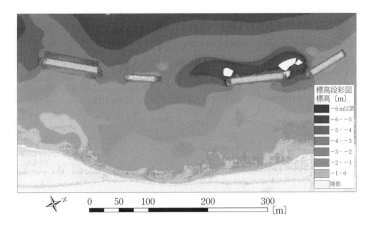

図3・3・18 海岸の標高段彩図

これらを踏まえた解析を行うことにより、陸部と水部の地形や地物の形状が連続的につながった3次元点群を作成することが可能となる。

次に、グリーンレーザードローンを用いた海岸や河川での計測事例を紹介する。この計測では、グリーンレーザードローンであるTDOT GREEN（株式会社アミューズワンセルフ社製）を用いた。この計測システムの特徴は、高密度・高精細なレーザー点群を取得できることである。計測点数3万点/秒のレーザースキャナーを、秒速数mのスピードで飛行できるドローンに搭載することで、100点/m^{2}以上の高密度な3次元点群が取得できる。

図3・3・18は、海岸と離岸堤周辺を取得した3次元点群から作成した標高段彩図である。

この計測では、これまで船を用いた音響測深で計測が難しかった水深2m以深の海底形状を取得でき、陸部から海底まで連続的につながった地形を把握できる。

図3・3・19は、離岸堤周辺を取得した3次元点群の鳥瞰表示である。高密度な3次元点群は、離岸堤を形成するブロック1つひとつの形状を再現でき、さらに離岸堤の一部が傾いている状況が把握できる。

図3・3・20は、河川の堰を取得した3次元点群の鳥観図を示す。堰本体、門柱、護床工のブロック1つひとつの形状が確認でき、さらに一部の護床工が崩れている状況を把握できる。また、地上測量で取得した河川横断測量成果と比較した結果では、陸部で平均誤差14mm、平均2乗誤差109mmを示し、水部で平均誤差52mm、平均2乗誤差166mmを示した。河道には、直径数十cm程度の石が存在した。3次元点群で表現した横断形状は、石の形状や急勾配箇所で数十mmから数百mm程度の較

図3・3・19 離岸堤を取得した3次元点群

図3・3・20 河川の堰を取得した3次元点群

差が確認されたが、おおむね河川横断測量成果と一致することが確認できた。この河川の計測では、最大水深 2.2 m までの河床形状を取得できた。こうしたグリーンレーザードローンの測深能力より深い箇所では、目的に応じて音響測深など他の計測技術を併用する必要がある。

　以上の計測事例により、グリーンレーザードローンで取得された３次元点群は、地形だけではなく、河川・海岸のインフラ施設を詳細に把握でき、維持管理や施工のための基礎情報として利用できることが確認できた。グリーンレーザードローンを利用する上での課題は、水質、水面、河床の状態により測深能力が異なることである。今後は、水の状態による測深能力の影響を把握し、事前に適用可能な範囲を把握することで、高度で効率的な維持管理や施工に寄与できると考えている。

（間野耕司）

〔4〕UAV 撮影による火口の３次元モデル作成

(1) 火口内部の撮影に有効な UAV

　活火山の火口は、噴火に遭遇する危険があることやオーバーハングなど火口内部の詳細構造の撮影が困難である。その点 UAV は、火口内部を飛行して詳細な撮影が可能で手軽さ・コスト面でも有用である。ここでは、文部科学省の次世代火山研究・人材育成総合プロジェクトの一環として、2017 年 9 月に実施した世界でも珍しい火口内部での UAV 撮影と火口の３次元モデル作成について紹介する。なお、この飛行は、事前に関係各機関の許可を得て実施したものである。

(2) 火口の３次元モデル作成からできること

　SfM–MVS という技術やソフトウェアを用いると、撮影した数百枚の画像から被写体の３次元モデルを作成することができる。噴火後、火口に溜まり始めた溶岩がいつ溢れ出すかを予測することは、迅速な避難と被害低減のうえでたいへん重要である。噴火前に火口の高精度な３次元モデルを作成しておくことで、この溶岩溢流時期の予測ができるようになる。

(3) UAV による火口の撮影方法

　撮影対象は、伊豆大島三原山（標高785 m）の山頂火口（直径約 300 m、深さ約200 m）を選択した（**図 3・3・21**）。三原山は、過去に幾度となく噴火を繰り返しており（**図 3・3・22**）、再噴火は近いと予想されているため、山頂火口内部の３次元モデル作成を実施した。

　通常の地形３次元モデル作成を行う場合、カメラを直下に向け、対象領域を縦横スキャンするように飛行し撮影するが、SfM–MVS 技術では、傾斜面や垂直面を含めた

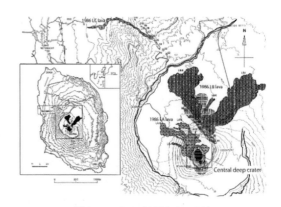

図 3・3・21　伊豆大島三原山

画像からも３次元モデルを作成することができる。火口底はカメラを直下に向けて撮影し、火口壁面はカメラを斜めに上げて UAV を回転させ自動シャッターを切っていく。次に、UAV の高度を上げて同様のことを繰り返す。これにより、オーバーハング下方を含めた火口内部をくまなく撮影することができる（**図 3・3・23**）。火口内部の UAV 撮影は初めての試みでもあったため、手動飛行と自動シャッターで撮影した。

図3・3・22　三原山の溶岩流跡

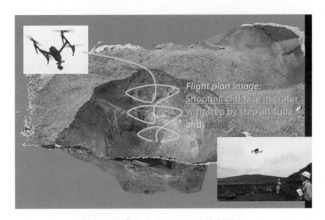

図3・3・23　UAV の火口内部飛行

（4）撮影結果からの3次元モデル作成

　完成した火口3次元モデルを**図3・3・24**に示す。画像枚数は約1,000枚であった。3次元モデルから10cmメッシュのDSMを出力し、赤色立体地図を作成した（**図3・3・25**）。この図と写真から、火口底は北部と南部に区別され、南部には1986年噴火時の溶岩湖痕跡があること、北部の溶岩湖痕跡は、現在の火口壁の崩落物で埋められていること、また、オーバーハング部は南南東の1986年7月溶岩湖壁裏側にあることがわかった。

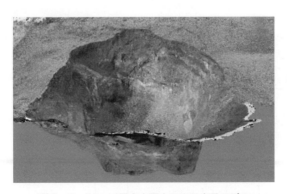

図3・3・24　三原山山頂火口の三次元モデル

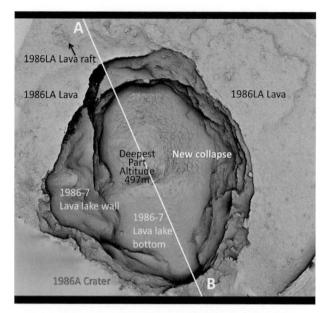

図3・3・25　モデルからの赤色立体地図

（5）三原山山頂火口の3次元モデルと利用方法

　図3・3・25中のA–B断面を無限遠から投影視した火口内壁のオルソ画像を図3・3・26に示す。火口底の最深部標高は497 m、おおむねスリバチ型で浅くなるに従い火口サイズは大きくなっている。3次元モデルから高度面積曲線を作成し、積分してH–V曲線を作成、溶岩の溢流解析を行った（図3・3・26右のグラフ）。この結果、溶岩湖面が標高685 mに達すると火口は一杯になり溢れ出すことが分かった。このときの溶岩湖容量は、1,050万 m³である。この解析結果を使用すれば、噴火した際、溶岩湖の斜め写真を撮影し、火口壁の模様と比較するだけで、おおよその体積を素早く求めることができる。これを複数時期に計測することで、体積増加の傾向を把握することができ、溶岩流出時期を予測できるようになる。このような火口を巨大なメスカップに見立てて溶岩溢流時期を予測するアプローチも、UAVの自在な飛行性能によるものである。

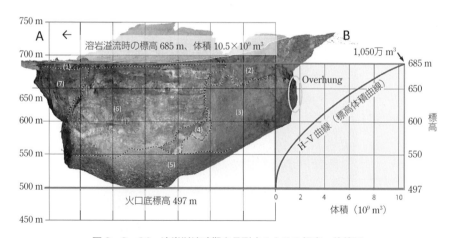

図3・3・26　溶岩溢流時期を予測するための標高・体積図

(6) 今後の取組み

そう遠くない時期に噴火が予想される火山は他にもあり、伊豆諸島では三宅島の雄山がある。今後は、雄山についても火口内部のUAV飛行と撮影を実施したい。その折は、事前の地形解析から正確な飛行経路を算出し、オートパイロットと自動撮影により、電波が届く範囲外の遠距離から離陸して火口底により迫るUAV撮影を実施し、火口計測の安全性と精細度の向上、および3次元モデルの利用促進を図る。　　　　　　　　　　　　　　　　　　　　　　　　（浦山利博）

【参考文献】

（1）　Urayama, Chiba, Mochizuki, Miura, Naruke, Sasaki, Arai, Nonaka:"UAV–Based Structure from Motion – Multi View Stereo（SfM–MVS）: Mapping Cliff Face of Central Crater of Mt. Miharayama, Izu Oshima, Central Japan", Avtar, Watanabe（eds.）, Unmanned Aerial Vehicle: Applications in Agriculture and Environment, Chapter 9, pp.119–129, Springer Nature Switzerland（2020）

3.3.3　測量用UAV–LiDARの評価と区分整備に向けて

〔1〕技術的指針の現状

国土地理院は平成30年3月「UAV搭載型レーザスキャナを用いた公共測量マニュアル（案）」（以下、マニュアル案）を発行した（令和2年3月改定）。普及が進むUAV–LiDARでの公共測量をはじめとして、それに準ずる精度が要求される業務のため、機器の評価、計画・運用、精度管理などについて示されており、これが指針となっている。

〔2〕測量用UAV–LiDARの性能評価の現状と主旨

現在、各UAV–LiDARは測距精度、計測レンジ、発射レートなど、ビジュアライゼーションクラスからサーベイクラスまでかなりの差がある。また、ソフトウェアについてもローカル、クラウド解析の違いもあり、マニュアル案で要求する性能評価項目を満たすシステムとそうでないシステムが散見される。

本項では、UAV–LiDARを評価、区分するうえで必要な主要事項について、著名なサーベイクラスのUAV–LiDARを用い、マニュアル案で求める要件を抜粋し検証、評価のうえ、それを踏まえ分野全体について考察する。

〔3〕機器仕様

(1) 性能評価に用いた機器仕様と計測諸元

表3・3・3では評価に用いた機器の仕様、ソフトウェアなどを示す。**表3・3・4**では性能評価の計測諸元、**図3・3・27**ではその計測コースを示す。**図3・3・28**は性能評価計測に用いた精度確認用の対空標識である。

(2) 性能評価に用いた機器のレーザー仕様

国際規格IEC60825–1:2014規格[*6]および、JIS規格ではレーザー機器の分類を明示、証明のうえ、必要に応じて注意喚起や指導を行うよう製造または販売者に求めている。**表3・3・5**は本項の性能評価で用いたシステムのレーザークラス証明（抜粋）である。表では、元々のレーザー光は高いクラスであるが規格で求める要件に基づき、製品自体はクラス1レーザー[*7]に分類され安全であることを示している。

[*6] レーザー製品の安全性を規定する国際規格。国際電気標準会議(以下、IEC)加盟国は同規格を国家規格として採用し日本でも同規格と整合したJIS規格が発行されている。クラスごとに構造基準が設けられ、クラスが上がれば相応に危険度も上がる。

表 3・3・3　性能評価に用いた機器仕様

使用機器	RIEGL VUX–SYS	
機　器	項　目	仕　様
GNSS アンテナ 受信機	観測間隔〔Hz〕	100
	受信周波	2 周波
IMU	測位精度〔m〕	0.02〜0.05
	速度精度〔m/s〕	0.01
	姿勢精度〔°〕	0.015
	方位精度〔°〕	0.035
	出力レート〔Hz〕	200

機　器	項　目	仕　様
レーザー 測距装置	計測精度〔m〕	±0.01
	最大計測距離〔m〕	300 （550 kHz@ 反射率 60 %）
	パルスレート〔点/秒〕	最大 550,000
	レーザー照射角〔°〕	330
	レーザ拡散角〔mrad〕※1	0.5
	マルチパルス※2	あり
UAV 機体	飛行可能時間〔分〕	12
	自動飛行機能	あり
	可能対地高度〔m〕	150

※ 1：レーザー光の広がり角。スポット径を決定する値。
※ 2：1 つのレーザーパルスから複数の反射パルスを記録できる機能。

ソフトウェア名称	処理概要	解析（local/cloud）
Applanix　POSPacUAV	INS 最適軌跡解析	local
RIEGL RiACQUIRE	スキャナー設定、制御、INS モニタリング	local
RIEGL RiPRECISION	コース間調整、解析	local
RIEGL RiMTA	マルティプルタイムアラウンド処理	local
RIEGL RiPROCESS	統合解析	local
RIEGL RiWORLD	座標変換	local

表 3・3・4　性能評価用計測の計測諸元

レーザー計測諸元		調整点※1 測量諸元	
レーザー走査角〔°〕	±45	点数〔点〕	5
測距距離/最大距離〔%〕	80	測量機	2 級 A トータルステーション
対地高度〔m〕	70	測量方法	4 級基準点測量相当
コース間重複度〔%〕	50		
コース延伸量〔m〕	外周 20 m 以上		
巡航速度〔m/s〕	3		
運航可能最大風速〔m/s〕	5 m/s 以下		
計測面積〔m²〕	6,400		

※ 1：いわゆる対空標識。標識上を測量しレーザー計測との差を計算し精度管理する。レーザー計測データの調整に使用するものを調整点という。

＊7　直接のビーム内観察（ルーペなどの器具による観察含む）を行っても問題ないクラス。主な構造要件は、①一定の強度を有する躯体（開口部を除く）によるレーザー光の漏えい防止。②躯体構造、セーフティ機能などにより作業者がレーザー光にさらされないこと。③レーザー光に作業者がさらされない位置で操作、制御できること。④故障の場合にレーザースキャンを停止するなどの機能を有すること、などがある。

調整用基準点・コース間検証箇所　配点図
作業年度：2019年度、作業機関名：金井度量衡株式会社

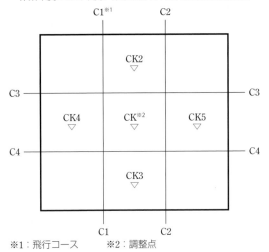

※1：飛行コース　　※2：調整点

図3・3・27　調整用基準点・コース間検証箇所　配点図

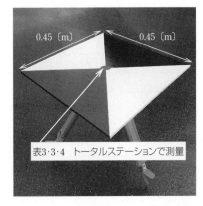

表3・3・4　トータルステーションで測量

図3・3・28　性能評価に用いる精度確認用対空標識（図3・3・27調整点）

表3・3・5　レーザークラス証明

〔4〕機器の検査

　マニュアル案では業務に使用する機器について事前に「ボアサイトキャリブレーション」（いわゆる自社点検、検査・校正）を実施し、その計測諸元と検査精度に基づき、当該作業の仕様を決めることとしている。ボアサイトキャリブレーションは、各計測機器固有の各成分の誤差を把握するとともに、測距データの精度や均一度の確認も行い、総合的にシステムの性能を評価できる。この検査は、検査自体に精度要件を設け良否判断や区分をするものではなく、そのシステムの性能を可視化するものである。したがって、当該作業の要求精度に合致するかどうかの判断材料となるため極めて重要である。

　本項の検査を例に、表3・3・3の機器を公共測量で使用する場合、「対地高度70m（表3・3・4）で検査を実施した後述〔4〕（1）～（2）の結果が、当該作業の要求精度を満たせると判断できる場合、対地高度70m以下で当該作業が可能」ということになる。仮に、当該作業の対地高度が70mを超える場合は、その高度において検査を実施し判断することとなる。

　実施の結果をマニュアル案の各精度管理帳票に基づき示す。

（1）ミスアライメント値の計算

　表3・3・6は図3・3・27で示した計測において、水平に設置された調整点（図3・3・28）の測量データを基準として、調整点上の点群データからIMU（Inertial Measurement Unit）、GNSS（Global Navigation Satellite System）、レーザースキャナーの複合的な3軸の差を把握し、それをソフトウェア解析により、どこまで誤差調整できたかを示すものであり、ハード・ソフト両面での性能検査といえる。

結果は INS の各成分の誤差に対して、高精度で調整できたことを示している。

表3・3・6　キャリブレーション記録簿（マニュアル案　様式 1-1 抜粋）

ローリングキャリブレーション※1

コース名	対地速度〔m/s〕	対地高度〔m〕	FOV〔°〕	パルスレート〔Hz〕	スキャンレート〔Hz〕	補正値〔°〕
C-1、2、3、4	4	70	90	550,000	52.7	0.0082

ピッチングキャリブレーション※2

コース名	対地速度〔m/s〕	対地高度〔m〕	FOV〔°〕	パルスレート〔Hz〕	スキャンレート〔Hz〕	補正値〔°〕
C-1、2、3、4	4	70	90	550,000	52.7	−0.1639

ヘディングキャリブレーション※3

コース名	対地速度〔m/s〕	対地高度〔m〕	FOV〔°〕	パルスレート〔Hz〕	スキャンレート〔Hz〕	補正値〔°〕
C-1、2、3、4	4	70	90	550,000	52.7	0.0316

標高値（測距）キャリブレーション※4

コース名	対地速度〔m/s〕	対地高度〔m〕	FOV〔°〕	パルスレート〔Hz〕	スキャンレート〔Hz〕	補正前の較差〔m〕	キャリブレーション後の標高値の較差〔m〕※5
C-1、2、3、4	4	70	90	550,000	52.7	0.073	0.007

※1：飛行方向を軸にしての回転角
※2：飛行方向に対して鉛直軸・水平軸の回転角
※3：鉛直軸に対しての回転角
※4：ボアサイトキャリブレーション前の調整点測量標高とレーザー計測標高の較差
※5：ボアサイトキャリブレーション後の標高較差をソフトウェアで補正した値

（2）計測点データの均一度の確認

　ここでは前述に続き調整点を用い、調整点上の点群データからデータの均一度や精度を検証する。

（a）標高の均一度の検証

　表3・3・7は、調整点上の点群データについて、あらかじめ測量した調整点中心標高との標高差を算出して、データの均一度を示すものである。結果は著しいバラツキもなく、表3・3・3の機器仕様におおむね整合していることがわかる。

（b）標高の正確度の検証

　表3・3・8は、調整点上の点群データの平均標高と、あらかじめ測量した調整点中心標高との較差を算出し、点群データの標高の正確度を示すものである。

　結果からは高精度であり、表3・3・3の機器仕様におおむね整合していることがわかる。

（c）　水平の検証

　表3・3・9は、調整点中心の点群データの水平座標とあらかじめ測量した調整点中心座標との較差を算出し、点群データの水平精度を示すものである。結果からは高精度であり、表3・3・3の機器仕様におおむね整合していることがわかる。

表3・3・7　オリジナルデータ均一度検査表（マニュアル案　様式9抜粋）

点名	CK1	CK2	CK3	CK4	CK5
点数〔点〕※1	822	1,444	976	1,114	708
平均値〔m〕※2	−0.0032	−0.0084	0.0056	−0.0135	−0.0037
最大値〔m〕※3	0.0241	0.0301	0.0433	0.0128	0.0483
最小値〔m〕※4	−0.0402	−0.0509	−0.0385	−0.0522	−0.0629
標準偏差〔m〕※5	0.0071	0.0073	0.0090	0.0080	0.0115

※1：調整点上のレーザー点群数
※2：調整点上のレーザー点群と測量座標の標高差の平均値
※3：調整点上のレーザー点群と測量座標の標高差の最大値
※4：調整点上のレーザー点群と測量座標の標高差の最小値
※5：調整点上のレーザー点群と測量座標の標高差の標準偏差

表3・3・8　調整点検証精度管理表（標高）（マニュアル案　様式10-1抜粋）

番号	点名	調整点の標高（①）〔m〕※1	オリジナルデータの平均標高（②）〔m〕※2	較差 ΔH（②−①）〔m〕
1	CK1	1.1080	1.1138	0.0058
2	CK2	1.2500	1.2556	0.0056
3	CK3	1.0440	1.0484	0.0044
4	CK4	1.1050	1.1165	0.0115
5	CK5	1.2570	1.2623	0.0053

※1：調整点中心の測量座標の標高
※2：調整点上のレーザー点群の平均標高

	データ数	平均値〔m〕	最大値〔m〕	最小値〔m〕	最大値−最小値〔m〕	標準偏差〔m〕
計測範囲全域の調整点との差	5	0.0065	0.0115	0.0044	0.0071	0.0025

表3・3・9　調整点検証精度管理表（水平位置）（マニュアル案　様式10-2抜粋）

番号	点名	調整点の水平座標※1〔m〕		オリジナルデータの水平座標※2〔m〕		調整点とオリジナルデータとの差〔m〕	
		X（①）	Y（②）	X（③）	Y（④）	ΔX（①−③）	ΔY（②−④）
1	CK1	209180.0970	49481.1240	209180.0914	49481.1232	0.0056	0.0008
2	CK2	209209.4820	49481.4450	209209.4818	49481.4391	0.0002	0.0059
3	CK3	209148.6260	49481.2530	209148.6356	49481.2528	0.0096	0.0002
4	CK4	209179.6130	49441.9230	209179.6114	49441.9285	0.0016	0.0055
5	CK5	209179.8890	49519.5270	209179.8910	49519.5215	0.0020	0.0055

※1：調整点の中心を測量した水平座標
※2：調整点の中心のレーザー点群データ座標

〔5〕機器の評価結果を踏まえた点密度の検証

　要求仕様においては、計測点の密度管理も重要事項である。マニュアル案では要求仕様により段階的にm²あたりの点密度が設定されており、表3・3・3のパルスレート〔点/秒〕、表3・3・4の対地高度〔m〕、巡航速度〔m/s〕、コース間重複度〔%〕および、表3・3・7の点数（調整点上のデータ数）が、その目安となる。なお、これらから要求する密度を満足できないと判断される場合は、実際に計測する計測諸元において、コース数やコース間重複度を増やすなどして、要求を満たすよう対応する必要がある。

（1）点密度の管理

表3・3・10は、マニュアル案第59条運用基準の数値図化地図情報レベル500で求める点密度400〔点/m²〕（マニュアル案で求める最高密度）とした場合、表3・3・3（機器仕様）、表3・3・4（計測諸元）において、どれほどの密度が得られたかを示すものである。結果は、計測面積のほとんどにおいて要求する密度に達していることを示している。図3・3・29では、密度管理のイメージを示す（表3・3・10との関係はない）。

表3・3・10　点密度検証精度管理表（マニュアル案　様式11抜粋）

全格子数[1]	点密度不足格子数[2]	不足格子率〔%〕[3]
7615	91	1.20

※1：1m²を1格子として、計測面積当たりの格子数
※2：取り決めたm²当たりの点密度が不足している格子数（計測範囲外周が不足する傾向となる）
※3：この是非については発注者協議となる

図3・3・29　点群密度概念図（1mメッシュ）

（2）検査結果の検証（参考）

図3・3・30、**図3・3・31**は、前述〔4〕機器の検査～〔5〕（1）点密度の管理で性能、精度、均一度、密度などが明らかになったシステムについて、実際の計測を想定し、表3・3・4の計測諸元で検証した結果を示すものである。対象物には、厚さ1cmの発泡スチロール板を用い、そ

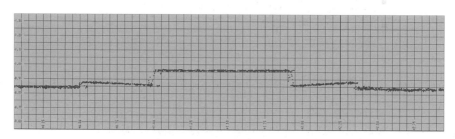

図3・3・30　微小段差 部分断面図（5cmメッシュ）

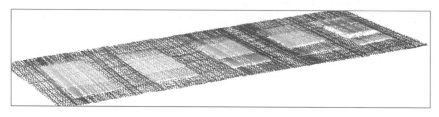

図3・3・31　微小段差 立体図

れを階段状に並べ、検査結果どおりの微細で高密度な計測結果が得られるかを確認した。結果は図3・3・30、図3・3・31のとおり、検査結果と乖離なく、微細な形状も高密度に計測されていることがわかる。

〔6〕マルチパルスの検証（参考）

〔5〕（1）のような計測密度の定めは、点群データに基づく作図の正確性を向上させる意図がある。特に、植生地における地盤データ（グラウンドデータ）抽出においては計測密度が大きく影響する。通常、植生地においては植生の表面のデータ量が多く、グラウンドデータの量は少なくなるため、必要なデータをより多く残すためには、正確に植生をフィルタリング処理する必要があり、マニュアル案第53条運用基準では、適正なフィルタリング処理を求めている。このフィルタリング処理において、より機械的な判断を可能にする機能が表3・3・3のマルチパルスである。マルチパルスに対応するシステムでは下図のようにパルスの反射順に点群データを可視化できる。こうした機能はフィルタリング処理の効率化、良否判断を求められるマニュアル案第53条運用基準のエビデンスに有用である。

図3・3・32は、表3・3・4の計測諸元による植生地での点群データについて全てのパルスを一括で表したものであり、植生地でのグラウンドデータが高密度で取得できていることがわかる。一方、図3・3・33〜図3・3・36では、そのパルスごとに点群データを分割し表しており、より機械的な判断や分析が可能であることがわかる。

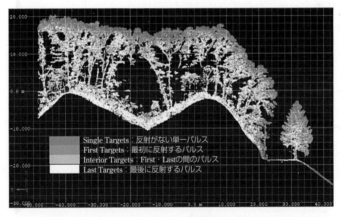

図3・3・32　全てのパルスの断面図（2mメッシュ）

図3・3・33　Single Targetsの断面図（2mメッシュ）　図3・3・34　First Targetsの断面図（2mメッシュ）

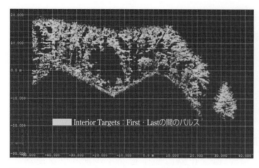
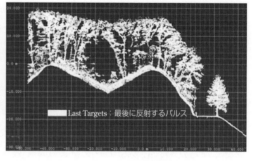

図3・3・35　Interior Targets の断面図（2 m メッシュ）　　図3・3・36　Last Targets の断面図（2 m メッシュ）

〔7〕 今後の課題と考察

　本稿の検証から、システム評価の必要性や有用性は明らかである。評価に用いたシステムは、サーベイクラスのハイエンドシステムだけあって、マニュアル案における検査項目を高精度で満足する結果が得られたが、本システムを含めた全般的な調査において、さまざまな課題、留意点が浮き彫りになってきた。

(1) 評価に必要な機器仕様書の整備

　マニュアル案において要求される機器仕様項目を目安に、各システムの公開情報、仕様を調査したが、項目、内容、単位などが共通していない。これは混乱や誤解を招く恐れがある。まずは、各機器の仕様を一律に整備する必要があるだろう。

(2) データ解析・分析の重要性

　UAV–LiDARは、計測機器、INSなどさまざまな高度な要素技術が統合されている。そのため、機器のミスアライメント、データの均一度などの把握は、要求仕様に基づく機器の評価に欠かせない事項であり、データに問題があった場合には原因の特定や必要な調整が可能になるため、解析プロセスの明確化は解析ソフトウェアに必要な機能である。しかし、解析プロセスを簡略化するトレンドの中で、各システムの能力に差があり、解析結果のトレーサビリティが困難なものも存在するため注意が必要である。

　他方、こうしたトレーサビリティによる精度管理の知見の積み上げは、学術的にも技術者育成の観点でも重要であり、後に業界にも寄与するはずであるため、利便性だけを追求し軽視してはいけない。

(3) データの機密保持

　測量は歴史的にも幕府天文方（御用測量）、陸軍参謀本部（陸地測量部）などが担当し、本来、扱うデータの機密性は高い。mm〜cm 級の国土の測量データは、ICT による運用・流通・管理が一般的になった現在だからこそ、高い機密性で保持されるべきである。例えばクラウド解析などは、情報管理のレベル、システムの冗長性など、機密性、バックアップなどに留意、注意して使用する必要がある。

(4) レーザー安全運用の訴求

　現在のマニュアル案では、業務におけるレーザー安全基準の証明の必要性や、運用における諸注意などに言及していない。本件で調査した UAV–LiDAR システムの殆どは、IEC 基準のクラス１レーザーの旨、表記している。人体への影響が少ないクラスではあるが、LiDAR の性質上、〔3〕でも述べたとおり元々の光源はハイクラスの場合が多い。そのエビデンスと、それに基づく一定の安全運用教育は必要である。マニュアル案での明記がない現状ではメーカー側の

対応が望まれる。

　本項で検証に用いたシステムはマニュアル案での検査項目を網羅し、さまざまな目的、要求精度を包含できるシステムといえるが、世界的に比肩するシステムが存在しないため非常に高額であり、UAV–LiDAR 普及のネックになっていることは事実である。一方、それを打開するべく、各メーカー、SIer などの尽力により、さまざまな仕様の廉価なシステムが普及しつつある。業界、市場経済を考慮すれば大変良い傾向ではあるが、その低廉なシステムが、必ずしもマニュアル案の要求事項を満足できないことも事実であり、採用システムの検討や業務において、混乱、誤解が散見される。これを解決するには、マニュアル案の各種評価方法、要求事項を基準として、各システムの検証、実証などを推進し、中立的な見地から区分を明確にするべきと考える。

　他方、測量作業規定および、その準則ではさまざまな測量機器の区分（例：1 級 GNSS 受信機、2 級 GNSS 受信機など）がされている。これに倣えば UAV–LiDAR においても同様の区分は可能だろう。これらは、メーカー、ベンダー、業団体など業界として取り組むべき課題であり、内容的にも困難なものではないため、早急な対応が望まれる。また、ユーザーも現状を把握し、適材適所のシステム採用を検討することが賢明である。

　こうした取組みによる社会への計測品質の担保が、業界の健全な発展の一助になるはずである。
　　　　　　　　　　　　　　　　　　　　　　　　　　　　　　　　　　　　　　（吉田雄一）

【参考文献】
（1）国土地理院：UAV 搭載型レーザスキャナを用いた公共測量マニュアル（案）、2020 年
【協力】
　一般社団法人日本測量機器工業会、中日本航空株式会社、VUX コンソーシアム、リーグルジャパン株式会社

3.3.4　建設・測量分野でのドローン活用トータルソリューション

　広い意味での建設・測量におけるドローン活用は、公共測量や工事測量での活用、災害現場やインフラ点検での活用など、広範・多様であり、これに求められる技術もまた多種多様となっている。ドローンを活用して仕事の改善を進める観点でも、運用・オペレーションからデータ管理など、仕事のやり方全体を見直して再構築することが有効とされている。ここでは、この試みの 1 つとして、国土交通省で進める i–Construction に呼応する、スマートコンストラクションについて、それを一歩進めたドローン活用、さらにはディジタルトランスフォーメーションに向けた取組みを中心に紹介する。

〔1〕スマートコンストラクション

　スマートコンストラクションでは、クラウドも活用し、施工現場を一貫して 3 次元データで扱うことで、生産性を向上させた。その入口のツールとして、ドローンは、空撮による写真測量で、短時間に面的な地形データが得られるため、現場の 3 次元化の推進力となっている。

　このドローン測量では、GCP（Ground Control Point：地上においた標定点、**図 3・3・37**）を活用し、

中央の座標を測量しておく

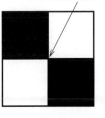

図 3・3・37　GCP の一例

その座標をあらかじめ測量して、写真に写りこんだこれら GCP の画像から位置補正を行う。

　i-Construction で作業標準が作られたことも相まって、起工・完工測量を中心に、従来のトータルステーションやGNSSローバを用いた測量と比べると効率の良く詳細な測量のできるドローン測量が一気に広まってきた（**表3・3・11**）。

表3・3・11　従来測量とドローン測量の比較

	測量にかかる時間	成果物
従来測量	数日～数週間	測点の座標（100 m 程度の間隔）
ドローン測量（GCPあり）	1日	数万点の測点からなる3次元形状

〔2〕ドローン測量の「次の課題」

　ドローン測量が一般化してきた昨今、「刻々と変化する現場の施工状況をリアルタイムに把握して進捗管理がしたい」という需要が出てきた。しかし、時間のかかる従来方式の測量はもちろん、当初のドローン測量をもってしても、GCPを配置・測量しなければならないことから、建設機械が稼働している施工中の進捗管理には不向きであった。

図3・3・38　従来方式の測量

〔3〕ドローン測量から進捗管理ツールへ

(1) SMART CONSTRUCTION Drone の特徴とそれによる課題解決

　この課題に対するコマツの回答は「簡単に使えるドローン＝進捗管理ツールをレンタル提供する」というものである。このために開発されたのが「SMART CONSTRUCTION Drone」である。

　「SMART CONSTRUCTION Drone」は、Skycatch 社が開発したGCPレスで自動航行する専用ドローン「Explore 1」と、現場で高速にデータ処理ができるEdge コンピュータ兼GNSS ベースステーション「EdgeBox」を使い、これまで丸一日かかっていた現場の3D 現況測量データ生成を数十分という高速で完了させる。生成された3D 現況データのみをクラウドに送り、施工進捗の管理を日々行うことができる。

GCPレスドローン
Explore 1

・機体重量　約3kg
・飛行時間　約15分
・画素数　2,000万画素
・撮影インターバル　1秒

Edgeコンピュータ兼
GNSSベースステーション
EdgeBOX

・高速GPU
・250GB SSD
・iPadによるHMI

図3・3・39　SMART CONSTRUCTION Drone の使用機材

　本システムは、誰でも毎日簡単・高速にドローン測量ができるようにすることによって、日々の建設現場の進捗管理に大きな進化をもたらすものである。以下にその特徴を述べる。

(a) PPK（後処理キネマティック）採用

　これにより、GCPが不要となり、ドローンによる日々の進捗管理の課題であった①GCP設置に手間がかかる、②施工が進捗している現場にGCPを設置できない、という2点が解決された。

（b）ドローン飛行の自動化

　これまでのドローン測量では必ず訓練を積んだパイロットが必要であり、特に離着陸は難しく、専任のパイロットを派遣して飛行していた。日々測量するとなると、コストがまったく見合わないため、現場に常駐する建設会社自身で飛行する。SMART CONSTRUCTION Drone では離着陸を含むドローン飛行の全工程を自動化してユーザーの操縦の負担をできるだけ軽減した。

（c）点群処理の自動化

　現場に「EdgeBox」を設置したことで、従来バラバラだった「GNSS ベースステーション」と「点群処理コンピュータ」が一体となった。PPK 補正情報の取得と点群処理が 1 か所で行われるため、まったくユーザーの手を煩わせることなく、PPK 補正のかかった正確な点群が生成される。しかも建機・構造物などの不要物除去処理・点群を扱いやすくする間引き処理も自動で行われるため、これまで煩雑な PPK・点群処理に泣かされてきたユーザーにとってはまさに「魔法の箱」ができあがったのである。

（d）測量結果反映の自動化

　ドローン測量が始まったばかりの頃、よくユーザーから聞かれたのは「ドローンで空中から写真を撮れるのはわかった。だけどそれは何に使えるの？」という声だった。正確な点群を高速に処理できたとしてもそれだけではまだ不十分である。測量結果を簡単に日々進捗（土量）に置き換えて見られるようにしなければ、なかなか日々の管理にはつながらない。**図 3・3・40** は SMART CONSTRUCTION Drone の処理イメージである。

図 3・3・40　SMART CONSTRUCTION Drone の処理イメージ

　これまで説明してきたドローン測量によって正確・高速に生成された点群は、次にコマツが提供するクラウドサービスへと自動で転送され、施工管理アプリ上へと展開される。このようにすることで、もちろん現場のサイズにもよるが最短 20 分で 3 次元データ化、その日の進捗管理のデータ作成が完了するのである。これらのサービスをレンタル提供することで、ユーザーにリーズナブルな価格で使用することができる。

〔4〕現場での使われ方

（1）SMART CONSTRUCTION Drone の具体的な運用イメージ

　以下は SMART CONSTRUCTION Drone の具体的な現場での利用イメージである。コマツは、従来より GPS を搭載し、建機の刃先位置を検出・自動制御できる ICT 建機を開発しており、その刃先情報をリアルタイムに施工管理に反映することには、すでに成功している。

　ただし、実際のユーザーの現場には、他社の建機もあれば ICT 機器が搭載されていない標準建機もあり、さらには作業者の掘削した部分もありうる。これらのすべてを反映しなければ正確な進捗管理はできない。SMART CONSTRUCTION Drone であれば、例えば 1 日に 1 度、ドローンを飛行させることによって、点群処理も含め、数十分でその測量成果を現場全体の進捗管理に反映させることができる。

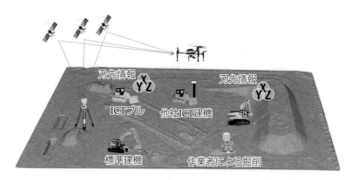

図3・3・41　SMART CONSTRUCTION Drone の運用イメージ

(2)　ディジタルトランスフォーメーションの時代

　日々の進捗管理が3D データで簡単・高速にできることによって、現場の切土・盛土の範囲や進捗を具体的にイメージすることができ、さらにそれぞれの土量を確認することによって、正確な数値で進捗が把握できる。

　SMART CONSTRUCTION Drone で現場を可視化することによって、これまでより速くPDCA を回すことができるが、これはあくまで「現場をディジタル化するためのツール」である。

　ディジタルテクノロジーの進化に伴い、単なるディジタル化ではなく、それによって既存の価値や枠組みを根底から覆すような革新的イノベーションをディジタルトランスフォーメーション（DX）という言葉で表し、またそのような事例が多く見られるようになってきている。少々ドローンの議論とは離れるが、SMART CONSTRUCTION Drone で使われている Edge Box をさらに進化させることがディジタルトランスフォーメーションにつながると考えている。この新しい Edge Box を Smart Construction Edge と呼ぶ。

　Smart Construction Edge には大きく分けて2つの機能がある。

（a）ドローン測量ベースとしてのさらなる進化

①　さらなる高速 SfM（点群生成）

　再度 SfM プロセスを見直し、徹底的に効率化することにより、これまでの Edge Box に比べ、2倍の高速化に成功した。

②　専用ドローン以外への対応

　これまで Explore 1 のみの対応であったが、新たに DJI 社製 Phantom4 RTK にも対応。すでに当該機を所持している場合には、Smart Construction Edge を用意するだけでドローン測量が可能になる。

③　GCP への対応

　GCP なしで進捗管理のための地形計測ができることが SMART CONSTRUCTION Drone のメリットであったが、さらに利用シーンを拡げるため、GCP を用いたドローン測量にも対応した。

図3・3・42　DJI 社製 Phantom4 RTK と SMART CONSTRUCTION Edge

（b）固定局としての RTK 補正情報配信

　これまでの EdgeBox は、毎日測量を行ったとしても、1 日十数分のみ（ドローン測量飛行時のみ）機能する機材であった。Edge Box の利用シーンをさらに拡げるため、固定局としての RTK 補正情報配信機能も持たせることとした。この補正情報配信機能には

　・既存の固定局と同じ独自無線による配信

　・インターネット（Ntrip サーバ）経由での配信

の 2 通りを用意して、さまざまな現場、利用シーンに対応した。

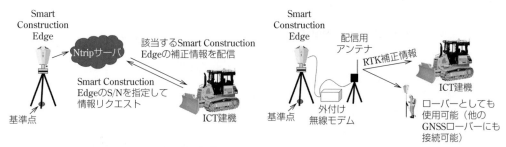

　　（a）既存の固定局と同じ独自無線による配信　　　　　（b）インターネット（Ntrip サーバ）経由での配信

図 3・3・43　固定局としての RTK 補正情報配信機能

　これまで紹介してきた通り、ドローンはあくまでツールの 1 つであって、さまざまな形でのドローン測量は施工現場のディジタル化のプロセスに過ぎない。少しでも多く現場で生まれる需要を捉え、利用できるシーンを増やし、ディジタルトランスフォーメーションにつなげていくことがもっとも重要と思われる。　　　　　　　　　　　　　　　　　　　　（升川聡）

【参考文献】
（1）コマツカスタマーサポート株式会社：EverydayDrone 提案資料
（2）升川聡："建設現場の日々進捗を管理するコマツ EverydayDrone"、ロボコンマガジン、2019 年 3 月号、pp24–25

3.3.5　上空気象観測におけるドローンの可能性

　測量分野における「ドローン利活用」は、すでにさまざまな手法が運用されているが、計測分野でも「ドローン利活用」の取組みは進んでいる。特に大気中の任意の高度・緯度・経度において、手動または自動飛行するドローンで気象観測することは、従来できなかった観測方法であり、人類へ新たに貢献できる可能性を秘めている。その新たな可能性を秘める理想の気象観測ドローンとは、「誰でも安全簡単に同じ観測精度の気象データを得られること」と考える。この目的を達成するために開発した機体を紹介する。

〔1〕気象観測

（1）気象観測の概要

　一般的な気象観測とは、地球上の大気要素を地点ごとに数値化する観測である（地上気象観測）。我々が普段、生活の中で特に気にかけている気象要素は、温度・湿度・降水量・風速・風向などだろう。それらは天気予報という形で日々更新され、簡単に得られる情報の 1 つとなっている。「アメダスという言葉を知っているだろうか？」多くの人は「知っている」と答える。では「アメダスとはどういう装置なのかを知っているだろうか？」と聞いたとき、どれだけの人が回答できるかは疑問である。アメダスとは、気象庁管轄の地上における地域気象観測所で、

降水量・温度・湿度・風向・風速・日照時間・積雪深などを観測している（観測所ごとに観測
要素数は異なる）（**図3・3・44**）。

　また、天気予報のニュースで、「上空1500 mにマイナス20℃の寒気が入り込み、冷え込み
が増す」などと聞いたことはないだろうか？　アメダスは地上気象を数値化しているが、上空
域においても気象観測は有り、それを「高層気象観測」という。高層気象観測は、ゴム気球に
気象観測用センサー（ラジオゾンデ・GPSゾンデなど）を吊るし、世界各地で同一時刻（日本
時間9時と21時）に放球し、気象データを収集している（**図3・3・45**）。

図3・3・44　地上気象観測　　　　　　　　図3・3・45　放球の様子

　これらの地上や上空の気象データが気象予報に利活用されて、われわれの生活水準は向上し
てきたのである。

(2)　ドローン採用の意義

　高層気象観測（日本国内で16観測所と南極昭和基地）では、ゴム気球が上空約30 kmまで
観測し、その後、気球は割れて、パラシュートによって落下速度を低減させながら降下してく
るが、その多くは海洋に落ちる。そのため、装置（ゴム気球・発泡剤・電池・センサーなど）
の回収が困難な状況である。人類の生活水準を向上または維持させる気象データ取得のために、
回収不能のごみを日々発生させている現状を打破できる可能性が将来の気象観測ドローンにあ
ると考えている。しかし、現時点では高度30 kmまで上昇し、観測所へ帰還できるドローンは
存在しない。今後、さらなる機体およびセンサーの機能向上を願うところである。

　直近での気象観測ドローンの意義は、比較的低い高度での気象観測である。例えば、「風力
発電計画時の事前調査や事後検証」「ロケット打上前の調査」「逆転層の観測」「人が立ち入れ
ない空間での大気調査」「環境アセスメント」などである。従来ならば、ゴム気球を用いたゾン
デによる観測や、高度200 m程度までならば、地上から非接触式で可搬性に優れたドップラー
LiDARやドップラーソーダーなどでの風向風速観測は可能であったが、付帯設備を含めた資器
材が高価であった。ドローンを利活用することで従来資器材費よりもコストを抑えて観測でき
る場面が増えると考える。また、環境アセスメント分野においては、定点観測に限らず、災害
時など重要な場面で発生地点および周辺の上空気象観測を求められる場面がある。

〔2〕上空気象観測ドローン

　ドローンが上空における気象観測の新たな可能性を引き出すためには、現在の気象観測方法のメリットとデメリットを十分理解し、知識に基づいた正しい観測方法を有せねばならない。気象センサーをどのように選定し、かつ、正しく観測するために実施してきた検証内容を紹介する。

(1) 気象センサーの選定

　2012年10月にオートパイロット機能を含め国産として開発されたドローンの発表をきっかけに、地上気象センサーと組み合わせ、かつ、国産に拘った上空気象観測ドローン開発ができると考えた。また、観測要素は一般的にどの場面でも有用とされる気象要素「風向・風速・温度・湿度・気圧」の5要素とした。なお降水量も気象データでは重要な要素の1つではあるが、当時のドローンは雨天時に飛行できなかったため、選定していない。上記を踏まえ、気象センサーに求めた仕様は下記のとおりである。

【要求仕様】軽量、省電力、高精度、センサー応答性、信号入出力の簡易さ

　国内外数社のセンサーをピックアップしたなかで、要求仕様の最上位センサー（VAISALA社（フィンランド）製）に決定した。また、気象センサーの制御部には、GPSセンサー、電子コンパス、メモリーカードおよびデータ伝送装置を組み込み、気象観測ドローンを開発した（**図3・3・46**）。

図3・3・46　気象観測ドローン（2015年）

(2) 採用機体の変遷

　当初から採用していた国産ドローンは、株式会社自律制御システム研究所製で、以下のように変遷した。

① MS–06LA（2014年〜2016年）

② ACSL–PF1（2016年〜2019年）※2018年まで①利用

③ ACSL–PF2（2019年〜現在）※①は廃止。②継続利用中

　2012年末〜2013年は、気象センサーの選定や搭載方法など、検討や開発に年月を費やした。

(3) 風向風速計の精度検証

　ドローンに風向風速計を搭載することについては、プロペラ風の影響を受ける可能性が高い事から搭載位置の検討を重ねた（**表3・3・12**）。

表3・3・12　風向風速センサー搭載位置のメリットとデメリット

搭載位置	メリット	デメリット	判定
機体下側	重量バランス	プロペラ風の影響大	×
機体上側	プロペラ風の影響小	重量バランス	○

　最終的に重量バランスを見つつ、機体上側の可能な限り高い位置に取り付けた。また、搭載時のセンサー精度を検証するために以下の実験を実施した。

【精度検証1：プロペラ風の影響検証】

条件① ドローンを地上3mの架台に固定

条件② 約2.5m水平に離れたところに大型扇風機を固定

条件③ 大型扇風機の風速は一定（約3〜3.5m/s）

条件④　ドローンは5段階のスロットル開度で風速値を観測

　　　　　1）回転なし　2）アイドリング　3）開度25%　4）開度50%　5）開度75%

＜結果＞すべての風速値の差は、±1m/s以内であった。

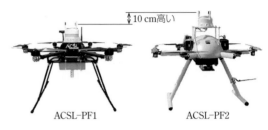

図3・3・47　PF1（左）とPF2(右)の風向風速計位置の違い

　この結果は、リファレンスとして想定していた高層気象観測のゾンデ風速精度である±1m/s以内と同等である。なお、ACSL–PF2においては風向風速センサー高さをACSL–PF1よりも10cm上げることが可能となり、より観測精度は安定傾向になった（図3・3・47）。

　次にホバリング時と上昇時の風向風速値について差がないか、ホバリングさせた気象観測ドローンをリファレンスとし、上昇する気象観測ドローンと同一高度地点での風速比較の実験を実施した。

【精度検証2：ホバリングと上昇時の風速値比較】[1]

　条件①：2機をA機、B機とし、A機は高度50mでホバリングを続け、B機は高度25m〜75mを10往復、高度50m地点での上昇時風速値を比較

　条件②：両機の水平距離は安全を考慮し、15m程度離す

　条件③：B機の上昇速度は2m/sと3m/sでそれぞれ実施

　＜結果＞A機がB機よりも風速値が高い傾向だったが、風速差は±1m/s以内に収まっていた（図3・3・48）。

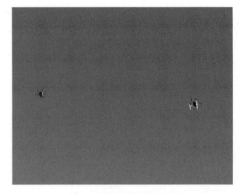

図3・3・48　2機体同時飛行による比較観測

　現行の気象観測ドローンにおいて、機体飛行速度制限内（上昇速度3m/s以下）であれば、ホバリングまたは上昇時の風向風速値は良好な精度で観測ができる。

（4）温度計の精度検証

　気象観測ドローンで最も観測精度を向上し、安定させるために苦労したのは温度観測であった。理由は機体からの熱放出と日射（直射）の影響である。日射については想定していたため、開発当時の温度観測位置は直射を避けて機体下側に配置した（図3・3・49）。

　しかし、リファレンスと考えていたゾンデの温度データよりも常に高めの傾向で観測された（ゾンデはセンサー感部が剥き出しであるが、日射に対して補正をかけている）。そこで下記の精度検証を実施した。

【精度検証1：多点観測による機体熱源の検証】

　①　機体の12か所に温度センサーを取付け（うち1か所は機体内部）

　②　屋内施設において15分間のホバリング（日射影響なし）

　③　屋外施設において15分間のホバリング（晴天時）

　なお、飛行時は赤外線カメラでも撮影し、温度変化の兆しを確認した（図3・3・50〜図3・3・

52）。

<結果>最低温度を観測する箇所が、熱の影響を受けにくい最良の測定ポイントとして考えていたが、屋内と屋外（晴天時）のホバリングでは、異なる箇所の温度センサーが最低温度を観測した（屋内：CH4、屋外：CH12）（**図3・3・53**）。

【精度検証2：上昇時の多点観測検証】

条件①：10か所温度センサーを取付け（CH5とCH9は不要と判断）

条件②：上昇速度を1 m/s、2 m/s、3 m/sと変えて温度変化の比較

条件③：データ数を同数にするため、1 m/sは高度125 m、2 m/sは高度250 m、3 m/sは高度375 mまで上昇する。

<結果>1か所のセンサーが常に最低温度を記録した（CH3）（**図3・3・54**）。

上記2種類の精度検証で最低気温を記録したセンサー位置は以下の通り。

・屋内ホバリング　CH4　…　機体上側

・屋外ホバリング　CH12　…　機体下側

・上昇飛行　　　　CH3　…　機体上側

CH3とCH4は1枚のプレートを隔てて直近に位置していた。CH12は機体下側で最も機体中心から離れていた。これらの検証を元に、ベストな取付位置と取付方法を決定した（非公開）。また、他メーカーの機体でも赤外線カメラで熱源の調査をしたところ、機体ごとに熱源の影響度合いが異なるのがわかったため、ドローンを利用した温度観測については、温度センサーの取付位置に留意することをお勧めする。例えば、なんとなく温度が上がった、下がった程度の観測で問題なければ、センサー取付位置はあまり気にしなくてもよいが、ある程度の精度を保って温度観測をしたい場合は、機体ごとに最適な取付位置を精査する必要がある。

図3・3・49　機体下のセンサー収納ボックス

図3・3・50　温度センサー12か所の取付状況

図3・3・51　屋内飛行（赤外線カメラで撮影）

図3・3・52　屋外飛行

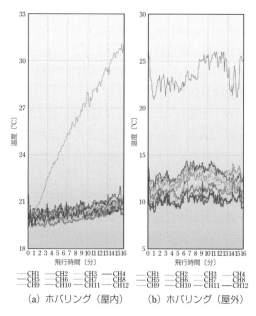

（a）ホバリング（屋内）　　（b）ホバリング（屋外）

図 3・3・53　多点観測結果（ホバリング時）

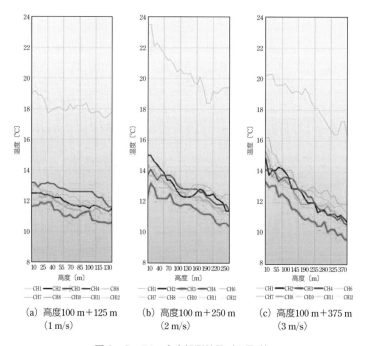

（a）高度 100 m＋125 m　　（b）高度 100 m＋250 m　　（c）高度 100 m＋375 m
　　（1 m/s）　　　　　　　　（2 m/s）　　　　　　　　（3 m/s）

図 3・3・54　多点観測結果（上昇時）

（5）湿度計と気圧計の選定について

　湿度計と気圧計は開発当初から大きな問題になるような傾向はみられなかった。そのため、精度検証は実施せず現在に至る。しかし、機体性能向上に伴い、湿度計については見直しを余儀なくされた。現在採用している ACSL–PF2 は、防水防塵性が向上したため、雲中や雨中での飛行が可能になった（**図 3・3・55**）。採用している湿度計は静電容量式のため、水滴に触れると乾くまで観測ができなくなることから観測可能なセンサーに変更した（非公開）。

(6) セーフティ機能について

気象観測ドローンで最も多い飛行方法は、鉛直方向への飛行である。高度1,000 mまでの飛行検証は済んでいる。基本的には自律飛行による鉛直飛行となるが、上空の大気状況は地上と大きく異なる場合があり、機体性能が向上したとはいえ、何らかのセーフティ機能を有することは必須と考え以下の機能を追加した。

図3・3・55　雲上風景

- ・セーフティ機能1　安全着陸エリア計算ソフト（Slacs）の開発
- ・セーフティ機能2　自動帰還機能

Slacs（Safety Landing Area Caluculation Software）とは、飛行前の離陸地点周辺の風向風速と目標高度等を入力することで、目標高度までの風速傾向および墜落時のエリアを計算上の目安として表現するソフトウェアである。飛行前に確認することで飛行リスクを低減できる。

自動帰還機能とは、飛行中の風速値に安全帰還のための上限値を設定することで飛行途中でも閾値を超えた場合は、自動帰還（ゴーホーム）する機能である。例えば、瞬間風速値で15 m/sを設定したり、平均風速値（10データ）で10 m/sを設定したりすることで、どちらかの閾値を超えた場合は自動帰還する。この機能は経験上、自律飛行とはいえ高高度飛行中に高い風速値がモニタリングされた場合、操縦者が判断に迷っている間に起こる飛行リスクを機械的に低減させる重要で有効なセーフティ機能である（図3・3・56）。

〔3〕産業用ドローンと計測分野

気象観測ドローンの気象センサーに関しては、十分利活用できるものになった。今後求められる観測は、他気象および計測センサーの追加による大気環境計測である。機体と計測センサー群はマッチングが非常によく、機体性能の向上に伴い、完全自動化による高高度・広範囲における効率の良い計測が、さらに可能となると確信している。「誰でも安全簡単に同じ観測精度の気象（計測）データを得られること」を念頭に、今後も産業発展に貢献していきたい。

（設樂　丘）

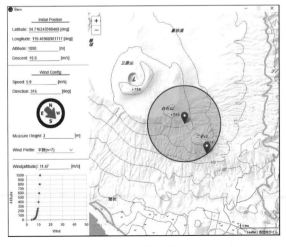

図3・3・56　Slacs

【参考文献】
（1）福池晃、池上匡、永島右光、設樂丘、河合徹："ドローンを活用した上層気象調査及び大気汚染調査の検証"、環境と測定技術、2020年4月号

3.4 設備・インフラ点検分野における利活用最前線

3.4.1　設備・インフラ点検分野におけるドローン利活用

〔1〕設備・インフラ点検市場の特徴と市場規模

　ドローンの利活用として、最も期待されている1つの分野が、設備・インフラ点検である。2060年までに労働人口が1/3減少すると推計されているわが国においては、社会インフラの持続的な管理のために減少する労働人口を、科学技術において補填する、または生産性を改善し少人数でも管理ができるようにすることが喫緊の課題である。ドローンは、この背景においては、既存業務の無人化（＝人力の補填）、ならびに効率化（＝少人数でも管理可）の両方を実現する潜在性を秘めている技術である。さらに、ドローンが既存業務を代替していくことで、高所作業などの危険リスクを回避することが期待される。

　ドローンによる設備・インフラ点検が普及すると期待されるのにはもう1つの側面がある。それは、アセットオーナーの背景である。社会インフラを保有しているアセットオーナーは、事業の特性上、大規模な設備投資を先行し運用時の利益にて回収をしていくモデルとなる。そのような事業モデルにおいては、一度資産化したアセットは償却するのみであり、OPEXの合理化が利益獲得に寄与する大きなレバーとなり、コスト削減可能な技術は積極的に採用しやす

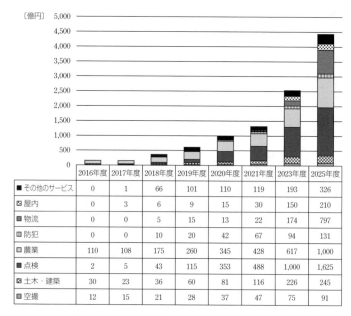

〔億円〕

	2016年度	2017年度	2018年度	2019年度	2020年度	2021年度	2023年度	2025年度
■ その他のサービス	0	1	66	101	110	119	193	326
▨ 屋内	0	3	6	9	15	30	150	210
▦ 物流	0	0	5	15	13	22	174	797
▥ 防犯	0	0	10	20	42	67	94	131
▤ 農業	110	108	175	260	345	428	617	1,000
■ 点検	2	5	43	115	353	488	1,000	1,625
▨ 土木・建築	30	23	36	60	81	116	226	245
▦ 空撮	12	15	21	28	37	47	75	91

図3・4・1　サービス市場の分野別市場規模[1]

い。また、アセットオーナーの観点では、自社敷地内で完結し、運用時のリスク（人が間違えて立ち入ってしまうなど）をコントロールしやすい。結果、技術的に安全かつ効果的であれば、採用しやすい環境が整っている。

その結果、インプレス総合研究所が発行している「ドローンビジネス調査報告書2020」におけるドローン市場の推計においては、設備・インフラ点検分野のドローン市場は2019年度に115億円、2025年度に1,625億円とされており、成長可能性が表現されているといえよう。本編では、これまで取扱いが少なかった、今後成長性が期待される設備・インフラの点検事例を3つピックアップする。

〔2〕閉鎖環境の設備・インフラ点検

閉鎖環境においては、ドローンを活用した設備・インフラ点検は技術的に難しいとされてきた。これはドローンが自身を持ち上げるためのプロペラ回転によって生じる揚力が、閉鎖環境においては乱流となり飛行が安定しないという点である。さらに、閉鎖環境の場合、GPSなどの位置データを使用することができないため、ドローンが容易に一定の位置を維持することができないためである。一方で、下水道や道路雨水管、プラント配管や水力発電の導水管など、管状の閉鎖環境は数多く存在し、かつ、点検が困難な環境であるため、市場の潜在性は極めて大きい。

関西電力株式会社、株式会社環境テクノス、ならびに株式会社NJSは、水力発電施設の導水管を対象とした閉鎖環境下におけるインフラ点検に取り組んでいる。関西電力は全国152か所の水力発電所を管理しているが、多くの設備は険しい山奥に設置されており、これらの点検は危険を伴い、かつ高コストとなっている。そこで、2018年に関西電力はNJSとともに、水力発電所の水圧鉄管内部を調査する専用ドローンを共同開発した。このドローンは、ホバークラフトのように少し浮きながら飛行し、上流の入り口から降下しながら飛行することで、管内を調査することが可能である。これまで、足場を作って点検していた作業をドローンが代替し、リスク低減とコスト削減に寄与している。

図3・4・2 関西電力とNJSで共同開発されたドローン

図3・4・3 導水管の内観画像

〔3〕屋内設備・インフラ点検、パトロール

閉鎖環境に類似して、プラントや発電所、重厚長大産業の工場などにはタンク、メーター、

クレーンなど屋内設備が多く点検需要も大きい。これらは通常の建屋よりも大空間に位置されており、高所作業や繰返しパトロールが必要とされるケースが多く、無人化の需要も大きい。一方で、このような屋内設備には金属構造物が多いため、磁場が発生しドローン飛行に用いるセンサー類に悪影響を及ぼしたり、GPS位置座標が入らないなど、ドローンが自動飛行（＝完全無人化）することは困難であった。

このような課題に対して、東北電力と日本ユニシスは、「火力発電所における設備パトロール業務を、ロボットやAI技術などにより自動化させるシステム」の開発検討の一環として、ドローン

図3・4・4　秋田火力発電所においてドローンが屋内を飛んでいる様子[2]

などによるパトロール業務の効率化と設備異常の早期発見に取り組んでいる。東北電力の秋田火力発電所においては、実証実験が実施されており、ドローンの飛行性能確認とドローン搭載カメラで取得した画像の解析を行っている。画像解析には、日本ユニシスの空間認識プラットフォーム「BRaVS（ブラーブス）」を活用している。BRaVSは、AIのディープラーニングによる物体認識や物体検出、異常検知、異常動作検知、画像作成などの機能を提供するプラットフォームである。東北電力では、火力発電所における各機器の正常な状態を学習したうえで、異常を検出するアプローチで設備パトロールの自動化を目指している。

〔4〕プラントの設備・インフラ点検

前項で記載したとおり、プラントは先行投資が大規模かつ高所のものが多く、運用コスト削減が重要な課題となっている。さらに、危険設備も多く、天災などが生じた際のリスクも大きい。プラント内は消防法や労働安全衛生法など複数の法律が関与しており、ドローンの利活用が期待されるものの、取組みが難しい分野でもあった。このような背景の中、経済産業省・総務省消防庁・厚生労働省は、「石油コンビナート等災害防止3省連絡会議」を通して、プラント内でのドローンの安全な運用方法とドローン利活用の検討を行い、プラント保安力の向上に取り組んでいる。2019年3月には、初めて「プラントにおけるドローンの安全な運用方法に関するガイドライン」と先行事例を盛り込んだ「活用事例集」を取りまとめた。また、2020年3月には、さらなる実証実験を通して、ガイドラインと活用事例集の改訂と、「目視検査の代替可能性に関する考察」を取りまとめた。

2020年3月の取りまとめにおいては、設備内部でのドローン利活用や、ドローンが目視検査を代替する可能性の検証を出光興産株式会社およびブルーイノベーション株式会社が実施している。その結果、ドローンが設備の近傍を飛行し適切な照度を確保しながら撮影することで、鮮明な画像データを取得することができ、目視検査のうちスクリーニングには十分に代替しうることを明らかにしている。さらに、設備内部を飛行する際の通信遮断といった特有のリスクに対しても、必要な機能確保・対策を講じることで、屋内でも安全に飛行できると結論付けている。

これまで記述してきたとおり、設備・インフラ点検分野は、数年前から検討されてきた橋梁やダム、鉄塔、電線などの分野から進展し、さらに飛行難易度の高い環境での需要が台頭し始めている。多くは閉所環境や屋内環境下において、GPS位置座標が入らない、磁場によりコン

実証対象となるタンク　　　　危険物タンクの点検孔に入る様子　　　設備内点検の様子

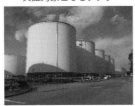  

提供：出光興産株式会社　　　使用機体：ブルーイノベーション（Flyability社「ELIOS2」）

図3・4・5　出光興産とブルーイノベーションの実証実験の様子[3]

パスエラーが生じるなど、従来のドローンでは飛行することが困難であった。しかし、ここ数年間において、ドローン技術が著しく発展してきたため、新たなユースケースが発掘されてきたといえる。

　国土交通省によると、国土交通省所管分野における社会資本の将来の維持管理・更新費の推計として、2018年度5.2兆円と推計されている。これらが現状、大部分が人力による点検に頼っていることを鑑みると、ドローンの設備・インフラ点検の需要はこれからも成長し続けることが期待できる。今日においてドローン利活用が創造されていないユースケースが、ドローン技術の著しい発展に伴い台頭することであろう。　　　　　　　　　　　　　（鷲谷聡之）

【参考文献】
（1）インプレス総合研究所：「ドローンビジネス調査報告書2020」
（2）https://cu.unisys.co.jp/hairpin/akita_drone/
（3）総務省消防庁、厚生労働省、経済産業省："令和元年度 プラント保安分野におけるドローン活用に向けた取組"、石油コンビナート等災害防止3省連絡会議（2020年）

3.4.2　非GPS環境対応型ドローンなどによる社会インフラ点検

〔1〕「道路橋定期点検要領」の改定

　国土交通省は5年に一度の橋梁定期点検が2巡目の開始を2019年4月に迎えるにあたり、「道路橋定期点検要領」（技術的助言）の改定版を公表した。「5年に一度の点検」や「近接目視を基本」は変わらず、従来の近接目視に補完・代替すると技術者（発注者または受注者）が判断した場合新技術の活用で効率な点検ができることとなった。2016年より進めてきた「次世代社会インフラ用ロボット開発・導入」を静岡県浜名大橋で施策をスタートし5年間さまざまな現場検証（静岡県R1号線蒲原高架橋、茨木県那珂市R349号幸久橋、山梨県R52号波木井高架橋など）を行いその実績から12技術を「点検支援技術性能カタログ（案）」で掲載し、同時に「新技術利用ガイドライン（案）」も公表し新しい点検支援技術の採用を促してきた。

〔2〕「点検支援技術性能カタログ（案）」

　2019年2月に国土交通省は2016年から取組んだ「次世代社会インフラ用ロボット開発・導入」の評価として7技術（橋梁点検）を「点検支援技術性能カタログ（案）」として公表した。従来の橋梁点検車をコンパクトにした点検車や、ポールを使用した沓座などの点検技術などが3技術、残りの4技術がドローンを使った近接目視点検支援技術である。

　「点検支援技術性能カタログ（案）」のドローンによる近接目視点検支援技術には技術名、開発者、共同開発者、技術概要、概要図、技術の特徴、適用条件、平成29年度試行結果、などが掲載されている。平成29年度の試行では、機体の安定性（ホバリング時での上下、左右、前

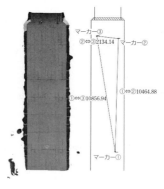

図 3・4・6　山梨県波木井高架橋およびオルソ画像

後）や定点撮影画像の精度（定点間の長さ、位置 x）の現場での計測を山梨県 R52 号波木井高架橋で検証し、環境照度（トンネル内での撮影、日向での撮影、日陰での撮影、日向日影混在での撮影）に応じた 24 色パレットの色差精度の判明度や、模擬ひび割れ（モルタル製板を割裂し作成した疑似ひび割れ）0.05 mm～1.0 mm のドローン搭載カメラの撮影画像から解析した疑似損傷部の計測精度（ひび割れ幅）、検出精度の計測を静岡県富士市の施工技術総合研究所で行われその結果が掲載されている。

　表 3・4・1 では風速 2 m/s での橋梁近接距離 3 m でのホバリング時での安定性を計測、また表 3・4・1 はドローン搭載カメラによる画像を連結しオルソ処理を行い橋梁に添付してあるマーカー位置の判定と 3 点のマーカー間の距離および精度を計測した。

　表 3・4・1 のオルソ画像は非 GPS 環境型ドローン（ビジュアル SLAM）が橋脚から約 3 m の離隔を保持しながら上下に飛行し搭載した高性能カメラの連続画像をオルソ画像として編集しマーカー間の位置や距離、角度を計測したデータである。

　図 3・4・7、**図 3・4・8** は施工技術総合研究所内の試験トンネル内およびトンネルの外に 24 色パレット版と模擬ひび割れ版を設置し、実際にドローンを飛行させ搭載したカメラで撮影を行っている状況だ。**図 3・4・7** では模擬ひび割れ版にあえて日向と日影となるような条件を設定して撮影を行った。**図 3・4・9** はモルタル版（約 100 mm×100 mm）を割裂し模擬ひび割れを作成した模擬損傷版である。模擬ひび割れ版に赤いラインで明記しているのは画像から損傷部を判明し、ひび割れ位置およびひび割れ幅を写真内に明示してある。これらのように検証試験で取得されたデータは**表 3・4・2** に掲載されている。

〔3〕「新技術利用のガイドライン（案）」

　2019 年 2 月に「道路橋定期点検要領」の改定とともに「点検支援技術性能カタログ（案）」と「新技術利用のガイドライン（案）」も共に公表された。このガイドラインの目的は「本ガイドラインは、業務委託などにより定期点検を実施する際に点検支援技術を活用する場合において、発注者及び受注者双方が使用する技術について確認するプロセスや、受注者から協議する「点検支援技術使用計画書」を発注者が承諾する際の確認すべき留意点を参考として示したものである」（新技術利用のガイドライン（案）第 1 章総則　1-1 ガイドラインの目的より）とあり、新技術を発注者及び受注者が採用する場合の正にガイドラインである。

　図 3・4・10 では、発注者側が事前に対象となる橋梁点検などに関して新技術の活用範囲や目的を明確にして業務委託を行う。受注者側では「点検支援技術性能カタログ（案）」の中から発注業務に応じて活用できると思われる技術を選択し、発注者側と協議し承諾された時点で採用

表3・4・1　国土交通省「点検支援技術カタログ（案）」P105 抜粋（平成 31 年 2 月時点）[1]

技術名	構造物点検ロボットシステム「SPIDER」	非 GPS 環境対応型ドローンを用いた近接目視点検支援技術
開発者	ルーチェサーチ(株)	三信建材工業(株)
共同開発者	(株)建設技術研究所	(株)自律制御システム研究所
NETIS 番号	—	
技術概要	本システムは、まず小型無人ヘリに搭載したデジタルカメラで、構造物表面を静止画を撮影する。作業は機体操縦者、機体からの送信されてくる画像データを確認する撮影者、安全管理者の 3 名で実施する。次に、取得画像を用いて、構造物全体での損傷箇所の位置を明確にするため合成画像を作成する。この合成画像から損傷を抽出、判定し、損傷図や点検調書作成の支援をする。 　高画質画像取得のためには、安定した飛行とともに、対物距離を一定に保つことが重要であり、機能充実のために距離センサーの導入を進めている。	非 GPS 環境対応型ドローンを用い、搭載したカメラにて構造物を撮影・解析を行う近接目視点検技術。 　ドローンは GPS 衛星に頼らない自己位置推定機能と衝突回避機能を備えており、橋脚付近や桁下環境においても、飛行経路に従って離隔距離を維持しながら自動飛行を行うことが可能である。 　撮影画像は解析ソフトウェアを用いて写真上で異常個所をトレースすることにより規模を測定し、図面と合成することで異常個所の位置特定を行う。
概略図	小型無人ヘリ　カメラ　バッテリー 	非GPS環境(※)における自動飛行が可能 （※）橋脚付近、桁・床板下等 ①壁面ルートプランの作成 カメラ搭載マウント ②壁面の凹凸等を認識し、離隔を維持しながら自動飛行
技術の特徴　必要な機器・装置等	小型無人ヘリ、デジタルカメラ、バッテリー、通信装置、モニター装置、画像合成ソフト	ドローン本体、デジタルカメラ、離発着用マット、バッテリー、映像伝送装置、モニター装置、パソコン、画像合成ソフト
技術の特徴　必要な能力・資格等	・航空局への飛行申請に際して登録した操縦士が従事、1 週間の講習	・航空局への飛行申請に際して登録した操縦士が従事、1 週間の講習 ・操縦者は、SLAM や基地局ソフトウェアの使用方法等の説明を受けること（実施含め 1 日を想定） ・映像伝送に 5.7 GHz 帯の無線を使用する場合は、第三級陸上特殊無線技士の資格と、開局手続きが必要

技術名	マルチコプターによる近接撮影と異状箇所の 2 次元計測	マルチコプターを利用した橋梁点検システム（マルコ™）
開発者	夢想科学(株)	川田テクノロジーズ(株)
共同開発者	(株)ニチギ　　(株)plus-b	大日本コンサルタント(株)
NETIS 番号	—	
技術概要	一眼レフカメラを機体上部に搭載した UAV（ドローン）にて、橋梁の損傷部位を撮影する。損傷部位の抽出は、高密度で処理されたオルソ画像より行い、損傷部位の抽出は、高密度で処理されたオルソ画像より行い、3D モデル化することで全体像のイメージを提供し、特徴（損傷）部位画像等を 3D モデルの中に埋め込むことで、管理のしやすさを提供する。 　なお、現在非 GPS 下での操縦を支援する機能を備えた新型機体を製作中で、さらに、膨大な画像データを自動整理、処理するシステムも開発中である。	本システムは、マルチコプターを用いた画像取得装置である。画像取得にあたっては、カメラ（機体）と対象の離隔が自動一定制御され、また、高度速度制御機能による操縦支援のもと、飛行（移動）しながら動画を取得する。 　現在も引き続き、運用性をはじめとした性能の向上を目的として開発を行なっている。 　開発技術としては、0.05〜0.1 mm から検出可能だが、本実証にあたっては、検出限界ひびわれ幅 0.2 mm 程度に設定した飛行を実施。
概略図	 型式：QUAD725　オリジナルフレーム （18インチ4発ローター）	 マルコ™
技術の特徴　必要な機器・装置等	ドローン本体、デジタルカメラ、画像処理能力の高い PC（CPU：i7 以上、メモリ：32 GB 以上、GPU 搭載）、画像合成ソフト	高精細画像取得用マルチコプターセット（機体本体、操縦装置、デジタルカメラ、現場画像確認用 PC or タブレット、バッテリおよび充電器、離発着台など）、安全ロープ、静止画切出しおよび並べ重ね合わせ支援ソフト
技術の特徴　必要な能力・資格等	・航空局への飛行申請に際して登録した操縦士が従事、1 週間の講習 ・機体操縦パイロット：非 GPS 環境下でマニュアルで近接撮影操縦が可能なレベルを要する。（未経験の場合、最低でも7日間は必要と思われる）	・航空局への飛行申請に際して登録した操縦士が従事。経験者において、3 日間程度の講習（飛行許可申請に必要な飛行時間を除く）

図3・4・7　日向・日影での撮影

図3・4・8　トンネル内にて撮影

図3・4・9　模擬ひび割れ

表3・4・2　「性能カタログ（案）【橋梁等（画像計測技術）】（文献（1）p.8〜p.14 抜粋編集）[1]

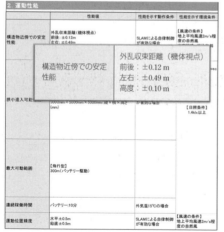

構造物近傍での安定性能
外乱収束距離（機体視点）
前後：±0.12 m
左右：±0.49 m
高度：±0.10 m

最小ひびわれ幅・計測精度
最小ひびわれ幅0.05 mm※1　計測精度0.029
最小ひびわれ幅0.1 mm※1　計測精度0.003
最小ひびわれ幅0.05 mm※2　計測精度0.029

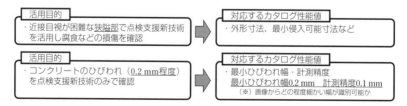

活用目的
・近接目視が困難な狭隘部で点検支援新技術を活用し腐食などの損傷を確認

対応するカタログ性能値
・外形寸法、最小侵入可能寸法など

活用目的
・コンクリートのひびわれ（0.2 mm程度）を点検支援新技術のみで確認

対応するカタログ性能値
・最小ひびわれ幅・計測精度
　最小ひびわれ幅0.2 mm　計測精度0.1 mm
　（※）画像からどの程度細かい幅が識別可能か

図3・4・10　点検支援技術活用の流れ

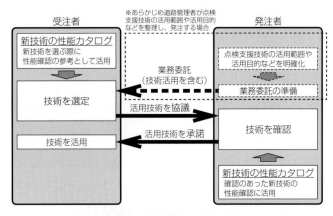

図3・4・11 点検支援新技術の選定理由のイメージ

ができる。

また、ガイドラインには「点検支援技術のカタログ項目」で示される標準項目に基づきその性能値が当該技術の開発者から明示された技術を採用することが望ましいが、NETIS テーマ設定型等公募で仕様確認が行われ性能カタログに記載された技術や、性能カタログに記載のない技術についても標準項目の性能値が目的に適合すれば活用することもできると明記されている。

〔4〕道路橋梁定期点検要領の改定説明会が全国で開催

国土交通省は「新技術性能カタログ（案）」に掲載されている技術を全国の「道路メンテナンス会議」の主催する勉強会を通して全国で点検要領の改訂ポイント及び新技術の紹介と選択手順を現場でのデモを含めて今年度から開始された。三信建材工業株式会社は、7月京都府道路メンテナンス会議主催の説明会にて「非 GPS 環境対応型ドローンを用いた近接目視点検支援技術」の説明と桂川「久世橋」に置いてデモフライトを行った。京都府内の各市町村道路維持課の担当者など点検に使用するドローンに感心を集めた。

図3・4・12 は、令和元年 8 月に愛知県道路メンテナンス会議の講習会で開催されたドローンによる点検のデモフライトと点検要領の説明の状況である。講習の内容は「溝橋の定期点検・点検支援技術活用」である。出席者は国土交通省中部地方整備局、愛知県、県内 29 市町村、（公財）愛知県都市整備協会、コンサルタントなど 63 名が参加した（現場：国道 23 号線有松避溢橋高架下）。

図3・4・12 愛知道路メンテナンス会議

〔5〕各地方整備局において新技術の採用がはじまる

「点検支援技術性能カタログ」の各地方の道路メンテナンス会議による講習会が続く中ですでに「新技術利用のガイドライン」を活用し三信建材工業でドローンによる近接目視点検を行ってきた事例を紹介する。

図3・4・13、図3・4・14 は東北地方整備局管内において「点検支援技術のカタログ」に従って発注された橋梁での近接目視点検の代替え技術として「非 GPS 環境対応型ドローンを用いた近接目視点検支援技術」が採用された現場である。橋脚の高さは約 40 m で上部 10 m 付近ま

では橋梁点検車で検査を行い、地上よりおよそ30mまでの橋脚4面の近接目視点検ドローンにて実施した。

図3・4・15の現場は、国交省が進めている「点検支援技術（画像計測技術）を用いた3次元成果品納入マニュアル」【橋梁編】（案）に対応したドローンによる近接撮影状況である。本マニュアルの成果品としては、点検写真、メタデータ、損傷部の抽出方法を示したドキュメント、損傷形状モデル、ビューアである。現在、本マニュアルの要求事項を満たす国内での画像計測技術は少なく、三信建材工業では株式会社日立システムズ社の協力を得て納品をした。図3・4・16の画像は、ドローンによる撮影画像を3次元に合成したビューア画像の一例である。

〔6〕 さまざまな施設でドローンによる点検が本格化

三信建材工業では、2014年より非GPS環境対応型ドローンによる建築構造物やパイプライン設備、各種プラント設備、橋梁、ダム、法面などの点検を実証検証として施設の各管理者や設計、コンサルタントと進めてきたが2018年後半より本格的ドローンによる点検を業務として請負う事が増えてきた。

(1) 化学プラント

図3・4・17は化学プラントにあるフレアースタックの近接撮影写真である。撮影には（PF-1）GPS制御機を使用した。このフレア

図3・4・13　ハイピアーの近接目視点検（秋田県）

図3・4・14　ハイピアー上部での近接撮影

図3・4・15　次元成果品納入マニュアルでの撮影（徳島県）

図3・4・16　「ドローン運用統合管理センター」（株式会社日立システムズ）

ースタックは高さ約100 m、稼働中のため上部約20 mの飛行は避け、約80 mの高さまでの撮影を行った。撮影は高性能カメラ（α6000）と動画撮影。点検の目的は、作業員が定期的に上部まで上がり点検を行うことの危険性と仮設を設置しなく効率よく現状を把握することである。離隔距離は約15 mとしインターバル撮影を行った。

図3・4・17　フレアースタック（化学プラント）

(2) 環境クリーンセンター

図3・4・18は、某市のクリーンセンターの煙突の近接撮影状況と使用したドローン（Visual SLAM）である。煙突の高さは60 m、稼働中のため上部近辺はドローンに搭載したカメラに望遠レンズを取付け上向きにして撮影を行った。煙突下部は非GPS環境となるため非GPS対応機（Visual SLAM）で、上部はGPSサポートによる制御で近接撮影を行った。この施設はすでに煙突外壁の改修工事が決まっており、改修設計を行うための外壁の劣化状況を把握したい要望があった。よって本点検でのミッションは、漏水が伴うと考えられるひび割れ幅0.2 mm以上の損傷部を捉えることであり、無事ミッションを果たすことができた。

図3・4・18　クリーンセンター煙突

(2) ガスホルダー

図3・4・19は、ガス会社のガスホルダーの塗装の状況、ホルダー溶接部分の確認、上部の状況などを確認するためにドローン（GPS制御）による近接撮影を行った。

点検対象のガスホルダーは稼働していない状態であり、防爆の必要がないためドローンによる点検作業を行うことができた。ホルダーの塗装は経年劣化によるチョーキング現象が発生しており点検通路の手すり溶接部には各所に発錆している劣化状況が確認できた。ホルダー自体の溶接状況や上部の発錆状況は良好であった。

（3）法面の点検

　図 **3・4・20** は法面をドローン（GPS 制御）による撮影画像から、オルソ画像として形成し法面表面の損傷部（ひび割れ）状況を画像解析したデータである。法面の表面は凹凸であり、裏面からの漏水によるコケの付着や汚れ、植物などが発生し画像連結と損傷部解析ができるか心配されたが比較的綺麗なオルソ画像を形成することができた。ただ、法面の表面は凹凸（3 次元的）でありオルソ画像から 2 次元的に損傷部（ひび割れ）を解析してもその長さは 2 次元的であり凹凸部を考慮したひび割れの長さまでは抽出できなかった。

（4）屋内点検

　図 **3・4・21** は PF1–Mini（Visual SLAM）の改良型を使っての非 GPS 環境である屋内での自動航行試験を行った写真である。某研修所跡地を使い研究所施設の平面図を

図 3・4・19　ガスホルダーの点検

図 3・4・20　法面の点検

基地局ソフトウェア「PF Station」自動航行プランに取り込み平面図に飛行するルートと飛行方向を変更するウェイトポイントを設定しその間の飛行速度と高度を入力することでルートに従って自動で航行ができる。今回の試験では PF Station 上のルートと実際のルートを比較したが、その誤差は 30 cm 前後であり実用化レベルと確認した。

図 3・4・21　屋内点検（PF1–Visual SLAM）

〔7〕今後の展望

　三信建材工業は、2014 年より非 GPS 環境での点検技術の確立としてレーザーSLAM や Visual SLAM の機能を有した産業用ドローンを活用してきた。2015〜2016 年のドローンブームと汎用性の高い海外製ドローンの普及によりドローンを使った構造物点検撮影や維持管理ができないかと施設管理者や行政などあらゆる分野で検討がされてきた。ドローンという可能性を秘めた

ロボットに期待するのは使用者側にも同様であり、ドローンならさまざまな調査点検ができると営業する事業者もある。各産業での「点検」をキーワードとした OUT PUT（成品）は異なっている。例えば建築関係の精密点検（調査）では、漏水を伴うひび割れ幅 0.2 mm 以上確認できる精度の写真や土木関係（橋梁）では最低 0.1 mm の精度を要求されている。撮影精度の要求を満たすためのドローンに搭載するカメラも高精度のカメラが必要となる。

　三信建材工業は、ドローンはカメラで設置する「雲台」であると考えている。撮影精度を要求されれば当然安定した飛行で綺麗な写真を撮影することが必要となる。そして非 GPS 環境での操縦者の技に頼らないドローンの安定飛行が必要となる。他方、比較的精度を求めない現状確認を目的とするような成果品であれば動画撮影から確認することも可能でありホビー用のドローンでも十分かと思われる。顧客の要求事項を満たす精度に応じたドローンを活用することで、より効率よく、より安価に、より安全に点検することが可能となり、正に「適材、適所」といえるだろう。

　社会インフラの老朽化は待ったなしの状態である。この膨大な社会資本の維持のためには熟練工に代わるロボットの技術で、より効率的な点検や的確なメンテナンス対処が必要となる。ドローン（ロボット）×AI 技術などが今後ますます盛んになるだろう。　　　　　　（石田敦則）

【参考文献】
　（1）国土交通省：点検支援技術カタログ（案）（平成 31 年 2 月時点）

3.4.3　自動飛行する UAV を用いた橋梁への近接撮影と点検画像の技術

　2019 年の点検要領改訂を受けて、ロボットを用いた橋梁点検が採用されつつある。特に大型橋では、IT 技術と連動したロボット点検の採用により、点検費用の大幅な削減が見込めるのに加えて、i-Construction における 3D データの一元管理化と維持管理への有効活用、通行止めの回避/時間短縮など付帯効果が多いため、期待値が大きい。本項では、大型橋点検の最前線と実用化の課題を述べる。

〔1〕なぜ UAV での大型橋点検が難しいのか

　大型橋の例として、SIP インフラ（Strategic Innovation Program、インフラ維持管理・更新・マネジメント技術）の実証現場となった鳥取県江島大橋（**図 3・4・22**）と岐阜県各務原大橋（**図 3・4・23**）を示す。江島大橋は 1 径間が 250 m、各務原大橋は約 60 m×10 径間であり、大型点検車両でも点検困難な部位がある。これらを UAV で近接撮影するためには、パイロットか

PC5径間連続有ヒンジラーメン箱桁橋
中央支間長：250 m　高さ44.7 m
PCラーメン橋として日本一、世界3位
の大きさ

図 3・4・22　江島大橋

10径間連続桁フィンバック　594 m

図 3・4・23　各務原大橋

ら100 mを超える遠距離で、橋梁まわりの乱気流の中、GPSが遮断されるもしくはマルチパスの影響を受ける橋直下などで、設定された航路を設定された速度で近接飛行して、被写体との距離を一定に保ち、オーバーラップとサイドラップを確保して撮り逃すことなく撮影することが求められる。直径1.5 mほどの機体は、パイロットから70 m離れると、機体の方向や構造物との距離の把握が困難となり、パイロットにとっては非目視飛行と同じ状況となる。さらに橋脚が多い点検飛行では、機体を橋脚の向こう側に行けるようにすることが、点検の効率化につながり、そのためには文字どおりの非目視近接飛行を可能にすることが必要になる。

〔2〕大型橋点検へのチャレンジ

　撮影用カメラを搭載するUAVシステム（**図3・4・24**）は、下記特徴を有している[1]。

　・風に対して十分なパワーとレスポンスを有する可変ピッチプロペラを用いた揚力制御
　・GPSが使いづらい場所でもGPS精度以上の自己位置認識・航路修正を行うトータルステーション（以下TS）連携による航路トレース制御

　これに、以下①、②の準備を行って、大型橋点検にチャレンジした。

① 飛行・撮影アシストシステムのレベルアップ

　・自動飛行用航路設計：橋脚、主桁下面、主桁側面、床版、地覆など多様な構成面からなる大型橋を網羅撮影するため、自動飛行航路の生成ソフトを準備した（**図3・4・25**）。
　・TS連携による航路トレース制御：UAVに取り付けた全方位プリズムをTSが追尾できる距離の拡大と、TSで求めた自己位置のUAVへの伝送距離の拡大を行った。機体が自己位置フィードバックによりあらかじめ決められた航路と速度を維持する間、パイロットは操縦を行わず、この制御が破綻したときの手動操縦に備えて機体状態やテレメトリー情報を注視する。
　・機体情報テレメトリー：機体の位置、方位・傾き、バッテリー残量などを、基地局で飛行・撮影チームが共有し、異常時にはアラームを発して、監督の指令下で緊急対応する体制を支援するテレメトリーシステムの、FPV（First Person View）とデータ表示系を改良した。
　・カメラシステム遠隔操作：カメラと被写体の位置関係に応じたシャッターON/OFFやジンバル（カメラ方向、傾き制御機構）によるカメラ向きの遠隔操作を改良した。

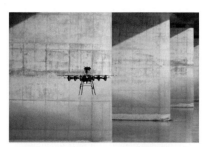

名称と型式	XDC02、可変ピッチ型18インチ翼×6のマルチコプター
大きさ、重さ	1,500×1,500×520 mm、9.0 kg
ペイロード×飛行時間	2.0 kg×15分 （搭載物：カメラ・レンズ＋ジンバル＋送受信器＋外界センサ）
航路制御	TSレーザー追尾＆GNSS＆対物センサーを用いた自己位置フィードバック方式による、位置と移動速度の制御
耐風性能	±0.3 m（*x*, *y*, *z*）＠最大風速10 m/s(TS追尾式位置制御時)

図3・4・24　橋梁点検用UAVシステム

図3・4・25 飛行航路の計画（橋下飛行）

② 撮影チームのレベルアップ
- ・チーム訓練とフィードバックによる改善：遠距離撮影に備えて、監督、UAVパイロット、カメラオペレーターで構成される撮影チームの訓練を行った。飛行・撮影および着陸後のデータ処理などの通常時オペレーションの安全性と効率を現場チームと開発チームで意見交換しながら向上していき、加えて異常時対応が実際の現場でできるよう、監督の判断・指示のもとで行動し、緊急操作することを体得した。
- ・撮影漏れ確認：チーム訓練で開発チームにフィードバックされた要求の1つに、撮影もれの有無を現場で確認可能にすることがあった。シャッターと同期してTSからの機体位置を記録し、被写体に対して撮影範囲を示す確認ツールが開発された。このツールは、解析に不要な写真の除去にも有効であった。

〔3〕撮影（外業）の概要
　高架橋（図3・4・26）の点検を紹介する。デンソーはP1橋脚4面とP1–P2間の主桁下面、主桁側面、張出床版下面、地覆を担当した。撮影チームが位置する離発着地点から機体までの最長距離は90 m、最大仰角は60°であった。0.2 mm幅以上のひび割れを写すこと、損傷位置の同定精度は±10 cmとすることを目標とし、写真のピクセル分解能を0.4 mm/ピクセルとし、目的に応じて分解能を変えながら撮影を行った。

　また、橋梁全体を俯瞰しながら損傷図や調書の作成を行うために、点検写真を合成した橋梁の3次元データ化も目的とした。そこで、点検用にオーバーラップ率60 %、サイドラップ50 %で被写体に対して±10°以内の正対近接撮影と、3D結合用に2面以上が入る射角撮影を行った。橋上を通行止めとしない代わりに機体がドライバーから視認できない位置を飛ばすことを発注者と合意しており、規定高度より機体が上昇しないようジオフェンス（あらかじめ設定された基地局からの距離・高度に至ると自動降下する仕組み）を設定した飛行プログラムを組み、地覆撮影時は路面より下方からあおり撮影を行った。なお、非目視域（橋脚の向こう側）については、自動飛行がTS連携システムであること、および非目視操縦時の安全確保が十分できなかったため、見送りとした。

　部位の撮影終了時に、実際の航路トレース精度と撮り漏れ有無を確認しながら、飛行撮影を進めた。航路フィードバックに用いるTSによる機体位置のトレース精度は、±10 mm以内であり、正確な確認が可能だった（図3・4・27〜図3・4・30）。

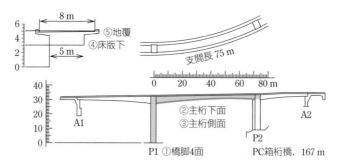

図3・4・26　淵見大橋と点検部位（淵見大橋点検：PRISM（官民研究開発投資拡大プログラム）
の予算を活用し、橋梁は鳥取県が提供して、2019年12月に実施された）

図3・4・27　主桁下面へのアプローチ

図3・4・28　主桁下面撮影（P2近傍）

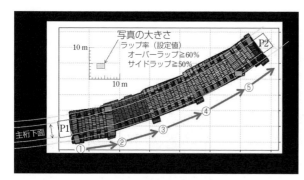

図3・4・29　主桁下面撮影後の撮り漏れチェック

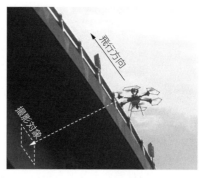

図3・4・30　主桁側面撮影

〔4〕解析（内業）の概要

　撮影範囲（P1 橋脚＋P1-P2 上部工の下面と側面）の写真 9,000 枚を、Structure from Motion（SfM）技術を用いて 3 次元化し（**図 3・4・31**）、オルソ化した。そして、ディスプレイ上でバーチャル点検を行った。本項では、オルソ画像でのバーチャル点検の可否検討内容を紹介する。

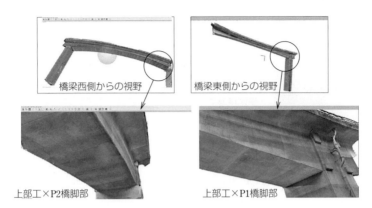

図 3・4・31　3 次元化された橋梁

（1）方法

① 0.2 mm 以上のひび割れが見えるか？

　P1 橋脚に貼られた 10 種のクラックシートに描かれたさまざまなひび割れを、オルソ画像から正しく抽出できるか検証した。

② 2 点間距離が ±10 cm 以内であるか？

　P1 橋脚に貼られた 5 点の位置標定点の座標をオルソ画像から求め、2 点間のピクセル数×ピクセル分解能から距離を計算し、レーザー計測結果と比較した。この検証では、撮影時の位置情報を付与した写真による高精度合成を実施した。一方、標定点補正は行っていない。

（2）結果

　分解能 0.4 mm/ピクセルの写真を合成したオルソ画像で、0.2 mm のひび割れ撮影は可能だった。位置精度も ±10 cm を満足した。（**図 3・4・32**、**図 3・4・33**）

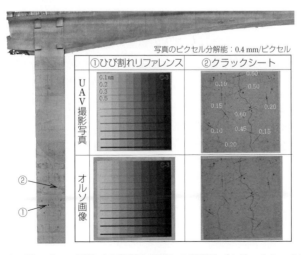

図 3・4・32　オルソ画像での微細ひび割れの視認性（クラックシート使用）

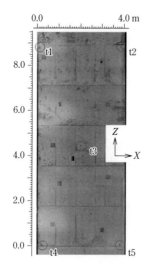

評定点		座標〔cm〕		距離〔cm〕		
		レーザー計測値	UAV写真での測定値	区間	レーザー計測値	UAV写真での測定値
t1	x	−9.6	−14.8 (+5.2)	t4−t1	887.3	887.1 (−0.2)
	y	0.4	0			
	z	887.2	887.0 (−0.2)			
t2	x	364.2	361.0 (−3.2)	t4−t2	958.4	955.3 (−3.1)
	y	0.4	0			
	z	886.5	881.2 (−5.3)			
t3	x	178.3	178.2 (−0.1)	t4−t3	479.2	476.6 (−2.6)
	y	0.4	0			
	z	444.8	442.1 (−2.7)			
t4		(0, 0, 0)	基準			
t5	x	357.2	359.2 (+2.0)	t4−t5	357.4	359.2 (+1.6)
	y	0.1	0			
	z	2.9	1.3 (−1.6)			
レーザー計測との差			−5.3〜+5.2	レーザー計測との差		−3.1〜+1.6

図 3・4・33　位置精度・寸法精度の検証

　追加検討として行ったピクセル分解能を変えて同一箇所を撮影した結果を示す。0.2 mm/ピクセルの写真では、0.2 mm 以下の微細ひび割れが鮮明に撮影できており、詳細解析に使えると判断した（**図 3・4・34**）。

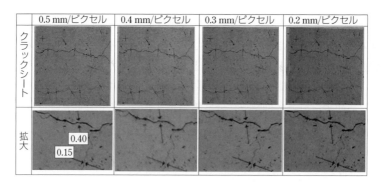

図 3・4・34　ピクセル分解能を変えた時の微細ひび割れの見え方

〔5〕残された課題

・自動飛行可能範囲の拡大：基地局と機体の距離の延長、非目視域への拡大。

・通信やセンサーのロバスト性向上：さまざまなノイズの影響除去/軽減。

・解析支援ツールの充実：開発している 3 次元表示および 2 次元変換の UI や、損傷解析支援用 AI を、現場で使いながらレベルアップを図っていく。

　以上の対策を進めて、点検可能な橋梁種や部位を増加していく。そして、橋梁以外でも、気流の乱れや非 GPS など厳しい環境でニーズのある調査点検に用途を拡大していきたい。

（加藤直也）

【参考文献】

（1）野波健蔵編著：ドローン産業応用のすべて、オーム社、2018 年

3.4.4　橋梁点検におけるドローン活用

〔1〕橋梁点検におけるドローン活用の概要

　公共構造物の維持管理などにおいてドローンを用いた点検が始まっており、その中でも橋梁でドローンが活用されている。橋梁点検では、0.2 mm 程度の微細なクラックが確認できる画像が必要であり、ドローン活用が進む一方で課題も多い。ドローン空撮ばかりが注目されがちであるが、撮影した画像をいかに点検や診断に活用できるかということが大きなポイントとなる。ドローン空撮が目的ではなく、その画像を用いて点検および診断を実施することが目的ということを忘れてはいけない。具体的には**図3・4・35**に示すとおり、空撮、データ加工、診断支援、データ管理を実施することにより初めて点検分野でドローンが活用できたといえる。橋梁点検技術者が減少している中で、ドローン、3次元モデル、AI などを活用し、直感的かつ正確に点検、診断できることが重要である。

　まずはじめに、データ加工、診断支援、データ管理について概要を述べる。データ加工は重なるように撮影した複数枚の画像から3次元モデルなどを作成すること（Structure from Motion（略称：SfM））である。測量や CAD ソフトで利用する点群データや3次元メッシュデータの作成や、詳細かつ広範囲が1枚の大きな画像で表示できるオルソモザイク画像（撮影範囲全体を真上から見た傾きのない、正確な位置と大きさで表現可能な画像）の作成が多く行われている。

　診断支援は AI（人工知能）や画像分析を用いて、画像に写っている損傷個所をシステムが自動的に抽出することである。ドローンやロボットの技術進歩により高所など人手の撮影が困難な箇所でも安全・安心かつ容易に撮影することが可能となったが、撮影枚数が多くなり画像からの診断作業に多くの工数を要するようになった。この課題を解決するための技術として活用されている。

　データ管理は、ドローンで撮影した画像、3次元モデル、劣化診断結果などを管理、共有できるシステムである。ドローンの活用により、多くの情報が容易に入手可能となったが、その情報の管理が煩雑になっていた。この課題を解決するために、多くの情報を一元管理できるクラウドサービスがリリースされ、普及し始めている。

〔2〕橋梁点検画像の撮影

　橋梁点検の中で特に橋脚でドローンが活用されている。既存方法である高所作業車が届かな

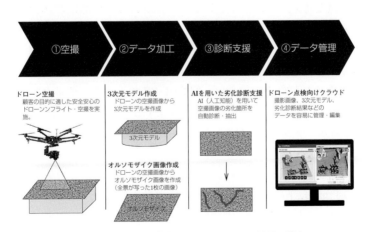

図3・4・35　点検分野におけるドローン活用の流れ

い高橋脚などは、空中を自由に飛行、撮影できるドローンの優位性がある。ドローンを活用した橋脚点検のポイントは、GPS が受信できない環境での撮影と 0.2 mm の微細なクラックを撮影しないといけない点である。

　まず、GPS が入らない環境、一般的に非 GPS 環境といわれる環境での撮影について述べる。2020 年までに産業用として市販されている多くのドローンは GPS を受信して自身の位置を把握し、機体を安定させている。GPS がドローンを操縦しているプロポから手を離しても機体がその場に安定してホバリングできる大きな理由となっている。この安定度の高さが品質の高い撮影へとつながっている。しかし、非 GPS 環境では、GPS が受信できないため機体の安定は操縦者の技量に大きく左右されることとなる。その中で、衝突回避機能を持つドローンが出現している。これはドローンにレーザースキャナーやステレオカメラ、超音波センサーなどを搭載し、ドローンと橋脚や床板の距離を計測して一定間隔以下に近づかないような制御をしているものである。図 3・4・36 は上記センサーによる制御を実装したドローンおよび非 GPS 環境での撮影イメージである。この制御により前方や上部の衝突リスクは低減されるが、依然として機体を安定させる技術は操縦者次第である。現状では、非 GPS 環境で安定した飛行および撮影を実施できるのはごく一部の企業、操縦者となっている。

図 3・4・36　超音波センサー搭載ドローンと撮影風景

　つぎに、0.2 mm 程度の微細なクラックの撮影について述べる。多くの構造物点検やインフラ点検では 0.2 mm 以上のクラック有無を確認し、点検対象の構造物の健全度や要補修箇所を洗い出している。クラックの診断における 1 つの目安となっている 0.2 mm という数値がある。なぜ 0.2 mm を重視するのかという理由については諸説あるが、0.3 mm 以上のクラックから内部に雨水や水滴が浸透し構造物の劣化を進行させるため、浸透する直前の幅である 0.2 mm が補修を待てる限界値と認識されているためだ。0.3 mm 以上の内部に水分が浸透しているクラックの補修を実施すると、内部の水分を閉じ込める形となり鉄部などの腐食を加速する可能性がある。

　点検向け撮影での留意点は、画像分解能である。画像分解能とは、1 画素が実寸サイズでいくつかということを示している。例えば、図 3・4・37 のとおり分解能 0.2 mm で撮影すると 0.2 mm のクラックが黒くはっきりと写ることを意味する。さらに 0.2 mm 以下のクラックは色見が薄く灰色となるが、クラックではない周囲の色見との違いにより灰色部分がクラックだと認識することができる。利用するカメラの性能により若干の違いがあるが、画像分解能の半分までは人手による判断が可能となる場合が多い。そのため、0.2 mm のクラックを撮影した場合は画像分解能 0.4 mm 以下に設定する必要があると考えられる。

　画像分解能を算出するために必要な要素は図 3・4・38 のとおり、カメラの画素数、イメージセンサーのサイズ、レンズの焦点距離、対象物との距離である。ここで注目するのはイメージ

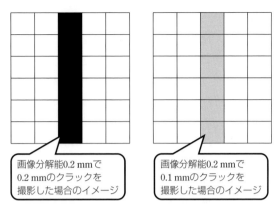

図3・4・37　画像分解能と見え方のイメージ

センサーのサイズである。昨今のスマートフォンと一眼レフカメラの画素数は2,000万画素程度と同等であるが、その精細さは大きく異なる。この精細さの違いを生み出しているのがイメージセンサーのサイズである。イメージセンサーは、レンズから入射した光を検出し、電気信号（ディジタルデータ）に変更するセンサーである。スマートフォンは小型センサー、一眼レフカメラは大型センサーを採用しており、レンズの焦点距離と対象物との距離が同じ場合は大型センサーを採用しているカメラがより微細なクラックを撮影することが可能である。スマートフォンで微細なクラックを撮影したい場合は、撮影対象との距離を短くする必要がある。非GPS環境でのドローン撮影を考慮すると、大型センサーを搭載したカメラを利用して対象物との距離を離して撮影するのが望ましい。

2020年2月現在、1.5億画素の中判サイズ（53.4×40 mm）イメージセンサーを持つドローン搭載可能なカメラがリリースされ、活用され始めている。このカメラを利用した場合、10 m以上離れた場所から8 m×6 m以上の範囲が1枚で撮影できるうえに0.2 mmのクラックが判断できる。汎用ドローンと比較して、安全性、運用性が飛躍的に向上する。唯一の課題としては、非常に高価となることである。

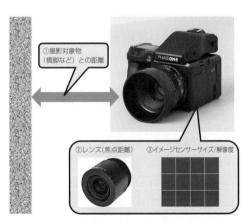

図3・4・38　点検向け撮影で留意すべきポイント

〔3〕橋梁点検画像の活用

前述のとおり、撮影した画像をいかに点検や診断に活用できるかということが大きなポイントである。画像を生かす方法として、SfMソフトを用いた3次元モデルおよびオルソモザイク画像の作成、AIや画像分析を用いた劣化の自動抽出などがある。このなかでAIや画像分析は

多くの日本企業が開発を進め、製品やサービスがリリースされている。特にクラック検出では、AIと画像分析技術を組み合わせた高精度の抽出技術や、幅や長さの算出まで対応できるサービスもある。クラック以外では、サビや欠損など各社が特色を出しつつ競争している領域となる。その一方で、SfMソフトを利用して橋梁の3次元モデルを作成できる企業は少ない。これは、ドローン操縦者が適切な撮影方法やカメラ設定ができておらず、SfMソフトで処理がしにくい画像となっていること。さらに、データ加工者がSfMソフトのアルゴリズムを理解できず、その機能を十分に使いこなせてないことが原因である。SfMの考え方が日本では馴染みが薄く浸透してないと考えられる。

図3・4・39はドローンを活用した橋梁点検のサンプルである。このサンプルは、ドローン点検における多くの要素が組み込まれているクラウドサービスである。点検向け画像および3次元モデルが表示でき、相互に位置関係を持っているため、撮影位置を直感的に理解することができる。また、AIによるクラックの自動抽出により、診断の工数を削減することができる。

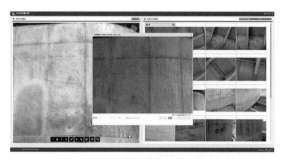

図3・4・39　3次元モデルと画像などを管理、編集可能なクラウドイメージ

〔4〕国土交通省が推進する3次元成果品納品

　点検分野におけるドローン活用の具体例として、2018年3月に国土交通省が発表した「点検記録作成支援ロボットを用いた3次元成果品納品マニュアル（案）」に基づく新しいインフラ点検がある。これは、5年に1度実施している橋梁やトンネルの定期点検を、ドローンをはじめとする点検記録作成支援ロボットを活用して実施し、3次元モデルやAIを用いた診断支援などを実施したうえで電子納品するという内容である。従来手法の人手による近接目視および点検調書（報告書）作成であり、2018年度は試行業務すなわち技術検証の意味合いが強く試行の結果として多くの課題が残ったが、2019年度からは正式な点検業務として日本各地の地域整備局および開発局から公示されている。このことから、技術者不足やインフラの老朽化など課題の多いインフラ点検の近代化を進めたいとの国土交通省の強い思いが感じられる。

　3次元納品が実現することにより、点検や診断の平準化が図れ、劣化箇所や劣化状況を直感的に理解できるうえに、情報共有が容易にできるなどメリットは大きい。その反面、ドローンや周辺技術が追い付いておらず、実現性や運用面に課題が多く残る。「点検記録作成支援ロボットを用いた3次元成果品納品マニュアル（案）」の代表的な納品物は**図3・4・40**のとおりである。ドローンで撮影した画像およびその画像を活用した診断まで総合的な納品が求められている。

　ドローン、カメラなどの機材の開発、AIの進化による精度向上および診断可能な劣化の種類増加、ビューアーの進化によるユーザビリティの向上など、インフラ点検における点検支援ロボットは高機能化が進んでいる。さらなる高機能化をめざし、これまで以上に官民学一体での

```
対象成果品（納品物）概要

・点検写真
　　→ドローン（点検支援ロボット）で撮影した写真

・メタデータ
　　→点検写真の撮影位置や損傷情報などを記載したデータ

・損傷の抽出方法を示したドキュメント
　　→損傷の抽出方法（目視やAIなど）やその精度を記載したドキュメント

・損傷形状モデル
　　→点検写真や3次元モデルに劣化情報を付与したデータ、もしくは損傷図

・ビューア（発注者の意向による）
　　→3次元モデルと点検写真の撮影位置がひも付けされ、表示可能なビューアー
```

図 3・4・40　3 次元成果品納品物イメージ

ドローン活用を進める必要がある。また、ドローンを操縦できるだけ、AI の開発ができるだけの人材ではなく、ドローンを用いた点検をトータルで対応できる人材の育成も急務と考える。次世代を担う若い世代が魅力を感じる業界へ日々尽力していかなければならない。

（鈴木裕一朗）

【画像提供】
　・図 3・4・36：「インフラ点検向けドローン　マルコ™」大日本コンサルタント株式会社、川田テクノロジーズ
　　　　　　　株式会社
　・図 3・4・38：「1.5 億画素カメラ　PhaseOne カメラシステム」PhaseOneJapan 株式会社
　・図 3・4・39：「岐阜県各務原市各務原大橋」各務原市役所

3.4.5　下水道などの閉鎖空間を有するインフラ施設での点検調査

〔1〕閉鎖性空間用 UAV の仕様
　閉鎖性空間での飛行に関する課題は、大別して、①電波障害と②ダウンウォッシュによる乱流状態の 2 つである。閉鎖性空間のうち、ϕ400 mm の管きょでは、一般的に使用されている 2.4 GHz 帯域での無線通信が 30 m 程度しかできない。

　ダウンウォッシュにより、閉鎖性空間では乱流状態となり機体の安定性が失われ最終的には壁面などに張り付いた状態となり、飛行ができない（**図 3・4・41**）。

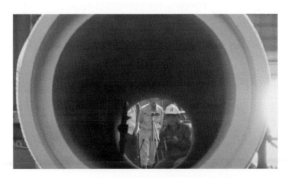

図 3・4・41　閉鎖性空間での飛行状況

　これらの課題を解決するために開発した無人航空機（Air Slider®）の仕様を**表 3・4・3**に示す。この機体の適合口径は、400 mm〜1,500 mm である。

表 3・4・3　Air Slider® (AS400) の機体仕様

項目	スペック
重　量	2.0 kg（バッテリー含）
全　幅	280 mm
全　長	570 mm
高　さ	130〜190 mm
飛行時間	約 3〜5 分
モーター	200 W×5
プロペラ	直径 5 インチ×5
搭載カメラ能力	カメラスタビライザー2K
照　明	超高輝度白色 LED　ラインタイプ 3 W　4 灯

本機は、**図 3・4・42** に示すようにプロペラを機体内に納め、壁面などに衝突した際に破損しない構造となっている。この機体は、浮上用の 4 つのプロペラと後部に設置している推進用のプロペラにより管きょ内を飛行する。また、飛行環境は、高湿、汚水飛散などとなるため、防水性を有し、メンテナンスが容易な構造としている。

電波障害の課題に対しては、Wi–Fi 通信を採用することで解決した。前述したとおり、

図 3・4・42　小口径用機体（AirSlider®　AS400）

2.4 GHz 帯では電波障害が発生するため、Wi–Fi 5 GHz 帯の通信を採用した。

〔2〕飛行原理

先に述べたダウンウォッシュによる乱流は、マルチコプターを採用する限り回避できない課題である。そのため、水陸両用の乗り物であるホバークラフトの構造に着目し、ダウンウォッシュによる空気が機体外部に逃げにくいような筐体構造を採用した。この構造により、底部の空気が高圧となり、揚力が増加する地面効果を最大限利用でき、エネルギー効率も向上する。飛行原理の概念図を**図 3・4・43** に示す。

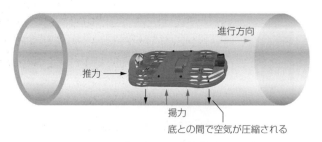

図 3・4・43　飛行原理概念図

〔3〕下水道事業での利活用

下水道施設は、電気・水道・ガスと並ぶ都市の貴重なインフラであり、中でも下水道管きょは、平常時の排水機能だけでなく、地震被害発生時などの非常時においては、避難所の災害時トイレ排水を受け入れるなど、避難者の生活ストレスの解消や避難所の衛生環境の確保の面で、

その位置付けがますます高まっている。

　わが国の下水道は、昭和 40 年代以降に全国的に整備が行われ、2018 年度末の下水道普及人口は、79.3％ に達している。下水道の普及に伴い、下水道施設のストック量も着実に増大し、このうち下水道管きょの規模は総延長で約 48 万 km に達している。

　下水道管きょの標準的耐用年数は 50 年とされているが、これを超過している管きょが全体の約 4％ の 1.9 万 km 程度あり、老朽管の破損などによる道路陥没事故が、平成 30 年度には約 3,100 件も発生し深刻な社会問題となっている。

　下水道管きょの調査方法は、口径 800 mm 以上の中大口径管きょを対象とした人による潜行目視調査と小口径管きょも対象としたテレビカメラ調査とがある。

　このテレビカメラ調査や目視による調査は、直接的に損傷状況を確認する方法であり、2015 年の全国の下水道管路のテレビカメラ調査が 4,500 km、潜行目視調査が 3,500 km の合計 8,000 km となっている。

　現在、小口径管きょは、CCTV を積載した自走式カメラ車などで調査を実施している。この調査方法の場合、機材を現地で組み立て、マンホール内に作業員が入り、機材を設置する必要があり、管きょ内を確認するまでに、一定の時間を要する。

　今後の老朽管増加に対応するためにも、調査の効率化とスピード化が急務である。そのため、無人航空機に着目し、閉鎖性空間でも飛行可能な無人航空機の開発と新たな下水道管きょの点検手法の確立を行った。

〔4〕Air Slider® による点検調査の手順

　点検調査は、ドローン操縦者、巻取機・発射台操作者および補助者の 3 名を基本とする。なお、交通状況により、交通誘導員を適切に配置する必要がある。

　以下に、手順を紹介する。

図 3・4・44　点検調査イメージ（左）と UAV による調査風景（右）

（1）調査準備

　作業員は、マンホール内に入孔せずに、地上からドローンおよびアンテナを搭載した発射台を降下させ機体および機材を管口に設置する。

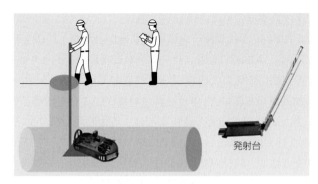

図3・4・45　調査準備イメージ

(2)　内部映像取得

　操縦者は、タブレット PC に伝送される FPV 映像を確認しながら、ドローンを操縦する。機体後部に安全対策および距離計測用のラインを設置している。このラインの送出し量を地上部のリールにてカウントすることで、ドローンが進んだ距離を計測し、取得画像に距離情報を付与する。

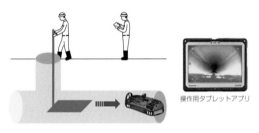

図3・4・46　飛行・内部調査時イメージ

(3)　調査終了

　機体が目標地点に到達した後、機体を浮上させ、ラインをリールにて巻き取ることで、機体を発射台まで戻し回収し、地上に引き上げて調査終了となる。

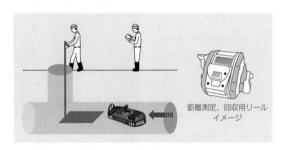

図3・4・47　調査終了・ドローン回収イメージ

〔5〕Air Slider®による下水道の点検調査

　2019 年度末までに、下水道管きょでの飛行延長（実証試験、スクリーニング調査含む）は、約 3.4 km（管径 φ380 mm〜1,100 mm）となっている。

　図3・4・48 は、終末処理場の流入管のうちの河川横断（下越し）約 260 m を対象として点検調査を行い取得した映像を切り出したものである。このときの点検調査は、流入ゲートを閉め、空水状態としたうえで、上下流の人孔 2 か所からそれぞれ 150 m ずつ飛行させた。調査時間は、

段取り替えを含め約2時間程度であった。

図3・4・48　コンクリート管（φ1,000 mm）

図3・4・49は、φ900 mm の幹線管きょで、常時 1/3 以上の水位がある路線にて点検調査を行い取得した映像を切り出したものである。この時の点検調査は、発進側から到達側まで約120 m 飛行させ、着水後、距離計測用のライン（糸）を一定速度で巻き取りながら内部の確認を行った。往路は飛行による撮影、復路は水面に浮遊させての撮影を行える仕様となっている。これにより、画像を短い時間で2回取得でき、かつ画像精度が高まった。

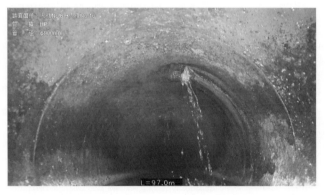

図3・4・49　コンクリート管（φ900 mm）

　現在までに、防水性能の強化などを施し、ある程度の水位であっても飛行し、点検調査ができるようになっている。

　UAV による調査の利点は以下のとおりである。

① 安全性の向上

　　管きょ内に全く人が侵入することなく点検調査が実施可能であり、新型ウィルス感染なども含め作業者にとっての危険性が少ない。

② 生産性の向上

　　機材が軽量で機動性が良く、1か所当たりの点検調査時間が15分程度（人孔の開閉および約50 m の点検調査）と短時間なため、生産性が高い。

　現在、「維持管理情報等を起点としたマネジメントサイクル確立に向けたガイドライン（管路施設編）–2020年版–　令和2年3月 国土交通省水管理・国土保全局下水道部 国土交通省国

土技術政策総合研究所下水道研究部」の点検・調査方法の体系例の中に飛行式カメラ調査として位置付けされている。

（稲垣裕亮）

3.4.6　狭・高・暗所における小型ドローンの活用

　ドローンは、ここ数年でスマートフォンに使われている小型の高性能センサーの普及に後押しされ、GPS 環境下における飛行を中心に、点検や測量、農薬散布などさまざまな活用場面を増やしてきた。ドローンは、人の倍以上の移動速度で点検・測量などが可能であり、作業効率の向上が見込めるため、GPS 環境下に加えて、最近では非 GPS 環境下でのドローンのニーズが高まっている。

　非 GPS 環境下におけるドローンの活用分野としてインフラ検査を挙げられる。インフラ点検・検査は、従来では、主に目視で行われていた。しかし、洞道と下水など、総距離が長い設備では、範囲の広さから非常に作業効率が悪く、ボイラや煙突など高所の設備も同様に、広範囲によって作業効率が悪く、さらに足場の設置の必要のため、足場の設置時間や高所における作業者の安全性など多く課題が存在する。

　最近では、従来型の過酷かつ非効率な点検業務を「小型ドローン」にて代替する事例が増えてきた。非 GPS 環境下における設備点検用のさまざまなドローンの中でも、ダクトやパイプ、天井裏など、特に狭い環境（直径 300 mm パイプの中など）で活用するドローンについて紹介する。

図 3・4・50　IBIS による非 GPS 環境下の設備点検の様子

〔1〕「狭所」「高所」「暗所」の設備点検に特化した産業小型ドローン「IBIS」

　屋外の大空を飛行する一般的なドローンと違い、屋内の閉鎖された空間では GPS 信号やコンパス機能に頼ることができないなど、安定してドローンを飛行させるためには屋内環境に適した特殊な機能や調整が必要となる。Liberaware は、2016 年の創業前から屋内環境での安定飛行における研究を重ね、産業用小型ドローン「IBIS」（読み：アイビス／リリース：2019 年 3 月）を開発した（**図 3・4・51**）。

（1）狭小空間を安定して飛行できる制御アルゴリズム

　IBIS は、狭い閉鎖空間の中で安定して飛行させることに特化した技術開発を行っており、一般的な小型ドローンよりも「小型・軽量で、かつ衝突に強い」特徴を有する。

　現在、ホビー用途から産業用途までさまざまなドローンが発売されているが、GPS 環境下を飛行させるためのドローンであり、たとえサイズが小さいドローンであっても狭小空間を安定

サイズ	190×180×50 mm（プロペラガード含む）
重量	170 g（バッテリー含む）
飛行時間	最長 12 分間
無線周波数	2.4 GHz（操縦機器）、5.7 GHz（映像）
カメラ	Full HD（1920×1080 pixel）、60 fps、レンズ画角：水平 128°、垂直 91°、対角 165°
LED 照明	前方 2 か所搭載
バッテリー	850 mAh（Li-Po バッテリー2 セル）、セミハードカートリッジ式、難燃性樹脂ケースで保護

図 3・4・51　Liberaware で開発した産業用小型ドローン「IBIS」

して飛行させることは極めて難しい。ドローンの飛行原理上、プロペラの回転による空気の上部からの吸込み、下部からの吐出しは、狭小空間における飛行に大きく影響し、飛行が不安定化しやすい。壁面や天井面に吸い寄せられる事象のほか、自身が吐き出した風が外乱となり正しい飛行姿勢を維持できなくなるためである。また、天井裏のような地面が付近では、自身からの吹下し風により、ドローンの高度が不安定になりやすいが、そうした外乱に対する機体の特性をモデル化し、制御補正式を用いることで、地面付近において安定な高度制御を実現している（**図 3・4・52**）。加えて、天井裏のような狭小空間では完全に衝突を避けながら飛行することは難しいため、ある程度の衝突でも飛行姿勢を崩さないロバスト性の高い姿勢制御を実現している。

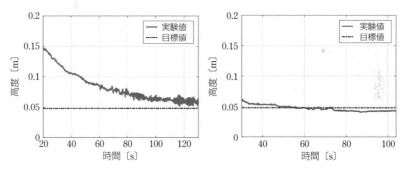

図 3・4・52　対地高度 5 cm における高度制御性能

(2) 高効率の防塵モーター

　モーターは 1800 年代に発明されて以来歴史の長い成熟した技術であり、高磁力のマグネットなど材料工学的なブレイクスルーなしにして劇的な効率改善を望むことが難しい。また屋外仕様が主なドローン業界では、モーターのエネルギー効率向上を行うにあたり、熱損失を抑え冷却効率を高めることを意図して開放型設計のローターを採用するのが一般的である。しかし、人が赴くことが難しい屋内の狭小空間の点検では、多量の粉塵が舞う箇所が多く、製鉄所などの施設は日常的に鉄粉が多く舞っているため、一般的な開放型のローターは望ましくない。この構造では、内部に粉塵が入り込んでしまい、故障や最悪の場合、墜落の原因にもなる可能性が高い。

　そこで日本電産と共同で開発したモーター（**図 3・4・53**）は、前述の通りモーターの駆動原理やマグネット、巻き線の材料特性を改良することで効率の改善は難しい

図 3・4・53　日本電産と共同で開発したモーター

ため、ドローンの重量やそれに伴うプロペラの負荷に合わせて最適なチューニングを行うことにより飛行時のエネルギー効率改善を実施し、最も効率の良い回転数とドローンがホバリングするのに必要な回転数を一致させることにより発熱・熱損失をも低減した。また、閉鎖型の独自の防塵構造を実現することで、従来使用できなかった粉塵環境下においても回転性能に影響の少ない防塵性の高いモーターを実現した。

(3) 高効率のプロペラ

ドローンの飛行時間延長にはモーターの効率化に加え、プロペラの改良を合わせて実施することが肝要である。全体的なエネルギー効率を向上（＝飛行時間の延長）するため、モーターとプロペラそれぞれの性能向上だけでなく効率点のマッチングが欠かせないため、相互調整が必要となる。そこで、既存のプロペラのパラメーターから、上記モーターの効率曲線図にマッチしたパラメータを数値シミュレーションで求め、モーターに最適したプロペラの開発を行った。その結果、小型（190×180×50 mm、170 g）かつ10分以上の飛行時間を実現した。なお、屋内の設備は、屋外と異なり撮影範囲や飛行速度が限られため、1つのバッテリーで最低10分間の飛行が小型ドローンのハードウェア仕様として求められる。

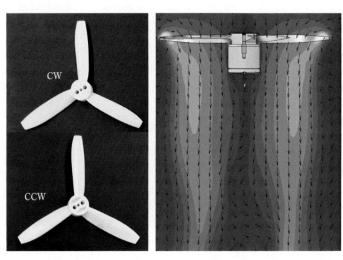

図3・4・54　専用モーターのパラメータに特化させた高効率のプロペラ（左）、プロペラ全体の断面での気流の流れ状態（右）

(4) 自社設計の高品質なバッテリー

小型ドローン産業において一般的なホビー用のリチウムポリマー電池が主に用いられる。安価で簡易に入手性できるため、現在のドローン市場に多く普及している。しかし、設備点検を対象にした産業用ドローンの要求仕様として、ホビー用のリチウムポリマー電池は適切とはいえない。ホビ

図3・4・55　高品質のバッテリーおよび充電装置

ー用バッテリーの多くは、性能が担保されておらず、仕様書どおりの性能が保証されていない。また、ホビーユースのため産業用途を想定されて開発・製造がされない。大型ドローン業界は、産業用バッテリーが開発され普及されつつあるが、小型ドローン業界は産業用としてのバッテリーが存在しない。そこで、産業用として高品質かつドローンの運用（使いやすさなど）に考

慮したバッテリーを開発した。このバッテリーは容易に着脱が可能なカードリッジ方式を採用。従来のケーブル接続方式と比較して、現場での作業性が格段に向上した。ラミネートフィルムで覆われた Li–Po バッテリーは一般的に外傷に弱いが、このバッテリーは割れにくい難燃性樹脂でできたケースで保護されている。また、バッテリーの放電容量は安全率が 1.5 以上（実測 1.9）と余裕のある設計がなされている。無理な負荷がかからないため、発熱はほとんどなく安全に使用することができる。さらに、製品安全データシート（MSDS）が提示可能なセルを採用しているため、設備側のリスクマネジメントに対応することができる。

〔2〕室内施設の画像解析・編集技術

　設備内部における小型ドローンの活用により、足場の設置を必要としない不具合箇所の点検が可能となってきている。ドローンが不具合を発見した場合、その様子を精緻に撮影することはいうまでもないが、その後に実施される補修業務を効率化するためには、その位置を正確に把握するための技術が必要不可欠である。

　屋外施設では、既にドローンで撮影した映像を元に SfM ソフトを用いた点群、オルソ画像作成が行われており、施設の計測・点検に役立てられている。一方、GPS を用いた位置測位が行えない屋内では、照度不足やドローン自らが巻き上げた粉塵の映り込みなどの課題も相まって、SfM の利用は未だ実用に至っているとはいえない。そのため、点検結果の納品は動画や問題個所のキャプチャー画像に限られていたが撮影箇所が広大になると、クライアントは不具合箇所の特定に多大な時間を割かなくてはならない。このため、屋内で精緻な位置情報を安定して算出するための技術の開発や運用方法の確率が求められている。自社製のドローンを用いる Liberaware は、ソフトウェアベースのこれら技術に対しハードウェア的なアプローチが可能である利点を活かし、課題を解決する独自技術の蓄積を重ねてきた。その結果、クライアントは膨大な点検映像の中から不具合のある箇所を映したデータに素早くアクセスすることが可能となり、効率的な点検報告書作成が可能となった。

　撮影した距離や向きにより変化することなく、実際のスケールと形状で記録される点群デー

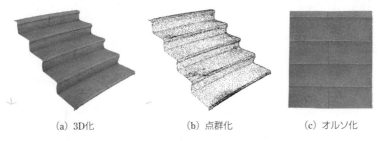

(a) 3D化　　　　　　　　　(b) 点群化　　　　　　　　　(c) オルソ化

図 3・4・56　画像編集サービス

(a) 3D化　　　　　　　　　　　　　　(b) 点群化

図 3・4・57　配管の 3D 化、点群化

図3・4・58　天井裏の点群データ

タは、時系列で比較、アーカイブに最適である。今後蓄積されたデータからは設備劣化の経年変化が把握できるようになり、予防保全への活用が期待される。

〔3〕データの保管・編集クラウド「LAPIS」

　小型ドローンを活用したインフラ点検業界において、飛行ログや撮影した映像データなど、さまざまなデータの管理・共有ツールは未だに未整備であることが多い。一方、LAPIS（Liberated Activation Platform for Information Strategy、ラピス）では、IBIS で撮影した点検動画データや飛行ログ、点検業務の個別のプロジェクトなどを一元管理することができるため、安全で効率的な運用をサポートすることができる。点検動画データは、クラウドスペース上に保存されるため、インターネット回線があればどこからでも閲覧・ダウンロードすることができる。それによって組織内での点検映像データの共有、遠隔地の点検診断者による診断を容易に実現することが可能である。また、前述した顧客のデータ加工システムは、LAPIS 上で実施されるため、業務で必要なデータの生成・管理を LAPIS 上で一括実施することが可能である。

（関　　弘圭）

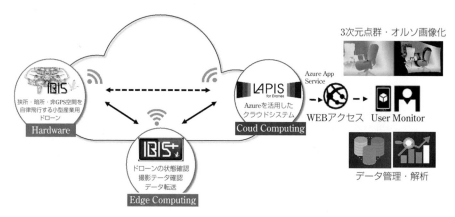

図3・4・59　LAPIS システム図

（a）飛行の様子（Hardware）　　（b）撮影映像確認（Edge Computing）　　（c）点群化（Cloud Computing）

図3・4・60　LAPIS の例

3.5 建築分野における利活用最前線

3.5.1 建築分野におけるドローン技術の動向と社会実装に向けた取組み

〔1〕建築分野におけるドローン活用領域

　建築分野とは「人」が生活し活動する都市・建築に関連する領域が対象範囲となり、建築部門でいえば、建築生産、建築材料、建築教育、災害、情報システム、建築構造、建築設備、建築意匠、都市計画、建築計画、環境工学、建築歴史、海洋建築、地球環境、防犯などが専門領域として分類される。例えば、本書の3章に関して各分野のドローンとの関係を示すと、農業・林業・水産業分野では材料などの調達など、測量分野では建築物へのBIMの活用など、設備・インフラ点検分野では都市・建築設備（屋外・屋内設備）など、災害対策分野では都市・建築の自然（地震、台風、水害など）災害、火災、人災など、警備分野についてはビルなど警備・住宅防犯など、物流分野についてはビル・建物への配送施設・ラストワンマイルとなる配送場所など、不動産分野については維持管理・資産など、マイクロドローンは狭所暗所などの屋内点検など、エンターテインメントは人・意匠にかかわる活用など複数の領域にまたがっている。

　前述のとおり、建築分野でのドローンの活用には「人」を中心とすることが最重要となる。例えば、人に対する安全性があり、これにはドローンの墜落に関する対策は当然のことながら、プライバシー・騒音問題、その他人権にかかわる問題など、技術論では語ることが難しい建築特有の課題がある。

　これより、「建築分野＝人がかかわる都市・建築・生活空間のすべて」という認識を持って、ドローンを安全に活用する仕組み作りが必要となる。本節では産官学の3領域におけるドローン技術の動向、および国立研究開発法人建築研究所で実施しているドローン技術研究の事例紹介を通して、建築分野における動向と社会的取組みを説明する。

〔2〕建築分野における活用範囲と動向

　首相官邸政策会議では、**図3・5・1**に示すようにドローンの飛行レベルをレベル1〜4（最高難易度）に区分している（図中に建築分野のドローン活用領域を記載）[1]。各レベルを建築物に当てはめると、レベル1はドローンをマニュアルで操縦する目視内飛行であり、外壁・屋根

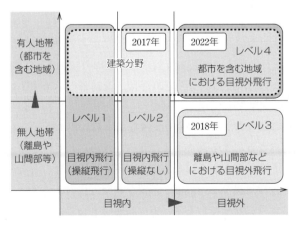

図3・5・1　建築分野でのドローンの活用範囲[1]

点検が該当する。レベル２はレベル１を自動操縦で行うこととしている。またレベル３はドローンが生活・活動空間を飛行し、生活物資などを建物の敷地・屋根に送り届ける行為が該当する。そして、レベル４は2022年にスタートすることが決定され、都市の物流・警備、災害直後の救助・避難誘導・消火活動の支援、そして都市部のインフラ点検調査が対象となる。

　一方、建築分野においては、**表3・5・1**に示すように点検調査領域においてドローンの活用が増えている。これについては、総務省から報告された H30 年住宅・土地統計調査の結果[2]によると、総住宅数は 6,242 万戸と３％増加し、昭和 38 年からの統計調査から 55 年間増加し続けていること、また住宅の増加は東京都、神奈川県、千葉県、埼玉県で全増加数の４割を占めていることからも建築物の維持保全に関わる点検調査の対応は喫緊の課題である。さらに、15 階建以上の共同住宅の住宅数については、平成 15 年の 31 万戸から平成 30 年の 93 万戸まで増加し、高層建物の増加が顕著となっている。これら高層建物では定期的な点検調査において、建物高層部の外壁の変状・損傷状態を確認することが難しく、また仮設足場の設置が必要になり建築物の所有者にとって費用負担が大きいことから、合理的な点検手法の検討が必要となる。これより、１つの解決方法の手段としてドローン技術が期待されている。なお、**図3・5・1** および **表3・5・1** は屋外でのドローンの活用を想定しており、航空法が及ばない屋内での活用は未知数である。屋内でのドローン利用においては安全管理がしやすいことや風雨の影響を受けにくいため、新しい活用の場として期待されている。

表3・5・1　日本建築学会大会梗概集におけるドローンの活用事例研究

年度	建築分野におけるドローンの活用							合計
	点検	災害	都市	工事	環境	輸送	文化	
2012	0	0	0	0	0	0	1	1
2015	0	0	3	0	0	0	0	3
2016	3	0	0	1	0	0	0	4
2017	6	3	1	1	3	1	0	15
2018	11	3	0	1	0	1	0	16
2019	8	3	0	0	2	0	0	13
合計	28	9	4	3	5	2	1	52

〔3〕建築分野における国のドローン事業

　ドローンにかかわる建築分野における初めての国の事業は、国土交通省住宅局が実施した 2017–2018 年度建築基準整備促進事業 T3「非接触方式による外壁調査の診断手法及び調査基準に関する検討」[3]である。本事業の実施の背景は次のとおりである。定期調査（建築基準法第 12 条）における建築物の外壁調査は、平成 20 年国土交通省告示第 282 号「建築物の定期調査報告における調査及び定期点検における点検の項目、方法並びに結果の判定基準並び調査結果表を定める件」に定める調査方法などにより実施している。特に竣工から 10 年を経過した建築物については、全面打診などによる調査および報告が求められている。全面打診による調査では、通常、仮設足場などの設置が必要になる場合が多く、建築物の所有者にとっては費用負担が大きい。そのため、仮設足場などの設置が不要な調査方法の１つとして赤外線装置法を用いた外壁調査が行われるようになっているが、中・高層建築物では上階の調査が困難である。また、赤外線装置法には測定が困難とされている適用限界があるにもかかわらず、それらを守ら

ずに調査が行われ、誤った診断が行われているなどの問題も指摘されている。

このような社会的背景から、国は建築基準の整備を促進するうえで必要となる調査事項を提示し、これに基づき、基礎的なデータ・技術的知見の収集・蓄積などの調査および技術基準の原案の基礎資料の作成を行う民間事業者などを公募し、最も適切な調査内容、実施体制などの計画を提案した者に対して、国が支援する国土交通省基準整備促進事業として2か年実施されることとなった。本事業では（一財）日本建築防災協会が主体となり建築研究所は共同研究機関として参画し、非接触方式の外壁調査方法の技術情報の収集、赤外線装置法によるアンケート調査を行った。さらに模擬試験体および実建物を利用し打診検査、地上からの赤外線装置の調査、そして赤外線装置を搭載したドローンによる調査に対して精度の比較をした。

本事業では、最終的に**表3・5・2**に示すように、「定期報告制度における赤外線装置法による外壁調査　実施要領（案）」および「ドローンを活用した建築物調査　実施要領（案）」を成果として作成した。これら実施要領（案）は、建築物の調査者が使用することを想定して調査時の実施要領（案）を作成しているが、適切に外壁などの調査が実施されていることを建築物の所有者や管理者が確認する際に利用することも想定している。

表3・5・2　国土交通省基準整備促進事業T3で検討した実施要領（案）

定期報告制度における赤外線装置法による 外壁調査 実施要領（案）	ドローンを活用した建築物調査 実施要領（案）
1．総則 　1．1　目的 　1．2　適用範囲 　1．3　用語の定義 2．実施者 3．赤外線装置法による外壁調査 　3．1　赤外線装置法による外壁調査の概要 　3．2　事前調査 　3．3　調査計画の作成 　3．4　赤外線装置法の適用条件の確認 　3．5　打診法との併用による確認 　3．6　調査の実施 　3．7　熱画像による浮き・はく離の判定 　3．8　報告書の作成	1．総則 　1．1　目的 　1．2　適用範囲 　1．3　用語の定義 2．ドローンによる建築物調査の実施体制 3．ドローンによる建築物調査の手順 4．ドローンの飛行における安全確保 5．建築物調査におけるドローンの適用限界の把握 6．建築物調査におけるドローンの調査精度と適用 　　範囲の確認 7．ドローンによる建築物調査の方法 8．ドローンによる建築物調査の報告

〔4〕日本建築学会におけるドローン関連研究活動

2016年度に日本建築学会において、「UAVを活用した建築保全技術開発WG（主査：建築研究所・宮内）」を設置し、建築分野におけるドローンの活用方法ならびに建物の点検調査などに係る実証実験とデータの収集・分析方法の検討などを行った。現在は後継の委員会として「ドローン技術活用小委員会」にて研究活動を継続している。さらに2018年度に災害委員会の傘下に設置された「災害調査におけるUAV利活用の可能性検討WG（主査：東京大学・楠浩一教授）」と連携して横断的な研究活動も行っている。

ドローン技術活用小委員会では、2017年度から毎年、「建築ドローンシンポジウム」を開催している（**図3・5・2**）。2019年度は"平

図3・5・2　日本建築学会　2017年度　第1回建築ドローンシンポジウム

常時から災害時までのドローン活用最前線"をキーワードとし、**表3・5・2**に示す発表プログラムで行った。第3回シンポジウムでは、異分野・産官学・海外連携の3軸を中心とした広範囲なドローンの活用事例を情報提供することを目標としている[4]。プログラム内容は、基調講演として外部の専門家による点検調査や災害分野におけるドローンの活用事例、土木分野でのインフラ点検の最新の取組み、災害ドローン救援隊の取組みの紹介があった。さらに建築分野における国の動向、アジア（中国・韓国）におけるドローンの活用事例など、建築分野のドローンの最新情報が提供された。

表3・5・3　日本建築学会　2019年度　第3回建築ドローンシンポジウム発表題目

異分野	・インフラ点検におけるロボット導入に向けた取組 ・災害ドローン救援隊 DRONE BIRD が目指す未来
安全	・建築物を対象としたドローンの安全運用
屋外調査	・新築現場の施工管理におけるドローンの活用可能性 ・ドローンを活用した非接触方式による外壁調査―国交省建築基準整備促進事業Ｔ３の報告 ・建築物の維持保全におけるドローン利用のアクセシビリティ ・ドローンによる建築壁面の調査 ・ドローン搭載デュアルカメラによる外壁調査 ・Visual SLAM 型自動飛行ドローンによる点検への取組
屋内調査	・狭所空間における非 GPS ドローンの活用
騒音	・住戸内におけるドローン騒音等の比較報告
災害	・自然災害におけるドローンの利活用 ・ドローンを用いた RC 造庁舎の被災調査 ・新宿副都心のエリア防災に活用するドローン技術・システム ・災害廃棄物量算定のためのドローン活用予備実験の報告 ・ドローンを活用した建物被害状況の観測システム
保険	・各種事故事例に学ぶドローン安全運用のためのリスクヘッジ
海外事例	・中国におけるドローンの活用事例 ・韓国におけるドローンの活用事例

〔5〕建築研究所の研究事例紹介

　建築研究所では2016年度から現在まで、ドローンを活用した建物の点検調査と災害調査に関して研究を実施しており、著者が担当してきたドローン技術研究について紹介する（**図3・5・3**）。

　建物の点検調査研究について次に示す。2016年に日本コンクリート工学会の委員会活動の一環で、端島（軍艦島）においてドローンによる島全体および個別建物の調査を行った。本調査は歴史的価値のある建物の記録保存だけでなく、ドローンの飛行安定性と撮影精度について確認を行った（図中 A.）。また、築40年以上経過した集合アパートを対象として、ドローンによる近接撮影の実証実験を行った（図中 B.）。撮影した画像を3D点群画像および2Dオルソ画像に変換し、撮影精度の確認と点検調査結果の取りまとめの方法について検討した。

　図中 C. にドローンによる調査に対するコスト低減効果、調査分析時間を比較した結果を示す。ドローンを活用するうえでは現場内で完結させることがコストおよび時間ともに優位性がある一方で、ドローンで取得した画像処理に多くの時間を要し、自動化処理などの技術が必要と考えられた。また、高高度もしくは外壁から安全な距離から点検調査可能かの検討を行うため、高解像度1億画素カメラを搭載したドローンを用いて、ひび割れ幅の視認性の実験を行っ

A. 俯瞰的撮影の検証
➤飛行安定性と撮影精度

端島全景撮影時の飛行安定性と撮影精度の検証

B. 近接撮影（外壁点検）の検証
➤飛行安定性と撮影精度

ドローンによる2D/3D画像データの精度検証

C. 建研：ドローンによる中高層建築物の維持管理技術
➤コストと調査・分析時間比較

■現場作業 □分析作業

コスト（万円）／[時間]

高所作業　ドローン撮影

D. 建研：高解像度カメラ搭載ドローンによる建物点検調査
➤1億画素カメラを搭載したドローンによる点検調査

拡大

ドローンで撮影・処理した3D点群画像
（建築研究所ばくろ試験場）

E. 国交省住宅・建築物技術高度化事業
➤自動点検調査システムの開発

ドローンの自動飛行の設定　色情報による距離推定結果

F. 国交省基準整備促進事業T3
➤非接触方式による外壁調査の診断手法及び調査基準に関する検討

赤外線カメラによるタイル張り試験体の欠陥部の抽出例

G. 建研共同研究：ドローン飛行の全運用技術開発安
➤ラインガイド方式によるドローン飛行の安全管理方法

バルコニー　終点　14.5m　始点
①②③

ラインガイド方式による飛行

H. 建研：ArduPilotによるドローン技術の構築
➤自律制御によるローバー型、VTOL型ドローンの開発

①ローバー
②回転翼
③VTOL機

I. 建研：ドローンによる建物の狭所暗空間での点検調査
➤屋内でのドローン活用

マイクロドローン

マイクロドローンで撮影した天井裏の状況

J. 建研：被災建物へのドローンによる調査方法の検討
➤建物の傾き測定、VRの活用

ドローン
ドローン操縦者
VRゴーグル調査者

VRゴーグルを使用した構造躯体のひび割れ状況の確認

K. 内閣府SIP第2期：ドローンを活用した建物被害状況収集システム
➤被害地域の巡回システム開発および建物の被害状況把握

災害対策本部　撮影状況　飛行ルート

災害を想定したドローン飛行実験

L. 内閣府PRISM：災害廃棄物等を用いたリサイクルコンクリートの実用化
➤3Dレーザースキャナーの活用

ドローン
コンクリートがらの体積計算

M. 建研：MRを活用したドローン飛行管理システムの開発
➤仮想の3Dメッシュホログラムを用いた点検調査効率化技術

飛行経路を離れています

HoloLensによるルート設定と可視化

N. 建研：AI×ドローンのハイブリッド型自動制御システム
➤スマートフォンによるAI画像認識によりドローンを制御

スマホ（AIアプリ）搭載ドローン（4輪駆動車）
人接近時にAI認識・制御によりドローンを停止
AI認識状況

図3・5・3　建築研究所で実施している主なドローン関連技術研究

た（図中 D.）。ところで、ドローンの活用のメリットは自動飛行にある。これよりカメラで撮影された映像から環境の3次元情報とカメラの位置を同時に推定するビジュアル SLAM 技術を用いて非 GPS 環境下で自律飛行するドローンと自動点検調査システムの開発および実証実験による精度検証を行った（図中 E.）。

2017～2018 年度に国土交通省建築基準整備促進事業 T3 にて、赤外線カメラを搭載したドローンを用いてタイル張り試験体を用いた欠陥部検出の評価を行うとともに、赤外線カメラとドローンの実施要領（案）を提示した（図中 F.）。建物の点検調査では GPS の使用困難になるケースや無線・電波が切れるリスクを伴う。図中 G. のように物理的にドローンが飛行ルート以外に飛んでいかないようにラインと呼ばれるラインガイド方式による安全飛行技術も 1 つの解決方法となる。実験した結果では、ラインガイド方式はライン上を飛行するため安定飛行が可能となり、点検精度も向上することがわかった。次に、ドローンを業務で使用する場合、目的に応じてドローンに搭載する機器に変更・改良できることが望ましい。建築研究所ではオープンソース型のコントローラーを持つドローンの開発を進めている（図中 H.）。例えば、ドローンは回転翼型の無人航空機が一般的だが、地上での調査では四輪駆動型のローバータイプ、広域の災害調査などでは高速飛行が可能な飛行機型の VTOL 機の方が優位となる。さらに、最近はドローンの屋内利用が増えている。例えば室内にドローンを自動で飛行させる巡回型のドローンや、狭所・暗所空間での活用などである。建築研究所ではエレベーターシャフトおよび階段周り暗所空間にて、夜間でも自律飛行が可能な放射型赤外線レーザーシステムを搭載したマイクロドローンを用いて実証実験を行い、精度検証と課題点の抽出を行っている（図中 I.）。

災害分野に関しては、建築研究所、内閣府戦略的イノベーション創造プログラム（SIP）、および内閣府官民研究開発投資拡大プログラム（PRISM）の事業の一環として、ドローン技術の開発と活用を検討している。2016 年に熊本地震により被災した 3 階建ての建物に対して、ドローンを用いて被災度を判定する調査を実施した。調査では、ドローンを操縦して建物のひび割れ近くを撮影する操縦者と、VR ゴーグルを装着して撮影した画像を確認する調査者の 2 人 1 組で行い、ドローンで撮影された画像情報内のひび割れを抽出して判定できるかの検証をした（図中 J.）。またドローンを活用して市街地から建築物に至る被災状況を把握するための研究を行っている。地震速報などがトリガーとなり、ドローンが自動で飛行する技術を開発し、災害発生時に自律的に情報収集するドローンを自治体建物の屋上に配置する社会実装型の技術提案をしている（図中 K.）。災害廃棄物などを用いたリサイクルコンクリートの実用化技術の開発の一環として、3D レーザースキャナーによる解体建築物の躯体量などから復旧・復興に利用可能な資材量の推定に関する検討を行い、その有効性について示した（図中 L.）。

最後に、ドローンと他の先進技術を融合した研究開発の実施例を示す。建物の壁面調査を対象とし、壁面前に HoloLens を通して仮想の 3D メッシュホログラムによるドローンの飛行ルートを表示し、外壁点検時のドローンの飛行精度を GPS 位置情報により視覚的かつ定量的に把握可能な MR 技術開発を行っている（図中 M.）。機械学習プログラムによるスマートフォン AI アプリを開発し、AI の画像認識により ArduPilot 搭載ドローンを制御する AI×ドローンの融合技術の提案を行っている（図中 N.）。

〔6〕産業分野におけるドローン技術の普及活動

産業分野では、2017 年にドローンを安全に活用するための人材育成・技術支援・標準化を目指した、（一社）日本建築ドローン協会（略称：JADA）が設立され、著者も JADA に参画し、ドローンの安全運用にかかわる活動を行っている。

　建築分野における安全面の対応が特に求められる理由として、①ドローンの衝突による被害と②ドローンによる人にかかわる課題が複雑に絡んでいることがある。例えば、①については、建築物の調査時に想定される人口集中地区および30 m 未満の飛行時の事故が多く、都市・建築領域でドローンを使用する際には十分な安全対策が必要となる。②については、ドローンによる撮影映像などは個人情報保護法にかかわるプライバシー侵害になる恐れがある。また、ドローン飛行時の騒音などの問題もあり、住民への事前説明などの十分な配慮が必要となる。

　これら背景により、JADA では建築物の点検などに係るドローンの活用について、安全運用に関する取り組みを強化している。2017 年 12 月に「建築ドローン人材育成検討 WG」を設置し、「建築物へのドローン活用のための安全マニュアル」[5] を作成した。本マニュアルは、**図3・5・4** に示すように技術編と実用編に分けて、ドローンの活用に関わる基礎知識、ドローン技術と安全運用、建築物の施工管理・点検調査におけるドローンの安全活用を解説している。この

マニュアルの中で、ドローンにかかわる業務を進行する上で役割分担および責任の所在を明確にするために、ドローンを活用して建築物の施工管理および点検調査などにかかわる業務を担当する管理者を「建築ドローン飛行管理責任者」と定義した（**図3・5・5**）。さらに、本マニュアルを活用し、「建築ドローン安全教育講習会」を企画し、2018 年 9 月に第 1 回講習会を開催した（**図3・5・6**）。本講習会は、建築分野におけるドローン利用の前提となる安全をテーマとした国内初の講習会であり、ドローンの飛行に携わる者のみならず、建築分野のドローン利用にかかわるすべての事業者が共通して知っておくべき基礎知識を提供している。現在、修了者は 200 名を超えた。

　また、既存の建築物においてドローンを用いて調査などを行う場合には、当該建築物の居住者への配慮が求められる。居住者への配慮として、安全性の確保はもちろん、調査に伴う写真撮影による住人のプライバシー侵害、ドローンの飛行時の発生音などの問題がある。これより、ドローン調査時の居住者の居住性に関して技術的な資料を整理し、2019 年 3 月に「居住者から見た建築物調査時等のドローンの評価手法研究会報告書」[6] としてとりまとめた。

　2019 年 9 月から、建築ドローン安全教育講習会で習得した方を対象に、実際の建物を対象とした飛行計画書の作成、それに基

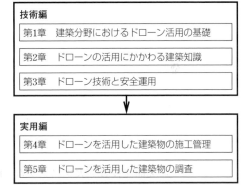

図 3・5・4　JADA 安全マニュアルの構成

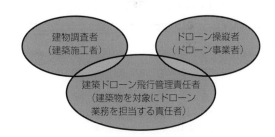

図 3・5・5　（一社）日本建築ドローン協会　建築ドローン飛行管理責任者の役割の例

図 3・5・6　JADA 建築ドローン安全教育講習会の状況

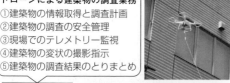

ドローンによる建築物の調査業務
①建築物の情報取得と調査計画
②建築物の調査の安全管理
③現場でのテレメトリー監視
④建築物の変状の撮影指示
⑤建築物の調査結果のとりまとめ

建築ドローン
飛行管理責任者

ドローン
操縦者

**図3・5・7　建物の調査における建築ドローン飛行
管理責任者の役割**

表3・5・4　ドローン飛行計画書作成項目（日本建築ドローン協会様式を参考）

大項目	項　目
概　要	調査目的
	調査対象建築物
	調査内容と調査範囲
	国土交通省許可番号
	JADA建築ドローン安全教育講習修了証番号
	加入保険
調査方法	調査手段と撮影方法
	調査環境条件
	作業区域の配置図
	飛行ルート図
仕様・性能等	調査手段と撮影方法
	調査環境条件
	作業区域の配置図
	飛行ルート図
安全管理	安全対策
	緊急時連絡体制

づいた点検・調査業務の実地見学を通し、建築ドローン飛行管理責任者の役割と実務を学ぶ「建築ドローン安全教育講習レベルアップ研修会（建物調査編）」[7]を実施している（**図3・5・7**）。この飛行計画書とは**表3・5・4**に示すように、概要、調査方法、仕様・性能など、安全管理、その他添付資料に大分類されている。特に調査方法については、建築物へのドローン活用のための安全マニュアルに従って、安全な飛行計画となっているのかの確認を行うことを重要視している。

　2019年9月の同時期に、「建築ドローン標準業務仕様書（案）【点検・調査編】」[8]を制定した。この理由として、最近では安全マニュアルから一歩踏み込んだ業務の内容まで含めたマニュアルを求める声も聞こえてきており、建築の各種業務においてドローンを利用するための標準となる業務仕様を提示しておくことが必要となった。本仕様書（案）は、実際にドローンを建築物の点検や調査に利用する際の標準的な方法を定めたものであり、建物にかかわるドローンを利用した点検・調査業務の発注に用いることを念頭に、発注者がドローンを使用する受注者に対して指示する事項を定めている。本仕様書（案）の目次は**表3・5・5**に示すとおりである。

〔7〕まとめと今後の展望
　建築分野におけるドローンの活用は、他の分野に比べて後発組に入る。これは国の「空の産業革命に向けたロードマップ」にも示されているとおり、建築分野が対象となる飛行レベルは最も難易度が高いレベル4に該当することから、「人」に対するドローン側の安全対策（フェイルセーフ）が最も必要な分野と考えられる。一方で、ドローンを扱う「人」が中心となる技術に対しては、ドローン技術から派生する新しし技術の創出が期待されている。つまり、ドローンは既存技術あるいは新しい技術をつなげイノベーションを起こすコネクテッドインダストリーズの1つであり、例えば、ドローンは現在使用されている可視・赤外線カメラだけでなく、その撮影した画像を利用したAI、VR、AR、MR技術などさまざまな技術展開が可能である。ま

表3・5・5　（一社）日本建築ドローン協会　建築ドローン標準
仕様書（案）【点検・調査編】

```
第1章　総則
  1.1　目的
  1.2　適用範囲
  1.3　用語
  1.4　関係法規等の遵守
  1.5　ドローン点検・調査の実施組織
  1.6　ドローン点検・調査における安全対策
第2章　ドローンを利用した建築物の点検・調査
  2.1　総則
  2.2　ドローンを利用した建築物の基本調査（ドローンを用いた
      外観調査）
  2.3　ドローンを利用した建築物の詳細調査（ドローンを用いた
      詳細調査）
  2.4　ドローンを利用した建築物の現状確認（ドローンを用いた
      現状確認）
  2.5　点検・調査機器（撮影機器とドローンの機種）の選定
  2.6　事前調査
  2.7　ドローンを利用した建築物の点検・調査実施計画書
  2.8　ドローンを利用した建築物の点検・調査の実施
  2.9　ドローンを利用した建築物の点検・調査結果の報告
  2.10　記録と保管
  2.11　個人情報（プライバシー権）の保護
第3章　ドローン等機器類
  3.1　ドローンの機能の条件
  3.2　ドローンを利用した建築物の点検・調査に使用する各種測定
      装置に対する条件
  3.3　機器類の管理
  3.4　データの管理
```

た、これら取得したデータはディジタルトランスフォーメーション（DX）という形で、われわれの生活スタイルをあらゆる面でより良い方向に変化させ進化を遂げていく。さらに近未来のドローンの最終系としては、ドローンは人と共生し、生活圏の1つとして根付くと考えられ、ロボットという概念を超えた新しい生活基盤（ラピュタなど）として寄与する可能性があると考えられる。

　我々の創造を遥かに超える新しいドローン技術の活用と社会実装に期待したいところである。

（宮内博之）

【参考文献】
（1）首相官邸・小型無人機に係る環境整備に向けた官民協議会：空の産業に向けたロードマップ2019、2019年6月21日
（2）総務省：平成30年住宅・土地統計調査　住宅数概数集計　結果の要約、平成31年4月26日
（3）国土交通省：平成30年度建築基準整備促進事業　成果概要、非接触方式による外壁調査の診断手法及び調査基準に関する検討、2019
（4）（一社）日本建築学会：第3回建築ドローンシンポジウム「建築×ドローン2019」資料集、2019年5月9日
（5）（一社）日本建築ドローン協会：建築物へのドローン活用のための安全マニュアル（第1版）、2018年9月1日
（6）（一社）日本建築ドローン協会：居住者から見た建築物調査時等のドローンの評価手法研究会報告書、2019年3月
（7）（一社）建築ドローン安全教育講習レベルアップ研修会（建物調査編）、2019年3月
（8）（一社）日本建築ドローン協会：建築ドローン標準業務仕様書（案）【点検・調査編】、2019年9月27日

3.6 災害対応分野における利活用最前線

3.6.1　自然災害対応における利活用

これは大地震発生直後のある場所のドローン映像である（**図3・6・1**参照）。「山を調べてほしいんだよね」ということで発生3日後に撮影した。現地で自治体の災害担当にどのような形で撮影成果を渡すことができるだろうか。①映像の生データを渡す、②3次元の地形データにして渡す、③斜面崩壊判読箇所をGISデータにして渡す、実はどれも正解であり、不正解である。それはステークホルダーのニーズによるためだ。実際のこの場合は、斜面の亀裂の分布を知

図3・6・1　地震発生3日後の中山間地の活断層が動いた斜面のドローン映像（自主撮影）

り、この山が危険かどうか知りたいとのことだった。結局、山の中を歩いて亀裂の分布を調べることになり、撮影した映像が使われることはなかった。

ここで、問われたのは、「斜面での亀裂の分布を知りたい」と「亀裂のある斜面のリスクは？」の2点だった。前者は、ドローンの技術で対応可能だが、後者は、土砂災害の専門家の知見が必要となり、その結果を用いて災害後のまちづくりにつながる。このように、ニーズといっても単純ではない。前者までで終われば単発の仕事だが、後者のようにデータに付加価値をつければサービスにつながる。

そのような災害対応に対して、災害のレジリエンスという考え方と、政府主導による被災状況をデジタルデータとして一元化共有し災害対応を検討する仕組みが提唱されてきた（文献(1) 参照）。そこで、本項では、災害対応の最新の対応状況とドローンの利活用動向を踏まえ、災害対応時のドローンの技術開発とその標準化、そして災害対応分野におけるドローンの持続的な利活用の可能性について解説する。

〔1〕 災害対応対応分野におけるドローン利活用の動向

一般的なドローンの利活用として、新たな産業・サービスの創出や国民生活の利便・質の向上に資することが期待されている。政府は小型無人機のさらなる安全確保に向けた制度設計の方向性、利用促進、技術開発等の諸課題について、利用者と関係府省庁などが一体となって協議する「小型無人機に係る環境整備に向けた官民協議会」（以下、官民協議会という）を立ち上げ検討を続けている。そこでは、利活用、技術開発、環境整備のロードマップ（**図3・6・2**（災害対応分野）参照）を公表している。

ロードマップ[2]では、技術開発と環境整備について言及している。技術開発では、機体（センサー含む）およびアプリケーション側の開発についてであり、環境整備については、運用ルールと性能評価基準の整備について主となっている。災害対応分野については、災害状況把握や救助支援などが挙げられているが、具体的な課題や今後の取組みについては特に記述されていない。

特に災害時は、被害状況の把握、捜索救助支援、医療活動支援、物流支援、インフラ点検支

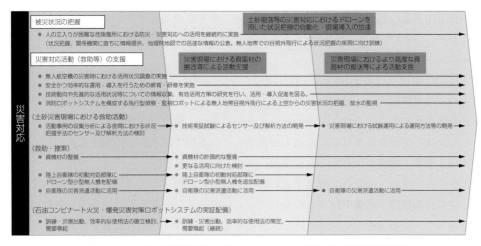

図3・6・2　空の産業革命に向けたロードマップ2019（災害対応分野）

援、避難所・罹災証明支援などについて、それぞれのステークホルダーが行動するためユーザーニーズだけでなく意思決定プロセスも複雑である。そのため、ドローンは民間技術を中心に急速に発展してきたものの、災害対応分野においては、ドローンの利活用を誰とどのように連携し持続的活動を行うかをユーザー目線で産官学で連携しながら取り組む必要があると考える。

〔2〕災害対応時における社会実装プロセスとレジリエンス

　ここでは、社会実装へのプロセスとレジリエンスについて述べる[3]。最初に技術開発から社会実装までの道筋をフロー図（**図3・6・3**参照）を示す。この図において重要なことは、「科学技術的課題」と「社会実装等課題」に分かれていることである。これは、「はじめに」で挙げた事例の前者と後者に対応する。少し詳しい事例で話す、降雨のレーダー観測では、「レーダーによる降雨観測し、それを雨の量に換算し、レーダー雨量分布図を作る」、これは左側にあたる。そして「レーダー雨量図から洪水リスクマップ（情報プロダクツ）を作成し、各自治体にタイミングよく共有し、その情報をもとに市長が（必要であれば専門家の意見を参考に）判断し避難指示情報を出す」この流れは社会実装的課題となる。

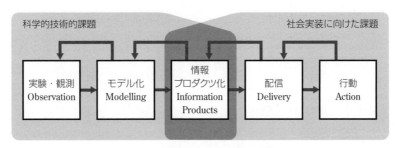

図3・6・3　社会実装に向けた価値創造プロセス

　この解決のためのキーワードは、「情報プロダクツ」である。つまり、ドローンによる「観測情報をリスク情報に変換する」ことである。例えば豪雨災害の現場では、浸水・洪水エリア情報に加え、住宅等の建物や病院、避難所等の情報、道路や鉄道の情報などをGISを使って組み合わせてはじめて「病院の危険度リスクマップ」ができる。このマップが情報プロダクツである。次にその情報が、ステークホルダーに適切なタイミングで配信されることが非常に重要で

ある。そして最後に意思決定を行い行動に至る。このプロセスをディジタル化し定量的に評価することで、「レジリエンス力」（被害を最小限に抑えた上で行う回復力）という1つの考え方である。

〔3〕近年の政府の災害対応の取組み

政府は、大規模災害時に適切に災害対応を行うために、災害対応機関が相互で情報が共有され、かつ活用されることで状況認識の統一とそれに基づく的確な災害対応を実現することを目的として、次のような災害対応の枠組みを構築しているので、それを説明する。

最初に、機関・組織が保有する災害情報システムどうしを連接し、相互に情報を受け渡しすることを「仲介する」仕組みを構築できれば、各機関・組織は、現有システムをそのまま利活用する中で、他機関・組織の情報も現有システム内で利活用できるようになる。各機関・組織が自らのシステムを運用しているだけで、連接するシステムとの情報共有を実現する「相互運用性（Interoperability）」を確保することを目指した地理空間情報共有システムを SIP4D（Shared Information Platform for Disaster Management）[4]と呼んでいる。（図3・6・4 参照）。SIP4D は「戦略的イノベーション創造プログラム（SIP）」という、総合科学技術・イノベーション会議（CSTI）が司令塔機能を発揮して、府省の枠や旧来の分野の枠を超え、科学技術イノベーションを実現するために創設した施策の一環で研究開発が進められた（2014年度～2018年度）。このような情報共有システムは、災害時に実証されてはじめて有効性が評価されることから、研究開発の途上でありながらも可能な機能から適用・稼働させ、平成27年関東・東北豪雨、平成28年熊本地震、平成29年九州北部豪雨、大阪北部の地震（平成30年）、平成30年西日本豪雨、北海道胆振東部地震において稼働実績がある。

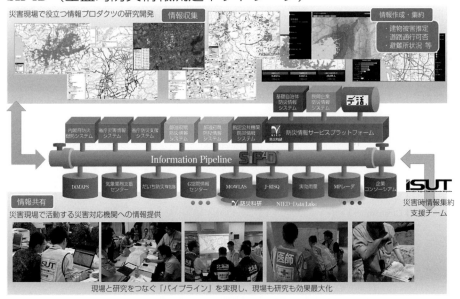

図3・6・4　SIP4D を通じた災害対応における各機関における情報共有

このような情報共有システムは、技術のみで「使えるシステム」になることはなく、「ルール」と「チーム」の密な連携によりシステムが活用されることが重要だと考えている。

特に「ルール」については、機関・組織間での災害情報の共有・利活用について検討する場

として、平成29年4月に内閣府により「災害情報ハブ」推進チームが設置された。正式名称は、「国と地方・民間の『災害情報ハブ』推進チーム」(5)である。災害情報ハブは、国・地方公共団体、民間企業の各機関・組織が持つさまざまな情報を、災害時には共有することが重要であり、事前に各種の情報について取扱いや共有・利活用に係るルールを定めるなど、関係機関・組織間における仕組みづくりを行うことを目的としている。

「災害情報ハブ」では、ルール作りにとどまらず、「チーム」を新たに立ち上げた。それは、災害現場で情報収集・整理を支援する官民チームである情報集約支援チーム「ISUT (Information Support Team)」である(6)。内閣府と「災害情報ハブ」推進チームの民間メンバー有志による官民のチームを構成し、情報収集・整理を試行するイメージである。さらに、情報収集・整理にはSIP4Dを活用する方向で調整され、2018年度は試行的取組として、大阪北部の地震、西日本豪雨、北海道胆振東部地震で活動し、2019年度から本格運用がはじまり、7月の九州北部の大雨、台風15号、台風19号においてISUTは活動しており、SIP4Dが災害情報の共有・流通のために稼働した。

これまで紹介した「ルール」と「チーム」との密な連携に基づき、SIP4Dは災害情報の共有・流通のための空間情報プラットフォームとして扱うデータを広げ、状況認識の統一が実現できるよう、関係機関と連携して、具体的な取組みを進めている(7)。

上記の活動を衛星データを中心に災害対応を支援するために、内閣府のプロジェクトとして、初動対応に活用できるようにするための即時一元化・共有システムの研究開発を、防災科研やJAXAなどの研究機関、大学、民間企業が参画して実施している。このプロジェクトは前述の「戦略的イノベーション創造プログラム（SIP）」の第2期（2018～2022年度）に位置付けられている(8)。

このプロジェクトでは、衛星データを中心に、空撮画像やドローンデータも含めて広くリモセンデータとして扱い、さまざまな種類のデータを一元化するとともに、ニーズに合わせ即座に被災状況を把握できる情報プロダクツを生成するシステムの構築に向けて研究開発を行っている。

上記のような政府が音頭をとるデータ流通や一元化のシステム及び仕組みが稼働すれば、自治体および各機関や企業におけるドローンの利活用の仕方が具体的になり、よりニーズが明確になれば、持続的なサービス提供へつながることが期待される。

〔4〕災害対応分野におけるドローン利活用の戦略的な取組み

ドローンの利活用を戦略的に行うために、次の3つの要素について述べる。

(1) 災害対応に必要なドローン技術

災害対応分野では、ドローンはフライングロボットとしての活躍が期待されるが、特に「自律、計測評価、リアルタイム性」の3つを同時に満たす必要がある。

災害時は平常の状態ではないため限られた情報さらに風雨などの過酷条件下で自律的に飛行することが要求される場面が多く、一方ではレーザーセンサーを使ったSLAM航法も活用が期待される。

ここは、〔2〕で触れたロードマップでは、ドローン開発における環境整備と技術開発として、各種目標が掲げられている。特に災害対応ではレベル3、4を目指す必要がある。期待も含めハード面での開発は、世界も含め進んでいるように思う。一方で、特に災害現場では過酷環境（風雨、降雪、高低温湿度、夜間、濃霧、火山灰など）下でも対応する必要がある。そのため、ハード面での開発では、このような環境でも機体は動き、計測もでき、その解析結果も動くと

いうシステムとしての完成度を評価する必要があり大きな課題である。

　また、GPSを用いないSLAM（Simultaneous Localization and Mapping）航法は、レーザースキャナーセンサーを用いた3次元マップを作成しながら自己位置推定を行い飛行する手法であり、データが3次元点群データを扱うことになり、異常な変化や状態を迅速に把握することが可能になり災害現場調査での活躍が期待される。また解析はオンボードでリアルタイムにされるようになると迅速な結果を提供できるようになることも期待される。

　このように、ドローンの機体や飛行技術だけでなく、解析結果も含めたトータルシステムとしての開発が必要であり、複雑な環境でもドローンが判断し、解析結果を得るために適切に飛行し、情報をリアルタイムに判断者に伝わることを目指すことが必要である。

（2）持続的なサービスのための技術の標準化

　開発された技術を持続的なサービスへつなぐためには、その「技術の標準化」および「技術とユーザーとのマッチング」が重要である。しかし災害対応分野においては、特にドローン×IoT/AIのような最新技術についてはあまり進んでいない。

　防災科学技術研究所では、降雨や強風、雪氷下の中でドローンが飛行するための実験環境を再現することができる[9]。一方で、降雨と風を同時に考慮した規格はないため、防災科学技術研究所では、一般財団法人建材試験センターと協力して、風と雨の同時性を考慮した規格「キャビネットおよび宅配ボックスの水漏れ試験方法（送風散水試験法）」（JSTM W 6401：2020）[10]を制定し、新たな風雨等級（WP）で表示することが可能になった。今後、このような施設を活用することで、過酷環境下での性能実験を行う場合に技術の標準化への第一歩となることが期待される。

　一方で災害対応分野で一番進んでいる3次元地形データの活用について述べる。この技術はドローンを使って、SfM（Structure from Motion、多視点ステレオ写真測量）とMVS（Multi-View Stereo、多眼ステレオ）を用いた3次元地形データを作成する技術であり、一般的になりつつある。しかし複数のソフトウェアが開発されているが、出される結果の精度を評価する必要がある。この技術は測量分野において普及しており、i-Construction推進のキー技術の1つである。ドローンの団体が国交省と組んで、標準化を行おうとしている動きもある。このように他分野とも協力しながら標準化を進めサービスの質を高めることは重要である。

　今後は、風雨の過酷条件下の実験だけでなく土砂中の物体をセットしたモデル地盤、予め地盤変状を与えたモデル斜面等を使った探査技術の検証、3次元地形モデルの測量技術の検証などを行いながら標準化を進めていくことは重要である。また、検証実験については、防災科研の先端的施設や福島ロボットテストフィールド[11]などと連携して標準的実験を行い、各種のドローン団体を中心にユーザーとも協力して実施し、新技術とユーザーとのマッチングが進むことも重要である。

（3）地産地防による戦略的な官民連携

　社会実装の成功のカギは、最後のラストワンマイルをどうつなぐかであり、それを支えるのは、「地産地防」である。特に地方自治体と技術を所有する民間企業が日頃から連携を保つことが重要である。ここでの連携は情報共有を進めることであり、具体的には、〔4〕で触れたような災害時の対応について日頃から担当者どうしが顔を合わせて意思疎通を図れることが重要である。その結果が地域防災計画や各企業のBCPに反映されるようになることが望ましい。

　自治体や企業が参加した取組みの事例として、広島県神石高原町の取組み[12]が挙げられる。災害対応では自治体を中心に関係機関の間で事前の準備、協力関係を築くために、ドローンに

詳しい研究者、専門家、関連企業で構成するドローンのコンソーシアムを設立して積極的に取り組んでいる。

　今後のような取組みを増やしていくためには、民間企業が単独で自治体と協定を結ぶのではなく、ドローンの団体が主導し自治体との協定を結ぶ必要がある。ドローンの技術は日進月歩であり、またハードからソフトまでをチームとしてサービスを持続的に提供していくには組織として対応することが不可欠である。また災害対応は平時の延長であることが望ましく、そのために、平時からインフラの維持分野などと協力し、技術やデータの共有を進めることが、ドローンによる持続的なサービス提供につながる。

　ドローンの技術開発は民間を中心に行われ、各分野において利活用も進んできている。しかし災害対応分野においては、その利活用が限られた範囲での利用に留まっている。それを解消するためには、産官学が連携しデータの共有や技術の標準化の取組を通じて、ドローン技術を利活用しやすい環境を作る必要がある。ドローンの各種のコンソーシアムや協会などが主導し、国や自治体と一緒に平時および災害対応を支援していく体制を構築することが重要である。

　なお、本項で挙げた研究成果の一部は内閣府 CSTI 戦略的イノベーション創造プログラム（SIP）「レジリエントな防災・減災機能の強化」（管理法人：JST）および「国家レジリエンス（防災・減災）の強化」（管理法人：防災科学技術研究所）の一環で実施した。　　　（酒井直樹）

【参考文献】
（1）酒井直樹、2018、地域コミュニティの安心安全を支える ICT、地盤工学会誌 Vol.66 No.9 No.728、pp.1～3
（2）小型無人機に係る環境整備に向けた官民協議会（第 13 回）令和 2 年 3 月 31 日、内閣官房小型無人機等対策推進室
　　https://www.kantei.go.jp/jp/singi/kogatamujinki/kanminkyougi_dai13/sankou.pdf
（3）防災科研統合レポート 2019（概要版）、2019、防災科学技術研究所、https://www.bosai.go.jp/introduction/pdf/report2019.pdf
（4）Usuda, Y., Matsui, T., Deguchi, H., Hori, T., Suzuki, S., 2019. The Shared Information Platform for Disaster Management　–The Research and Development Regarding Technologies for Utilization of Disaster Information–. Journal of Disaster Research, 14（2）, 279–291.
（5）内閣府、2017. 国と地方・民間の「災害情報ハブ」推進チームについて、広報誌「ぼうさい」平成 29 年夏号、87、18–19.　http://www.bousai.go.jp/kohou/kouhoubousai/h29/87/news_05.html（2020 年 2 月 3 日確認）
（6）内閣府、2018. 平成 30 年度官民チームの試行的取組の進め方（案）,「国と地方・民間の『災害情報ハブ』推進チーム」第 5 回検討会（平成 30 年 6 月 8 日実施）配布資料 3-2、http://www.bousai.go.jp/kaigirep/saigaijyouhouhub/dai5kai/index.html（2020 年 2 月 3 日確認）
（7）防災科学技術研究所 総合防災情報センター、2018. SIP4D 情報公開サイト、https://www.sip4d.jp/（2020 年 2 月 3 日確認）
（8）防災科学技術研究所 国家レジリエンス研究推進センター、2019. 被災状況解析・共有システム開発、http://www.bosai.go.jp/nr/nr2.html（2020 年 2 月 3 日確認）
（9）防災科研先端的研究施設利活用センターhttps://www.bosai.go.jp/activity_special/center/shisetsu.html
（10）一般財団法人建材試験センター、「キャビネット及び宅配ボックスの水漏れ試験方法（送風散水試験法）」（JSTM W 6401：2020）、2020
（11）福島ロボットテストフィールド https://www.fipo.or.jp/robot/
（12）内山庄一郎、梅岡康成、奥村英樹、勝俣喜一朗、城 純子、谷 真斗、出口弘汰、三澤 努、南 政樹、我田友史、2020、ドローンを用いた災害初動体制の確立 —神石高原町における地産地防プロジェクトの取り組み— 防災科学技術研究所研究報告（84）1 - 14

3.6.2　災害医療対応での利活用

〔1〕災害医療の特徴

　災害医療は一言でいうと医療に対する需要と供給のアンバランスである。1995年阪神淡路大震災において、「防ぎえた災害死」の概念が提唱され、災害医療体制を整えることで「平時であれば救うことのできた命をどのように医療資源まで到達させるか」に主眼が置かれてきた。わが国の災害医療体制は、全国に700か所以上ある災害拠点病院、4～5名の医師・看護師・業務調整者（以下ロジ）からなるDMAT・日赤医療班などの緊急医療支援チーム（EMT）、重症度に応じた医療搬送を決定するステージングケアユニット（SCU）と飛行機やヘリを用いた被災地外の医療施設への広域搬送、全国で災害医療関係者が情報を共有できる広域災害医療情報システム（EMIS）を基本としている[1]。2011年東日本大震災を経て、各都道府県の災害医療コーディネーターが消防、警察、海上保安庁、自衛隊とも連携しながらEMTの派遣調整および、災害精神医療支援チーム（DPAT）、災害時健康危機管理支援チーム（DHEAT）、小児科リエゾン、透析医ネットワーク、日本災害リハビリテーション支援チーム（JRAT）などのさまざまな専門性をもつ団体、さらには都道府県の災害対策本部のなかに設置される保健医療調整本部において活動を行うこととなっている[2]。保健医療調整本部において、被災地内外のEMTや災害拠点病院との連絡や、道路啓開状況、物資の利用可能状況、情報の収集と記録などを行っているのがロジであり、岩手医科大学災害時地域医療支援教育センターの日本災害医療ロジスティックス研修を受けたものが訓練と実働の場で多く活躍している。

　これだけの体制を整えても、なお同時多発的に発生する医療の需要への対応は容易ではなく、情報を整理して対応の優先順位をつけていくことは必須である。保健医療調整本部の意思決定支援として、内閣府の戦略的イノベーション創造プログラム（SIP）第1期において開発された府省庁連携防災情報共有システム（SIP4D）を情報のバックボーンとして、第2期において災害医療の意思決定を支援するD24Hシステムが実装されつつある[3]。ドローンの活用は災害対

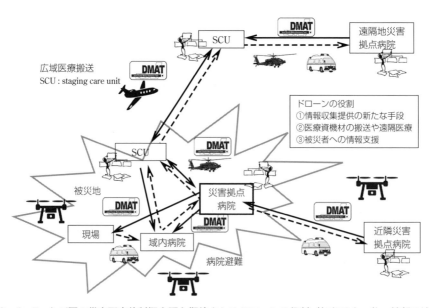

図3・6・5　わが国の災害医療体制概念図と期待されるドローンの役割（矢印は人・物・情報の流れ）

応全体のなかで災害医療が果たさなくてはならない（果たしたい）役割とそのために必要な作業をどのように補填し拡充できるかということになる。

〔2〕災害医療でのドローン活用の利点と課題

　ドローンの災害医療への応用は、情報収集提供の新たな手段、医療資機材の搬送や遠隔医療、被災者への情報支援に分類できる。わが国でも世界でも災害医療へのドローンの応用はまだ研究と実証実験の段階である。日本医科大学千葉北総病院が先導し、2015年から東京電機大学、芝浦工業大学、イームズロボティクスらと共同で『救急・災害時ドローンプラットフォームネットワーク』を結成、実証訓練を継続している。2019年9月大規模地震時医療活動訓練において、千葉県庁内の航空運用調整班に医療ドローン代表者が加わり、活用計画や飛行場所などの情報共有を行った。訓練直後の台風15号、19号対応では医療ドローン実働の必要性を認識しながらも実際の運用はされなかったが、台風21号関連豪雨対応時には千葉県で初めて医療ドローンによる『洪水に伴う医療機関へのアクセス制限』情報の収集が実現した。同時に、実装にはヘリコプターとの調整も含めた運行管理、安全管理、情報共有システムの構築、条例や法的問題の解決など多くの課題を有するとされている[(4)]。

　災害医療のなかで、発生の予測や予防をあらかじめ備えることができるものの1つにマス・ギャザリング医療がある。スポーツイベントやコンサートなど多くの人が集まるときに、医療体制の準備は必須であり、健康被害の予測・予防と迅速な対応のためにドローンが活用できる。マラソンイベントのように長距離かつ多数の参加者の健康被害を検出し、救急隊とも連携することで、迅速で効率的な現地到着と救急搬送につながる。また、コンサートなどでは、群衆の広がりを把握し、熱中症や将棋倒しのような事象の予測・予防や対応に貢献することができる。イベントに対応することを積み重ねることで、災害時にも役立つノウハウが得られる。

　2018年南海トラフ地震を想定とした保健医療対応合同訓練では、災害医療で現場の医療チームとの通信が確保できない状況を想定して、ドローンを臨時の基地局とする実働訓練が試されようとしたが、飛行規制の調整に時間がかかり訓練に間に合わないこともあった。平時の訓練における利用促進も必要である。ドローンにより直接避難所や福祉施設などの混雑度、ライフライン状況、衛生状況などをアセスメントすることができれば、保健医療調整本部の意思決定に役立つ可能性があるが、飛行音や安全性にさらなる技術革新が必要である。

〔3〕海外での災害対応への応用

　米国ではTexas A&M大学のチーム（CRASAR）が2005年のハリケーンKatrinaにおいてミシシッピ州での生存者捜索に使用したのが初めてであり、すぐさま米国航空局が混雑した空域で有人飛行機の邪魔をすることがないように災害対応であっても業務目的に認可されたドローンのみが飛行可能であると発表した[(5)]。2016年まではこの認可を得るのは容易ではなく、しかも民間には全く許可されなかった。2013年コロラド州洪水では民間ドローンは強制着陸させられた。テキサス州の捜索救助団体は2005年から使用を続けてきたドローンによる捜索を停止するよう2014年に裁判所命令を受けた。

　2015年にCRASARが米国赤十字などとともに、ドローンの機動性を災害対応に活かすことの重要性を報告したことで[(6)]、2016年に米国航空局が商用・業務目的ドローンの規制枠組を明確化し、その第107項に災害対応・調査が記されている。中国では2008年四川大地震で被害状況把握に使用され、2011年東日本大震災ではCRASARとともに原子炉の被害状況把握に用いられた。2012年には2010年ハイチ地震による避難者キャンプの調査に用いられた。2013年にカナダの山岳救助隊が赤外線カメラを用いて行方不明者を同定しドローンによる人命救助の第

1例となった。2013年台風Haiyanで被害調査にドローンが用いられて一躍脚光を浴び、つづけて、2015年バヌアツの台風Pam、ネパールのゴルカ地震などでも活用された。

　2017年に米国を襲ったハリケーンHarveyとIrmaの上陸直後に、被害アセスメントにドローンを用いたことに対するドローン操作・災害対応関係者の意識調査が行われた[5]。①技術的な共通課題としては、ハードウェアやソフトウェア上の問題よりも、ドローン操縦者はデータを収集するが、解析や意思決定はしないこと、得られた結果がどのように活用されているかを知らないことが挙げられた。②運用上の共通課題としては、航空局規制はドローンの具体的な飛行技術などには触れておらず、操縦技術の標準化や研修が必要であること、評価システムがなく個人的な信用などにより運用されていること、災害対応組織間の連携やデータ共有不足、経験と技術を持ち自立できる操縦者と一過性の操縦者を区別すべきであること、どのような災害状況に対してドローンを用いるべきかはっきりしていないことが挙げられた。③倫理的な共通課題としては、プライバシー保護のための国家的なガイドラインが未整備なため各団体が独自の基準を定めること、プライバシー保護は尊重するが実情を知らないままむやみに反対しないでほしいこと、ドローンの災害時活用の利点を社会と共有すべきであることが挙げられた。④法的な共通課題としては、災害時のドローン運用に必要なことを規制当局が必ずしもわかっていないこと、認可の一部に不公平性があること、航空局と自治体政府がきちんと規制してほしいこと、官僚的なために一部の操縦者はこの規制を守ろうとしないことが挙げられた。

〔4〕日常の医療での利用状況

　日常的にドローンを医療に使用していなければ、実際の災害医療にドローンを活用することは期待できない。医療におけるドローン利用は裾野を広げつつある。ギニアでてんかん発作を起こした場合に、抗てんかん薬を搬送拠点からあらかじめ決められた給油所やモスクなどにドローンを用いて運ぶと、車での運送に比較して配達時間を70％以上短くすることができたとされている[7]。4年間に州全体で18歳以上の16,503人が心臓発作を起こす可能性があるノースカロライナ州で、500か所のドローンネットワークから自動体外式除細動器（AED）を搬送するシミュレーションモデルを用いて、AEDの到着時間を7.2分から2.2分に短縮でき、そばにいる人（バイスタンダー）が46％AEDを使おうとするならば、生存率は12.3%から24.5%に倍増、州全体の人々が健康でいられる年月（QALY）はのべ30,000年向上するとした。バイスタンダーが4.5%しかAEDを使用しないとしても、生存率は13.8％に改善すると予測され、ドローンネットワークは幅広い範囲の想定で費用対効果を向上させるので、ドローンを活用する政策提言をするべきだとしている[8]。

　2019年に特別仕様のドローンを用いてはじめて臓器移植用の臓器を搬送した報告がある。ボルチモアで、44回7.38時間の飛行経験を持つドローンが、臓器提供元から受入先のメリーランド大学病院までの約4.5kmを1回目は何も入れず、2回目は氷や生理食塩水、輸液チューブなど3.8kgの過重でテスト飛行を行い、3回目に実際の臓器を含む4.4kgの過重で搬送され、移植手術は成功した。この社会実装にあたっては、移植臓器のコーディネーションを行う団体と、大学病院の2か所における倫理審査はもちろん、患者の同意、移植される臓器の健全性などをすべて満たしたうえで実施されている[9]。臓器の搬送は、航空機を含めた交通手段の確保や、責任をもって臓器を搬送する人員の確保などが必要であり、効率性のみならず安全性にも課題がある。ドローンの活用によって、低温阻血時間を短縮することができ、移植臓器片の品質向上、費用削減、安全性向上などが期待できる。このほかにも、高齢者にウェアラブルモニターを装着してドローンから転倒の検出や心拍数の管理に用いる試みがなされている。

〔5〕支援者支援

　災害による避難者数とメンタルヘルスサポートチームの活動期間は強く相関し、しかもメンタルヘルスの需要は発災直後の超急性期にも高いことが判明している[10]。とくに精神病院では超急性期から精神医学の専門家による支援が必要となるため、精神病院の被害状況把握にドローンが活用できれば、適切な治療継続支援につながる。本書の別章でも触れられるが、ドローンの利用が増えるについて、ドローンに起因する外傷や、ドローン操作者のストレスの報告も増加してきている。災害医療において支援者の健康被害は重要な課題である。ドローンを使用して得られた情報や、ドローンの機動性がどのように災害医療に役立つことが理解できれば、新たな技術開発や支援者にとって自己効力感を高めることにつながる。　　　　（江川新一）

【参考文献】
（1）厚生労働省：災害医療等のあり方に関する検討会報告書（2011）
（2）厚生労働省大臣官房科学課：科発 0705 第 3 号（2017）
（3）市川学：第 25 回日本災害医学会抄録 SY1-8
（4）本村友一：第 25 回日本災害医学会抄録 SY1-6、SY1-7
（5）Greenwood F, Nelson EL, Greenough PG : PLoS One, 15, 2, e0227808（2020）
（6）American Red Cross ; IssueLab 21683（2015）
（7）Mateen FJ, Leung KHB, Vogel AC, Cissé AF, Chan TCY. : Trans R Soc Trop Med Hyg, trz131（E-pub）,（2020）
（8）Bogle BM, Rosamond WD, Snyder KT, Zègre-Hemsey JK. North Carolina Medical Journal, 80, 4, 204-212,（2019）
（9）Scalea JR, Pucciarella T, Talaie T, Restaino S, Drachenberg CB, Alexander C, Qaoud TA, Barth RN, Wereley NM, Scassero M. Annals of Surgery.（Epub）（2019）
（10）Tahahashi STakahashi S, Takagi Y, Fukuo Y, Arai T, Watari M, Tachikawa H. Int J Environ Res Public Health, 17, 5, E1530（2020）.

3.6.3　災害対応におけるドローンの活用

〔1〕災害現場でのドローンの活用

　巨大災害後の対応や被災地での救援活動において最も重要な課題の 1 つは被害の全容把握である。災害の発生直後は、深刻な被害を受けた地域からの情報が断片的となり、被害の全容把握が極めて困難になるとともに、被災地での救援活動や復旧活動も難航する。2011 年東日本大震災の被災地は広大で、発災直後に激甚な被災地がどこにあるかを把握することが不可能であった。現地での被害把握に関する対応は、調査期間や人的資源の制約により限界があるため、被災地外からの把握が必要であると考えられており、そのための人工衛星、航空機などによるリモートセンシング技術が発展してきた。

　一方、ここ数年で、災害発生直後にドローンを活用して被災現場の状況把握を行う事例が急増した。特に人が容易に立ち入れない危険な場所での迅速な状況把握には極めて有用であることが実証されている。

　災害時の活用事例としては、水害被災地における河川堤防の破堤、浸水状況の把握、活断層周辺の地盤変動状況の把握、火山火口周辺の噴火状況の把握、土砂災害発生状況の把握などが挙げられる。例えば、2017 年 7 月の九州北部豪雨では TEC-FORCE（緊急災害対策派遣隊）が調査を実施、2018 年 9 月の北海道胆振東部地震では、陸上自衛隊が厚真町の地盤災害現場に災害派遣としては初めてドローンを導入、厚真ダム周辺の環境を把握し、土砂崩れ拡大の危険性、

ダムへの土砂流入の可能性を検討した。国土交通省国土地理院は、2019 年台風 19 号による水害発生後に、河川の破堤状況の把握を行っている。航空法による国土交通大臣の承認無しで飛行できるのは、日中での飛行、目視範囲内での飛行、人・建物から 30 m 以上離れた飛行、という限定的な条件であるといえるが、現時点において災害時にドローンを活用することの意義は、ある程度限られた範囲での被災、周辺状況の目視による把握を可能とすることである。

　今後は、ドローンのモビリティの向上（悪天候下での飛行性能）と搭載するセンサーの軽量化・高度化（高解像度化）により、より定量的な被害の把握が可能となる。

　本稿では、筆者が重要だと考える、1）災害被害の定量的な把握、2）被災地における被災者の探索の 2 点について、ドローンの災害時活用の現状と展望について論ずる。

〔2〕災害被害の定量的な把握

　リモートセンシングによる災害被害の量的な把握を考えた場合、水害であれば浸水面積、浸水家屋棟数、地震であれば倒壊家屋棟数、出火件数、土砂災害であれば崩壊土砂体積などが挙げられる。いずれも、災害対応・被災地救援活動の規模や範囲を決定するために重要な情報であり、精度についての議論はあるものの具体的な数字が求められる。

　ドローンによる災害被害の量的な把握を目的として搭載されるセンサーには、光学・マルチスペクトルカメラ、LiDAR（Light Detection and Ranging）などが挙げられるが、最も一般的で利用されるのはデジタル光学カメラ（静止画・動画）であろう。空中からの多視点での撮影と高解像度画像の取得が容易になったことで、画像内に含まれる 3 次元空間を反映するさまざまな情報を活用して対象物の 3 次元的な形状を得ることができる[1]。代表的な手法としてStructure from Motion（SfM）が挙げられる。SfM は、カメラの位置姿勢と対象の座標を取得する原理を利用し、画像内に映り込んでいる点（特徴点）を画像内の位置（座標）として特定し、別の方向から撮影した同じ点との位置・姿勢の関係を求めるという手順（バンドル調整）を全ての画像に対して繰り返すことで、ある対象を撮影した複数枚の画像から対象物の形状を復元することができる。コンピュータビジョンの分野で高度化が進み、ソフトウェアによる 3 次元モデルの自動生成も可能となったことからさまざまな分野で活用されている[2]。

　SfM より得られるデータは、3 次元の点群データ、メッシュモデル（TIN）、2 次元平面に投影された標高データ（Digital Surface Model）とオルソ補正画像である。これらを、さまざまなデータとともに GIS 上で分析することで被害の特徴量を得ることができる。

　筆者らが取り組んだのは、2017 年 7 月九州北部豪雨の被災地調査において、革新的研究開発推進プログラム（ImPACT）の田所・野波チームが撮影した画像の SfM 処理により流木・瓦礫のマッピングを行った[3]。田所らのチームは、自律制御システム研究所が開発した全天候型ドローンを使用し、雨量 100 mm/h、風速 10 m/s まで活動可能、時速 60 km/h で 25 分間飛行でき、10 km 先まで広範囲な調査を可能としている。解析手順は以下のとおりである。

① 撮影された静止画からオルソモザイク画像を作成（図 3・6・6（a））
② Structure from Motion（SfM）による DSM 作成（図 3・6・6（b））
③ 作成された DSM と国土地理院 DEM の差分処理による瓦礫の抽出
④ 瓦礫体積の算出とマッピング（図 3・6・6（c））

　災害後の撮影で得られた、流木や瓦礫などを含む地表面の DSM と被災前の地表面の標高データとの差分を取ることで、流木量の体積や重量を推定することができる。すなわち、推定量に基づいた重機の手配や復旧作業に必要な人員、工程を検討することができるのである。同様の分析・推定は、斜面崩壊現現場における崩壊土砂量の算出にも応用することができるし、例

えば LiDAR を搭載した複数機ドローン編隊による大規模調査が実施できれば、広域にわたる被害の空間分布や被害量の推定も可能である。

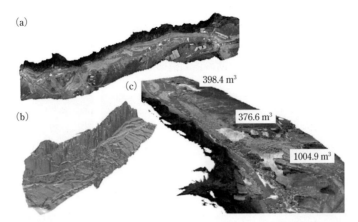

図 3・6・6　2017 年 7 月九州北部豪雨時の流木・瓦礫のマッピング。(a) ImPACT 田所・野波による撮影画像（オルソフォト）、(b) Structure from Motion（SfM）による DSM、(c) 流木・瓦礫体積の算出とマッピング

〔3〕被災地における生存者の探索

　津波や洪水といった災害の被災地では、被災者が避難先の高台や建物などに取り残され孤立する事態が数多く発生しており、彼らの早期発見は人命救助の観点から極めて重要である。現在は有人のヘリコプターなどの航空機を用いた捜索・救助がほとんど唯一の手段として行われているが、ここには多くの課題がある。例えば 2011 年の東日本大震災において被災地に投入されたヘリコプターはのべ約 190 機に上るが、緊急時に備え待機する機体も必要であったことなどから、実際に捜索に従事できたのはそのうちの半数に満たなかったと報告されている。また、被災者がいる可能性のあるポイントを見つけてはその都度大きく高度を下げ、目視による確認を行っているため、捜索に時間がかかるほか、サイレントタイム確保の観点からも、有人航空機の活用には課題がある。そこで、筆者らは、津波等の被災地を想定した環境において UAV により撮影された斜め空撮画像を対象に、複数の異なる解析手法を適用しその結果を統合することで、画像から人を高精度に検出する手法を構築した[4]、[5]。解析手順は以下のとおりである。

(1) HOG 特徴量による人の抽出

　HOG（Histograms of Oriented Gradients）特徴量は、対象物体の持つ輝度勾配を局所領域ごとにヒストグラムとして表すことで多少の形状変化を許容できるほか、繰り返し正規化を行うことで照明変化にも頑健となっており、人検出の技術において現在最も用いられている特徴量である。

(2) エッジ・線分の抽出

　人の体を線分と見立てて、エッジ・線分を抽出する。エッジの抽出を行うためのアルゴリズムとしては Canny エッジ抽出が最も一般的である。得られたエッジ画像に対して確率的 Hough 変換を適用し、線分を抽出する。

(3) 人の影および上半身の検出

　人の持つ特徴として人の影および上半身に着目し、それらを画像から検出する。ここではオブジェクトベース画像解析を用いた。この手法は、画像を類似した情報を持つピクセルの集合（オブジェクト）に分割するセグメンテーション、そして生成されたオブジェクトを最小単位

としていくつかのクラスに分類するオブジェクト分類という２つの処理から構成される。セグメンテーションにより画像をオブジェクトに分割した後、オブジェクトを任意のルールに従って分類することで、特定のオブジェクトだけを抽出する。

　これらの手法を総合すると、**図３・６・７**（c）、（d）のように、複雑な背景においても精度良く人を検出することができ、被災者の捜索はドローンが担当し、救出を有人機が担当するという分業が成立し、より効率的な捜索・救助の体制構築が可能になる。

（a）オブジェクト分類による影の抽出　　　　　（b）人体の検出

（c）湿地帯における人検出の実証　　（d）震災瓦礫置き場における人検出の実証

図３・６・７　ドローンからの空撮画像を利用した被災者の探索

　ドローンの災害時の活用については、ユーザーがあらかじめ POI（Point Of Interest）を設定することで現場情報の把握が可能になる。今後は、ドローン自身が自律的に飛行し、不明な被害箇所の情報を取得して戻ってくるような、自律飛行の技術、情報解釈の技術の発展に期待したい。これは、ドローンの飛行技術、搭載できるセンサーの軽量化と性能向上、分析手法の高度化、人工知能の普及を背景として、達成されるであろう。さらに、データ取得・解析の自動化、ソフトウェアの充実により、ドローンの操縦や解析に不慣れなユーザーへの門戸を広げることが課題である。　　　　　　　　　　　　　　　　　　　　　　　　　　　　（越村俊一）

【参考文献】
（１）織田和夫：“解説：Structure from Motion（SfM）”、写真測量とリモートセンシング、Vol.55、No.3、pp.206–209（2016）
（２）早川裕弌、小花和宏之：“小型無人航空機を用いた SfM 多視点ステレオ写真測量による地形情報の空中計測”、物理探査、第 69 巻、第 4 号、pp.297–309（2016）
（３）革新的研究開発推進プログラム（ImPACT）田所プロジェクト報告書、https://www.jst.go.jp/impact/report/07.html
（４）佐藤遼次、越村俊一：“UAV による空撮と画像解析を用いた被災者捜索技術の開発”、土木学会論文集 B2（海岸工学）、Vol. 69、No. 2、pp. I_1461–I_1465（2013）
（５）佐藤遼次、越村俊一：“UAV を用いて撮影した光学画像における人検出の精度向上”、地域安全学会論文集、27 巻、pp.293–30（2015）

3.7 警備分野における利活用最前線

3.7.1　警備分野におけるドローンの役割

〔1〕セコムのセキュリティサービス

　セコムは1962年に日本初の警備会社として創業した。創業当初は人的警備（巡回警備や常駐警備）からサービスを開始し、4年後の1966年には現在主力となる機械警備（オンライン・セキュリティシステム）（**図3・7・1**）への転換を図った。

　オンライン・セキュリティシステムは、人と機械を有機的に結合したシステムである。契約先に設置したセンサーの情報をセコムのコントロールセンターに集約し、センサーが検知した異常信号をもとに、全国の約2,800か所の緊急発進拠点より警備員が急行し、必要に応じて警察や消防への通報も行う。

図3・7・1　オンライン・セキュリティシステム

〔2〕セキュリティサービスにおけるドローンの役割

　オンライン・セキュリティシステムは、当初は無人状態の警備、すなわち夜間や休日のオフィスなどの立入禁止の空間・時間への侵入を検知するところから始まった。しかし昨今は犯罪の多様化・高度化を背景に、有人状態の警備、すなわち人がいる場所で時間を問わず不審な行為や状況を捉える必要性も出てきた。

　また複合商業施設やスタジアムなど広大な敷地へのセキュリティのニーズも増えつつある。そのため非常に多くのカメラやセンサーを設置する、もしくは大量の人員を配備する必要が出てきた。ただし敷地が広大なゆえ、センサーが異常を検知してから、対処までに時間を要することから、到達時間の短縮が課題であった。またカメラやセンサーの設置数、すなわちコストも面積に応じて高額化する。大量の人員配備も当然コストがかかる。

　こういった状況において、以下の4つの観点で、ドローンは昨今のセキュリティニーズに合致した有用なツールであると考える。

　1つ目は、目的地までの到達時間が大幅に短縮できるという点。ドローンは上空の最短経路を停止することなく迅速に移動できるため、走行型ロボットや警備員よりも圧倒的に早く到着するというメリットがあり、脅威をいち早く収めることにつながる可能性を秘めている。

　2つ目は、監視エリアの動的な変化に対応できる点。固定位置に設置したカメラであれば、エリア内のレイアウト変更（新たにモノが置かれた、モノが移動したなど）が生じると、死角が発生する可能性が否めない。その点ドローンは、搭載カメラやセンサーにより動的に死角を把握でき、それを回避する移動制御により死角のないハイレベルな監視が可能となる。

　3つ目は、安全に牽制・威嚇を行える点。ドローンの飛行音は不審者にとって脅威であり、犯罪を早期に諦めさせるトリガーになりうる。早期の牽制・威嚇により、被害の未然防止にもつながる。さらに警備員が不審者と対峙せずに脅威が収まれば、警備員の身の安全にもつながる。

　4つ目は、サービス提供コストの低減につながる可能性だ。敷地が広ければ広いほど、カメラやセンサーの設置台数が増大し、工事費や通信費も含めると高額化する。ドローン搭載のカメラやセンサーで撮影・情報取得することで、地上に設置するカメラやセンサーの台数を減らすことができ、コストダウンにつながる可能性がある。人による従来の巡回サービスをドローンに代替すれば、例えば緊急時のみ人が対処するなどオペレーションの工夫により、人件費の大幅な削減が可能となる。

　以上のように、ドローンは犯罪の多様化・高度化に対応する高度なセキュリティサービス実現に有望な手段といえる。

3.7.2　商用サービスの事例

(1) セコムドローン「侵入監視サービス」

　2015年12月10日の改正航空法の施行[1]にあわせて、民間防犯用としては世界初の自律型飛行監視ロボット「セコムドローン」（**図3・7・2**）による「侵入監視サービス」の提供を開始した[2]。

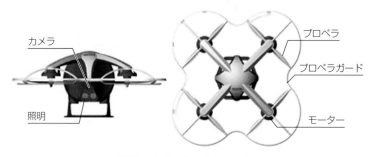

カメラ　プロペラ　プロペラガード　照明　モーター

図3・7・2　セコムドローン

　「侵入監視サービス」は、契約先の敷地内にあらかじめセコムドローンを待機させておき、不審車両や不審者の侵入事案発生時に、いち早く事案発生箇所へ急行させる。セコムドローンに搭載するカメラによって詳細な状況を撮影・記録しコントロールセンターへリアルタイム映像を送信することで、管制員が異常事態の早期確認を可能とする。

　本サービスの詳細および技術については、本書の前書「ドローン産業応用のすべて」[3]に詳述してあるので参照されたい。

(2) セコムドローン「巡回監視サービス」

　2018年3月1日にサービス提供開始したセコムドローンによる「巡回監視サービス」[4]（**図3・7・3**）は、事前に設定した条件（経路／速度／高度／向き）で警備エリアを自律飛行し、ドローンが撮影した映像をコントロールセンターで表示、リアルタイムに安全確認を行うことができるサービスである。発進から飛行、帰還、充電までを完全自律で行う日本初の商用サービスとして、既に運用も始まっている。

　これまで人が行ってきた巡回警備をドローンが代替することで、人の立入が危険な場所（屋上など）の監視も容易となった。また死角も少ないことから巡回監視サービスの質を飛躍的に高めた。

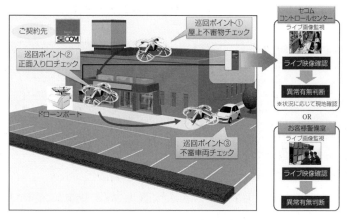

図3・7・3 セコムドローン「巡回監視サービス」

3.7.3 実証実験の事例

(1) スタジアムでの広域警備（複数ドローンの連携効果検証）

KDDI 株式会社とテラドローン株式会社、セコム株式会社の 3 社により、埼玉スタジアム2002 にて、スタジアムにおける広域警備の実証実験を実施した[5]。

a) 実証実験の位置付け

広域な敷地の効率的な警備の実現に向けたチャレンジとして、高高度を飛行する「俯瞰ドローン」と低高度で飛行する「巡回ドローン」の連携の有効性を検証する。

b) 実験の内容

2018 年 11 月 28 日、埼玉スタジアム 2002 において①～③を実施。

① 高高度で全体を監視する「俯瞰ドローン」がスタジアムにいる不審者を AI が自動検知、位置情報を算出（**図3・7・4**）

② 算出した不審者の位置情報を低高度で巡回している「巡回ドローン」に運航管理システムを介して送信（**図3・7・5**）

③ 受信した位置情報をもとに「巡回ドローン」が不審者のもとに急行（**図3・7・6**）

c) 実験結果

「俯瞰ドローン」による不審者の検出と、「巡回ドローン」による不審者の追跡に成功し、2種類のドローンの連携により、広域エリアにおける警備サービスの有効性を確認した（図3・

図3・7・4 俯瞰ドローンによる不審者検知

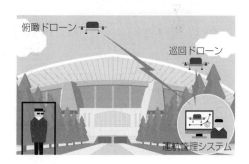

図3・7・5 不審者位置を巡回ドローンに通知

図3・7・6 巡回ドローンが不審者のもとに急行

7・7、図3・7・8）。

図3・7・7　不審者検知の様子

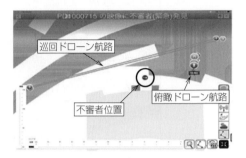

図3・7・8　地図上に表示される不審者位置

（2）スタジアムでの広域警備（地上走行ロボット・警備員との連携）

　KDDI株式会社とKDDI総合研究所、セコム株式会社の3社は、東大阪市の協力のもと、東大阪市花園ラグビー場にて、国内で初となる第五世代移動通信システム（5G）を活用した、AI・スマートドローン・ロボット・警備員が装着したカメラによる、スタジアム周辺の警備の実証実験を成功させた[6]。

a）実証実験の位置付け

　広域な敷地の効率的な警備の実現に向けたチャレンジとして、ドローンと地上走行ロボット、警備員の3者（**図3・7・9**）が連携する警備サービスの有効性を検証する。

図3・7・9　連携したドローン（左）、地上走行ロボット（中央）、警備員（右）

b）実験の内容

　2019年8月16日、東大阪市花園ラグビー場にて、下記に示す①～③を実施した（**図3・7・10**）。

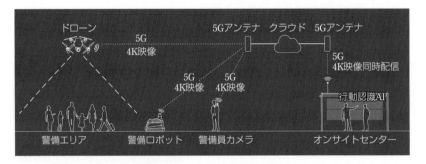

図3・7・10　実験の全体像

① 花園ラグビー場周辺において、警備エリア全体を監視する KDDI のスマートドローン、セコムの自律走行型巡回監視ロボットおよびカメラを装備した警備員が警備エリア内を監視。5G を活用して、それぞれが撮影した 4K 映像をリアルタイムに伝送し、セコムの移動式モニタリング拠点「オンサイトセンター」（**図 3・7・11**）でモニタリングを実施。

② 「オンサイトセンター」では、受信した 4K 映像を AI で解析し、異常行動を自動で認識。

③ 「オンサイトセンター」の管制員が、警備員とロボットへ現場急行を指示し、対処を実施。

図 3・7・11　オンサイトセンター

c）実験結果

　本実証実験では、スマートドローン、ロボット、および警備員に装備した各カメラからの 4K 映像を、5G を経由して「オンサイトセンター」へ伝送した。

　これにより、広範囲なエリアを高精細な映像で確認でき、不審者の認識から捕捉など一連の警備対応が可能となることを実証した。

（3）沿岸部および周辺広域施設の警備（複数ドローンの運航管理）

　KDDI 株式会社とテラドローン株式会社、セコム株式会社は、福島県南相馬市の協力のもと、沿岸部および周辺の広域施設において、複数のドローンを連携させた警備の実証実験を行った[7]。

a）実証実験の位置付け

　国立研究開発法人新エネルギー・産業技術総合開発機構が研究開発を進めた運航管理システム（事業名：「ロボット・ドローンが活躍する省エネルギー社会の実現プロジェクト（DRESS プロジェクト）[8]」）を用いて、複数ドローン連携時の課題である、ドローン衝突回避のための「同時運航管理」と、緊急時の急行指示に伴う「運航計画変更」を含む運航管理機能を検証する。

b）実験の内容

　2020 年 1 月 27 日、南相馬市にて、全国をカバーする au のモバイル通信ネットワーク（4G LTE）に対応したスマートドローン[9]を活用し、①〜③を実施。

① 広域施設における警備ドローンの運航管理

　3 台のドローンを運用し、広域施設内に設けた仮設の警備室からドローンの運航管理を行い、広大な施設の敷地境界周辺の巡回・俯瞰警備ができることを確認。

② 災害発生などの緊急時における沿岸監視（**図 3・7・12**）

　地震により津波が発生し、南相馬市から広域施設の運営者に沿岸部の状況確認を要請した想定で実証実験を実施。広域施設内を巡回していたドローンのルートを変更して沿岸部に急行し、逃げ遅れた人がいないか確認。あわせて、6 km 離れた市役所庁舎からも沿岸部の状況が把握できることを確認。

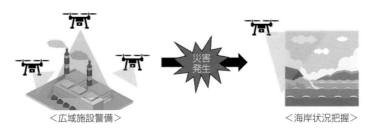

<＜広域施設警備＞>　　　　　　　　　　　　　＜海岸状況把握＞

図3・7・12　緊急時における沿岸監視

③　複数事業者ドローン運航時の衝突回避に向けた検証

　本実証実験では宇宙航空研究開発機構（以下、JAXA）と共同で他の事業者が運航するドローンとの衝突防止に関する検証も実施。

　JAXAが開発した運航管理シミュレーターによって他の事業者によるドローンの運航を模擬し、運航管理システム間の情報共有に基づく飛行計画の調整や飛行中の操作によって相互の接近・衝突を防止できることを確認。

c）実験結果

　本実証実験では、平常時における広域施設の警備と、地震などの災害時の津波発生を想定した、緊急時における沿岸監視の実証を実施した。

　遠隔からの複数ドローンの制御や多拠点への映像配信、緊急時の急行指示などの運航管理が可能なことを確認した。

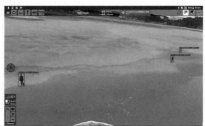

図3・7・13　運航管理システムの画面（左：飛行ルート、右：ドローン映像）

3.7.4　警備分野でのさらなる利活用に向けて

　本項では、前著[3]発刊以降の技術進展やサービスの広がり、実証実験の積み重ねを経て得られた知見をもとに、警備分野でドローンを更に利活用するために必要となる技術について述べる。

（1）安定な連続稼働のための技術

　セキュリティは24時間365日の間断なきサービス提供が前提である。よって悪天候であっても、夜間の暗闇の中でも、さらには有人無人の状況に関わらず、ドローンを安定に動作させ続けることが「安全・安心」を提供するための根源となる。

　そのために必要な技術として特に注目しているのが、環境の多様な変化にかかわらず周囲の状況や異常を間違いなく検知するセンサーフュージョンである。また屋内外問わず常に正確に自己位置を推定する技術も重要と考える。

　また強化が求められる技術として、低照度や逆光でのさらなる視認性向上のためカメラの感度・ダイナミックレンジの向上のほか、通信のさらなる高速化と安定化、機体の防塵防滴・耐

風飛行性能のさらなる向上が挙げられる。

（2）自律性向上のための技術

　現在商用化しているサービスは、地上に敷設したセキュリティセンサーの情報をもとに飛行制御をおこなっているが、将来的にはドローン単独でサービスを提供し、真に人の対応が必要な状況でのみ人が対応するのが望ましい。すなわちドローン自らが環境を理解し、適切な経路で自律飛行を実施し、異常の検知・記録・送信と、対処、自己診断、保守まで自己完結で行うことが求められる。

　すなわち現在のセコムドローンを「準自律」と位置付ければ、将来的には「完全自律」へと進化させることがセキュリティサービス提供の面から望ましい。そのために特に必要な技術として、カメラやセンサーによる、環境および対象の認識技術の高度化があげられる。さらに（1）でも述べた自己位置推定も重要な技術と位置付けられる。

（3）人と機械の密な融合のための技術

　セキュリティサービスは人間が介在することで安心感を提供する側面があることから、ドローンの高い自律性と人間の柔軟性を併せ持った、機械と人間がより高い次元で融合された、オンライン・セキュリティシステムの構築が望まれる。

　そのために特に必要な技術として、（2）で述べた高い自律性のための技術に加え、状況判断の確信度を確率的に求める技術が重要となると考える。すなわち通常はドローンが自律的に対応し、確信度が低い状況を優先して人が対応することで、人のリソースの有効活用とセキュリティサービスの質向上を両立させることにつながる。

　警備分野において、ドローンはセキュリティサービスの質の向上をもたらす有望な技術である。既にサービス提供も開始され、さらなるサービスの質向上及び用途拡大を目指した実証実験にも積極的に取り組んでいる状況にある。

　セコムは世界で先駆けてセキュリティサービスにドローンを活用し、運用上の知見をどこよりも蓄積している。そこで得たノウハウと先進技術を融合させることで、より確かな「安全・安心」が提供できるよう研究開発を進めていく。　　　　　　　　　　　　　　　（徳見　修）

【参考文献】

（1）国土交通省：航空法施行規則の一部を改正する省令等の制定について（2015年11月）
https://www.mlit.go.jp/report/press/kouku10_hh_000086.html

（2）セコム株式会社：世界初、民間防犯用の自律型小型飛行監視ロボット「セコムドローン」のサービス提供を開始（2015年12月）
http://www.secom.co.jp/corporate/release/2015/nr_20151210.html

（3）野波健蔵：ドローン産業応用のすべて　開発の基礎から活用の実際まで、pp.189–193、オーム社（2018年）

（4）セコム株式会社：日本初、発進から飛行、帰還・充電までを完全自律で行う自律型飛行監視ロボット「セコムドローン」の「巡回監視サービス」を運用開始（2018年3月）
https://www.secom.co.jp/corporate/release/2017/nr_20180301.html

（5）セコム株式会社：国内初、人物検知可能なスマートドローンによるスタジアム警備の実証に成功（2018年12月）
https://www.secom.co.jp/corporate/release/2018/nr_20181218.html

（6）セコム株式会社：KDDIグループとセコム、国内初、5Gを活用したスタジアム警備の実証実験に成功〜AI・ドローン・ロボットを活用した次世代警備の実現〜（2018年8月）
https://www.secom.co.jp/corporate/release/2019/nr_20190819.html

（7）セコム株式会社：KDDI、テラドローン、セコム、南相馬市において、沿岸部および周辺広域施設のドロ

ーン警備実証実験を実施（2020 年 3 月）

　　　https://www.secom.co.jp/corporate/release/2019/nr_20200319.html

（8）国立研究開発法人新エネルギー・産業技術総合開発機構：ロボット・ドローンが活躍する省エネルギー
　　　社会の実現プロジェクト
　　　https://www.nedo.go.jp/activities/ZZJP2_100080.html

（9）KDDI 株式会社：スマートドローン、http://smartdrone.kddi.com/

3.8　物流分野における利活用最前線

3.8.1　楽天が推進するドローン物流事業

〔1〕ドローン物流事業のミッションと利点

　宅配便取扱個数が年々増加する一方、運送ドライバーの担い手は今後減少していくことが予想されている。この現状を打破しなければ、E コマースなど物流が要となる産業の健全な成長は見込めない状況になりつつある。そこで楽天は、ロボットなどを用いた無人化技術に着目し、その一環としてドローン物流ソリューションを、2016 年に日本で初めて一般消費者向けにリリースした。楽天のドローン物流ソリューションは完全自動飛行で運用できるため、法律や安全基準が整えば、運航者 1 人が複数の配送を管理することも可能であり、省人化に大きく貢献することが可能となる。また、離島や山間部など、既存の物流網では配送に時間がかかる場所において、より効率よく配送を行うこともできる。

　ドローン物流には、大きく分けて 3 つの利点があると考えている。1 つ目が「新たな利便性の提供」である。すぐにモノが届かない場所に対して、空を活用することで既存の物流に比べ圧倒的に短時間で届けるサービスがこれにあたる。2 つ目が「買い物困難者の支援」である。ネットスーパーなどのサービスが普及しておらず、既存の物流会社は撤退を検討しているような地域において、物流インフラの維持と向上のために実施するサービスがこれにあたる。3 つ目が「災害時の物流インフラ構築」である。有事の際に道路が寸断され、空を活用する以外にモノを運ぶことができない状況下においてドローン物流を提供し、困難な状況にある方々を救うソリューションがこれにあたる。ここで特筆したいのは、災害時の物流インフラとしてドローンを利用するためには、平時からドローン物流を社会実装しておく必要がある点である。現在のドローン物流は狭域配送の有効な手段であるため、地元人材が自ら平時のドローン物流ソリューションに習熟してはじめて、有事の際に強力なインフラとして利活用できるようになるのである。

〔2〕ソリューションの概要

　楽天ドローンは、ドローン物流サービスを手軽に導入できるよう、機体・GCS（地上局システム：ドローンをコントロールするためのシステム）・注文アプリ（**図 3・8・1**）・商品管理アプリなどを取り揃えている。必ずしもすべてのツールを利用する必要はなく、実証やサービスに合わせて選択してもらう形をとっている。特に、高齢者が注文者となる事例においては、注文用アプリよりも電話や注文書を活用する方が有効であることがわかっている。

　機体については、2020 年 3 月時点で小型機と大型機の 2 機種を物流用ドローンとしてラインアップしている。小型機（**図 3・8・2**）は、株式会社自立制御システム研究所の PF–2 をベース

に開発した国産物流専用機体であり、最長飛行距離 12 km、最大積載量 2.75 kg の性能を持つ。
LTE 通信を活用した飛行管理や映像伝送が可能であり、防滴性を備えている。

　2019 年 2 月には、大手 IT 企業である JD.com 社（JD）と業務提携を発表し、JD が開発する
大型の物流ドローン（図 3・8・3）をラインアップに加えた。最長飛行距離 16 km、最大積載量
5 kg の性能を持つ。

図 3・8・1　注文アプリ

図 3・8・2　小型機

図 3・8・3　大型機

　事業開始から今日に至るまで、飛行距離や積載量の観点では進歩を遂げているが、引き続き
安全性の担保が最も重要な課題である。現在は厳しい運用基準を課し、安全な飛行ルートを選
定することで、サービスとしての安全性を担保している。顧客にとって安心安全なサービスを
提供するためには、機体のさらなる信頼性向上が望まれる。

〔3〕秩父市における日本初の目視外補助者なし飛行によるドローン宅配実証

　2019 年 1 月、楽天は日本初となる、補助者を置かない目視外飛行によるドローン宅配の実証
実験を成功させた。これは、2018 年 9 月に航空法が改正されたことで可能となった飛行方法で
あり、レベル 3 飛行とも呼ばれている。機体と運用に関するより厳格な審査を受け、有人航空
機との事前調整とドローンに搭載したカメラからの常時映像伝送などを実施することで実現す
ることができた。

　さらに、安全対策として、東京電力ベンチャ
ーズ株式会社、株式会社ゼンリンと協力し、送
電線付近をドローンハイウェイとして活用した。
送電線付近には有人航空機が接近する可能性が
低く、加えて 3D マップを活用し飛行経路から
の逸脱をモニタリングすることで、目視外補助
者なし飛行であっても安全性を担保しつつ実証
を行うことに成功した。

図 3・8・4　飛行の様子

一方で航空法により、対地高度150m以下を飛行するよう定められていることから、谷の上空を飛行する際は、谷に沿って高度を下げる必要があるという課題に直面した。谷に沿った経路とすることで最短距離を飛行することができず、かつ下降と上昇を必要とするためバッテリーを必要以上に消費する結果となった。この実証結果をもとに、さらなる法改正がなされることを期待している。

〔4〕横須賀市における猿島への日本初の有料ドローン配送サービス

2019年7月から3ヶ月間、神奈川県横須賀市にある猿島へのドローン配送サービスを実施した。これは、日本初のサービス料（500円）を課金して行われた長期ドローン配送サービスであり、合同会社西友と共同で実施された。

猿島は年間20万人以上の観光客が訪れる東京湾唯一の離島で、歴史遺産散策、釣り、バーベキューなどが主なアトラクションとなっている。特に、夏場はバーベキュー客で賑わうのだが、島内にはスーパーマーケットがなく、バーベキュー客は食材を事前に購入してから定期船で島に行く必要がある。万が一買い忘れがあると、定期船のスケジュールを考慮すると往復2時間程度の時間をかけて買い物に行く必要があるため、必要なものをすぐに入手できるソリューションが望まれていた。このニーズに応えるために導入したのが、今回のドローン配送サービスである。

島内の顧客が専用のアプリで注文すると、対岸にある西友 リヴィンよこすか店の屋上から商品を搭載したドローンが離陸し、猿島までの1.5kmを約5分程度の飛行時間で届ける。商品は、食料品、飲料、日用品など約400点を取り揃えた。西友ネットスーパーのスタッフと密に連携し、実用化前提で実施したことが、本サービスが他の実証実験と大きく異なる点である。サービス期間中は、バーベキュー用の肉をはじめ、デザート用のアイスクリームやソフトドリンクが人気であった。満足度に関するアンケート調査では97点となり、将来のより本格的な社会実装に向けて励みになる結果となった。

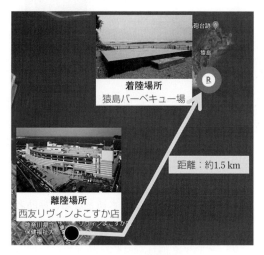

図3・8・5　飛行経路

同時に、サービスを長期間運用したことでより顕著となった課題もある。1つ目が人件費の問題だ。離陸場所にはドローンの安全点検をするスタッフと、飛行経路下に第三者がいないことを確認するスタッフが必要であり、着陸場所には観光客が着陸ポートに立ち入らないように監視するスタッフも必要であった。ドローン自体は自動飛行するものの、周辺に複数の人員が必要であることからトータルとして人件費がかさむ結果となった。

2つ目は天候である。ドローンは強風と雨天に弱いため、商品の購入をドローン配

図3・8・6　サービスの様子

送に完全に依存してしまうと、悪天候で届かない可能性がある。これでは買物用のインフラとしてはまだ不完全なのだ。もちろん、離島の定期船も風雨で欠航になる可能性があるので、過度のサービスレベルを求める必要はないが、現在のドローンの性能は顧客満足度の観点でまだ改善の余地があり、さらなる性能向上が望まれる。

〔6〕課題と展望

　2019年は前年の航空法の改正もあり、日本のドローン物流業界が大きく進展した年であった。特に、短期間の実証実験が繰り返し行われていたフェーズから、数か月間の有料サービスが実現するフェーズまで進んだことで、社会実装がより一層現実味を帯びてきたと感じている。

　一方で、本格的な物流インフラになるためにはまだ多くの課題を解決する必要があり、特に以下2つに早期に取り組む必要があると考える。1つ目が、機体の信頼性向上である。現在の物流用ドローンは、まだ量産段階に入ったものではなく、量産工業製品では当然のように行われている耐久試験などはまだ実施されていない。そのため、サービス事業者が自動車などの量産工業製品のように安心して利活用できるレベルには到達しておらず、事前点検や飛行監視などに多くの人員を割く必要がある。事業として成立させるためには、この状況を早期に解決しなければならない。

　2つ目が、UTM（UAS Traffic Management System）と呼ばれる、低空域を飛行する無人航空機（Unmanned Aerial System）を管理するシステムの社会実装である。現在、多くのドローン物流サービスで必要となる目視外補助者なし飛行を実施するためには、有人航空機や飛行経路下の関係者に対し、個別に事前調整を行う必要がある。同時に、国交省の複数のシステムに登録する必要があることに加え、LTEを利用するために携帯キャリアを通じて総務省からも許可を得る必要があり、準備に膨大な手間と時間を要するのである。民間企業のソリューションと連携する形でUTMを社会実装させることで、空域と関係者間の調整をスムーズに行うことが可能になるに違いない。これによって、許可承認を得るためのプロセスも簡略化させることができ、ドローンの利活用がさらに促進されるはずである。

　ドローン物流は、省人化と物流コスト低減のための強力なツールになる潜在力を持っている。これを本格的に社会実装するためには、飛行準備、配送中、サービス後までのすべてのプロセスにおいて効率化が成され、全体として省人化とコストダウンを実現しなければならない。過疎地や離島であっても、注文すればすぐ商品が届く便利な社会を目指して、楽天は引き続きさまざまな実証実験を重ねていく。また過疎地から始まるイノベーションの本丸として、官民が総力をあげて上述した課題解決に取り組む必要がある。　　　　　　　　　　（向井秀明）

3.8.2　日本郵便におけるドローンの物流利活用

　日本郵便株式会社では、郵便・物流分野におけるドライバー不足や、将来的な労働人口の減少による雇用情勢のひっ迫を見据え、物流のラストワンマイルにおける活用可能性を検証するため、ドローンをはじめとした各種取組みを継続的に実施している。ドローンについては、2016年を端緒とし、足かけ5年間にわたって、さまざまな取組みを推し進めてきた。

　本項では、当社による近年の主要なドローン利活用事例を紹介し、目視外飛行の取組みの進展について俯瞰することを目的とする。また、今後の展望や課題についても言及する。

〔1〕福島県浜通り地区におけるドローン郵便局間輸送実用化（2018年）

　2018年9月の「無人航空機の飛行に関する許可・承認の審査要領」の一部改正を受けて、2018年11月、わが国における初の目視外・補助者なし飛行による荷物等配送の実用化を開始

した※1。本実用化においては、福島県、南相馬市、浪江町および関係機関ならびに地域住民の皆様の支援、また福島県の「平成30年度地域復興実用化開発等促進事業費補助金」への採択による支援により、一連の取組みを行うことができた。また、株式会社自律制御システム研究所（以下、「ACSL」と呼称）から運航支援を受けた。以下、本取組の概要と、成果および課題を示す。

(1) 飛行概要

福島県南相馬市の小高郵便局を離陸地点、福島県双葉郡浪江町の浪江郵便局を着陸地点とした、約9kmの経路を飛行し、最大積載量約2kgの荷物などの局間輸送を、目視外・補助者なし自律飛行で実施した（図3・8・7）。

(2) 機体・通信

ACSL製「ACSL–PF1」をベースとし、ペイロード（積載量）は最大2kg。荷物配送機構（キャッチャー）※2を取り付けた機体を用いた（図3・8・8）。通信は、実用化の前半では電波中継用バルーンを介してテレメトリー用に920MHzおよび映像伝送用に5.7GHz帯を利用した。後半では実用化試験局の手続きを経たNTTドコモの携帯電話通信網（LTE）を利用した。

(3) 成果および課題

成果としては、輸送効率の向上が挙げられる。これまでの輸送車両であれば片道30分程度みを要するところ、ドローンにより片道約15分に短縮がなされた。

本取組においては、特に以下の点が課題として明らかになった。国内初の目視外・補助者なし飛行事例であることも伴い、試行錯誤を繰り返しながらの検討であった。

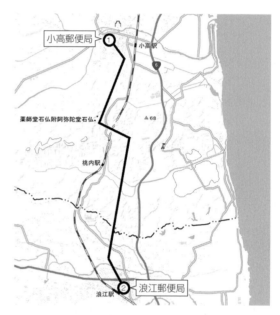

図3・8・7　飛行経路図（2018年）
出典：国土地理院地図（日本郵便で編集）

図3・8・8　ACSL–PF1（JP仕様）

① 立入管理区画にかかわる看板設置および住民周知

「無人航空機の飛行に関する許可・承認の審査要領」に基づき、目視外・補助者なし飛行においては、立入管理区画を設定した場合は、立看板などを設置することが求められるが、本飛行においては52か所に注意喚起のための看板設置を実施した。また、周辺住民の方々（約1,000か所）に対する周知文書配布も実施している。社会的受容性を確保するためにも必要な対応ではあったものの、オペレーション上の負荷は高いものとなった。

※1　2019年3月を以て休止中。
※2　荷物を格納した容器を、ドローンの下部に固定し、着陸後に切り離す装置。

② 飛行経路の設定（鉄道トンネルの上空飛行）

「無人航空機の飛行に関する許可・承認の審査要領」に基づき、鉄道の上空は、補助者の配置なしに目視外で飛行することができない。本飛行経路はJR常磐線の線路をまたぐものであったが、鉄道のトンネル区間の上空を通過する飛行経路とすることで、鉄道運航へのリスクを最小限とする対応を行った。

③ 中継用バルーン

テレメトリーおよび映像伝送用に電波中継用のバルーンを利用したが、強風を受ける状況となると、ドローンの機体性能上は飛行可能な風速でも、バルーンの利用が難しく、結果、飛行を中止せざるを得ない場面が生じた。この課題は、実用化後半でのLTE利用により解決を図ることができた。

〔2〕東京都西多摩郡奥多摩町におけるドローン個宅配送試行（2020年）

中山間地における個宅配送の実用化を見据え、主要道路から離れているなど、配送負荷の高い配達先を擁する郵便局を抽出して候補地を検討した。調査および調整の結果、東京都西多摩郡奥多摩町において、ドローンによる個宅配送の試行を実施することとなり、2020年1月から試験飛行を開始、3月に実際の郵便物を積載した本番飛行を実施した。東京都、奥多摩町および関係機関ならびに配達先の方々をはじめとした地域住民の皆様の支援により、一連の取組を行うことができた。また、ACSLから運航支援を受けた。

以下、本取組みの概要と、成果および課題を示す。

（1）飛行概要

配送の起終点となる離着陸地点は、奥多摩郵便局の屋上に設けた。配達先は、未舗装道含む片道30分程度の走行を要する山中の施設と、主要道路から急坂を経て到達する小集落の個人宅にご協力いただいた。いずれも、現在の車両での配送負荷が高い配達先であり、ドローン配送による負担軽減が期待できる地点である。これらを結んだ往復約5 km（飛行時間約20分）、最大高低差約500 m（離陸地点と最高地点での飛行高度の差）の山越えルートで、2地点への連続配送を行う目視外・補助者なし自律飛行を行った（**図3・8・9**）。

図3・8・9 飛行経路図（2020年）
出典：国土地理院地図（日本郵便で編集）

（2）機体・通信

　ACSL製「ACSL–PF2」をベースとし、ペイロードは最大1.7 kg。複数箇所への連続配達を可能とする荷物配送機構（キャッチャー）を取り付けた機体を用いた（**図3・8・10**）。

　テレメトリーおよび映像伝送のための通信には、実用化試験局の手続きを経たNTTドコモの携帯電話通信網（LTE）を利用した。なお急峻な山岳地形のため、電波中継用バルーン利用の選択肢はなかった。

図3・8・10　ACSL-PF2（JP仕様）

（3）成果および課題

　本試行の成果は、中山間地における2地点の配達先に対して、自律での目視外・補助者なし飛行による連続配達を実現したことである。後述するとおり、飛行経路の設定や衛星測位において対応すべき点が見出されたが、対策を施すことにより、所期の目的を達することができた。

　本試行においては、特に以下の点が課題として明らかとなった。いずれも、中山間地でドローン配送を検討する主体が直面しうる可能性の高い内容であろう。

　① 　緊急着陸地点の確保

　「無人航空機の飛行に関する許可・承認の審査要領」に基づき、目視外・補助者なし飛行においては、第三者および物件に危害を与えずに着陸ができる場所（緊急着陸地点）の設定が必須である。

　奥多摩町は、急峻な山の中を河川が流れる峡谷地形が多くを占め、また山地のほとんどは森林に覆われており、ドローンの着陸に適している開けた平坦地を確保することに難航した。一部では、地権者の承諾を得て、傾斜地に舞台状の台を設置して平坦地を確保したケースもあった。

　② 　地表からの高度

　本試行の飛行申請は、航空法に準拠し、地表からの高度150 m未満を飛行するものとした。山地においては、海抜高度を維持して水平飛行していては、谷の上空に差しかかった際に、地表からの高度150 mを超過してしまう。そのため、山肌に沿う形で上下する飛行経路を設定した。

　地表からの高度150 m未満の維持は、緊急着陸時においても例外ではない。そのため、緊急着陸時にも、地表からの高度150 mを超えることなく、かつ稜線や森林に接触しない飛行経路の設定を行った。

　③ 　衛星測位

　GPSをはじめとする衛星測位システムは、上空に位置する複数の衛星からの信号により現在地を割り出すものであるが、特に谷あいにおいては、天球の一部が山によって覆われることにより、測位精度が低下する場合がある。

　本試行においては、衛星の配置状況などの条件によるものの、特に山を背にした配達先で、着陸に向けた高度低下に伴って測位精度が低下する場面があり、配達先に着陸したものの、離陸に必要な測位精度を確保できず、その場で飛行を中断するなどの対応が生じたことがあった。

　運用上の対策としては、飛行の十数分前から機体の衛星測位をオンにしておき、飛行計画転送直前の時点で、基地局上で、飛行経路の起点と機体の衛星測位上の現在位置を重ね合わせる

対応を行うことで、誤差を縮減することとしたが、それでも時折、精度低下が生じていた。

〔3〕今後の展望と課題

このように、日本郵便は目視外飛行による荷物などの輸配送分野において、ドローンの活用の取組みを行ってきた。これまでの取組みを概括すれば、「平地や中山間地において、出発地から目的地まで自律で目視外飛行しつつ、軽量の荷物などを配送し、自律で帰還する」という一連の基本的動作は、支障なく行えることが明らかとなったといえよう。

この成果から、将来的な労働人口のひっ迫などの社会環境変化に際して、輸配送のサービス水準を維持するための方法として、ドローンによる自律配送を用いることに、一定の実現性が見出されたと考える。

ただし、現在の輸配送の一部を円滑に代替することを前提とするならば、以下の 3 つの側面において、実用化に向け解決すべき課題が残されている。

(1) 技術的側面

機体のペイロードについては、これまでの取組ではいずれも 2 kg を下回っている。現在、物流における荷物サイズは小型化傾向にあるものの、例えば当社サービスの 1 つである「レターパックライト」の封入上限重量である 4 kg であっても積載が不可能であり、かつ 2 か所以上の連続配送を行うとなると、これまでのペイロードでは心もとない。当面は、小型無人航空機の離陸重量である 25 kg 未満の範ちゅうにおいて、ペイロードの増強を前提に取り組むことが必要となる。

また、航続時間・距離については、約 20 分・往復約 10 km 程度であったが、中山間地の当社集配拠点を離着陸地として運航することを想定した場合、拠点間の平均距離などを踏まえると、より高度な航続性能が期待される。

他にも、当社は中山間地での運航を第一に想定していることから、2020 年の奥多摩町での試行で主たる問題となった衛星測位システムの精度低下にも、具体的な対処が必要である。直近の対応としては、みちびき（準天頂衛星システム[3]）や RTK[4] などの活用も視野に入ると考える。

(2) 制度的側面

ドローンにおいては、産官学の密接な連携の成果もあり、実用性を志向した法整備がなされている。ただし、目視外飛行においては、依然として事前準備に係る労力や飛行経路の柔軟性の観点から、課題があると考える。

2018 年の福島県での実用化の項でも記したとおり、立入管理区画への看板設置は、運航上の大きな負荷となった。2022 年度に目指すレベル 4（第三者上空）飛行にあたっては、機体認証制度や技能認証制度等による安全性の確保に加え、補助者の役割を代替する技術の開発を踏まえた、第 3 者の立入管理に関するさらに柔軟な運用措置の実現を期待したい。

また、飛行経路については、現在は地点間を結ぶ「線」ベースでの申請となっており、ラストワンマイル配送実用化の初期段階では、あらかじめ配送先を特定した運航が想定される。一方で、将来的には多数の配送先に対する状況に応じた柔軟なドローン配送を実現するためには、技術開発の進展によるさらなる運航の安全性・信頼性の向上などを踏まえつつ、例えば自治体単位等の「面」での包括的申請も可能となることを期待したい。

※3　複数の準天頂軌道衛星により、GPS を補い、より高精度で安定した衛星測位サービスを実現する仕組み。
※4　Real Time Kinematic の略称。設置した固定局との比較により、測位精度を向上させる仕組み。

　他にも、2020 年の奥多摩町での試行においては、山中の谷を通過する際、地表面からの高度が 150 m を超過しない飛行経路設定としたが、谷あいにおいて高度を下げることは、携帯電話通信網との通信状況や衛星測位精度が悪化するリスクを孕むことから、一定の条件下では、柔軟な高度設定を可能とする規制緩和を期待したい。

(3) 運用コストの側面

　郵便・物流分野においてドローンを活用するためには、当然にして事業性が求められる。これまでの取組みを通じて、1 フライト当たりの単価は漸減してきているものの、機体価格や、メンテナンスおよびオペレーションなどに係るコストは、依然として高水準にとどまっている。機体構造の簡素化や量産などによるハードウェアコストの低減のほか、専門的知識を有しない一般の従業員であっても、比較的簡易な教育・訓練により、日常業務の一部として、簡便にドローンの運航ができるシステム作りが求められる。

　日本郵便は、郵便におけるユニバーサルサービス義務を有しており、全国津々浦々、どのような場所であっても配達を行っている。例えば、山奥の集落などに、歩荷での配達を委託している箇所が全国に複数存在するが、受託者の高齢化などを理由とした撤退により、配達の担い手を確保できない場面が生じる。ドローン技術は、こうした課題の解決にも資するものである。

　将来にわたって、安定的な郵便・物流サービスを提供し続けるため、ドローンの社会実装に向けて、引き続き取り組んでいきたい。　　　　　　　　　　　　　　　　　（飯塚洸基）

3.8.3　倉庫管理分野の利活用最前線

〔1〕倉庫管理分野におけるドローン活用の概要

　IoT に代表される第 4 次産業革命のコンセプトは、サイバーフィジカルシステム、クラウドコンピューティング、IoT、ビッグデータ、拡張現実、ロボットなどのパラダイムシフトを利用して、スマートファクトリーへの進化が急速に促進されている。特に、ロジスティクス分野では倉庫管理が全コストの 30 ％ともいわれており、最新の在庫最適化システムを設計し、在庫ニーズを予測し、変化する顧客要求に対応し、在庫コストを削減し、在庫レベルの全体像を把握し、フローとストレージを最適化する必要がある。

　ドローンは、人間の介入や監視をほとんど必要とせずに危険なタスクを実行できるため、スマート工場にとって重要な技術となっている。ここ数年、ドローンは、リモートセンシング、リアルタイムモニタリング、災害対応、商品の配送、精密農業、インフラ点検、メディアなどの分野で非常に有用であることが判明している。このような分野の多くで、ドローンは、第 4 次産業革命の基盤の 1 つを構成するタスクを実行している。つまり、さまざまな場所から可能な限り多くのデータを動的に収集し、管理し、分析処理してデータに付加価値をつけている。

　企業が保有する倉庫内の物品の需要と供給を動的かつ最適に管理決定するためには、自社の在庫を実時間で追跡していく必要がある。このような目的のために、多くの企業が定期的な在庫管理を実行し、さらに供給品を購入する必要があるかどうかを決定する必要がある。これまで多くの企業では、このような在庫管理はマンパワーで実行されているため、非常にコストと時間がかかり、面倒な作業になっていた。在庫管理を自動化するためのソフトウェアは存在するが、人間が操作する場合、プロセスにおいてミスを起こしやすく、通常はリアルタイムで実行できない。したがって、理想的な在庫管理は自動的に、リアルタイムで、効率的で柔軟かつ安全な方法で実行する必要がある。第 4 次産業革命時代のドローンを活用した倉庫管理は IoT

最先端分野となる。

〔2〕倉庫管理のための４つの重要技術

ここで実装されるソリューションには、製品の在庫管理とトレーサビリティを確実に保証するための次の４つの重要な要素が必要である[1]。

① ラベル付け技術：アイテムは、一意の識別子に関連付けられているタグまたはラベルを添付する必要があり、場合によっては、アイテムに関する追加情報も添付する必要がある。

② 識別技術：在庫プロセスを自動化するには、アイテムに添付されたラベルまたはタグをリモートで読み取る必要がある。

③ ドローン技術：大部分のラベリング技術はこれまでハンドヘルドリーダーを利用していたが、完全自律型ドローンを使用してデータ収集を高速化・自動化・無人化する。

④ ビッグデータ管理手法：ビッグデータの収集、管理、処理、および保存プロセスは、実時間に最適化されて効率化されている必要がある。

ここでは、④を除く、①、②、③について述べる。

(1) ラベル付けおよび識別技術[1]

現在、最も利用されている識別技術の１つはバーコードであり、本質的にはグローバルトレードアイテム番号（GTIN）コードの視覚的表現である。ただし、バーコードリーダーが正しく読み取るには、比較的短い距離（数十 cm）でしか読み取ることができない。この制限にもかかわらず、バーコードは、在庫管理速度を改善してきた。さらに、バーコードラベルの製造コストは非常に安くなっている。1990 年代の半ばに、バーコードは BiDimensional（BiDi）、または、Quick Response（QR）コードと呼ばれる２次元コードに進化し、データ（通常 1800 文字以上）を格納でき、シンプルなスマートフォンカメラで読み取ることができるため、在庫/トレーサビリティシステムの全体的なコストを削減している。しかし、QRコードはQRマーカーのサイズに依存する距離までしか読み取ることができず、読み取り距離は QR コードの対角線の 10 倍未満と推定されている。

バーコードと QR コードはどちらも読み取り距離と、リーダーとコード間の制約によって制限されるため、**図 3・8・11** のように、より洗練されたラベルに向かって進化した。RFID に基づくラベルは、在庫およびトレーサビリティシステムの進化における次のステップと考えられている。この種のラベルは、数 cm から数十 m の距離で読み取ることができる。実際、読み取り距離は一般的に RFID タグのタイプに関係している。パッシブタグ（RFID 通信を実行するためにバッテリーに依存しないタグ）の読み取り距離は通常 20 m を超えないが、アクティブタグ通信（つまり、RFID 通信を実行するためにバッテリーを使用するもの）は、遮るもののない環境で 100 m 程度まで容易に到達できる。さらに、特定の RFID タグは情報を格納でき、特定の在庫およびトレーサビリティプロセスで役立つ場合がある。また、ここ数年、学界や産業

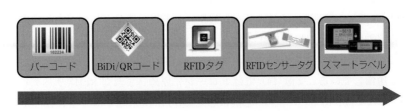

図 3・8・11 識別タグの技術的進化[1]

界では、RFID タグを進化させてセンシング機能を追加し、温度、加速度、または光を測定できるタグまで登場している。

　タグの進化の次のステップは、いわゆるスマートラベルである。これは、RFID タグよりも著しく複雑であり、製品の状態に関連する環境データを収集する通信技術、測位サービス、または埋め込み IoT センサーなどを実装している。

　通信技術としては、たとえば、Bluetooth Low Energy（BLE）は、一般的なワイヤレスパーソナルエリアネットワーク（WPAN）テクノロジーであり、スマートフォンを介して使用した場合、通常 10 m 以下、または産業用アプリケーションでは最大 100 m 付近である。ビーコンと呼ばれるさまざまな BLE プロファイルと特定のデバイスがあり、これは特定の在庫管理およびトレーサビリティアプリケーションで使用され、特別な施設で役立つ。そして識別された Wi-Fi デバイスのメディアアクセス制御（MAC）アドレス、つまり、IEEE 802.11 規格ファミリーと互換性のあるデバイスは、識別目的やその他のテクノロジーに使用できる。超音波、赤外線通信、ZigBee、低電力ワイドエリアネットワーク（LoRA）、Dash7、ウルトラワイドバンド（UWB）、WirelessHART に基づくデバイスなどは在庫タグで頻繁に使用されている。そのほか、RuBee（IEEE 標準 1902.1）、SigFox、ANT＋、IEEE 802.11ah などである。在庫およびトレーサビリティ応用に最も関連する識別テクノロジーの主な特性を文献（1）から抜粋して表 3·8·1 に示す。

（2）在庫管理用のドローン技術

　ドローンは、多くの産業用アプリケーションでサービスを提供するために提案されている。在庫およびトレーサビリティ用のドローンは、以下の機能が要求される。

① 自動離陸から自動着陸までの高精度自律飛行技術
② 倉庫内の多数の障害物を回避する衝突回避技術
③ ドローン搭載タグリーダーが正確に情報収集できる高精度ホバリング技術
④ 飛行した際に収集する環境データから 3 次元地図を作製する技術
⑤ AI などを活用して最適飛行ルートを策定できる技術
⑥ AI などを活用して飛行時にドローンに異常が発生した場合に自律的に着陸する技術
⑦ バッテリーステーションでバッテリ自動交換またはバッテリ自動充電する技術
⑧ 必要に応じて倉庫内の荷物を自律的にピック＆プレースする搬送技術
⑨ 複数ドローンによる高効率な倉庫管理などを行う技術
⑩ 定期的に倉庫屋根や倉庫内天井などのインフラ点検を兼ねる技術

　このように、他のアプリケーションとは異なる高機能を有する高度なドローン機能が必要である。予想したほどにドローンが実際の倉庫管理で活用されていない実態は、実はドローン側の上述した技術の未完成さに原因があると思われる。

　それでも、ドローンは在庫管理およびトレーサビリティアプリケーションですでに使用されており、文献（2）では QR コードベースの UAV を使用してアイテムを検出している。このシステムは 98 ％の優れた精度を示しているが、QR コード用の機器が必要であり、実際にはある限定された特定のシナリオで用いられている。別の興味深い応用は文献（3）で、UWB デバイスを使用して在庫管理タスクを実行するドローンを、屋内の位置精度が 5 cm 精度の正確さで飛行制御して適用している。文献（4）ではドローンに埋め込まれた RFID リーダーで識別する技術である。ここでは、RFID リーダーを搭載した DJI Phantom 2 ドローンによって在庫管理をし、監視もしているオープンストレージヤードである。MIT の研究者も、倉庫内の在庫自動化

表3・8・1　倉庫管理に最も関連する通信および識別技術の主な特徴[1]

技術	周波数帯	最適条件時の最大通信可能距離	データレート	消費電力	主な特徴	在庫管理応用に対する主な制約	普及分野
Barcode/QR	–	<4 m	–	不要	超低コストでビジュアル解析	LOSの必要性	資産管理で多用
Bluetooth 5 LE	2.4 GHz	<400 m	1360 kbit/s	低	バッテリーは数週間もつ	バッテリーは数週間ごとに充電。通信周波数は共有	ビーコン、ワイヤレスヘッドセット
HF RFID	3〜30 MHz（13.56 MHz）	数m	<640 kbit/s	不要	バッテリー不要	比較的解読距離は小さい	スマート管理、資産管理
Infrares（IrDA）	300 GHz〜430 THz	数m	2.4 kbit/s〜1Gbit/s	低	低コストで高速	LOSの必要性	リモートコントロール、データ転送
IQRF	433 MHz、868 MHzまたは916 MHz	数百m	19.2 kbit/s	低	長い通信距離	共用周波数	IoT、M2M
LF RFID	30〜300 kHz（125 kHz）	<10cm	<640 kbit/s	不要	低コスト	通信距離が極端に小さい	スマートインダストリー、セキュリティアクセス
NFC	13.56 MHz	<20 m	424 kbit/s	不要	低コスト	通信距離が極端に小さい	改札、支払い
UHF RFID	30 MHz〜3 GHz	数十m	<640 kbit/s	不要または超低	低コスト	金属と液体の伝播問題	スマートインダストリー、資産管理と料金所
超音波	>20 kHz（2-10 MHz）	<10 m	250 kbit/s	低	波動伝播利用	相対的に解読距離は小さい	資産の配置と保管場所
UWB/IEEE 802.15.3a	3.1〜10.6 GHz	<10 m	>110 Mbit/s	低	正確な位置決め	高コストハードウェア、金属環境での通信問題	実時間位置特定
Wi–Fi（IEEE 802.11b/g/n/ac）	2.4〜5 GHz	<150 m	433 Mbit/s（1ストリーム）	高	高速通信、どこでも利用可	バッテリー寿命短い	インターネットアクセス可
WirelessHART	2.4 GHz	<10 m	250 kbit/s	低	HARTと互換性有	共用通信周波数	無線
ZigBee	868〜915 MHz、2.4 GHz	<100 m	20〜250 kbit/s	超低	スケールアップ容易	比較的高コストハードウェア	スマートホームなど

を支援するために複数のドローンがRFIDリーダーを搭載する同様の理論的なシステムを考案している[5]。最後に、倉庫で在庫タスクを実行するための無人地上車両（UGV）とドローンのコラボレーションを提案している事例もある[6]。具体的には、UGVは、拡張現実マーカーを認識するカメラを組み込んだドローンの屋内飛行の地上基準として使用されている。したがって、UGVはドローンを在庫管理対象のアイテムがある場所に運び、ドローンは垂直に飛行してそれらをスキャンし、収集したデータを地上局に送信している。

〔3〕倉庫管理でドローンが活用されるためのポイント

　倉庫管理でドローンを活用するための鍵となるポイントについて、まとめてみたい。

(1) 倉庫管理業務を実行する自動認識技術

　モノを遠隔で特定するために利用する RFID タグの小型化や高性能化、そして価格低下によって、更には RFID 以外の IC タグの普及により活用の幅が一層広がる。管理するモノの種類によっては、金属対応タグ、放射線に耐える防爆タグ、衝撃に強い耐荷重タグなどさまざまなタイプのタグが必要になる。また、現場が求める作業環境によっては、リーダーからの電波に反応する「パッシブ型」と、IC タグ側からリーダーに発信する「アクティブ型」を使いわける必要もある。

　さらに、産業用ドローンが活躍する「理想の倉庫」を実現する技術を考えてみる。

(2) ドローンが自律・自動飛行するために必要なインフラの整備

　既存の倉庫をベースに、限定的に産業用ドローンの利活用を検討するのではなく、産業用ドローンを利用するために適したサイズ、機能、設備をあらかじめ設計企画段階で織り込んだ倉庫を新設することで、産業用ドローンの利活用は一気に加速する。

　人が自動車を自由に、安全に運転する環境を実現するためには、「インフラ」として、道路には走行車線を示す白線や、動き方を指示・規制する交通標識や信号機が設置され、一般道と高速道路、有料道路など複数の道路区分が存在する。また、安全運行を管理するために警官、交通指導員が状況を見守っている。

(3) 飛行するドローンと、地上を自走する自動ロボットの組合せ活用

　人とドローン、自動ロボットを、適材適所で使用することにより相乗効果が期待できる。

　・時間のすみ分け：ドローンは、安全性を考慮して、夜間など人間が働かない時間帯に自律飛行。

　・空間のすみ分け：ドローンは、より危険性の伴う高所作業を、フロア近くの作業には自走式の自動ロボットを使った読取りの併用による自動化・省力化。

　・業務のすみ分け：ドローンは、高所作業や、放射性廃棄物の管理など危険を伴う作業を。

　・作業のすみ分け：ドローンは、少量の配送や軽いモノの移動、目視で確認するだけの軽作業を。

　・機器のすみ分け：ドローンと、出入り口のゲート式入退場管理や、敷地内のフロアに埋め込まれたタグやカメラ、そして人や自動ロボットによる巡回管理を組み合わせる。

(4) ドローンや、人、モノ、機器を一元管理するシステム

　ドローンどうし、あるいはドローンと倉庫内で働く人やモノ、他の機器の位置や動きを可視化し、分析、一元的に管理、制御する仕組みにより、倉庫内の業務効率が格段に向上する。サトーが開発した倉庫内の見える化＆ナビゲーション「Visual Warehouse®」や、資産管理ソリューション「ASETRA」もその一例である。

(5) 通信システム、5G やみちびき（準天頂衛星システム）の活用

　物流施設の天井を衛星電波が透過する素材を使用すれば、みちびきからの電波を利用して、屋内のモノの位置も高精度で測位できるので、屋外の位置情報と屋内の位置情報をシームレスにつなぐことが可能になる。例えば、物流センターに近づくトラックを検知して適切なトラックバースに誘導し、積み荷を倉庫内に搬入した後も継続的にトラッキングすることができる。農業で活用する場合には、屋外利用に加えてビニールハウスなど室内でも活用ができるので、より利便性の高い遠隔操作が可能となる。

　消費傾向の多様化、短納期化などを背景に物品の流れは変則的となり、倉庫現場の作業は煩

雑になり、さらには人手不足が慢性化している中で、「ドローン利活用を前提とした理想の倉庫」を実現するためには、倉庫現場でのさらなる情報化がカギとなる。ドローンは空飛ぶロボットであり、融合すると無限の可能性が見えてくる。

(6)「倉庫」でのドローンのさらなる利活用アイデア

「倉庫」というとまず思い浮かぶのは、パレット格納棚が複層になった大規模な物流センターである。夕方、就業時間終了時に稼働タイマーをセットしておけば、夜間の不在時に産業用ドローンが自動的に飛行し、RFID リーダーが商品タグを読み取り、翌朝出社すると物品の棚卸しが終了しているということも夢ではない。

- ・広大な倉庫内のデッドスポットにある在庫の可視化
- ・高所や危険物管理での作業負荷や不安の軽減
- ・人の記憶・勘・経験に依存しない在庫フリーロケーション
- ・書庫や図書館などでの在庫管理、商品探索
- ・広い店舗内における商品管理、ピッキング、紛失・盗難防止

また、それ以外のさまざまな「倉庫」での利活用も増えている。

- ・トラック待機場やコンテナヤードと倉庫内を連携した商品管理
- ・完成車ヤード、中古車センター、建設資材の保管場所などでの在庫の可視化
- ・可動式の製造設備や重機などの資産管理・所在管理、設備や用具などの稼働管理

そして、人件費や土地コストの高い日本では、付加価値の高い業務を複数担わせるマルチタスクへのシフトが求められており、「倉庫」で行う仕事も

- ・許可されていない場所への侵入禁止や、長時間滞在を防ぐための時間管理
- ・バイタル情報の取得による人の見守り、健康管理
- ・ボイラーや配管、太陽光パネルなど設備の保守・点検
- ・オフィスや倉庫の夜間警備、異常発見
- ・火災など緊急時の消火・災害対応
- ・清掃や、紛失・遺失物の発見

など多数求められている。

〔4〕今後の展望

総合物流システムがさらに高度化する中で、「倉庫」を基点とした配送業務はドローンの活用によりさらに進化する。例えば、物流センターからエンドユーザーへの直送に加えて、物流センター間の配送や、配送トラックからエンドユーザーへの配送など、さまざまな地点間での配送業務が増加する。都市部における住居、オフィスへの配送は、飛行の制約から、その進展はまだ先になりそうであるが、過疎地、郊外の建築現場への配送は進む。モノを受け取る場所での見える化能力が向上すると、運んだ荷物を丁寧に受け取れるようになり、過疎地へのモノの自動搬送の品質が大幅に向上したり、土木・建設現場では測量や工事の進捗に併せて、必要な資材の自動搬入が可能になったりと、多岐にわたる用途が生まれてくる。

つまり、ドローンの用途が、シングルユースからマルチユースに変わる中で、各種業務システムとの連携や、複数の業務を遂行するドローンを制御するためのプラットフォームの発達が

図3・8・12　ドローンによる倉庫管理の様子[8]

求められている。更には、ドローンができる業務の種類が増え、求めるサービスの質が高まるにつれて、ドローンを所有して活用する形態から、ドローンが担う業務をサービスとして利用するSaaS型ビジネスへの転換も進む。モノと情報システムをつなぐ、革新的かつ人にやさしい技術、それが産業用ドローンであり、ドローンを取り巻くインフラが、さらに整備されることを期待しているところである。　　　　　　　　　　　　　　　（小玉昌央・野波健蔵）

【参考文献】
（1）Tiago M. Fernández-Caramés,Oscar Blanco-Novoa, Iván Froiz-Míguez, and Paula Fraga-Lamas, Towards an Autonomous Industry 4.0 Warehouse : A UAV and Blockchain-Based System for Inventory and Traceability Applications in Big Data-Driven Supply Chain Management, 19（10）: 2394. Published online（2019）

（2）Cho H., Kim D., Park J., Roh K., Hwang W., 2D Barcode Detection using Images for Drone-assisted Inventory Management ; Proceedings of the 15th International Conference on Ubiquitous Robots（UR）; Honolulu, HI, USA. pp.26-30（2018）

（3）Macoir N., Bauwens J., Jooris B., Van Herbruggen B., Rossey J., Hoebeke J., De Poorter E., UWB Localization with Battery-Powered Wireless Backbone for Drone-Based Inventory Management, Sensors, 19（3）, 467（2019）.

（4）Bae S.M., Han K.H., Cha C.N., Lee H.Y., Development of Inventory Checking System Based on UAV and RFID in Open Storage Yard ; Proceedings of the International Conference on Information Science and Security（ICISS）; Pattaya, Thailand. pp.19-22（2016）

（5）Ong J.H., Sanchez A., Williams J., Multi-UAV System for Inventory Automation ; Proceedings of the 1st Annual RFID Eurasia ; Istanbul, Turkey. 5-6（2007）

（6）Harik E.H.C., Guérin F., Guinand F., Brethé J., Pelvillain H., Towards An Autonomous Warehouse Inventory Scheme ; Proceedings of the IEEE Symposium Series on Computational Intelligence（SSCI）; Athens, Greece. 6-9（2016）

（7）Beul M., Droeschel D., Nieuwenhuisen M., Quenzel J., Houben S., Behnke S. Fast Autonomous Flight in Warehouses for Inventory Applications. IEEE Robot. Autom. Lett. 2018 ; 3 : 3121-3128（2018）

（8）https://www.youtube.com/watch?v=HgNWoSFEwv4

3.9 マイクロドローンの利活用最前線

3.9.1　マイクロドローンを用いたエレベーター点検

〔1〕背景

エレベーターが数多く設置された1990年代から30年を迎え、一気に寿命を迎え始めている中、少子高齢化やそれに起因する労働人口の減少にともない、エレベーターのメンテナンス業界において作業員の確保が課題となっている。また、毎年日本では数多く地震が発生するため、作業員不足問題に追打ちがかかっている。「大阪北部地震」で66,000台が停止、「北海道胆振東部地震」で8,000台のエレベーターが停止し、早急な対応が求められた中でも、人員不足の問題によって対応が限られる。

継続的プロセスであるエレベーターのメンテナンスの中で、エレベーターの検査は非常に危険である。シャフトを点検する場合、シャフトが暗くて危険な場所にあり、安全管理や検査手順に沿っても、人的ミスや予期せぬ事態が発生する可能性があり、これまでも事故が多発して

いる。このような課題を解決に、最近ではマイクロドローンを活用した点検が、新たな点検手法として期待されている。

〔2〕いちかわ未来創造会議「小型ドローンを活用したエレベーター内部点検実証実験」

千葉県市川市では、生活満足度の向上と市民の誇りの醸成を目指すためのプロジェクトとして「ICHIKAWA COMPANY」を立ち上げており、その事業の一環として、市川市を実証フィールドとして社会実証実験を行っている。株式会社Liberawareはその社会実証実験の1つに採択され、「小型ドローンを活用したエレベーター内部点検実証実験」を実施した。エレベーター点検（**図3・9・1**）は危険な作業をともなう業務であり、その業務の安全

図3・9・1 エレベーター内を点検しているマイクロドローンの様子

性および効率性を向上させることが実証実験の目的である。特に震災時において、停止したエレベーターの復旧の遅れが、市民の日常生活復旧作業の妨げとなる要因の1つとして挙げられており、停止したエレベーターをより安全により早く点検できるようになることは解決すべき社会課題である。

〔3〕点検手法

実証実験ではマイクロドローンの一種に属するIBISを用いる。エレベーターの入口付近にエクステンダー（映像と操縦コマンドの延長アンテナ）を設置することで、人がエレベーターの昇降路に入ることなく、FPV（First Person View／ドローンカメラで撮影しているリアルタイム映像をもとにドローン操縦を行う手法）でドローンを操作し、点検業務のチェック項目に沿ってエレベーターの内部を撮影する（**図3・9・2**）。**図3・9・3**に一

図3・9・2 点検の様子

般的な点検業務のチェック項目一覧を表す。このうち、ドローンで行うことのできない作業（例：扉を開ける、鍵を開けるなど）および明らかに手間がかからず安全に行うのことのできる作業（人間が容易にアプローチできる場所など）を除外し、危険を伴う作業および作業に時間がかかっている事項を抽出したものが枠線で囲んだ項目（11、18、24〜34）である。この枠線で囲んだ項目を中心に、ドローンが点検に資する映像を撮影することが可能かどうかを検証する。

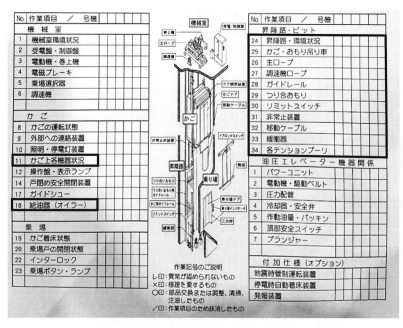

図3・9・3　点検業務のチェック項目一覧

〔4〕点検結果

点検業務のチェック項目に沿った各点検場所の撮影データを下記に示す。

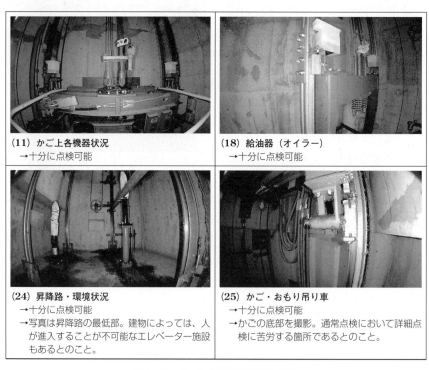

図3・9・4　各点検業務の実施結果

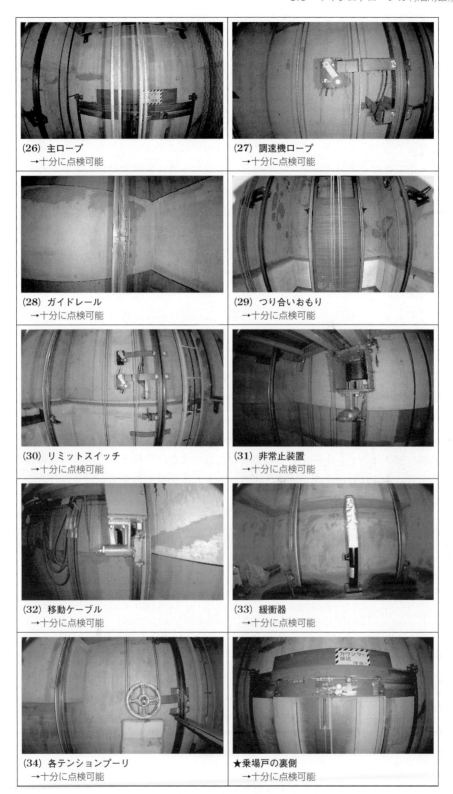

(26) 主ロープ
　　→十分に点検可能

(27) 調速機ロープ
　　→十分に点検可能

(28) ガイドレール
　　→十分に点検可能

(29) つり合いおもり
　　→十分に点検可能

(30) リミットスイッチ
　　→十分に点検可能

(31) 非常止装置
　　→十分に点検可能

(32) 移動ケーブル
　　→十分に点検可能

(33) 緩衝器
　　→十分に点検可能

(34) 各テンションプーリ
　　→十分に点検可能

★乗場戸の裏側
　　→十分に点検可能

図3・9・4　各点検業務の実施結果（続き）

(1) 飛行の安定性について

　本案件では、昇降路サイズ（ドローン航行空間）が約2m×2m以上あり、ドローンよりも

空間の大きさが比較的に大きく、飛行の安定性に問題は見られなかった。また、各種設備の突起物へのひっかかりもなく、ドローンは墜落することなく飛行点検を終えることができた。

　本実証実験のエレベーターは特に大きいサイズのものではないことを鑑みると、一般的なエレベーター内部において、IBISのサイズであれば十分に点検飛行が可能であると考えられる。

(2) 撮影した映像のクオリティについて

　点検業社によって映像の確認を行った結果、IBISで撮影した映像は点検業務に資するレベルであると判断できた。したがって、マイクロドローンによるエレベーター内の点検は、人が昇降路内に入ることなく実施できることが確認できた。一方、現状では、人がエレベーターのかごの上に乗り、手動リモコンで操作しながら昇降路内をチェックするというリスクを伴う点検作業が広く行われている。このため、安全面の観点からも、ドローンを活用した点検手法を確立することが早急に必要であると考えられる。

〔5〕今後の課題

　実運用への導入にあたっては、クオリティレベルのクリアに加えて、効率性レベルをクリアする必要がある。

　点検業社によると、現状では作業員1名体制にて現場に赴き、各エレベーターにつき1時間以内に点検作業を終えているとのことである（ただし、一度で全項目の点検を終えるわけではなく、日をおいた複数日にわたって点検を完了させることも多いとのこと）。

　今回の実証実験では、操縦者含め3名体制で臨んでおり、人工を比較した場合、現状方法よりも3倍の工数を要している。このため、現状の点検手法よりも3倍以上早い時間にて点検作業を終えることができなければ効率化を実現しているとはいえない。実運用に向けては、点検業社と協力し、品質を維持しながらも作業時間の短縮を図る「小型ドローンIBISによるエレベーター内部点検メソッド」を確立させる必要がある。また、今後としてドローンの操作を自動化することで、点検プロセスがより合理化され、より実用性が高まると予想される。

表3・9・1　点検手法の比較

	クオリティ	安全	時間	アーカイブ性
現状の人による点検	○	×	○	×
小型ドローンIBIS による点検	◎	○	×	◎
備考	人が行うと死角になるような場所の撮影も可能	ドローン操縦者は、安全な位置にて操作を行う	専門企業と共同にて、洗練した点検メソッドを確率する必要あり	高画質の動画映像にて記録するため、いつでも詳しく見返すことが可能になる

（関　弘圭）

3.9.2　ホビー分野におけるマイクロドローンの活用

〔1〕ホビードローンによるドローンレース

(1) ドローンレースとは

　近年世界中でドローンレース大会が開催されている。新しいモータースポーツとして注目されており、将来はe-Sports分野でオリンピック種目にすると活動をしている団体もある。純粋な競技会として運営されるドローンレースと観客やTV局マスコミを動員して高額な賞金も用意し、エンターテインメントのビジネスとして開催されるドローンレースもある。

図**3・9・5**は2016年にドバイで開始された世界初の国際ドローンレースの会場である。賞金の総額は1億円以上で各国から選手が集まった。日本からも慶應義塾大学のチームなどが参戦したが、優勝賞金を勝ち取ったのは英国から参戦した15歳の少年だった。

図**3・9・5**　ドバイで開催されたドローンレース会場

ドローンレースは変化に富んだ立体的な数百mの障害物のあるコースが設定され、500～1,000g程度のクワッドマルチロータードローンを複数機飛行させてタイムを競い合うモータースポーツである。国内でも最近では毎月のように開催されるようになった。図**3・9・6**は2018年に仙台の屋内スタジアムで開催されたドローンレースで、キーTV局が放映した。

図**3・9・6**　2018年に仙台で開催されたドローンレースの様子

(2) ドローンレースの醍醐味

ドローンレースは前方を監視する小型カメラを備えた対角200mm程度の小型ドローンから無線で伝送される前方映像をモニターまたはヘッドマウントディスプレイで見ながらドローンを操縦するFPV (First Person View 一人称監視) が行われる。レーシングドローン (**図3・9・7**) は設置された障害物コースを最高時速180kmで飛行し、その前方映像を見ながらの操縦であるためそのスピード感はF1レーサーカーのコックピットを凌ぐともいわれており、ファンが急増している。

図**3・9・7**　レーシングドローン

レーシングドローン機体はほとんどが自作であり、それぞれ工夫しながらメカやフライトコントローラーのパラメーターの調整をして自分に合った機体に仕上げる。

(3) 若年層に展開しているドローンレース

2019年9月に福島で開催された国際ドローンレースでは歴戦の大人のレーサーに交じって小

学生が奮闘し、1位から4位までを小中学生が独占した（**図3・9・8**）。レーシングドローンは機体工作、無線技術、ソフトウェア技術など、多くの要素技術を含んでおり、こういった若年層が興味を示すことは大きな意義を持つ。近年問題視されている子供の理科離れの歯止めの一助でもあり、将来のドローン産業界を支える予備軍ともなりうる。

図3・9・8　ドローンレースで上位を占めた小学生

(4) アマチュア無線を用いたFPVドローンレース

FPVレーシングドローンのカメラ映像を伝送するには5.6 GHz帯のアマチュア無線が使われる。写真の小学生たちも国家資格であるアマチュア無線技士の資格を所持している。

アマチュア無線の5.6 GHz帯は5,650〜5,850 MHzが割り当てられているが、バンドプランにより用途別に周波数が限定されており、また隣接CHとの混信を考慮すると現在日本でドローンレースの合法的に実施するには3波しか同時に使用できないため、現在日本のドローンレースでは3機同時飛行が限界である。諸外国では国際ドローンレースバンドにより7機同時も可能である。

アマチュア無線のFPVに使用される映像伝送無線機は技適のない海外製がほとんどであるが保証会社の保証を受けることでアマチュア無線局を合法的に開局することができる。

ここで留意しなければならないことは、アマチュア無線は個人で楽しむためのものであるため、個人に免許が与えられ、非営利であろうが業務で使用することはできないことである。

総務省が現在検討中の「アマチュア無線での無資格者の利用拡大」が実現すると、マイクロドローンの体験会などで有資格者の指導のもとで無資格者でも体験できるようになる。

〔2〕インドア空撮のマイクロドローン

(1) 超小型マイクロドローン

わが国では200 g未満のドローンは航空法上の無人航空機の対象外であり、届などの手続も不要であることから200 g未満のドローンの利活用が注目されている。

もともとは室内で遊ぶためのホビーユースの製品として100 g以下の対角65 mm程度のクワッドドローンが2005年ごろから市場に登場した。マイクロドローンという呼称で呼ばれるジャンルのドローンで、オールインワンのフライトコントローラーを内蔵している（**図3・9・9**）。

図3・9・9　マイクロドローン

　1〜2セルのリチウムポリマー電池でわずか3〜5分程度の飛行しかできないが、プロペラガードを備えており、安全性が高いところが高く評価される。

(2)　FPVマイクロドローン

　マイクロドローンの魅力は超小型カメラとVTX（ビデオ送信機）を搭載してFPV飛行をすることにある。機体があまりにも小さいので目視飛行するのが困難という理由もある。

　ヘッドマウントディスプレイを使用してFPVにより室内や屋外を飛行させることによりちょっとしたバーチャル散歩を楽しむことができる。

　屋外でのドローンレース機が1,000g近くあるのに対してマイクロドローンは100g程度であり、最近では屋内でのマイクロドローンレースが人気である（図3・9・10）。

　屋外での本格的なドローンレースの開催に際しては、準備や航空局への届なども含めて大掛かりであるのに対して、マイクロドローンレースはちょっとした会議室などでも小さな周回コースをセットすることにより実施できることもあり人気が急増している。

図3・9・10　室内空間でのマイクロドローンレース

(3)　マイクロドローン空撮業務

　イベントなどの観衆の頭上に数kgのドローンを飛行させることは危険であり、飛行申請も難しくなってくるが、100g以下の超小型マイクロドローンは仮に人に接触しても安全なこともあり、人がいる状況下での業務運用が始まっている。プロモーションビデオ撮影、TVなどスタジオ内での撮影、ファッションショー、ミュージックコンサートを始め、会社の行事や結婚披露パーティなどで人との距離を詰めて飛行させ、動きのある映像を作れるため屋内の映像革命と呼ばれる。

　これらの飛行操縦には当然FPVが使われるが、映像を滑らかにするため、角速度センサーを使う姿勢制御飛行ではなく、手動飛行を使うためかなりの熟練度を必要とする。

　業務としてドローンを使うためアマチュア無線ライセンスによるFPV無線機は使うことができない。このためマイクロドローン用に特別に開発された超小型の5.7GHz帯のVTXを搭載して運用する（図3・9・11）。

図3・9・11　4KHD空撮カメラを備えたマイクロドローンと特別に開発された産業用5.7GHzマイクロVTX

こういった撮影業務で使うマイクロドローンには FPV で前方映像を無線で伝送するためのカメラの他に録画撮影用のカメラを備えている。超小型ながら 4K の HD を撮影してマイクロSD カードに録画することができる。　　　　　　　　　　　　　　　　　　（戸澤洋二）

3.10 エンターテインメントにおける利活用最前線

ドローンのエンターテインメント分野における利活用に対する可能性は大きいものと考えられており、これまでにさまざまな試みが行われている。ドローンを用いたエンターテインメントの領域としては、主に夜間に発光体を取り付けた多数のドローンを飛行させ音楽にあわせてさまざまな形や色、動きで表現を行うドローンライトショー、屋内でのドローンショーやステージショーなどの演出としての使用、設定されたコースを高速で飛行するドローンを用いたドローンレースが現時点におけるエンターテインメント分野での主な用途となる。その他にはドローンを用いた観光遊覧、付加的なエンターテインメントサービスとしての喫茶店やレストランでのドローンを用いた商品の配送、など新たな試みとして模索されている。以下の項ではそれぞれの取り組みについて紹介していく。

3.10.1　ドローンライトショー（ドローンディスプレイ）

エンターテインメントとして最も早くから商業化が進んでいるのが花火に代わるイベントなどでのドローンショーである。さまざまな光を発する数百機ものドローンが音楽にあわせて整然と飛行しさまざまな形や色、動きで観衆を魅了する。平昌や北京オリンピック開会式での使用など世界各地のさまざまな巨大イベントで使用され広く認知されるに至った。ドローンを用いたライトショーは海外ではドローンディスプレイと呼ばれることもある。

（1）世界のドローンライトショー

世界で初めて行われたドローンライトショーとして広く認知されているは 2012 年にオーストリア・リンツで開催されたアルス・エレクトロニカフェスティバルという芸術、科学、テクノロジーに関するイベントで実施された試みである。これは Ars Electronica Futurelab により実施された Spaxels というパフォーマンスであり、色を変化させることのできる LED を搭載した 49 機のクワッドコプターを使用し空中に 3D モデルを表現するドローンディスプレイという実験的なコンセプトの試みとして実施された。

図 3・10・1　Spaxels で使用された機体と飛行の様子[1]

その後 2015 年 11 月 4 日にアルス・エレクトロニカ・フューチャーラボ（Ars Electronica Futurelab）とインテル社が協力する形で 100 機のドローンによるドローンディスプレイが実施されギネスブックに掲載された。インテルはその後もドローンを用いたライトショーについて積極的な取組みを続け Shooting Star という機体を用いて 2016 年に 500 機によるドローンライトショーを実施しギネスブックの記録を更新した。2017 年には米国アメリカンフットボール決勝試合スーパーボールのハーフタイムショーでレディ・ガガによるパフォーマンスの演出として 300 機によるライトショーを行った。その後もインテルによるドローンライトショーは平昌2018 冬季オリンピック開会式をはじめ世界各地のさまざまなイベントの演出として使用された。

インテルが多くの大規模なドローンショーを成功させている間に、同様にドローンショーを受託サービスとして提供する企業が生まれている。大型の有人ドローンなどで有名な EHang は中国におけるドローンショーの分野でも大きな存在感を示しており、中国国内におけるさまざまな大規模なドローンショーを実現している。その他、HIGH GREAT（中国、深セン）、DAMODA（中国、深セン）、Firefly（米国、デトロイト）、CollMot Robotics（ハンガリー、ブタペスト）などがドローンライトショーのサービスを手掛けている。

(2) 日本国内で行われたドローンライトショー

日本においても 2017 年の夏以降ドローンショーが何度か開催されている。現在のところ屋外でのドローンショーを日本国内で提供している国内企業は存在せず、いずれも海外のドローンショーのノウハウを提供する企業を招聘しての実施となっている。

・長崎ハウステンボス「インテル Shooting Star ドローン・ライトショー」

日本国内で最初に一般公開された大規模なドローンショーとしては 2017 年 7 月 22 日～8 月 5 日に長崎ハウステンボスで実施された「インテル Shooting Star ドローン・ライトショー」が知られている。前述のインテル Shooting Star300 機を使用して 10 分間のショーを開催した。

・横浜 DeNA ベイスターズ開幕戦

2018 年 3 月 30 日、プロ野球横浜 DeNA ベイスターズの開幕戦において 80 台のドローンによるドローンショーが行われた。これはイギリスとシンガポールに拠点を持つ SKY MAGIC 社によって実施された。

・横浜赤レンガ倉庫「ザ インフィニティボール」

2019 年 9 月 14 日から 16 日神奈川県横浜赤レンガ倉庫でザ インフィニティボールと題し 300 機のドローンによるエンタテインメントショーが実施された。これはシルク・ドゥ・ソレイユ創業者であるギー・ラリベルテ氏が主催するルナ・ルージュ・エンタテインメントにより実施された。ルナ・ルージュ・エンタテインメント社自体はドローンだけでなくテクノロジーとアートやパフォーマンスを全般に取り扱うグループのためより凝った演出で会場を沸かせた。

・お台場「東京モーターショー 2019CONTACT」

2019 年 10 月 24～27 日 4 日間お台場で開催された第 46 回東京モーターショー2019 内のイベントとして FUTURE DRONE ENTERTAINMENT "CONTACT" が行われた。ドローンショーはインテルが担当し 500 機の Shooting Star が使用された。

3.10.2　屋内ドローンパフォーマンス

ここまで紹介したドローンライトショーが屋外で実施されるものであるのに対し、屋内で飛行するドローンをコンサートやステージパフォーマンスの演出として使用するケースも増えて

いる。屋外におけるドローンライトショーが主に GNSS（GPS）および RTK 技術を用いて測位を行うのに対して、ドローンパフォーマンスでは GNSS などを使用することができないので、外部または内部のカメラを用いた測位を行った制御を行うのが一般である。また屋内では観客との距離が近くなるため、より安全性に配慮した小型の機体が用いられる。以下に国内外で実施されたドローンパフォーマンスに関する事例を紹介する。

・**Verity Studios**（https://veritystudios.com/）

Verity Studios はチューリッヒ工科大学の教授で TED の屋内ドローンの制御に関するプレゼンテーションで有名な Raffaello D'Andrea 氏が創業した企業で、屋内での自律制御可能な機体を用いたドローンパフォーマンスなどのサービスを提供している。Verity Studios は Lucie micro drone と呼ばれる、わずか 50 g で、RGB で任意の色に発光することのできるドローンを用いた屋内でのドローンパフォーマンスを実施している。

Verity Studios はチューリッヒ工科大学と協力して 2014 年にエンターテインメント集団シルク・ド・ソレイユのパフォーマンスと共演するドローンを用いたビデオ作品を公開した後、さまざまな屋内ショーやコンサートなどに出演している。2019 年〜2020 年にかけて行われたセリーヌ・ディオンのワールドツアーでは 104 機のマイクロドローンが歌うセリーヌ・ディオンの周囲を飛行するパフォーマンスを行った。

・**ライゾマティクス**（https://rhizomatiks.com/）

ライゾマティクスは先端的技術を用いたメディアアートをさまざまなイベントやパフォーマンスに提供している日本の企業である。比較的早い段階からドローンをライブパフォーマンスに取り入れ、2014 年の NHK 紅白歌合戦で Perfume のステージにドローンを用いた演出を提供したことなどで特に有名である。その後ドローンとダンサーパフォーマンスを組み合わせた映像作品として 24 drones を発表、NY を拠点とするパフォーマー、マルコ・テンペスト氏とのコラボレーション作品としてドローンマジックを開発した。2018 年 2 月に行われたドルチェ＆ガッバーナのファッションショーでは、ドローンの機体にハンドバックを下げランウェイ上で飛行をさせるパフォーマンスを実現している。

3.10.3　ドローンレース

高速で飛行するドローン操縦し決められたコースをいかに速く飛行するかを競うドローンレースは、当初はラジコン愛好家達のホビー競技として 2014 年頃に始まったが、米国を中心にすぐにエンターテインメントを前提としたプロ競技として発展している。

一般にドローンレースは 5〜6 inch 程度のプロペラをつけ、対角 210 mm から 250 mm 程度、600 g から 1 kg 程度の比較的小型のドローンを使用する。ドローンの機体には操縦用の FPV（First Person View）カメラが搭載され、カメラ映像を 5.8 GHz 帯のアナログもしくはデジタル通信を用いて操縦者に伝送する。操縦者は受信した映像を HMD（Head Mount Display）ゴーグルを通じてあたかも自分が機体に乗っているかのような視覚情報を得ながらマニュアルで操縦する。機体は最高時速 120 km/h から 180 km/h 程の速度で飛行し 2 分程度の比較的短い時間でレースの勝敗を決する。

（1）世界のドローンレース

・**The Drone Racing League**（DRL）（https://thedroneracingleague.com/）

2015 年に設立された米国のドローンレースリーグである。選手は専属契約を交わし、1 年間、各地で行われるレースイベントに参加、年間の総合成績を競う。2016 年 1 月から競技が開催さ

れ ESPN や Disney XD といった米国の主要な放送ネットワークで放映されている。レース競技に関するコンピュータシミュレーションソフトウェアも提供しており、シミュレーション上の競技で高いスコアを残した選手を実機のレース選手としてスカウトしバーチャル環境でのレースとリアルのレースの融合を試みるなど新しい挑戦にも意欲的である。2019年には自律飛行ドローンによるレースイベントも開催した。

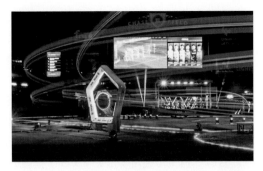

図3・10・2　The Drone Racing League（DRL）

・Drone Champions League（DCL）

（https://dcl.aero/）

DRL が米国発のドローンレースリーグであるのに対して DCL はヨーロッパ発のドローンレースリーグとなる。また競技には世界各国から参加しており、競技イベントも世界各地を転戦する形で実施されていることからより国際性の高いドローンレース団体といえるだろう。

図3・10・3　Drone Champions League（DCL）

選手は4名〜6名のチーム制で、チーム対抗の形式で競われる。日本からもプロレーシングチームとして RAIDEN RACING が参加をしている。DCL も DRL と同様にシミュレーターを提供、販売しておりプレイステーション4向けのソフトウェアもリリースしているなどよりゲームプラットフォームによる販売拡大にも力を入れている。

・MultiGP Drone Racing（https://www.multigp.com/）

MultiGP はレース管理を行う Web サービスをプラットフォームとしたドローンレースリーグであり、世界各地のグループが自由に登録をし、そのうえでレースの参加者募集から周波数や出走順の管理、成績管理までできる仕組みを無償で提供している。各団体で実施したドローンレースの成績は Web プラットフォームで管理され異なる団体のレースに出場しても年間総合の成績でチャンピオンシップへの出場ポイントとすることができる。DRL や DCL がよりショーやビジネスとしての側面を強調しているのに対して、MultiGP は競技者によるボトムアップのアプローチであり草の根的な活動をグローバルに繋げる形となっていて非常にユニークな取組みとなっている。

・その他のドローンレースイベント

上記は定常的にドローンレースを開催している団体およびそのイベントであるが、より多くのドローンレースイベントは単発あるいはアドホックに開催されるものが少なくない。

2015年に米国で開催された 2015 US Fat Shark National Drone Racing Championships は米国で初めて開催されたメジャーな競技形式のドローンレース大会となった。2016年3月にドバイで開催された World Drone Prix 2016 は賞金総額100万ドルが用意され、巨大な特設コースが設けられ世界に向けて中継が行われた世界初の大規模国際ドローンレースイベントとなった。世界26か国から150以上のチームが参加し、15才のパイロット Luke Bannister が優勝し賞金 $250,000（約3,000万円）を獲得したことでも話題となった。その後も各地でさまざまな規模の

ドローンレースが不定期に開催されている。2018年には中国深圳でFAI（国際航空連盟）Drone Racing World Championshipが開催され、世界34か国から128人の選手が参加した。このDrone Racing World Championshipは2019年も開催され、今後継続開催される見通しである。

（2）日本のドローンレース

　日本のドローンレースも世界各国同様、2015年頃より活発な取組みが行われており、競技人口も年々増加している。日本におけるFPVを用いた本格的なドローンレースイベントとしては2015年11月に千葉県で行われたDrone Impact Challenge 2015が知られている。当時はまだ日本においてFPVで使用するアマチュア無線の免許がドローンからの映像伝送に使用できる形で発行されるようになって間もない時期であり、ドローンレースを行う実験的な位置付けでもあった。当時はまだドローン自体も珍しく多くテレビや各種メディアでその様子が取り上げられた。2016年6月に仙台ゼビオアリーナで行われたJAPAN DRONE NATIONALS 2017 in SENDAIは屋内のアリーナ内に設置された本格的なレース会場で行われ、テレビでの放映を前提としたレースとして企画された。また、観客についても、日本で初めて入場料を取る形で開催されたレースとなった。その後も地域振興や各種イベントの余興などさまざまな形でのドローンレースが日本でも開催され、その競技人口も年々増加している。

　日本においてドローンレースを運営する団体のうち主要なものを以下に上げる。

・一般社団法人ドローンレーシング協会（JDRA）（https://www.jdra.or.jp/）

　ドローンレース競技の確立とエンターテインメントスポーツ化、またそれら活動を通じた産業界育成や教育などに取り組んでいる。各種ドローンレースイベントの開催支援や人材育成、マイクロドローンを用いたドローンレースなども開催している。ドローンレースやドローンイベントの企画運営など幅広くドローン事業に取り組んでいる。

・ジャパンドローンリーグ（JDL）（https://www.japandroneleague.com）

　年間を通じたドローンレースリーグを開催しており年間7回程度のレースイベントを実施し通年で年間順位を競う。競技指向の本格的なドローンレースを開催している。日本におけるドローンレースの早い段階からレース運営にかかわってきたノウハウが蓄積されており、安定したレース運営で競技者やスポンサーからの信頼が厚い。

・Wednesday Tokyo Whoopers（WTW）（https://www.wtw.tokyo/）

　毎週東京都内でマイクロドローンTiny Whoopを使った屋内ドローンレースイベントを開催するコミュニティから発展し、主に屋内ドローンレースや各種イベントの企画運営も行っている。マイクロドローン空撮の需要なども高まっていることからマイクロドローンに関する専門的なコミュニティとしても各方面から注目されている。　　　　　　　　　　　　（武田圭史）

【参考文献】

（1）Ars Electronica："49 quadrocopter in outdoor-formation-flight / Ars Electronica Futurelab / Linz, Austria", https://youtu.be/ShGl5rQK3ew

4章

国プロ（NEDO）の研究開発の概要および国際標準化の動き

　本章は、国立研究開発法人新エネルギー・産業技術総合研究開発機構（NEDO）で2017年から2021年まで実施している、ロボット・ドローンが活躍する省エネルギー社会の実現プロジェクト（DRESS プロジェクト）について、および、国際標準化の動向について述べている。この国プロは「空の産業革命に向けたロードマップ2019 ―小型無人機の安全な利活用のための技術開発と環境整備―」の一環として実施している。4.1 節では無人航空機性能評価基準に関する研究開発、4.2 節では運航管理システムに関する研究開発、4.3 節では国際標準化（ISO）の動向を述べている。

4.1 NEDO/DRESS プロジェクトの概要

　国立研究開発法人新エネルギー・産業技術総合開発機構（NEDO）は、「ロボット・ドローンが活躍する省エネルギー社会の実現プロジェクト」（DRESS プロジェクト）を 2017 年から 2021 年の 5 年プロジェクトとして実施している。ここではこの国家プロジェクトの概要[1]、[2]、[3] を紹介する。

　図 4・1・1 に DRESS プロジェクトの全体概要を示す。大きく分けて 3 つのプロジェクトに分類される。①ロボット・ドローン機体の性能評価基準等の開発、②無人航空機の運航管理システムおよび衝突回避技術の開発、③ロボット・ドローンに関する国際標準化の推進の 3 つである。これら 3 つのプロジェクトは、図 4・1・2 に示す「空の産業革命に向けたロードマップ 2019」に基づいている。このロードマップは毎年更新しているが、2019 年版が図 4・1・2 である。これは「小型無人機に係る環境整備に向けた官民協議会」（議長：内閣官房内閣審議官（内閣官房副長官補（内政担当）付））において「空の産業革命に向けたロードマップ 2019　〜小型無人機の安全な利活用のための技術開発と環境整備〜」として取りまとめられた（2019 年 6 月 21 日）。図 4・1・1 は図 4・1・2 の中で特に国プロとして実施することが望ましいプロジェクトを、NEDO/DRESS プロジェクトとして位置づけて実施している。

　「①ロボット・ドローン機体の性能評価基準等の開発」で、（1）にある「性能評価基準等の研究開発」は、近い将来都市部上空を目視外飛行でドローンが飛行することになるが、その場合の飛行性能等をどのように評価するか、その評価基準を定めようというのが本プロジェクトの内容で、ドローンメーカーにとっては大変重要な基準となるものである。（2）は NEDO 本丸のプロジェクトともいえるもので、省エネルギー性能向上に関する研究開発である。

プロジェクト概要

実施期間	2017年〜 2021年（5年間）		
事業規模	2017年度	2018年度	2019年度
	33億円	32.2億円	36億円

- ■小口輸送の増加や積載率の低下などエネルギー使用の効率化が求められる物流分野や、効果的かつ効率的な点検を通じた長寿命化による資源のリデュースが喫緊の課題となるインフラ点検分野等において、無人航空機やロボットの活用による省エネルギー化の実現が期待されている。
- ■本プロジェクトでは、物流、インフラ点検、災害対応等の分野で活用できる無人航空機及びロボットの開発を促進するとともに、社会実装するためのシステム構築及び飛行試験等を実施する。

実施体制（委託先・助成先）現在のべ44組織
①(1)（国研）産業技術総合研究所/東京大学/（独）労働者健康安全機構/㈱自律制御システム研究所/イームズロボティクス㈱/㈱プロドローン
(2)㈱エンルート/㈱プロドローン
②(1)日本電気㈱/㈱エヌ・ティ・ティ・データ/㈱NTTドコモ/楽天㈱/㈱日立製作所/KDDI㈱/テラドローン㈱/㈱日立製作所/（国研）情報通信研究機構/スカパーJSAT㈱/㈱SUBARU/日本無線㈱/日本アビオニクス㈱/㈱自律制御システム研究所/三菱電機㈱/㈱ゼンリン/（一財）日本気象協会/（国研）宇宙航空研究開発機構/（国研）海上・港湾・航空技術研究所
(2)日本無線㈱/日本アビオニクス㈱/㈱自律制御システム研究所/マゼランシステムズジャパン㈱/三菱電機㈱
③(1)PwCコンサルティング合同会社
(2)㈱日刊工業新聞社/（国研）産業技術総合研究所/神戸大学/国際レスキューシステム研究機構/玉川大学

①ロボット・ドローン機体の性能評価基準等の開発

(1)性能評価基準等の研究開発

各種ロボット（無人航空機、陸上ロボット、水中ロボット等）の性能評価基準を、分野及びロボット毎に策定する。

(2)省エネルギー性能等向上のための研究開発

各種ロボットの連続稼働時間の向上等に資する高効率エネルギーシステム技術開発を実施する。

②無人航空機の運航管理システム及び衝突回避技術の開発

(1)無人航空機の運航管理システムの開発

本プロジェクトにおける運航管理システムは、情報提供機能、運航管理機能、運航管理統合機能から構成されるものとし、無人航空機の安全な運航をサポートする各種機能・システムを開発する。

(2)無人航空機の衝突回避技術の開発

無人航空機が地上及び空中の物体等を検知し、即時に当該物件等との衝突を回避し飛行するための技術を開発する。

③ロボット・ドローンに関する国際標準化の推進

(1)デジュール・スタンダード

標準化を推進する国際機関や諸外国の団体等の動向を把握し、国際的に連携しながら検討と開発を進め、本プロジェクトの成果を国際標準化に繋げるための活動を実施する。

(2)デファクト・スタンダード

技術開発スピードが速く、デファクトが鍵を握るロボットについては、世界の最新技術動向を日本に集め、日本発のルールで開発競争が加速する手法を推進する（World Robot Summit）。

図 4・1・1　ロボット・ドローンが活躍する省エネルギー社会の実現プロジェクト全体概要[1]

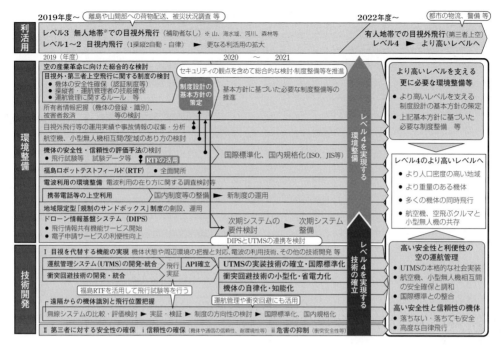

図4・1・2 空の産業革命に向けたロードマップ2019[(1)]

　次に②の無人航空機の運搬管理システムおよび衝突回避技術の開発であるが、多くのドローンが飛び交う時代になった際に、これらすべてのドローンの運行管理を行い衝突回避や離発着上の混雑などを緩和するというもので、国プロだからできるインフラ整備の研究開発である。衝突回避技術は運航管理でもある程度は可能であるが、完璧に実行するのは不可能であるため、ドローンの機体に搭載された機器を介して衝突回避を行うということである。

　③のロボット・ドローンに関わる国際標準化の推進ではもちろんISOの取組みがある。この活動も国レベルでないと対応できないわけで、大変重要な取組みといえる。また、(2)にあるWorld Robot Summit（ワールド・ロボット・サミット）も世界に先駆けた取組みで、世界をリードする国レベルのロボティクスコンペティションである（2021年度開催予定）。

　図4・1・3は図4・1・1のプロジェクト全体概要に対する研究開発のスケジュールを示している。図4・1・3のように2017年度〜2019年度の3年間は研究開発フェーズで、2020年度〜2021年度の2年間は実用化促進フェーズとなっている。なお、遠隔からの機体識別に関する研究は2019年度から2021年までの3年間プロジェクトである。なお、NEDO/DRESSプロジェクト予算は令和2年度予算として約44億円が盛り込まれており、NEDO/DRESSプロジェクト実用化促進フェーズとして2020年度からスタートしている。

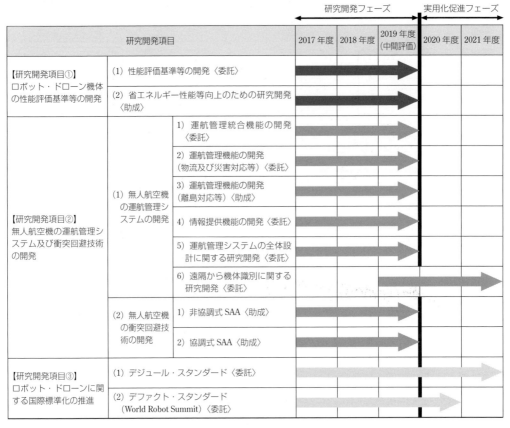

図 4・1・3　NEDO DRESS プロジェクトの開発スケジュール（スケジュールはプロジェクト開始時点）[3]

4.2　NEDO/DRESS プロジェクトの成果

4.2.1　ドローンの飛行性能評価試験

　ドローン物流を想定すると、**図4・2・1**に示すような課題が考えられる。これに基づき①騒音などに関する環境負荷性能、②飛行精度・離着陸精度などに関する誘導・離着陸性能、③消費電力などに関する長距離飛行性能、④機体落下などに関する安全性能、⑤電磁界との影響に関する耐環境性能試験が実施された。

（1）安全性能

①　落下終端速度

　直径 1 m 程度、重量 8 kg の小型無人機で、高度 150 m からの自由落下および安全装置（パラシュート）展開の条件で試験を実施した結果、自由落下で終端速度は 15 m/s 程度、パラシュートで 5 m/s に収束し、落下時の運動エネルギーはそれぞれ 850 J 程度と 87 J 程度となった。評価基準には無人航空機の安全基準で広く用いられている運動エネルギーでの評価を提案し、ランク分けは頭部衝突時の致死基準である 80 J という値を設定根拠とした。

②　落下時の鉄平板損傷度合

　直径 1 m 程度、重量 8 kg の小型無人航空機を、高度 55 m からの鉄平板上に自由落下させ、鉄

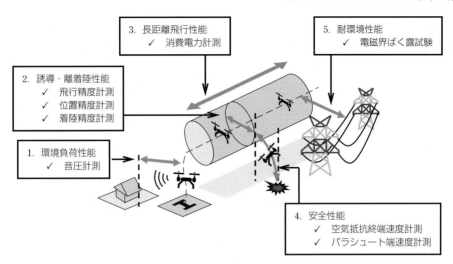

図4・2・1 ドローンの飛行性能評価試験の概要[3]

平板の損傷度合を検査した。検査結果では、接触部32か所のうち、13か所で0.1 mm以下の凹みが見られ、溶接部に損傷は認められなかった。機体が鉄板に衝突することによる損害は限定的であると結論付け、安全性能の評価試験方法として基準書に含めなかった。

(2) 航続・離着陸性能

GPSによる測位結果で制御される小型無人機を一方からの外乱影響を最小化するため東西南北に自律飛行・離着陸させ、小型無人機単体の飛行精度の測定を行った。平均風速5 m/s程度の環境下で、最大誤差は0.7 m、平均誤差は0.3 m程度であった。この結果をもとに、同様の試験方法および平均誤差を評価基準として提案した。ランク分けは離着陸場の面積をもとに設定した。

(3) 長距離飛行性能

風洞実験において3社の無人航空機を飛行させ、消費電力を測定した結果、どの機体も概ね、10〜12 m/sで消費電力最小（＝最大飛行時間）となり、17 m/sで最大飛行距離を実現できることがわかった。機体構成にかかわらず、同様の結果が求められたことから試験方法として風洞で行う妥当性を確認した。飛行速度、ペイロードによって評価する軸が異なるため、ランク分けを実施せず、これらの各値での飛行可能距離を表にし、当該機体の飛行性能とすることをあわせて提案した。

(4) 環境負荷性能

騒音無響室において無人航空機を架台に固定し、ホバリング想定で機体周囲12点で騒音測定（音圧計測）を行った。測定する角度によって結果は大きく異なり、最大で80 dB（上下45°方向）、最小で70 dB（水平方向）となった。試験方法として機体より3 m上下中央3点において騒音を測定し、A特性騒音レベルを評価基準として提案した。ランク分けは環境基準のおける値を根拠に設定した。

(5) 耐環境性能

① 耐電磁界試験

耐電磁界について、予備試験としてEMC試験を実施し、高電圧送電線が発生する周波数の電磁ノイズに対する小型無人機の影響を確認した。試験から50/60 Hzの周波数では目立った影響が認められなかった。次に実際に無人航空機を高圧送電線に近づける電磁界ばく露試験を行

った。電界 500 kV、磁界 100 μT において、電界試験では 80 cm において電源喪失、磁界試験では地磁気を用いた制御では離隔 20 m 相当の磁界でセンサー異常（方位誤差により飛行困難）が発生することがわかった。飛行時と架台固定時で結果に差異がなかったことから、試験方法として、架台固定状態で上記試験を実施し、センサー異常が認められる距離を安全離隔距離として評価基準に用いることを提案した。点検やその他の運用方法における高圧送電線との距離をもとにランク分けを行った。

② バッテリー試験

各試験項目における試験方法の検討に際し、試験条件としての気温によるバッテリー特性の変化を定量的に検証する試験を実施した。試験条件として考えられる、−20℃から−40℃の環境下で一定負荷を印加し放電時間と各時刻における電圧値を計測した。試験の結果から低温環境下（−20℃から−10℃）においては一般的な試験場所の標準状態である 25℃との結果と大きく乖離することがわかった。

4.2.2　無人航空機を活用したインフラ点検分野

（1）インフラ点検ロボットシステムの性能評価手法などの研究開発

性能評価基準検討委員会の議論などを踏まえ、2016年度に開発した性能評価基準と評価方法を見直した。また、評価を実施する際の測定機器や近接画像撮影評価用テストピースを検討した。その検討結果に基づき簡易模擬橋梁にて実証実験を行い、策定した性能評価基準とその評価方法、計測機器などの妥当性を検証し、エビデンスを取得した。

（2）打音検査ロボットシステムの性能評価手法などの研究開発

コンクリート橋梁の床版と桁および橋脚への打音データ取得性能の測定項目と測定条件を明らかにするとともに、まず屋内での初期検証によりカメラの配置および指向方向の妥当性を検証した。次に、屋外に設置した模擬橋梁を用いて無人航空機による打音検査に対する性能評価手法を検証した。点検シナリオ、環境条件などを定義したうえでのミッション型試験により、モーションキャプチャ測定結果から位置誤差と角度誤差を導出し試験方法の妥当性のエビデンスを取得した。

（3）無人航空機および各種インフラ点検ロボットの性能評価手法などの研究開発

UAVを利用して橋梁点検を行う場合、風などの影響で支承部へのアクセスが難しいと考えられる。そこで、UAVの運動性能（位置性能）評価において、支承部（橋梁において上部構造と下部構造の間に設置する部分）に着目してUAVの性能評価手法を検討した。実証実験においてその手順を検証し、その結果から性能評価基準を定め、評価基準書案へ反映した。

（4）無人航空機を活用したインフラ点検ロボットの性能評価手法などの研究開発

橋梁点検において最大の敵となるのは風であり、再現性のある実証実験環境を構築することでUAVの風に対する性能評価が可能となる。そこで、再現性のある人工風を生成する送風装置を開発し、近接画像データ取得性能評価のための実験を通して検証した。また、実証実験場においては安全対策を施した環境を構築した。

（5）無人航空機等を活用したインフラ点検ロボットのユースケース分析および性能評価手法などの研究開発

インフラ点検ロボットシステムの性能評価手法の研究開発において、特にドローンの運動性能の評価手法を検討した。その評価方法の妥当性検証と精査のため、非開放空間における運動性能評価手法を掘り下げて検証した。特に構造へ近接したドローンの運動をモデル化し、その

運動性能のパラメーターを定量化することに注力し、評価手法を提案した。

4.2.3　無人航空機を活用した災害対応分野

　本研究開発では、我が国で多数発生する土砂災害に対する無人航空機の活用を実現するため、そのユースケースに対応した課題を解決するための、特に大型無人航空機を主とした性能評価手法を明確化した。

　2017年度は、2016年度に委託を受けた「インフラ維持管理・更新等の社会課題対応システム開発プロジェクト／ロボット性能評価手法等の研究開発／調査用無人航空機の評価手法の研究開発」で導かれた災害調査のために必要な無人航空機の性能評価に必要な評価項目のうち、適用できる規格・基準がないものの中で、災害現場においてユーザーの注目度が高い評価項目である安全性の衝突回避と信頼性に関する評価項目について、その具体化を進めた。具体化にあたっては、衝突回避技術の国際的な技術動向および航空機以外の産業における信頼性の評価方法について調査し、その動向を明確化するとともに、有人航空機から無人航空機の見え方を確認する視認性、有人航空機の下方を飛行する場合の無人航空機への影響、および無人航空機が衝突回避を行うときの機動能力についての基礎データを取得し、この結果を踏まえ、衝突回避をするための評価基準の明確化を行った。これらの内容は、国土交通省と経済産業省が主催している「無人航空機の目視外及び第三者上空等の飛行に関する検討会」に報告され、今後の目視外飛行に必要な無人航空機の要件検討の資とされることとなった。

　我が国においては、極めて広範囲で、高い頻度で災害が発生する危険性がある状況の中で、災害発生時の救助活動や被害状況を迅速に把握するために欠かせない有人航空機は数が限られている。したがって、有人航空機を補完し、迅速かつきめ細やかに災害に対処できる無人航空機が我が国の国民の安全・利便性の向上には不可欠であるが、現在実用化されている無人航空機は、国内の有人地域を前提とした飛行中の安全性の確保・第三者被害の観点では、まだ技術的に成熟したものとはいえない。

　本研究開発により、我が国で、日常的に運用が可能な安全性・信頼性の極めて高い無人航空機が開発され、災害対処に限らず、広範囲な用途で、現有の無人航空機に対して高い競争力を発揮し、新たな民間市場の開拓や海外への輸出による経済的な効果への貢献などに寄与することが期待される。

4.2.4　目視外および第三者上空での飛行に向けた無人航空機の性能評価基準

　騒音計測、落下分散、衝突安全のそれぞれの評価方法において、野外での実環境と室内での精密計測環境との差分評価を実施するために、福島ロボットテストフィールドにて、野外試験を実施した。その結果を**図4・2・2**に示す。騒音計測、落下分散、衝突安全の研究開発目標における2019年度の研究開発成果を**表4・2・1**に示す。騒音計測では、残響室法を用いた音響パワーレベル計測という国際標準に合致した計測法を検証し、従来の野外計測やSPL計測と比較して標準偏差の少ない優れた計測法を確立した。落下分散においては、どのようにドローンは落下するのかを解明し、落下終端速度計測やヒラヒラと落下する落下メカニズムを解明した。衝突安全においては、頭部インパクタを用いた頭部対人衝突試験法を開発し、福島ロボットテストフィールドにおいてHIC値の計測に成功した。

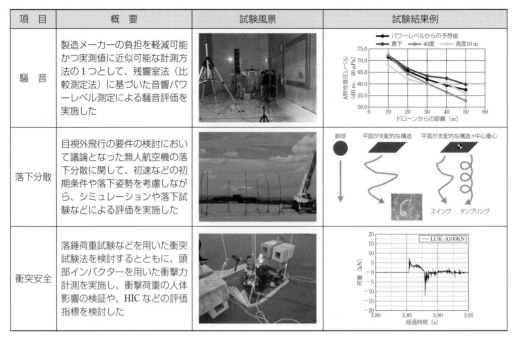

項　目	概　要	試験風景	試験結果例
騒　音	製造メーカーの負担を軽減可能かつ実測値に近似可能な計測方法の1つとして、残響室法（比較測定法）に基づいた音響パワーレベル測定による騒音評価を実施した		
落下分散	目視外飛行の要件の検討において議論となった無人航空機の落下分散に関して、初速などの初期条件や落下姿勢を考慮しながら、シミュレーションや落下試験などによる評価を実施した		
衝突安全	落錘荷重試験などを用いた衝突試験法を検討するとともに、頭部インパクターを用いた衝撃力計測を実施し、衝撃荷重の人体影響の検証や、HIC などの評価指標を検討した		

図4・2・2　福島ロボットテストフィールドでの野外試験の結果まとめ[(3)]

表4・2・1　2019年度研究開発成果のまとめ[(3)]

	主な研究開発課題	主な研究開発成果
騒音	共通計測手法開発	音響パワーレベル計測で x〔m〕地点での SPL 換算表示
	計測装置開発	計測架台、残響箱の開発
	大型機用計測手法開発	1ローター・1モーター計測からの近似算出手法
	実測フィールド計測	実測値との比較のための実測手法開発
	低騒音化プロペラ技術	課題検討
落下分散	共通計測手法開発	落下試験装置開発
	左右幅落下分散	毎秒4m未満で±5m以下の落下分散
	前後落下分散	試験手法の開発（斜め型落下試験装置）
	大型機用落下試験装置	張力調整技術と強度データ収集
	終端速度計測手法	どのドローンもおおむね毎秒15m近辺
衝突安全	衝突加速度計測手法開発	頭部インパクター計測手法開発

4.2.5　長時間作業を実現する燃料電池ドローンの研究開発

　最大ペイロードを30kgとし、重心が上下にずれてもこれを吸収できるための構造を備えた試験用の機体を設計・製作した。燃料電池スタックとしても熱を保持し外部との熱交換を遮断する仕組みを持つが、外部に露出している部分は高温となるため、搭載部近傍の熱対策が必要となり、20kg近い重量の燃料電池スタックを振動から守る構造を一体化して製作した。シンプルな構造ながら、ペイロードに応じて最適な回転を調整できる仕組みや、重心を調整する仕組み、および負荷を考慮した動力特性を設定することができる専用の機体となった。

　燃料電池については、二次電池にすべての電力を蓄え、出力はすべて二次電池から行うシリーズハイブリッド構成を検討した。100ms以下の時間単位で常時の数倍の電流を供給する必要があり、また放電に対して十分高速な充電性能を持ち、さらに大電流での充電に対して耐久

性があり、温度耐性もあるデバイスとして、東芝製の SCiB を利用した。SOFC は、原理的に水素以外に液化石油ガス（LPG）などの炭化水素やエタノールなどのアルコールを燃料として用いることができる。そこで、LPG やエタノールを直接供給しても炭素析出を抑制できるナノ構造電極を開発し、さらに LPG／空気比やエタノール／水比などの改質条件最適化によって、100 時間以上の連続発電ができる運転制御技術を確立した。これまでに、10 回程度の起動停止に耐え得る燃料極の開発を行ってきたが、繰返し回数をさらに多くし、100 回繰返し起動停止で劣化率 7% 以内を実現した。大型ドローンの長時間飛行・作業を実現するため、システムの再設計を行い、さらなる高出力化と軽量・コンパクト化を進めた。

4.2.6　無人航空機の運航管理システムの開発

本研究は、**図 4・2・3** のイメージのような無人航空機の運航管理を実現するために、有人航空機航空管制、通信、物流、無人航空機、気象、地図の実績のある企業によって実施された。

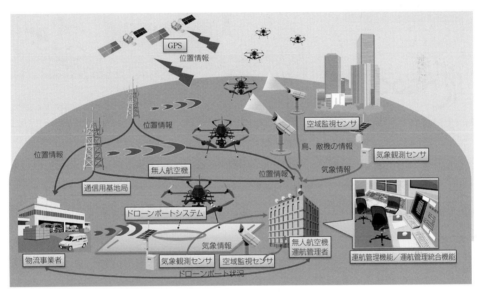

図 4・2・3　運航管理システムのイメージ図[3]

図 4・2・3 のイメージ図をもとに、**図 4・2・4** の運航管理システム基本アーキテクチャが構築された。

2018、2019 年度に「福島ロボットテストフィールド」（福島県南相馬市）にて同一空域で複数事業者の無人航空機が安全に飛行するための運航管理システムの実証試験が行われた。実証試験の結果、運航管理統合システム（FIMS）が正常に作動し、基本的な運航管理機能に基づいて同一空域において、複数の運航管理事業者（UASSP）の飛行を支援できることを確認した。さらに、今回の試験では、無人航空機を活用した「災害調査」、「警備」、「物流」、「郵便」などの利用シーンを想定し、1 時間 1 km² に 146 フライト、同時 37 機相互接続と目視外で自律飛行させることに成功した。また、開発した運航管理システムの普及に向けて、国内外の無人航空機事業者が、運航管理統合機能と接続した無人航空機運航試験を福島ロボットテストフィールド内で実施できるよう、運航管理システムの API を 2019 年度 6 月に公開した。

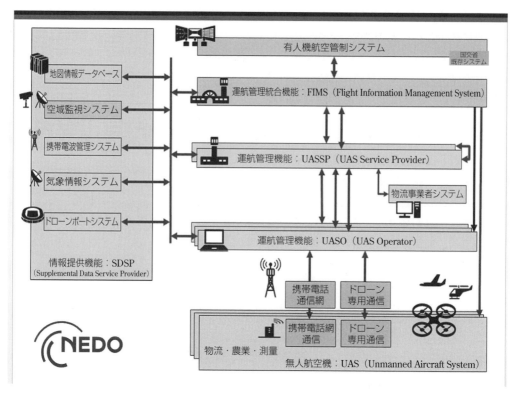

図４・２・４　運航管理システムの基本アーキテクチャ[(3)]

（1）運航管理統合機能のフライト管理に関する研究

　運航管理統合機能のフライト管理として飛行計画の段階でのコンフリクト判定プログラム、および、飛行計画の登録プログラムの開発が完了し、運航管理機能との接続試験を行った。接続試験は、福島ロボットテストフィールドを活用した複数機の無人航空機の飛行を伴う試験であり、想定したアーキテクチャの最適性確認を行った。今後、さらなるユースケースを想定した評価を実施することで目標達成できる見通しが立った。

　空域監視システムは UAS が飛行する空域をカメラなどのセンサーを利用して監視して、空域に存在する飛行物体の位置、速度などを計測した情報を FIMS/UASSP/UASO に提供する。どのようにやりとりするかのインタフェースについて研究を行った。さらに、福島ロボットテストフィールドでの実証研究に向けて、上記のインタフェースの研究結果を反映した空域監視システムの試験用装置を製造した。具体的には、FIMS/UASSP/UASO に提供するに有効な情報内容について検討し、インタフェース仕様を整備した。実証実験に向けて、飛行体の自動検知と識別機能、位置推算機能を有するステレオカメラ方式の評価装置を１セット製造した。

　UAS が離陸前に飛行可能かどうかを判断するために必要な気象情報、さらに UAS が飛行中の安全を確保するために必要な気象情報を集約し、これらの観測/予測データを FIMS/UASSP/UASO に提供するための「気象情報試験システム」を構築し、気象が要因となる事故を未然に防ぎ、安全運航管理に役立てることを目標とした。具体的には、有人航空機に提供の航空気象情報よりさらに低高度の高解像度な情報提供となる無人航空機向けに必要な気象情報の選定を行い、気象情報システムのデータを FIMS/UASSP/UASO とどのようにやりとりするかについて研究を行った。また、データフォーマット・送信頻度・データ受渡し手続きなどのインタフ

ェースおよび気象の急変（UAS 飛行ルート周辺での急激な雨雲発達、落雷など）が発生した場合に、迅速な危険回避のアラート提供の設計、開発を行った。

　FIMS が UASSP に空域を割り当てる際、適切な枠組みがない場合、特定の UASSP や事業が使用の如何にかかわらず大部分の空域を独占してしまい、空域の公平性が損なわれるという問題が生じうる。また、有人航空機の臨時飛行や天候変化といった事象に応じて、UASS の運航リスクを低減するための空域の再割当ても検討する必要がある。このような課題を解決するため、空域の安全性や効率性に加え、複数 UASSP 間の公平性と計画変更の柔軟性といった観点から、空域利用を最適に調整するための FIMS の AI 機能の研究を行った。これまでに、UASO（UASSP）間の飛行計画調整の枠組みとして 1 対 1 交渉、および、多数 UASO 間の調整調停の 2 つの枠組みを提案した。UASO 間の 1 対 1 の飛行計画交渉については、交渉プロトコルの提案と、飛行中に計画変更が必要となった場合を想定した簡易シミュレーションにより評価を完了した。また、多数 UASO 間で計画調整を行う場合について、飛行計画調整を調停するコーディネーター機能の設計と、コアアルゴリズム実装、簡易シミュレーション評価を完了した。

(2)　運航管理統合機能の空域情報管理に関する研究

　UASSP や FIMS 飛行計画管理が効率的な空域の割当ておよび使用を考慮する際に必要とする共通的な空域情報と、それらの情報の一元的な管理および共有の方法について研究を行った。平成 30 年度までに地表障害物情報・飛行禁止空域情報を統合的に管理するとともに、FIMS および UASSP が無人航空機の飛行計画段階および飛行中における建物・地表・空域への接近判定に活用可能な機能を実装し、API として提供することができた。

　有人/無人航空機双方がそれぞれ必要とする情報と情報連携機能について評価を行った。平成 30 年度までに FIMS/UASSP と有人航空機との間で、無人航空機の飛行計画と動態情報を、また有人航空機の動態情報を共有するためのインタフェースを策定し実装した。また、有人航空機側の模擬システムを製造し、FIMS/UASSP の間で必要な情報を共有できることを検証した。

　物流・災害対応の個別用途に必要となる地図情報の拡張仕様、提供手法の設計・開発を実施した。平成 30 年度までに全国避難所情報およびイベント情報を収集しデータベース化した。さらに、これらの情報を FIMS/UASSP に提供するためのインタフェースを実装した。

(3)　電波品質に基づく運航管理機能に関する研究

　無人航空機（UAS）の安全な目視外飛行を実現するためには、UAS が飛行中でも地上の UASSP/UASO から UAS に対し、状態監視（位置、高度、機体状態など）や制御指示（フライトプランの変更など）ができるよう、広域、高速かつ大容量の通信環境が必要となり、上空における携帯電話などの活用が期待されている。上空での携帯電話の利用については、既存の地上ユーザーの通信や他の業務への影響がないように、携帯電話を活用した無人航空機の管理および運用が必要となる。以上の経緯を背景に、電波状況を考慮した運航管理システムの開発を実施した。

(4)　事業サービスに応じた運航管理機能の開発

　UASSP は UASO と FIMS の双方とコミュニケーションをとる機能を有しており、これは UAS の効果的かつ効率的な運航管理実現のために重要な構成機能の 1 つである。今後、UAS の運航数は大きく増加すると予測されるが、UASSP と FIMS 間、複数の UASSP 間、および UASSP と UASO 間の連携に関する最適なルールや要件を整理することは、UAS の安全な運航とその管理のために必要不可欠である。本研究テーマでは、UAS の安全な運航管理を実現するため、具体的なアプリケーションの分野として物流分野に焦点をおくとともに、他のサービス分野での利

活用も視野に入れて、以下の3項目について研究開発を実施した。

(a) UASSP と UASO の連携に関する研究開発

　安全な UAS の運用を実施するために、UASSP に集約すべき情報（FIMS／他の UASSP／SDSP／物流システムからの情報）について検討・整理するとともに、UASSP が UASO に与えるべき情報について要件定義を行った。さらに、複数の UASO から UASSP が取得すべき情報（例えば、UAS の機体情報、飛行場所、飛行時間、操縦者の情報など）についても検討した。上記のとおり UASSP と UASO 間で共有されるべき項目を整理し、その情報共有の方法について適切なデータ連携が行えるよう、データフォーマット、送信頻度、データ受渡し手続きなどのインタフェースについて設計を行った。

(b) 物流サービスに応じた UASSP の研究開発

　省エネルギー社会の実現を推進するため、また社会的な課題（例えば買い物弱者の増加やトラック運転者の不足）に対する解決策として UAS の活躍が期待されており、物流分野における UAS の活用については、海外や我が国において既に積極的な取組みが始まっている。その一方、原則として目視内飛行が求められるなどの制約も存在している。「小型無人機に係る環境整備に向けた官民協議会」が取りまとめた「小型無人機の利活用と技術開発のロードマップ」では、2018年頃以降に無人地帯での目視外飛行（レベル3）および有人地帯での目視外飛行（レベル4）が記載されており、これに沿って物流分野で UAS の利活用を加速させるためには目視外飛行の実証に積極的に取り組むことが必要である。本研究項目では物流 UAS の安全な目視外飛行を実現するために、UASSP と物流システムに関して、a) UASSP と物流システム間の情報連携機能、b) 最適な配送経路の調整・修正機能、c) 配送状況の追跡機能、d) 物流 UAS のデータ集積・分析機能、e) 物流システムと連携するためのインタフェースの開発、f) ドローンポートシステムとの連携機能、g) ドローンポートシステムと連携するためのインタフェースの開発の7点について、必要に応じて飛行試験を含めた検討を行った。

(c) その他サービスに応じた UASSP の研究

　物流を Point to Point の移動（線での飛行）とすると、点検・測量・農業は一定空間内での移動（面での飛行）であり、飛行ならびに運航管理の形態が異なる。物流のように線での飛行とは異なり、面での飛行を行うサービスでは、飛行承認を受けた UAS が一定の空間を一定時間占有することになる。UASSP には、これら2種類の異なる飛行形態に対応しうることが求められるため、UASSP に求められる機能を検討し、a) UASSP が把握・共有すべき、面での飛行を行う UAS の情報、b) 面での飛行を行う UAS の飛行空域に対する管理機能、c) 最適な飛行空間の調整・修正機能、d) 以上の各機能と UASSP が連携するためのインタフェース開発、の4点について研究開発を行った。

(5) 運航管理統合機能の運航状況管理に関する研究

(a) 運航状況管理における統合的判断の研究

　運航計画申請の審査（承認、不承認など）を行うためには、さまざまな情報（利用者情報、機体情報、飛行情報、地図情報、気象情報、電波情報、空域監視情報、ドローンポート情報など）を基にして総合的な判断を行う必要がある。また、運航計画の審査結果（不承認の場合は、その理由も含む）を申請元である運航管理機能に対して確実に通知し、運航管理機能における運航計画の見直しなどに役立てる必要がある。

　また、運航中の無人航空機に、安全な運転に問題がある場合（問題が発生する兆候がある場合を含む）には、該当する運航管理機能へ警報や注意報およびそれらに対する対処指示を即座

に通知するとともに、必要に応じて、機体の操縦者に対して連絡を取ることが必要となる。

　本研究では、安全な運航に問題があると運航管理統合機能で判断するための運航ルール（例：提出された運航計画に問題がないか（他提出運航計画/飛行禁止エリアとの干渉など）、運航計画申請の内容から逸脱した運航を実施、通信断絶などによる機体位置情報が更新されない、運航禁止空域（臨時、常設）への接近・侵入、他の無人航空機や有人航空機との接近・衝突、地形・建造物との接近・衝突、気象状態の急変など）について、研究開発テーマ「運航管理システムの全体設計に関する研究開発」で設置される委員会と連携した検討を実施し、その検討結果を機能実装した、プロトタイプによる有効性判断を実施した。

(b) 外部機関連携機能の開発

　無人航空機を取り巻く主な共有の資源として、空域と電波の2種類が存在する。空域を共有の資源として活用する有人航空機については、主に高高度の空域を利用する旅客機と比較的低高度の空域を利用する消防・防災ヘリなどが存在する。空域の安全性を確保するためには、無人航空機と同様に、有人航空機の運航計画や位置情報などを運航管理統合機能で把握することは必要不可欠である。一方、電波を共有の資源として活用する既存の地上無線局に関しては、民間団体として一般財団法人総合研究奨励会「日本無人機運行管理コンソーシアム」（以降、JUTM と記す）が無人移動体画像伝送システムの運用調整サービスを運用しており、同システムと同周波数帯を利用する既存の地上無線局（医療機関、電力会社など）に関する情報を保有している。

　本研究開発では、共有資源である電波と空域に関する情報と、連接する手法を検討した。連携する外部機関と入手する情報としては、主に有人航空機動態情報、無人移動体画像伝送システムを想定の上で、有人航空機動態情報の運航状況管理機能連動、電波監理コンセプトとの連接を実施した。

　警備、災害、衛星/災害、離島、各分野での運航管理システムの研究開発については、ここでは割愛するが、各専門分固有の課題解決のために専門的な知見から取組みがなされている。

4.2.7　情報提供機能の開発

〔1〕ドローン向け気象情報提供機能の研究開発

　無人航空機（ドローン）は、離着陸時、空路の飛行中などでさまざまな気象に遭遇する。ドローンが遭遇し、飛行に影響を与える気象は、突風、強風、高温・低温、高湿度、降雨、降雪、雷、霧などさまざまな現象がある。2016年4月〜2019年3月までに、国土交通省に報告されたドローンの事故・トラブルのうち、**図4・2・5** が示すように全体の 18.9 ％が気象に関連した事故・トラブルであり、その内訳をみると、風に関連する事故トラブルは 81.6 ％であった。このことからいかに風対策が重要であるかがわかる。

　本研究開発では、ドローン向け強風ナウキャスト情報提供機能の開発を行い、100 m メッシュの高度 30〜150 m の風実況推定の実現、100 m メッシュの高度 30〜150 m の 60 分先予測を実現した。ドローン向け総合気象情報提供機能の開発については、ドローン向け総合気象情報提供機能としてニーズの高い風、降水、雷、台風などの実況および予測情報をポイントデータまたはメッシュデータとして、運航管理システムに提供する機能を開発し、UTM に試験提供することを実現した。気象観測ドローンによる上空の気象観測データの取得では、気象観測ドローンによる上空風のリアルタイムモニタリングを実現した。

図 4・2・5　ドローンの気象に関連した事故・トラブルとその内訳[3]

〔2〕無人航空機の安全航行のための空間情報基盤の開発

　無人航空機専用の 3 次元地図データベースの開発は、飛行実験フィールドである福島県浜通り地区の 3 次元地図データベースの仕様に準じた整備を完了した。地図提供機能の開発は無人航空機の安全飛行に必要となる地図情報（3 次元/2 次元）を API 経由で提供する機能を開発し、情報統合システムとの接続検証を完了した。情報統合システムの開発は、気象、電波、機体情報などの無人航空機の安全飛行に必要となる多様な情報を収集し、これらの情報を一元的に集約する統合システムを開発し、外部の運行管理システムなどとの接続試験による検証を完了した。3 次元地図データベースの更新技術の開発は、無人航空機のセンサー、カメラなどから得られる地物情報の活用可能性を視野に入れた、実運用を見据えた 3 次元地図の更新技術を開発している。必要なアクターを巻き込んだかたちで 3 次元地図の更新に関する実験を行っている。

4.2.8　運航管理システムの全体設計に関する研究開発

　本事業の目的は、多数の無人航空機が目視外で運用される環境において、空域の安全はもとより利用効率など多様な要求を満たすための運航管理の方法（運航管理コンセプト）を定め、それを実現するための仕組み（運航管理システムのアーキテクチャ）を設計することである。そのためのツールとして運航管理シミュレーターを開発し、空域の安全性や利用効率などを評価してコンセプト/システム設計に反映するとともに、このシミュレーターによってシステム開発要素（運航管理統合機能、運航管理機能など）の部分的な検証や、各機能を組み合わせたシステム統合実証を支援し、運航管理システムの有効性を確認することである。

〔1〕運航管理コンセプトの定義

　この中で、空域管理および評価指標の検討については、平成 30 年度に、空域の安全かつ効率的な利用方法（空域管理コンセプト）について、その具体的な検討を進めた。飛行計画管理に関しては、計画上の飛行経路/空域に所定のバッファ（保護空域/間隔）を加えた空間・時間範囲を「飛行計画領域」として定め、その干渉の検出および解消方法を具体化した。動態管理に関しては、飛行禁止空域などからの回避/退避方法や、無人機間の間隔維持〜衝突回避方法を具体化した。特に無人機間の衝突回避方法については、従来の航空機向けの衝突回避ロジックを拡張したルールベースの方法に加え、飛行計画情報を用いた経路最適化アルゴリズムにより多数の無人機の交錯にも対応可能な方法を開発した。また、効率的かつ柔軟な空域利用のあり方について検討し、飛行中の経路変更への対応や、局所的な空域管理に対する方案を示した。平成 31 年度（令和元年度）は、より多様な条件に対するシミュレーション評価や実環境におけるシステム検証を通じて、空域管理コンセプト/運航ルールの改善や拡張を進めた。

　電波管理の検討について平成 30 年度は、電波管理の範囲や方法について、その主体や責任に関する前提や基本となる考えを整理するとともに、各通信方式（事業者免許バンド、免許・調整バンド、共用バンド）に対して、必要な機能とその配置（システム構成要素への割付け）を

定めた。平成 31 年度（令和元年度）は、電波伝搬シミュレーションによる定量的評価などを進め、電波管理コンセプトに反映した。

　機体管理およびセキュリティ対策の検討について、平成 30 年度は前年度の検討結果に加え、現在セキュリティ対策の指針となっている経済産業省及び総務省で策定した「IoT セキュリティガイドライン ver1.0」を参考に、情報システムとして考えられうるリスクを洗い出しセキュリティ箇所の検討を行った。さらに、運航管理システムのセキュリティガイドラインを検討するため、運航管理システムのセキュリティ面での社会受容性を得ることが重要であると考え、運航管理システムのセキュリティ認証として適用可能な既存国際認証規格の調査を行い、適用方法を検討した。また、その一例として ISO/IEC 27001 および ISO/IEC 27006 を運航管理システムの認証に適用したケースについて具体的な検討を行った。平成 31 年度（令和元年度）は、運航管理システムを運用する組織がセキュリティの第三者認証を取得する条件や方法などを取りまとめ、無人航空機の運航管理に係る規格を立案した。

〔2〕運航管理システムアーキテクチャの設計

　運航管理システムの要件定義およびアーキテクチャ設計について平成 30 年度は、前年度に策定したシステムアーキテクチャ（基本仕様）におけるインタフェース情報などを管理し、システム構成要素（運航管理統合機能、運航管理機能、情報提供機能）間の API 接続を支援した。また、有人航空機の接近情報や Remote ID など、基本アーキテクチャには含まれない拡張要素に関する基礎検討を行った。さらに、年度末に開催した UTM シンポジウムにおいて、AI・IoT・ビッグデータという観点からの UTM の発展性と、Urban Air Mobility や High Altitude Platform System への UTM 概念の適用に関する討論を行った。平成 31 年度（令和元年度）は、API により複数の運航管理機能を接続したシステム実証試験（相互接続試験）などにおいて、アーキテクチャ設計の結果を検証し改善案を立案した。また、先進的な運航管理コンセプトに応じたシステムアーキテクチャの検討を進め、その実現に向けた開発計画を策定した。

　安全性の解析・評価について、平成 30 年度は前年度に実施した運航管理システムの基本コンセプト（運航管理統合機能（FIMS）を介した情報共有を基本とするコンセプト）に対する安全性解析に対して、その拡張を視野に入れ、Case1：運航管理統合機能（FIMS）を持たず、運航管理機能（UASSP）間の調整により CDR を行う分散型のコンセプト、Case2：基本コンセプトに、機上センサーや機体間通信による衝突回避（DAA）を組み合わせたコンセプト、Case3：UASSP 間の相互調整による分散型コンセプトに機上センサーや機体間通信による DAA を組み合わせたコンセプトの 3 ケースについて FTA、FMEA 解析を行い、特に各サブシステムに不具合が生じたシナリオについて、飛行安全のみならず無人航空機の運航の重大な阻害や空域の利用効率の大幅な低下を防ぐ観点から空域への影響を評価して比較した。

〔3〕運航管理シミュレーターの開発、および運航管理コンセプト/システムの評価・検証

　運航管理シミュレーターの開発について、平成 30 年度は前年度に実施した基本設計に基づいて運航管理シミュレーターの開発を進め、FIMS、UASSP、無人機シミュレーターを含む基本機能の実装を完了した。並列化/高速化処理によって 150 機以上の無人航空機の同時飛行のリアルタイム解析を可能とした。また、飛行計画管理における申請〜承認プロセスについて、無人機オペレーターの操作を含む評価・検証を行うためのシミュレーターも開発した。電波管理コンセプト（免許・調整バンドや共用バンドの安全性向上に資する機能など）の評価のためのネットワークシミュレーションモジュール（電波伝搬シミュレーター）については、複数無人

機間の干渉計算機能（時間率の考慮）の追加と、地形データ読込機能の追加、共通APIへの対応を実施した。

　平成31年度（令和元年度）は、システム実証試験（相互接続試験）などにおいてシステム開発要素と連接するための機能、多様な条件に対する評価を効率的に行うための高速化や解析機能等の開発を実施した。

　運航管理コンセプトおよびシステムアーキテクチャの評価について平成30年度は、空域の利用効率やスケーラビリティの観点から運航管理コンセプト／システムアーキテクチャを評価するために、大都市における物流やインフラ点検など複数ミッションの大規模・高密度な運航環境を具体化したモデルケースを作成した。そして、このモデルケースに対する運航管理コンセプト（飛行計画管理及び動態管理における運航ルールなど）の安全性および効率を評価し、離隔距離などの設計パラメーターの定量化を行った。また、飛行計画管理における申請～承認プロセスについて、モデルケースに対するスケーラビリティを評価し、考案したバッチ処理方式によるスループット改善などの効果を確認した。平成31年度（令和元年度）は、災害対応ミッションを想定したモデルケースなどを作成し、より多様な条件に対する運航管理コンセプトおよびシステムアーキテクチャの評価を行って、これらの改善／拡張を図った。

　システム開発要素の検証については平成30年度は、運航管理シミュレーターを用いたシステム開発要素の検証に向けて、運航管理機能と無人機システムとのインタフェースに関する確認・調整などを行った。また、システム実証試験におけるデータを入手し、オフラインでのシステム評価・検証に着手した。平成31年度（令和元年度）は、福島ロボットテストフィールドでのシステム実証試験（相互接続試験）などにおいてシステム開発要素と連接し、実環境におけるシステムおよび運航ルールなどの検証を支援した。

4.2.9　無人航空機の衝突回避技術の開発

　探知ロジックについては、センサー性能を考慮した探知ロジックを構築した。アルゴリズムの開発も、探知ロジックを実現するソフトウェアの仕様を確定し、アルゴリズムを実現するソフトウェアの作成を完了した。同時に、搭載ハードウェアの製造もアルゴリズムが実装できる搭載ハードウェアとして実装を完了した。

　電波センサーの開発については、機能評価用として一次試作を行った。シミュレーションなどにより、5 kmまでの計測が可能な状態とすることについて、10 kmまでの処理範囲の実装をおこなった。自律管理装置との連接も確認した。福島県のロボットテストフィールドなどにおいて、相対速度100 km/h程度で飛行する目標を1 km以上で探知できることを確認した。

　光波センサーの開発については、評価用映像を用い処理方式の検証を行い、試作機を製造して、自律管理装置との連接を確認した。機体に実装して防振機構が正常に作動し適切な画像の取得を確認した。相対速度100 km/h以上の目標を探知可能な検証実験で、脅威機（有人ヘリコプター）前方1 km以遠からの探知を検証した。ドローンの回避軌道の例を**図4・2・6**に示す。

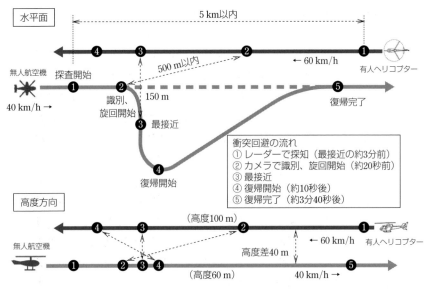

図 4・2・6　相対速度 100 km/h の場合の飛行回避軌道の例[3]

4.2.10　協調式 SAA

（1）正確な位置情報を共有するための準天頂衛星対応受信機の研究開発

　準天頂衛星システムによる「サブメーター測位補強、センチメーター測位補強サービス」は、2018 年 11 月にサービスが開始されたことで大きく注目されている。現在のカーナビやスマートフォンなどでは、GPS などの信号として 1 周波で測位を行っているが、測位精度向上のため 2 周波の受信機を計画している。本プロジェクトでは、従来型の準天頂衛星対応高精度多周波マルチ GNSS 受信評価ボード（基板サイズ：90 mm×100 mm）の RF 部を LSI 化することにより、中間目標である基板サイズ 43 mm×59 mm 以下の小型 B to B ボードを実現した。

（2）準天頂衛星対応受信機の低消費電力化の研究開発

　ドローン搭載のように電力制限のある環境では、電力消費が運用性に影響を与えることが大きく、省電力が求められる。省電力はあらゆる用途において運用性の向上に寄与するため、本プロジェクトでは省電力化方策を検討する。具体的には受信機基板の発熱箇所について、シミュレーションおよび実機のサーマル画像で分析し、消費電力低減設計では L6 信号対応部分を中心に回路規模削減を図り、回路全体で 43% 削減した。ドローン通信実証試験では、2 機のドローンに受信機を搭載し、地上システムを介して相互に飛行中の位置情報を相互に通信し、0.5～0.6 s 程度で安定した通信が行えることを確認した。

4.3　ドローンに関する国際標準化の動向

　ドローンに関する国際標準化の動向[4]としては、ISO/TC 20/SC 16 が無人航空機の国際標準化を担当する専門委員会として 2014 年に設置された。空撮、インフラの点検、農薬散布などさまざまなシーンでの利活用が急速に拡大しているドローンの安全な飛行に向けて、機体、手順、運航管理システム等に関する国際規格開発を進めている。組織体制として、議長は John Walker 氏で議長・幹事国はともに米国で、表 4・3・1 のように WG1～WG6 までワーキング グ

ループが設置されている。正規メンバーは日本も含めて 20 か国、オブザーバーが 7 か国となっている。

　最新の動向として、第 9 回総会が 2019 年 11 月に中国・南京で開催され、ISO 21384–3（運用手順）が IS として発行されることが発表された。今後、ISO 21385（無人航空機のカテゴライゼーション）、IS/TR 23629–1（UTM 調査結果）などが発行される予定である。日本の対応としては、（一財）日本規格協会[4]が、用語や運行管理など機体以外に関する標準化に対応する国内審議団体として活動し、無人航空機国際標準化委員会を設置して国内意見のとりまとめを行っている。機体にかかわる事項の標準化については、主に 150 kg 以上の大型の機体を、一般社団法人日本航空宇宙工業会（SJAC）が、150 kg 未満の小型の機体を一般社団法人日本産業用無人航空機工業会（JUAV）が国内審議団体として担当して、活動している。

表 4・3・1　ISO TC20/SC16 の組織（2020 年 1 月 15 日現在）[4]

No.	タイトル	コンビナー
WG1	General（一般）	ドイツ
WG2	Product manufacturing and maintenance（機体システム）	アメリカ
WG3	Operations and procedures（運用手順）	イギリス
WG4	UAS Traffic Management（運航管理）	日本
WG5	Testing anf evaluation（検査および評価）	中国
WG6	Subsystem（サブシステム）	中国

　一方、図 4・1・1 のデジュールスタンダードのプロジェクトに示した NEDO の国際標準化の活動も活発である[3]。無人航空機の機体の認証および操縦者の資格などについては、産学官の官民協議会等で目下、議論されているところであるが、その対象、手法、基準、実施の主体などについて、安全の確保を前提として制度の柔軟性の確保、諸外国の制度との協調、効率的な制度運用、段階的な取組みの検討を踏まえ、今後慎重な議論がなされていく見通しである。一方、先般施行された改正航空法により、我が国においても無人航空機の運航に関し欧米先進国と同等のルールが導入されたといえる。しかしながら、無人航空機の機体や操縦者、運航管理体制のルールについては、諸外国でも整備途中の段階にあり、また、ICAO や JARUS、ISO といった場での国際ルールや国際標準化の検討も開始された状況であることから、議論の方向性も現時点では見通せない。

　今後、海外市場での我が国関係企業の競争力確保を考えれば、国際協調を念頭に制度設計していく必要性に鑑み、国際的なルール検討の場に積極的に参画し、国際的な動向を把握するとともに、我が国の産業の強みが発揮できるよう、我が国の取組みや技術開発の動向を国際的議論に反映させる必要がある。そのため、標準化を推進する国際機関や諸外国の団体などの動向を把握し、本プロジェクトにおける検討・開発の国際的な連携を進め、将来的に NEDO/DRESS プロジェクトの成果を国際標準化につなげるための活動を実施する。

　本プロジェクトの成果（特に性能評価基準、無人航空機の運航管理システムの全体設計、各機能の仕様および共通インタフェースなど）の国際標準化を獲得するための具体的な活動計画を国へ提言し、国際標準化団体へ引き継ぐ活動を推進している。具体的には、ISO TC20/SC16 において、下記 2 件の標準化が進行中である。

　・Data model related to spatial data for UAS and UTM（ISO 23629–7）
　・UTM Functional Structure（ISO 23629–5）

　さらに他2テーマに関する標準化の準備を実施中で、国際標準化まで3か年の合意形成期間に入っており、他のテーマについても ISO および国内団体と標準化方法の検討に入っている。このため、目標は達成される見通しである。　　　　　　　　　　　　　　　　（野波健蔵）

【参考文献】
（1）https://www.nedo.go.jp/content/100898605.pdf
（2）https://www.nedo.go.jp/content/100898606.pdf
（3）https://www.nedo.go.jp/content/100898607.pdf
（4）https://webdesk.jsa.or.jp/common/W10K0500/index/dev/isotc_20sc16/

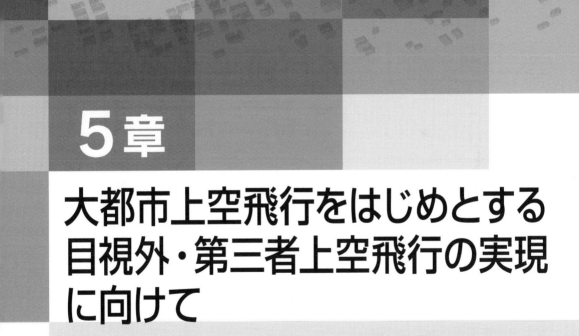

5章

大都市上空飛行をはじめとする
目視外・第三者上空飛行の実現
に向けて

　本章は、大都市上空飛行をはじめとする目視外・第三者上空飛行の実現に向けた法整備の準備状況などについて述べている。5.1節では、さらなる産業応用を実現する法整備の状況、5.2節では所有者情報把握（機体の登録・識別）、5.3節では機体の安全性確保、5.4節では操縦者・運航管理者の技能確保、5.5節では運航管理に関するルールなど、5.6節ではドローンのリスクアセスメント、5.7節では人口密集地の飛行におけるプライバシー、5.8節ではサイバーセキュリティとネットワーク、5.9節では私有地および第三者私有地上空の飛行について、5.10節では自律型ドローンの事故責任について述べている。

5.1 さらなる産業応用を実現する法整備の状況

5.1.1　法整備に至る背景

　現在日本ではドローン（無人航空機）のさらなる産業応用の実現を目指し、そのために必要となる法制度の整備が進められている。日本国内において無人航空機を飛行させるにあたってはさまざまな法律についての確認が必要だが、特に関連が強い法規制として航空法、小型無人機飛行禁止法、電波法が挙げられる。航空法については2015年に首相官邸に不法なドローンが着陸した事件や、長野県善光寺の祭りで飛行していたドローンが墜落した事件など、ドローンの使用に伴うトラブルが多発したことを契機として、それまで法律上明確に定義されていなかった無人航空機の定義とその使用に関する規制が航空法の対象と位置付けられた。警察庁が主管する小型無人機飛行禁止法は主にテロ対策等治安維持の観点から国の重要施設、空港や自衛隊施設などリスクの高い施設の周辺でドローンの飛行を禁止するものである。電波法についてはドローンを使用する際に使用する電波を規制するものであり、飛行の制御や上空からの映像などの情報伝送を行うドローンが使用できる電波の利用を規制している。ドローンが使用可能な電波は国ごとに異なっており、許可を受けていない海外製のドローンを国内で使用することはできない。

　これらドローンに関連する法体系のうち、実務上最も直接的に影響を受けることが多いものが航空法であり、2015年12月に施行が開始され、その後いくどかの改正を経て現在に至る。

　現行航空法ではいわゆるドローンを無人航空機と呼称し「人が乗ることができない飛行機、回転翼航空機、滑空機、飛行船であって、遠隔操作又は自動操縦により飛行させることができるもの」と定義しており、航空法施行規則によりこれには200g未満のものは含まないとされている。一方、小型無人機飛行禁止法ではいわゆるドローンを「小型無人機」と呼称しており、こちらには200g未満の機器も対象としている違いがあるので注意が必要である。

　人口密集地域や空港周辺が飛行禁止とされている。また飛行の方法としては目視外飛行や夜間飛行が原則禁止となる。これら現行の法規制の詳細については、前書「ドローン産業応用のすべて」を参照されたい。本稿ではレベル4飛行の実現および実用化に向けて現在進められている無人航空機に関連する大幅な法改正の方向性について記述する。

5.1.2　法整備の検討状況

　現在検討が行われている法改正は、2022年度に無人航空機の有人地帯における補助者なし目視外飛行を実現し、遠隔制御された複数の無人航空機が主に物流などの用途に実用化されるような社会を実現するために必要な法的環境を整備することを主な目的として進められているが、これと合わせて無人航空機に関する各種規制の再整理と効率化も同時に検討されている。

　今回の法整備の検討作業では、内閣府に設置された「小型無人機に係る環境整備に向けた官民協議会」のもとに組織される実務的なワーキンググループを組織し、各関係省庁と民間事業者や民間団体を含めた検討作業が実施されている。「小型無人機に係る環境整備に向けた官民協議会」は政府関係省庁関係者や無人航空機に関係する民間事業者、学識経験者によって構成

される検討会で、2015年の官邸ドローン事件の際に構成され、無人航空機に関する航空法改正に関わった。政府関連省庁は「小型無人機に関する関係府省庁連絡会議」を組織し、この官民協議会と協力する形で無人航空機の産業応用のための長期的なスケジュールを「空の産業革命に向けたロードマップ」（図4・1・2、p.263参照）として示し、毎年更新している。これらの活動を通じて無人航空機に関する民間事業者のニーズを政策に反映する形となっている。

日本政府は成長戦略実行計画（令和元年6月21日閣議決定）において有人地帯での目視外飛行の目標時期を2022年度目途とし、官民協議会はこのロードマップの中で2021年度中にレベル4（有人地帯における無人航空機の第三者上空補助者なし目視外飛行）を実現することを目指すとしており、そのための法整備を行うとしている。これを実現するためには2020年中には具体的な法改正の法案が準備される必要があり、現在そのための検討作業が急ピッチで進められている。現在の制度検討は「所有者情報把握（機体の登録・識別）」、「機体の安全性確保」、「操縦者・運航管理者の技能確保」、「運航管理に関するルール等」の観点から進められている。

これら2022年度のレベル4実現に向けた航空法の大幅な改正に向けた検討の現在の状況としては、令和2年3月31日に開催された「第13回小型無人機に係る環境整備に向けた官民協議会」において「小型無人機の有人地帯での目視外飛行実現に向けた制度設計の基本方針」が決定された。この基本方針はレベル4の実現に関する法改正だけでなく、従来航空法で定められた無人航空機の飛行に関する各種取組みおよび手続きについて、その運用実績などから大きく見直し、効率化なども図られている。図4・1・1は、官民協議会において示された基本方針に関する概念図である。「所有者情報把握（機体の登録・識別）」、「機体の安全性確保」、「操縦者・運航管理者の技能確保」、「運航管理に関するルール等」の枠組みで今後具体的に定められる制度が有機的に組み合わされ、全体として安全かつ効率的な制度運用を図ることを狙いとして全体的な制度設計が進められている。現在検討されている制度の概念図を**図5・1・1**に示す。以下、本項ではこの基本方針として示された内容について解説する。

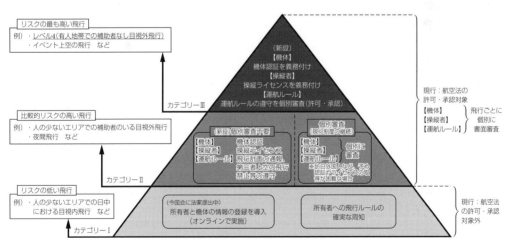

図5・1・1　有人地帯の目視外飛行（レベル4）の実現等に向けた制度の全体のイメージ

5.2 所有者情報把握（機体の登録・識別）

5.2.1　所有者情報把握の必要性

　ドローンは遠隔操作で使用者とドローン本体の位置が離れた状態で利用されることが少なくない。そのため飛行中のドローンについて施設の管理者や警察官などが発見したとしてもその操縦者を特定することが難しく、飛行の停止を求めるなど必要な処置をとることが難しいという問題がある。また、飛行中に墜落した機体が人や物に衝突しなんらかの損害が発生した際には、所有者が不明なドローンの機体が発見されたとしても損害の責任を持ち主に請求することができず、被害者が泣き寝入りになる可能性もある。

　このような無人航空機の不適切な飛行や墜落、接触等の被害などについてその責任の所在を明らかにするとともに、そのような無人航空機の運用を抑止しより安全な運行に寄与することを狙いとして、無人航空機の所有者を事前に登録する制度の必要性が訴えられてきた。政府の無人航空機の検討において所有者登録制度は「速やかに対応すべき課題」と位置付けられ、他の取組みの法制度化に先がけて立法化が進められている。所有者登録制度に関連する航空法の改正案は 2020 年 6 月に可決成立し、2021 年から 2022 年にかけて機体登録制度の運用を開始することが予定されている。

5.2.2　所有者情報把握（機体の登録・識別）制度の概要

　現在導入が予定される所有者情報把握に関する制度は令和 2 年 2 月 28 日閣議決定「無人航空機等の飛行による危害の発生を防止するための航空法及び重要施設の周辺地域の上空における小型無人機等の飛行の禁止に関する法律の一部を改正する法律案」に示されている。この改正法案自体は無人航空機および小型無人機の飛行に伴う各種問題発生の防止と抑止を目的としたもので、無人航空機の登録義務化の他に主要空港周辺での飛行禁止と空港での対応に関する規程を含むものである。ここでは無人航空機と所有者の登録に関する事項について説明する。

　無人航空機とその所有者に関する登録制度は今回新たに創設される制度であり、無人航空機を飛行させるものは事前に国土交通省に登録の届出を行い登録記号を取得し、これを機体表面に表示することが義務付けられる。これらの登録がない機体や、登録記号の表示がない機体を飛行させた場合の罰則も設けられている。

　法案ではこれら無人航空機の登録に関する規程について「第九章　無人航空機　第一節無人航空機の登録」に記載している。無人航空機を飛行させるにあたっては、研究開発など特別に認められた場合を除いては国土交通省に登録することが義務付けられる。この際登録が必要な情報は以下のとおりである。登録はオンラインから行うとされている。

・無人航空機の種類
・無人航空機の型式
・無人航空機の製造者
・無人航空機の製造番号
・所有者の氏名又は名称及び住所
・登録の年月日
・使用者の氏名又は名称及び住所

・その他

　国土交通省はこれらの情報の登録を受けて各機体に登録記号を決定し通知する。製造番号が付されていない機体などについては、所有者が製造番号に相当するものを独自に付して登録する。無人航空機を飛行させる者はこの記号を機体に表示をしなければならない。登録は3～5年の期限が設定されその期限ごとに登録の更新が必要となる見通しである。登録者は登録情報に変更が生じたり、無人航空機の機体を廃止したりした場合などには、それぞれ変更や抹消の手続を行う義務を負う。登録や更新には手数料を徴収する。登録のない機体を飛行させた場合は1年以上の懲役または50万円以下の罰金が科せられる。無人航空機が企業間もしくは企業と個人の間でリースされるようなケースにおいては、リース会社が所有者となり貸与された企業が使用者となることが想定されるが、レンタル形態においては、レンタル企業が所有者および使用者となることを想定しているとのことである。

5.2.3　所有者情報把握（機体の登録・識別）制度の対象

　航空法改正案に示された機体の登録制度では、その対象を「無人航空機」としている。多くのドローン関係者はこれを見てこの登録制度は200ｇ以上の無人航空機が対象であり200ｇ未満の小型の機体は対象外であると認識している。また実際にそのような形で報道しているメディアの記事も多い。しかしながら「小型無人機の有人地帯での目視外飛行実現に向けた制度設計の基本方針」には以下のような記述がある。

　「登録の対象となる機体については、小型の機体も含め、近年の機体の飛行速度の向上により、最大飛行速度で飛行中に落下する事象が発生した場合には、地上の人に危害を生じるおそれがあること、回転するプロペラが目に接触した場合には失明に至るおそれなどもあること、航空機のエンジンに吸い込まれた場合や衝突した際には、エンジンの停止や破損したバッテリーの温度上昇などにより航空機の構造及び装備品に危害を及ぼすおそれがあるほか、破損したバッテリーからの出火による火災のおそれもあることなどから、できるだけ広く対象とすることが適当である。このような観点から、屋外を安定して飛行できる程度の規模より大きい機体については対象とする。なお、制度創設時にすでに使用されている機体や、外国人が海外から持ち込む機体についても、飛行の用に供される場合は制度の対象とする。」

　このように、登録制度に関して「登録の対象となる機体については、小型の機体も含め」「屋外を安定して飛行できる程度の規模より大きい機体については対象とする」といった記述がある。これはどういうことだろうか？　法律で無人航空機を対象とすると書かれていながら、こちらの基本方針にはそのようには書かれていない。

　ここであらためて無人航空機の定義を確認したい。航空法における無人航空機の定義は航空法第2条第22項に以下のように定められている。

　「航空の用に供することができる飛行機、回転翼航空機、滑空機、飛行船その他政令で定める機器であって構造上人が乗ることができないもののうち、遠隔操作又は自動操縦（プログラムにより自動的に操縦を行うことをいう。）により飛行させることができるもの（その重量その他の事由を勘案してその飛行により航空機の航行の安全並びに地上及び水上の人及び物件の安全が損なわれるおそれがないものとして国土交通省令で定めるものを除く。）をいう。」

　一般に広く認識されている無人航空機は200ｇ以上との規程はこの定義の中の「（その重量その他の事由を勘案してその飛行により航空機の航行の安全並びに地上及び水上の人及び物件の安全が損なわれるおそれがないものとして国土交通省令で定めるものを除く。）」の部分によっ

て定められる基準が該当しこれについては航空法施行規則において「法第二条第二十二項の国土交通省令で定める機器は、重量が二百グラム未満のものとする。」という形で定められている。つまり200 g 未満のものは航空法に定める無人航空機からは除かれる。無人航空機は200 g 以上のものをいうものとして法律が運用されている。そのため、今後この航空法施行規則の定義が変更されれば航空法を改正することなく重量が200 g 未満であっても「屋外を安定して飛行できる程度の規模より大きい機体」については「無人航空機」に含めるように変更される可能性がある。これについては多くのドローン利用者の想定と期待を裏切ることとなり議論が生じる可能性が高い。諸外国においても無人航空機の機体登録制度が以前より運用されている国が多いが、その大半が対象を250 g 以上としており、国際標準との適合性を考慮した場合には登録対象基準を250 g 以上とした方が望ましいという意見もある。登録制度を実際に運用するにあたり、登録すべき機体の下限をどのように設定すべきかについては今後より具体的な議論が進められるものと考えられる。

5.3 機体の安全性確保

5.3.1　機体の安全性に関する認証制度の概要

　現在の制度検討における「機体の安全性確保」の取組みとして機体の認証制度はこれよりさらに一歩踏み込んだものとなることが想定されている。認証する内容は、機体の仕様や設計などその機体の型式について審査を行う型式認証や、実際に製造された個々の機体を1つひとつ認証検査を行う機体認証など、異なる複数の段階に分かれており飛行の内容において異なるレベルの機体に関する認証が求められることが想定される。

　今後レベル4の飛行を実現するためには従来の無人航空機を他人のいないエリアで飛行させていた場合に対して機体のトラブルや他の機体などの衝突などトラブルが発生した場合でも他人に危害を加えないなど、より機体自体の安全性について高い要求が求められる。このため今後レベル4などリスクの高い飛行を実施する機体に対する許可・承認などをする場合の条件として機体の安全性に関する認証を取得していることを求めることが検討されている。

　一方、リスクがそれほど高くないこれまで特別な許可・承認を得ることなく実施可能であった飛行および許可・承認が必要な飛行について、これまでは一律に要求される機体の認証制度は存在していなかった。許可・承認が必要な飛行については個別の飛行申請に対して機体がその申請内容の飛行に対して十分な安全性を備えているかについて個別に書面での審査を行っている（条件によって一年間の包括申請や組織として複数の操縦者、機体を一度の申請で許可・承認をとる包括申請も可能である）。一部市販の機体については「ホームページ掲載無人航空機」という枠組みがあり、これらの機体については国土交通省が事前審査を行うことで個々に飛行審査を行う際に記載する項目の一部簡略化が認められるようになっている。このようなケース、すなわちレベル4ほどのリスクの高い飛行ではないが、人口集中地区上空の飛行や、目視外飛行など一定のリスクレベルにあり現在の許可・承認手続きとなっている飛行については、これらの機体認証を取得していることによって個別の許可・承認手続きを緩和するといったことも検討されている。

5.3.2　機体の認証方法

　機体の認証方法としては国の機関が設計、製造過程および実機検査を行うことが想定されている。また機体ごとに運用限界が指定する必要があるとされている。また型式ごとに設計および製造過程について検査を行う型式認証を行う方式も検討されている。

　認証を取得した機体であってもこれらに対して整備点検等の要件が必要となることも想定され、そういった機体に対しては自動車でいうところの車検のような制度が導入される可能性もある。また各機体が取得した認証について有効期限を設けるということも考えられている。

　実際の機体認証の作業にあたっては民間の能力を活用することが検討されている。検査結果を最終的に承認するのは国土交通省によるものとなるが、国が指定する第三者による検査によって国の検査の一部または全部を省略可能とすることも検討されている。また量産する機体の製造者が製造する機体についての型式認証を取得し、個々の機体の検査の実施を義務化することで、利用者の検査負担を軽減することも検討されている。

5.4　操縦者・運航管理者の技能確保

5.4.1　操縦ライセンス制度の背景

　現在の法制度下においてはドローン運行のための操縦・操作は特別な資格要件を定めていない。法律に認められた範囲の飛行であれば誰であっても無資格でドローンを飛行させることが可能である。一方で市街地の上空や夜間などある程度リスクの高い飛行についてはある一定の知識や操縦技量が求められる。これまでの原則飛行禁止場所や原則禁止された方式での飛行を行うための国土交通省に対する許可承認においては、操縦者が自己申告で操縦経験や操縦に関する技能を書面で確認を行っていた。その際民間のドローンスクールなどの講習団体が発行する技能証明を提出することで審査手続を一部簡略化するという対応が取られている。今後レベル4などさらにリスクの高い場所や方法による無人航空機の飛行を実現するにあたっては、より高度なドローンの運航や操縦に関する知識・技能が求められる。そういった操縦者・運航管理者の技能を確保するために操縦ライセンス制度の導入が検討されている。

5.4.2　操縦ライセンス制度の概要

　ライセンス制度における審査基準や実施要領などの詳細は今後決定されるが、学科試験と実地試験の実施や、無人航空機を安全に飛行させるすべての能力を証明の対象とするとしている。またライセンスの対象としては、機体の種別（固定翼、回転翼、飛行船など）や飛行方法（目視内、目視外）などの限定を付与することが検討されている。

　無人航空機の運用による事故発生時の責任の所在を明確にする意味で、ライセンスについては年齢制限を設けることが検討されている。ただしこれらの年齢に満たない利用者も存在することから、有資格者の指導のもとでの飛行を認めるなど柔軟な運用も考えられている。

　操縦ライセンスには有効期間を設けることや視覚能力など無人航空機の運用に必要となる最低限の身体要件などの規程が設ける方向で検討が進められている。また法令を違反したものに対しては操縦ラインセンスの取り消しなどの行政処分が行われる。

5.4.3　民間団体などの活用

　操縦ライセンス制度の実現にあたっては現在のドローンスクールのような民間講習団体の活用も検討されている。従来、民間講習団体は個別申請時に操縦者の技能に対する証明を出しその書類を添付することで一部審査書類を省略することが認められていたが、今後操縦ライセンスの制度化が行われた際には、国が行うライセンスに関する審査の一部を省略するなどの対応が行われると考えられる。これに伴い、ライセンス取得に必要な知識・技能等の基準が定められ技能レベルの標準化も同時に進むことが期待される。

5.4.4　無人航空機の飛行に関する基礎的知識に関する取組み

　このような高度な操縦技能に関するライセンスのほかに、無人航空機の飛行により基本的な知識、特に航空法やその他飛行にあたり知っておくべき法規などに関する基礎的な知識を確認するための仕組みも必要と思われる。イギリスなどでは無人航空機の機体登録時にこれら知識についてのオンライン教育の受講が義務付けられており、今後日本においても同様に枠組みが提供される可能性もある。

5.5　運航管理に関するルールなど

5.5.1　運航管理に関するルールの概要

　運航管理に関するルール整備としては最終的には飛行情報の管理に関するルール決めや、無人航空機どうしあるいは有人航空機と無人航空機など複数の飛行隊の間での衝突回避などが、従来行われてきた許可・承認手続きの対象は実施方法の見直しと、レベル3・レベル4飛行を実現するための新たなルールづくりが進められている。

　現在、レベル3での飛行や国土交通省による許可・承認が必要となる飛行についてはその審査要領において、FISS飛行情報共有システムへの飛行情報の事前登録が義務化されている。これは比較的リスクの高い飛行を行う場合に、いつどこで無人航空機の飛行が行われるかの情報を事前に共有しておくことで、無人航空機やヘリコプターなどの有人機の操縦者が同じ時間帯、同じ空域での飛行することを避けるようにすることによって、衝突を未然に防止している。将来多数の無人航空機が同一空域で飛行するような場面を想定した場合にはこのような防止措置だけでは不十分であり、より高度な運航管理に関する仕組みが必要であり、個々の飛行する機体の位置情報などを管理するUTM（UAV Traffic Management）の利用も検討されているが、まだ研究開発段階であることもあり、2022年のレベル4実現当初は空域分離により安全な飛行を確保することが想定されている。

　リスクの高い無人航空機の運航ルールに関しては、現在国土交通省による許可・承認の手続きを通じてその許認可および飛行情報の管理が行われているが、個々の飛行ごとに許可・承認を基本とする手続のため非常に業務負荷が高くなっている。現在検討されている機体認証の制度および操縦ライセンスの制度などを確立することで、これら許可・承認の対象のうち比較的件数が多くリスクが低い飛行については個々の許可・承認手続きを経ず、飛行情報システムへの入力および事故の報告だけで認める方向で検討が進められている。

5.5.2　運航管理システム

今後レベル3や4での飛行など、より多くの無人航空機が補助者なしの目視外飛行を行うようになると、無人航空機どうしの衝突回避、またヘリコプターなどの有人航空機などと衝突の回避をどのようにして実現するか何らかの仕組みが必要となる。その仕組みとして現在検討されているのがUTM（UAV Traffic Management）と呼ばれるものであり、統合的に無人航空機や有人航空機の飛行情報および飛行に必要な気象や地形などの情報を統合的に管理する仕組みである。将来的には空域を飛行する無人航空機や有人航空機の現在地情報をリアルタイムに共有するとともに衝突を未然に防止するよう指示を出す機能を持たせることなども考えられている。UTMなど高度な運航管理システムの利用に関する制度化については現在研究開発が進められており、今後の長期的な取組みとなると考えられる。

5.5.3　許可・承認手続きの効率化

運航管理に関するルールなどについては現在の許可・承認手続きの効率化に向けた検討が進められている。現在標準マニュアルで定められている各種安全対策を法的な義務として定めこれらの遵守を前提として個々の飛行についての審査を省略する方向で検討されている。

法律によって義務化する規制内容としては以下のようなものが考えられている。

・飛行計画の通報（飛行前の情報共有システムへの入力など）
・運用限界を超えた飛行の禁止
・第三者上空飛行、物件の吊り下げ・曳航など、地上の人などへの影響の高い飛行の禁止
・事故発生時の航空局への報告など

一方で、レベル4での飛行、催し場所の上空や第三者上空などよりリスクが高いと考えられる飛行については、操縦ライセンスの取得や機体認証を必須としたうえで個別の許可・承認を求めることが想定されている。

（武田圭史）

5.6　ドローンのリスクアセスメント

ドローンの産業応用では、次の2つの安全を考える必要がある。

①　ドローンを業務として用いる者（例：ドローン操縦者）の安全
②　第三者の安全

前者は労働安全と呼ばれ、労働安全衛生法の準拠が最低限必要となり、個々の事業主が主たる責任を持つ。後者は労働安全に加え社会制度として安全性を担保する必要があり、事業主とともに第三者の代理としての行政機関が連携して安全の制度設計・運用を行う必要がある。本節では、前者の労働安全的観点からドローンのリスクアセスメントを、関連する安全規格（JIS B 9700、JIS B 9702、ISO TR 14121-2）に基づき概説する。同規格から引用する内容での、主要な言葉の定義は次のとおりである。

・危害：身体的傷害または健康障害
・危険源：危害を引き起こす潜在的根源
・リスク：危害の発生確率と危害のひどさの組合せ
・安全：受容できないリスクのないこと

・危険状態：人が少なくとも1つの危険源に暴露される状況（例：飛行中のドローンを近くで確認している状況）

・危険事象：危害を起こし得る事象（例：飛行中のドローンが不具合で操縦者の方向に落下している事象）

なお、概論という性質上、本節の説明は規格と厳密に対応していない部分もある。必要に応じて、各規格を直接参照してほしい。

5.6.1　ドローンビジネスとリスクアセスメント

死亡など被害の大きなリスクの発生頻度は一般に低く、個人が直接経験することは少ない。よって、個人の経験に過度に依存した安全管理では、重大なリスクが軽視される／見落とされる懸念がある。特にドローンの産業応用というイノベーティブで経験の少ない活動では、経験知的、暗黙知的な安全管理では限界がある。このような経験則に基づく安全管理を補完するのが、規格に基づくリスクアセスメントである。リスクアセスメントは、ある機器・作業のリスクを明らかにする系統的手順であり、機械類ではJIS B 9700「機械類の安全性－設計のための一般原則－リスクアセスメント及びリスク低減」でその実施手順が示されている（図5・6・1参照）。

規格対応というと「自由な技術開発・ビジネスを縛るもの」といったネガティブな印象を持つ読者もいるのではないかと思う。しかし規格は、過去の教訓の集大成であり、成功を継続し失敗を未然に防ぐために存在する。また、事故発生後の法的責任判断の根拠として「事故の予見可能性」「事故の回避可能性」があるが、規格は事故の予見可能性・回避可能性と強い関係があると考えられ、事故発生後の裁判対応でもその遵守は重要である。欧州ではCEマーク制度により規格対応は法的に強制されており、米国では懲罰的賠償金制度により規格対応はビジネスをdefensiveにするために必須となっている。CEマーク対応はアジア・中東でも求められる事例が増えてきており[1]、グローバルな産業となるドローンでは、規格に対応したリスクアセ

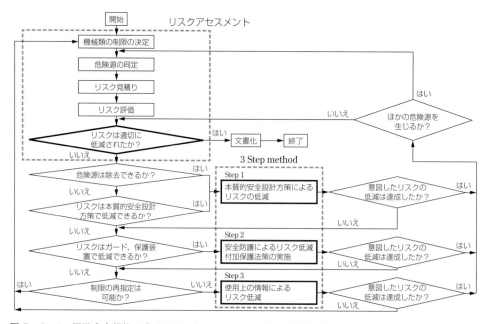

図5・6・1　国際安全規格の求めるリスクアセスメントと安全設計手順（JIS B 9700:2013 図1より）

スメントがそのビジネスの持続的発展に重要となると考えられる。

5.6.2　リスクアセスメントで必要とする情報と実施体制

リスクアセスメントでは多くのリスク因子を検討する必要がある。そのため、リスクアセスメントでは**図5·6·2**の情報を含むことが望ましい。これらの情報を適切にリスクアセスメントに反映するためには、一般に次のメンバーを含むチームでリスクアセスメントを実施することが望ましい。

① 技術者（例：ドローン設計者・技術者）
② 使用者（例：ドローンの運転者、保守・整備の実務経験者）
③ 事故履歴の知識を有する者
④ 安全関連規則・規格の知識を有する者
⑤ 人的要因を理解している者
　③〜⑤ は必要に応じて専門的な知見を有する第三者をリスクアセスメントのチームに加えることが望ましい[*1]。

```
a)機械類の記述
 1)使用者の情報、2)機械類の情報(ライフサイクル、設計図面、
 動力源)、3)同種の機械類の設計情報、4)機械類の使用に関
 する情報(使用手順書等)
b)規則, 規格及び他の適用可能な文書に関連するもの
 1)適用可能な規則、2)関連規格、3)関連技術仕様書、
 4)安全に関するデータシート
c)使用の経験に関連するもの
 1)関連機械類の事故・機能不良履歴、2)使用物質・材料の情報、
 3)類似機械の使用者からの情報
d)人間工学原則
e)その他
 異なる機械類の同様の危険状態、各種データベース、試作品
```

図5·6·2　規格に示されるリスクアセスメントに必要な情報の例

5.6.3　リスクアセスメントの手順

具体的なリスクアセスメントは「機械類の制限の決定」「危険源の同定」「リスク見積り」「リスク評価」「文書化」の手順からなる。その実施に関しては多くの文献が発行されており（例えば文献（3））ここではその詳細は割愛する。以下ではドローンのリスクアセスメントを実施する手順と課題を概説する。

〔1〕機械類の制限の決定

リスクアセスメントでは「機械類の制限」として、次の観点で必要な情報を特定することが望ましいとしている。

・使用上の制限：ドローンの仕様、使用者の能力、ライフサイクルタスク（通常使用のほか、保守・点検、異常時の自動帰還など非常時対応含むすべてのタスク）、合理的予見可能な誤

[*1]　文献（2）では生活支援ロボットのリスクアセスメントに関する「専門的な知見を有する第三者」として、安全認証機関や厚生労働省が通達「設計技術者、生産技術管理者に対する機械安全に係わる教育について」（平成26年4月15日付基安発0415第3号）に示す、機械安全に関する知識を有すると見なされる者（システム安全エンジニア、セーフティアセッサ（部分）、労働安全衛生コンサルタント（部分））（平成26年4月15日付基安発0415第1号）を例示している。

使用（操縦者の転倒による誤操作など）

・空間上の制限：ドローン飛行可・否の範囲、操縦に必要な空間

・時間上の制限：飛行時間、部品の寿命、推奨使用間隔

・その他の制限：周囲環境（飛行時、輸送・保管時など）

　ドローンのリスク因子は多岐に渡ると予想され、上記の観点でリスク因子を整理していくことで、リスクアセスメントでの抜け・漏れが減ることが期待される。また、ここでのリスク因子の形式知化は、同じドローンを他用途に利用する場合のリスクアセスメントを円滑に実施する基本となると考えられる。

〔2〕危険源の同定

　危険源の同定はリスクアセスメントで最も重要な作業である。JIS B 9700 では一般的な機械類を対象とした 10 区分の危険源リストを附属書で示しており、ドローンでも参考にすべき項目は多い（**表 5・6・1** にその例を示す）。よく作られた危険源リストは、経験の浅い者にも使いやすくリスクアセスメントの効率的実施を支援することになるとされており、ドローンでも応用分野ごとの危険源リストの作成が今後必要と考えられる。一方、危険源リストは「知っているとわかっていること」は取り上げられる、「知らないとわかっていること」「知らないということも知らないこと」は取り上げられないという欠点があり、この欠点を念頭に置きドローンの危険源リストの作成・利用にあたる必要がある。

表 5・6・1　規格に示される危険源の情報とドローンでの対応例

規格に示される危険源の情報（抜粋）			ドローンでの対応例
区　分	原　因	潜在的結果	
1. 機械	落下物	衝　撃	落下するドローンの衝突
	角のある部品	切断または引き裂き	回転するプロペラへの接触での切傷
2. 電気	短　絡	発　火	バッテリー端子への金属ゴミ接触による短絡・発火
3. 熱	高温または低温の物体または材料	熱　傷	炎天下での長時間使用により高温となった部品への接触による熱傷
4. 騒音	可動部	不　快	プロペラ音によるストレス
5. 振動	不平衡の回転部	不　快	（該当なし）
6. 放射	無線周波電磁放射線	頭痛、不眠など	操縦用無線
7. 材料および物質	生物学的および微生物学的作用物	感　作	金属アレルギーを持つ作業者の金属部への接触
	ガ　ス	中　毒	保守作業時のクリーナーガスの過度な吸引による中毒
8. 人間工学	指示器および視覚表示装置の設計および位置	不快、疲労、筋骨格障害、ストレス	長時間、小型画面を集中して見たことによる眼精疲労
	制御装置の設計、位置または識別	不快、疲労、筋骨格障害、ストレス	プロポの長時間操作による指の疲労
	姿　勢	不快、疲労、筋骨格障害、ストレス	足場の悪い場所での無理な姿勢での操作による腰痛
9. 環境に付随する危険源	汚　染	軽度の疾病	汚染された場所に着陸したドローンの除染不備による疾病
	水	滑ること、転倒	濡れた足場での転倒
10. 危険源の組合せ	例えば、反復活動＋過度の労働＋高環境温度	例えば、脱水、意識の喪失、日射病	炎天下での長時間作業による日射病

〔3〕リスク見積りとリスク評価

事故の潜在的原因である危険源が、実際の危害（事故）に発展していく過程を**図5・6・3**に示す。リスク見積りでは、この危害の発生条件を明らかにし、関係するリスク因子を見積っていくことになる。このリスク見積りには定性的手法と定量的手法がある。工学的には後者が望ましいが、リスク見積りでは定量化に必要な十分なデータが入手困難な場合も多く（特に危害の発生確率）、労働安全に関するリスク見積りは定性的なものが多い。定性的なリスク見積り手法には、マトリックス法、ツリー法、加算法などさまざまなものが提案されている。**図5・6・4**にハイブリッド法による例を示す。規格に基づく系統的なリスク見積りを実施していればすべてのリスク因子は適切に考慮されることになるため、定性的なリスク見積りにはどの手法を用いてもよい。得られたリスクの値に基づき、そのリスクが受け入れ可能か、リスク評価が行われる。

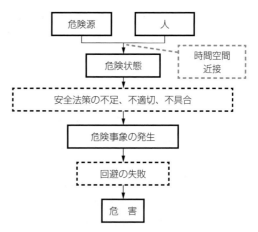

図5・6・3　危害の発生条件（JIS B 9702:2000 解説 図2より）

表5・6・2　PLと単位時間あたりの危険側故障発生確率

PL	単位時間当たりの危険側故障発生確率
a	10^{-5} 以上 10^{-4} まで
b	3×10^{-6} 以上 10^{-5} まで
c	10^{-6} 以上 3×10^{-6} まで
d	10^{-7} 以上 10^{-6} まで
e	10^{-8} 以上 10^{-7} まで

点数	危害のひどさ：S	晒される頻度または時間：F	危険事象の発生確率：P_s	回避可能性：A
4	重大危害（死亡、後遺症あり）	連続的／常時	高い（起こりやすい）	
3	長期医療措置（入院、後遺症無）	頻繁／長時間	ありえる	不可避
2	短期医療措置（通院）	時々／短時間	可能性あり	
1	応急手当	まれ／瞬間的	低い（まれ）	条件付きで可能性あり

a）リスク因子と対応する点数

段階	No.	危険源	危険状態／危険事象	想定危害	対象者	危害ひどさ S	計	頻度 F	確率 P_s	回避 A	リスク点数 R
準備	1	不安定性	1人で機材や資材運搬時に転倒し下敷きになる	骨折	スタッフ	2	6	1	2	3	12
	2	鋭い端部	シェルター組立て時に飛び出した針金が刺さる	失明	スタッフ	4	7	2	2	3	28
	3	バッテリー	バッテリーが発火し火傷を負う	火傷	操縦者	2	8	4	3	1	26
試験	4	落下物	不具合により機体が墜落し頭部に衝突する	頸椎骨折	スタッフ	4	9	2	4	3	36
	5				第三者	4	8	1	4	3	32
	6	落下物	ペイロードの固定が外れ落下し頭部に衝突する	衝撃	スタッフ	3	5	1	2	1	15
全体	7	組合せ	屋外での長時間作業による脱水症状	脱水症状	スタッフ	2	9	4	2	3	18

（危険源同定 ／ リスク見積り：$R = S \times (F + P_\mathrm{s} + A)$）

b）リスク見積り結果を記載したリスクアセスメントシート（部分）

図5・6・4　ハイブリッド法による定性的リスク見積りの例

定量的なリスク見積りは安全関連部の電気電子回路などに対して、回路の信頼性解析と同様な手法で行われる。その代表的な基準として JIS B 9705 に示される PL（Performance Level）と JIS C 0508 に示される SIL（Safety Integrity Level）がある。PL は a（低リスク）〜e（高リスク）の値をとり、ロボットや生産設備など比較的小規模なシステムに用いられる。産業用ロボットでは PL＝d が目安とされている。**表 5・6・2** に PL の単位時間当たりの危険側故障確率を示す。SIL は 1（低リスク）〜4（高リスク）の値をとり、化学プラントなどの大規模なシステムで用いられている[*2]。本稿執筆時ではドローンの安全制御回路をどのような基準で評価するか明らかではないが、PL や SIL など既存規格での考え方をフォローしておくことは必要であろう。

〔4〕文書化

リスクアセスメントの結果は関連するデータと共に保存し、万が一の事故発生時も自らの安全設計・運用が適切であったことの根拠資料として提示できるよう文書化が必要である。欧州の CE マーク制度で用いられる機械指令では、リスクアセスメントを含む技術文書（Technical Document）を「物を言わぬ弁護人」と位置づけており、事故発生時に速やかに技術文書が提出できない場合は、機械指令への適合を疑う根拠になるとされている。日本国内の裁判で、リスクアセスメントの実施の有無・適切性を問う事例は著者の知る限り見当たらないが、今後のドローンビジネスの拡大を考えると、「物を言わぬ弁護人」としてリスクアセスメントの重要性は増していくと考えられる。　　　　　　　　　　　　　　　　　　　　　　　　　（木村哲也）

【参考文献】
（1）日本食品機械工業会：食品機械の CE マーキング自己宣言マニュアル（2009）
（2）ロボット革命イニシアティブ協議会：生活支援ロボット及びロボットシステムの安全性確保に関するガイドライン（第一版）（2016）
（3）厚生労働省：リスクアセスメント等関連資料・教材一覧
　　　https://www.mhlw.go.jp/bunya/roudoukijun/anzeneisei14/

5.7 人口密集地の飛行におけるプライバシー

ドローンは 2010 年のフランス Parott の AR ドローンの大ヒット、続いて 2012 年の DJI から販売されたホビー用空撮ドローン Phantom シリーズで空前の大ブームが巻き起こり、ドローン時代の到来に至った。この空前の大ブームとなった最大の理由は、これまで人が見たことのないアングルでの空撮ができること、そして、インターネットの爆発的普及を背景として、空撮した動画を SNS 上にアップする YouTuber が激増して、世界の何億人もの人に感動を与えていったことである。さらに、こうした空撮は単なる趣味に留まらず産業応用に発展していき、測量、災害時の被害状況の確認、捜索活動、救助活動、支援物資の輸送、警備、インフラ・設備点検、宅配などの物流などへとホビー用から産業応用ドローンとして、社会的に大きな意義をもたらす基盤技術として期待されている。

その一方で問題になっているのが、「肖像権」「プライバシーの侵害」といったドローン活用における個人情報にまつわる問題である。例えば、ドローンに搭載されたカメラが、偶然に集合住宅のリビングルームを捉え、飛行した人の意思とは無関係に居住者の顔などを撮影してし

＊2　SIL の派生基準として自動車に特化した ISO26262 に示される ASIL（Automotive SIL）という基準もある。

まったと仮定する。それでそのことに気づかず、あるいは気づいていても「大したことはない」という認識で何の加工もせず、不特定多数が閲覧可能なインターネット上に公開し、第三者にその居住者の顔を晒すことになったらどうなるか？　場合によっては訴訟問題に発展するなど、民事・刑事・行政上の何らかのリスクを負う可能性が非常に高くなってしまう。そのため、ドローンを飛行するには、個人情報保護法についてもしっかりと正しい知識を蓄えておく必要がある。

　この問題について総務省は、平成27年9月に基本的なガイドラインとして「「ドローン」による撮影映像等のインターネット上での取扱いに係るガイドライン」[1]を発表している。ドローンに関するプライバシー問題について、国レベルで明確なガイドラインが出されているのは総務省のガイドラインのみである。ここではこのガイドラインを全文、下記に掲載する。

「ドローン」による撮影映像等のインターネット上での取扱いに係るガイドライン
1章　本ガイドライン策定の目的と位置づけ
　我が国においてもドローンの普及が進みつつある。

　ドローンは、簡易に「空からの撮影」が可能であることから、土砂崩落、火山災害、トンネル崩落などの現場における被災状況調査、橋梁、トンネル、河川やダムなどのインフラ監視、消火・救助活動、測量、警備サービス、宅配サービスなど様々な分野での利用が可能であり、社会的に大きな意義があるものと考えられている。また、産業界からも今後多くのビジネスをもたらすとの期待が大きい。

　他方、このドローンを利用すれば、通常予期しない視点から戸建て住宅やマンションの部屋の中などを居住者の同意なしに撮影することも可能である。これまでもヘリコプターを利用して空からの撮影が可能であったが、ドローンを利用することにより、より多くの人が、安価で簡便な方法により「空からの撮影」を行うことが可能となるため、利活用による経済社会活動の発展と、プライバシー等保護のバランスを保つことが必要となる。

　ドローンを利用して被撮影者の同意なしに映像等を撮影し、インターネット上で公開することは、民事・刑事・行政上のリスクを負うことになる。
　① プライバシー侵害等の行為が行われた場合、民事上、撮影者は被撮影者に対して、不法行為に基づく損害賠償責任を負うこととなる。
　② また、浴場、更衣場や便所など人が通常衣服をつけないでいるような場所を撮影した場合には、刑事上、軽犯罪法や各都道府県の迷惑防止条例の罪に該当する可能性があり、処罰されるおそれがある。
　③ さらに、個人情報取扱事業者による撮影の場合には、無断での撮影行為は不正の手段による個人情報の取得として、「個人情報の保護に関する法律」（以下「個人情報保護法」という。）の違反行為となるおそれがある。また、ドローンによる撮影映像等をインターネット上で閲覧可能とした場合においては、当該映像等にプライバシーや肖像権などの権利を侵害する情報が含まれていたときは、インターネットによる情報の拡散により、権利を侵害された者への影響が極めて大きく、当該映像等は人格権に基づく「送信を防止する措置」及び損害賠償請求の対象ともなる。

　このため、ドローンによる撮影映像等をインターネット上で閲覧可能とすることについて考え方を整理し、このような行為を行う者が注意すべき事項をガイドラインとして取りまとめるものである。

　本ガイドラインは、ドローンを利用して撮影した者が被撮影者に対してプライバシー侵害等として損害賠償責任を負うことになる蓋然性を低くするための取組を例示することにより、法的リスクの予見可能性を高めるとともに、ドローンによる撮影行為と個人情報保護法の関係について整理するものである。

　また、撮影映像等をインターネット上で公開するサービスを提供する電気通信事業者に対して、撮影映像等への送信防止措置の要請を受けたときの対応を例示することにより、電気通信事業者が被撮影者・発信者に対して損害賠償責任を負うことになる場合の予見可能性を高めるものである。

　このような注意事項等を整理することにより、安心してドローンを利用できる環境が整備されるものと考えられる。本ガイドラインが、社会的意義のあるドローンの利用を促進することを期待する。また、本ガイドラインは、現時点における考え方を示したものであり、ドローンの利用方法等の発展に伴い、利用者が注意すべき事項も変化していくことが考えられることから、それらの動向を注視していく必要がある。

なお、過去総務省では、公道から撮影した道路周辺の画像を編集し、インターネット上で閲覧可能となるよう公開するサービスについて、サービス開始当初、プライバシーや肖像権の侵害である等の指摘がなされたことから、総務省の「利用者視点を踏まえた ICT サービスに係る諸問題に関する研究会」において論点を整理し、サービス提供者に求められる取組として、「撮影態様の配慮」や「ぼかし処理」等を提言し、関係事業者に要請を行っている。

2 章　撮影映像等のインターネット上の取扱いに係る考え方

1　基本的考え方

ドローンによる撮影行為により、プライバシーや肖像権といった権利を侵害する可能性がある。撮影行為の違法性は、一般的には、①撮影の必要性（目的）、②撮影方法・手段の相当性、③撮影対象（情報の性質）等を基に、総合的かつ個別的に判断されるものとされている。また、撮影行為が違法とされる場合には、当該映像等をインターネット上で閲覧可能とした場合、原則として閲覧可能とした行為自体も違法となる。また、インターネットによる情報の拡散により、権利を侵害された者への影響が極めて大きく、当該映像等は人格権に基づく「送信を防止する措置」の対象ともなる。具体的に権利侵害となるかについては、プライバシー侵害の場合には、個別具体的な事情を考慮した上で公開する利益と公開により生じる不利益とを比較衡量して判断され、肖像権侵害の場合には、個別具体的な事情を考慮した上で、侵害が社会生活上受忍の限度を超えるものといえるかどうかにより判断されることになると考えられ、個別に判断する必要がある。

2　プライバシーとの関係

プライバシーについて一般的な定義は存在していないが、近年の判例では、他人にみだりに知られたくない情報か否かが、プライバシーとして保護を受ける基準とされている。

プライバシーについては、公開する利益と公開により生じる不利益との比較衡量により侵害の有無が判断されることになるが、一般に、個人の住所とともに当該個人の住居の外観の写真が公表される場合には、プライバシーとして法的保護の対象になり得ると考えられている。屋内の様子、車両のナンバープレート及び洗濯物その他生活状況を推測できるような私物が写り込んでいる場合にも、内容や写り方によっては、プライバシーとして法的保護の対象となる可能性がある。

土地の所有権は、民法第 207 条の規定により、土地所有者の利益の存する限度内でその土地の上下に及ぶと解されるため、土地の所有者の許諾を得ることなくドローンをある土地の上空で飛行させた場合には、その土地の具体的な使用態様に照らして土地所有者の利益の存する限度内でされたものであれば、その行為は土地所有権の侵害に当たると考えられる。また、地方自治体では、既存の公園条例や庁舎管理規則などを活用し、公園や庁舎など管理区域での使用を禁止する動きが広がっている。さらに、平成 27 年 9 月に航空法の一部が改正され、公布から 3 月以内に施行されることとなっている。本改正により、ドローン等の無人航空機について、空港周辺や人家密集地上空等における飛行や夜間や人・物件の近くでの飛行等は国土交通大臣の許可・承認を受けることが必要となった。

また、たとえドローンの飛行が認められている公共の場におけるものであっても、住居の塀よりも高い上空を飛行するのが一般的で、通常は塀によって人の視界に入らない映像等を撮影可能であることからすると、撮影・インターネット上での公開は、プライバシー侵害の危険性は高いと考えられる。例えば、公道から撮影した道路周辺の画像を編集し、インターネット上で閲覧可能となるよう公開するサービスと比較すると、プライバシー侵害の危険性は一段大きいものと言わざるを得ない。

したがって、①住宅地にカメラを向けないようにするなど撮影態様に配慮する、②人の顔や車両のナンバープレート、住居内の生活状況を推測できるような私物にぼかし処理等を施すなど、プライバシー保護の措置をとらなければプライバシー侵害となるおそれがあると考えられる。なお、具体的なプライバシー侵害の有無と程度は、個々の写真の内容や写り方によって異なるため一概にはいえない。

3　肖像権との関係

肖像権については、人は、その承諾なしに、みだりに自己の容貌や姿態を撮影・公開されない人格的な権利を有するとされている。撮影・公開の目的・必要性、その態様等を考慮して、受忍限度を超えるような撮影・公開は、肖像権を侵害するものとして違法となる。

公道やそれに準じた公共の場における人の容貌等を撮影・公開した事案については、複数の裁判例によれば、公共の場において普通の服装・態度でいる人間の姿を撮影・公開することは受忍限度内として肖像権侵害が否定されることが多い。例えば、肖像権侵害を肯定した事例においては、特定の個人に焦点を当ててその容貌を大写ししていること等の事情が重視されており、公共の場の情景を流して撮影したにすぎ

ないような場合には肖像権侵害は否定されるという方向性が示唆されている。

　公共の場での情景を機械的に撮影しているうちに人の容貌が入り込んでしまった場合は、特定の個人に焦点を当てるというよりは公共の場の情景を流すように撮影したものに類似する。したがって、ごく普通の服装で公共の場にいる人の姿を撮影したものであって、かつ、容貌が判別できないようにぼかしを入れたり解像度を落として公開したりしている限り、社会的な受忍限度内として肖像権の侵害は否定されると考えられる。

　しかしながら、公共の場でない場所における撮影はこの限りではない。例えば、被撮影者の承諾なく、住居の塀の外側から撮影者が背伸びをした姿勢で、居宅の一室であるダイニングキッチン内の被撮影者の姿態を写した場合は受忍限度を超えていると解されている。

　また、風俗店等に出入りする姿等公道であっても撮影、公開されることを通常許容しないと考えられる画像や、他人の住居内の生活状況を推測できるような画像の場合、肖像権侵害となるかどうかは、プライバシーと同様に最終的には事例ごとの個別判断とならざるを得ない。

　さらに、例えば、ドローンで産業廃棄物の違法投棄を行う者を追跡し、顔写真やナンバープレートの撮影に成功した場合など、撮影そのものは公益目的で許されるが、映像等の公開は肖像権侵害に当たるとされる可能性があるケースもあると考えられる。

3章　具体的に注意すべき事項

　ドローンにより映像等を撮影し、インターネット上で公開を行う者は、撮影の際には被撮影者の同意を得ることを前提としつつ、同意を得ることが困難な場合には、以下のような事項に注意することが望ましい。

　ただし、プライバシー侵害等に当たるかどうかは、映像等の内容や写り方に左右される面が大きく、最終的には事例ごとの判断となるため、ドローンにより映像等を撮影し、インターネットで公開を行う者に一定の法的リスクが残ることは避けられない。

　したがって、以下の注意事項は、あくまでプライバシー侵害等とならないための取組の目安を示すものである。例えば、趣味で撮影を行うケースや興味本位で映像等を収集するケースなどドローンによる撮影自体に公益的な目的が認められない場合は、プライバシー侵害等となるリスクが大きくなるものと考えられる。また、個人のプライバシーに係る情報の収集を目的として撮影することは違法性が高いと考えられる。

＜具体的に注意すべき事項＞

1　住宅地にカメラを向けないようにするなど撮影態様に配慮すること
　　○　住宅近辺における撮影を行う場合には、カメラの角度を住宅に向けない、又はズーム機能を住宅に向けて使用しないなどの配慮をすることにより、写り込みが生じないような措置をとること。
　　○　特に、高層マンション等の場合は、カメラの角度を水平にすることによって住居内の全貌が撮影できることとなることから、高層マンション等に水平にカメラを向けないようにすること。
　　○　ライブストリーミングによるリアルタイム動画配信サービスを利用した場合、撮影映像等にぼかしを入れるなどの配慮（下記2参照）が困難であるため、住宅地周辺を撮影するときには、同サービスを利用して、撮影映像等を配信しないこと。

2　プライバシー侵害の可能性がある撮影映像等にぼかしを入れるなどの配慮をすること
　　○　仮に、人の顔やナンバープレート、表札、住居の外観、住居内の住人の様子、洗濯物その他生活状況を推測できるような私物が撮影映像等に写り込んでしまった場合には、プライバシー侵害となる可能性があるため、これらについては削除、撮影映像等にぼかしを入れるなどの配慮をすること。

3　撮影映像等をインターネット上で公開するサービスを提供する電気通信事業者においては、削除依頼への対応を適切に行うこと
　　○　送信防止措置の依頼に対し、迅速かつ容易に削除依頼ができる手続を整備すること。その手続は、インターネットを利用しない者でも容易に利用可能であるよう、インターネット上で削除依頼を受け付けるだけではなく、サービスの提供範囲等の事情も勘案しつつ、担当者、担当窓口等を明確化することや、必要に応じて電話対応もできるようにすること。
　　○　プライバシー等に関して具体的な送信防止措置の依頼があった場合には、プロバイダ等が、「特定電気通信役務提供者の損害賠償責任の制限及び発信者情報の開示に関する法律」（以下「プロバイダ責任制限法」という。）の規定を踏まえて、具体的な判断や対応を実施する必要がある。民間の事業者団体等（プロバイダ責任制限法ガイドライン等検討協議会）が作成した「プロバイダ責任制限法名誉

毀損・プライバシー関係ガイドライン」では、次の①、②のように定められており、参考にすること。
① 　一般私人から、被撮影者が識別可能な撮影映像等についての削除の申出があった場合には、その内容、掲載の状況から見て、本人の同意を得て撮影されたものではないことが明白なものについては、原則として送信防止措置を行っても損害賠償責任は生じない。もっとも、次のア）、イ）の場合など、送信防止措置を講じず放置することが直ちにプライバシーや肖像権の侵害には該当しないと考えられる場合もあり得る。
ア）行楽地等の雰囲気を表現するために、群像として撮影された写真の一部に写っているにすぎず、特定の本人を大写しにしたものでないこと。
イ）犯罪報道における被疑者の写真など、実名及び顔写真を掲載することが公共の利害に関し、公益を図る目的で掲載されていること。
② 　明らかに未成年の子どもと認められる顔写真については、合理的に親権者が同意するものと判断できる場合を除き、原則として削除することができる。

（参考）個人情報保護法との関係について
　ドローンによる撮影映像等は、①表札の氏名が判読可能な状態で写っていたり、個人の容貌につき個人識別性のある情報が含まれる場合、②これらの映像にぼかしを入れるなどの加工をしても、加工前の映像も保存している場合には、当該情報は「個人情報」に該当し、それがデータベース化されている場合には「個人情報データベース等」に該当する。
　個人情報保護法第 17 条は「個人情報取扱事業者は、偽りその他不正の手段により個人情報を取得してはならない。」と規定している。「偽りその他不正の手段」の例としては、「不正の意図を持って隠し撮りを行う場合」が考えられる。個人情報取扱事業者が不正の意図を持って隠し撮りを行った場合には、その撮影は「偽りその他不正の手段」による個人情報の取得に当たり、個人情報保護法の違反行為となるおそれがある。
　また、撮影者が個人情報取扱事業者である場合には、個人情報に関する利用目的の特定（個人情報保護法第 15 条）、利用目的による制限（同法第 16 条）、取得に際しての利用目的の通知等（同法第 18 条）についても対応が必要である。
　さらに、ドローンによる撮影映像等に個人情報が含まれ、その個人情報がデータベース化されている場合、個人情報取扱事業者は安全管理措置（同法第 20 条）等を講じることが必要となるほか、個人情報取扱事業者が当該データを本人の同意なく公開した場合には、第三者提供の制限（同法第 23 条）の違反となる場合がある。
　なお、同法の対象となる個人情報取扱事業者とは、5000 人分を超える個人情報データベース等を事業活動に利用する事業者であり、一般私人が趣味で撮影するケース等は同法の対象とならない。

（野波健蔵）

【参考文献】
（ 1 ） https://www.soumu.go.jp/main_content/000376723.pdf

5.8 サイバーセキュリティとネットワーク

5.8.1 「サイバーセキュリティ2019」について

　サイバーセキュリティについては、内閣府のもとにサイバーセキュリティ戦略本部が設置され、令和元年（2019 年）5 月 23 日付けで、「サイバーセキュリティ2019（2018 年度報告・2019 年度計画）」という 368 ページに及ぶ公文書が公表されている[1]。これはサイバーセキュリティに関するすべての分野に関する共通的な課題と各分野固有の課題を体系的にまとめた政府文書となっている。

その前文には、「サイバー空間は、実空間との一体化が進展し、経済社会の必要不可欠な基盤となり、人々の生活に様々な恩恵をもたらしている。一方で、これに伴い、悪意ある主体による活動も多様化・巧妙化してきており、経済的・社会的損失が生ずる可能性が飛躍的に高まり、今後、脅威は更に深刻化することが予想される。サイバーセキュリティの確保は、成長戦略を実現するための基盤であるだけでなく、我が国の安全保障・危機管理にとっても極めて重要な課題である」と書かれている。

5.8.2　「ドローンセキュリティガイド（第1版）」について

一方、一般社団法人セキュアドローン協議会が作成したドローンとサイバーセキュリティに関するガイドラインが、「ドローンセキュリティガイド（第1版）」として、2018年3月に発表されている[2]。このガイドでは作成趣旨として、「ドローンの活用がさまざまな業界で期待される中、墜落などの事件・事故の増大が危惧されている。一般社団法人セキュアドローン協議会において、参加各社の先端ドローン技術、セキュリティ技術、IoT関連技術、エネルギー管理システムといったICT関連技術を生かし、ドローンの安心・安全な操作環境とデータ送信環境を確立していくための指標となる本セキュリティガイドの策定を行う。」と明記されている。

「ドローンセキュリティガイド（第1版）」は、ドローンとセキュリティについて深く考察されており、詳しく具体的であるため、ここでは一部抜粋する。以下は「ドローンセキュリティガイド（第1版）」からの抜粋である。

---

2. ドローンのセキュリティ概要

産業用ドローンを安全に業務で利用するためには、取得したデータの保護や安全な通信手段の確立など、各種のセキュリティ対策が必要となる。これまでに、どのようなセキュリティにおけるリスクが発生し、事故や被害が起きたのか、その概要を解説する。

2.1　ドローンの操縦の乗っ取り

2017年にラスベガスで開催されたDEF CON（ハッキング会議）では、ポケットサイズのマイクロコンピュータを使用して、ワイヤレスキーボードからドローンの制御を乗っ取った事例が紹介されている。このハッキング事例では、ARMベースの組み込みシステムによってBluetooth経由でワイヤレスキーボードからの信号を盗聴し、ユーザIDやパスワードなどの情報を入手する技術を応用して、マイクロコンピュータをドローンのコントローラに接続して、フライトコントローラーを乗っ取った。このような事例だけではなく、コントローラとドローンの機体間で利用しているWi-Fiなどの通信方式をハッキングすることで、操縦者になりすましてドローンを乗っ取り悪用する危険性がある。[*1]

2.2　データの盗み出し

RGBカメラやマルチスペクトルカメラなどで空から撮影した画像データは、貴重な情報資産である。そのデータを守る対策も重要である。ドローンによる空撮や地上のスキャニングデータは、機体内部の不揮発性メモリやMicro SDカードに保存される。その段階で、ドローン本体を何者かに盗まれてしまうと、暗号化されていないデータは容易に漏洩する。また、ドローンからWi-Fiなどの無線通信でデータを転送する場合にも、第三者に通信を傍受される危険性がある。そして、MicroSDカードからPCなどを利用してデータをクラウドサービスにアップロードする場合にも、インターネット経由での安全なデータ転送に配慮しなければ、データをハッキングされる心配がある。[*2]

2.3　今後も拡大するドローンのセキュリティ被害

ここで説明した事例の他にも、産業用ドローンが測量や点検に、精密農業やインフラ監視など、さまざまな業務に利用されるようになれば、一度のフライトから得られる画像データやスキャニングイメージは、貴重な情報資産となる。その情報資産を安全に守るためには、ドローンのセキュリティ対策が重要になる。本書では、空撮により取得するデータの保護から、運航などに関連する機体の認証など、IoT機器としてのドローンに関するセキュリティ対策についてのガイドラインを提唱する。

（著者注）
※1　意図的に墜落させたりする危険性がある。
※2　あるいは物流ドローンである場合は物品の窃盗・盗難もある。

　こうしたドローンのサイバーセキュリティが攻撃される場合、想定されるシステムは次の機器上で発生すると考えられる。
①　フライトコントローラーシステム：姿勢制御や目標軌道からの誤差修正の飛行制御
②　ナビゲーションコンピュータシステム：GPS信号受信や画像データ取得とSLAMなど
③　ガイダンスコンピュータシステム：衝突回避やAI実装と学習、知能、判断と実行
④　ミッション用データ取得コンピュータ：点検や警備などのデータ取得とクラウドと通信
⑤　地上局コンピュータ：ミッション計画と実時間軌道確認、UTMとドローンを結合
⑥　クラウドコンピュータ：高速データ処理、ガイダンスと異なるスーパーバイザー
　①については、オープンソースとクローズドソースにより対応が異なる。オープンソースは1章で紹介したドローンコードの流れを汲むAudipilot系であり、CPUにARM Cortex M4を使ったPixhawkが有名である。クローズドソースはDJIに代表されるが、オープン・クローズドともに、直接フライトコントローラーには侵入しにくいが、制御ソースプログラムなどにバグやウイルスを入れ込むことは可能であろう。②のナビゲーションコンピュータのソースコードにバグやセキュリティホールがあった場合、機体の乗っ取りや、意図しない飛行が発生する可能性がある。ナビゲーションコンピュータのGPSや気圧高度計、カメラを使った衝突防止、LiDARデータや操縦者への映像転送を行うサブユニットは、フライトコントローラーに直結しているので、これらのサブユニットが異常な値をフライトコンピューターに渡すと、ドローンどうしの衝突・墜落を誘発することになる。とくに2.9節でも述べたように、GPS電波のジャミングによる乗っ取りや、姿勢推定に用いる方位センサーデータは容易に強力な電磁波で誤作動する危険性がある。こうした意図された攻撃だけではなく、実装上の違いによっても、引き起こされる場合があり注意を要する。③のガイダンスコンピュータシステムについては、AI関連の脅威の箇所で後述する。④と⑤および⑥は、これらのコンピュータがネットワーク化された無線システムとして常時データ通信している最中に発生する電波ジャック、通信の盗聴、乗っ取りによるデータの盗み出しや意図的な書換えということである。これらはID、パスワードの厳格な管理体制と、データの暗号化などの対策が求められる。
　「サイバーセキュリティ2019」の中で、最近とくに重要になっているのがAIの利便性と脅威について、サイバーセキュリティの観点から強調されているので、ここで紹介する。

（1）利用の裾野拡大に伴う脅威〜IoT機器としてのドローンの増加〜
　IoT機器の普及、IoT機器を狙った攻撃が増加し様々な被害が発生している。今後も意識が高くない個人や企業が狙われるおそれがあるとの指摘がある。スマートフォンの普及が爆発的に進んでおり、今後も、脆弱性を内在しつつ、サイバー空間に参加する人間が増大すると見込まれる。また、サイバー空間を構成するIoT機器について、2017年時点で275億個あり、2020年には約400億個になると予想されており、普及が進むと予想される。ドローンそのものがIoT機器でもある。そもそもIoT機器は、ライフサイクルが長い、監視が行き届きにくい、機能・性能が限られた機器が存在するといった特徴があり、サイバーセキュリティ上の問題や攻撃の検知がしづらく、対策が難しいという問題がある。以上のように、サイバー空間の生活への普及・浸透に伴い、IoT機器の問題に起因する脅威が広がるおそれがあるため、必要な対策を重点的に進めることが重要である。

（2）先端技術の利活用に伴う脅威〜AIとサイバーセキュリティ〜

　今後、AI、Fintech、自動運転車、ドローン等の先端技術・サービスの利用拡大が予想され、脅威が生じるおそれがある。既存かつ普及した情報システム等でも新たな脆弱性が発見されることは少なくないが、こうした先端技術の場合は、技術そのものに加え、利用方法によっても、未知の脆弱性が生ずる可能性が高まる。特に、ドローン、自動運転車などについては様々な制度整備など普及に向けた取組が行われており、将来の普及を見込み、様々な可能性を考慮して、先手を打って対策を進める必要がある。サイバーセキュリティの観点で共通した課題として、前述したIoTの問題に加え、AIがあると考えられ、これについて整理する必要がある。新戦略では、「昨今の計算機科学の知見が進展し、（中略）深層学習は、その登場により、AIの画像解析の精度を飛躍的に向上させ、製品の異常検知、翻訳等の精度を高め、経済社会において様々な機能の効率化・高品質化を加速させ、既に幅広い産業に応用され始めている。」等とされており、サイバーセキュリティも含む様々な分野でAIを活用していく傾向がある。今後、AIが人間に代わって重要な決定を行うような状況になれば、AIが攻撃の対象になる可能性がある。AIとサイバーセキュリティの関係については様々な議論があるが、集約すると、「AIを利用した攻撃」、「AI自身による自律的な攻撃」、「AIへの攻撃」、「AIを利用したセキュリティ対策」の4つの類型に整理できる。

　ⅰ）AIを利用した攻撃

　さまざまなサイバー攻撃にAIを活用する類型であるが、例えば、パスワードの推測、個人認証のなりすましなどにAIが活用される懸念の指摘もあった。さらに、新戦略では、脅威の深刻化の類型として「民主主義の根幹を揺るがす事態も生ずるおそれがある」としている。

　ⅱ）AI自身による自律的な攻撃

　AIを人間が制御できなくなり、自律的にサイバー攻撃を行う可能性の指摘もある。現時点では、AI自身で課題を作って攻撃するような世界は現実的ではない。一方で、音楽や小説等の創作物について、（創作的寄与が認められないような）簡単な指示でAIが自律的に生成する世界は現実的なものとなっており、新戦略でも、自律的なAIについて、「権利侵害や事故を起こした場合の責任を誰が負うのかといった問題が生ずる可能性がある」とされ、人間の関与がない中で、AI兵器などAIがサイバー攻撃を行い、権利侵害を起こした場合の責任は誰が負うのかという問題は、サイバーセキュリティの世界でも生じ得るため、状況を注視していくことが求められる。

　ⅲ）AIへの攻撃

　深層学習するAIを前提としておいた場合、AIにフェイクデータを学習させること、いわゆる「敵対的学習」が考えられる。この点、実証段階ではあるが、民間企業のAIチャットロボットにおける事例がある。ただし、程よく誤動作するノイズを組み込むことは技術的に難しく、不正侵入する方が簡単との指摘もあり、技術的には可能なものの、費用対効果の観点で合理的な状況ではなく、現時点では顕在化していない。今後、AIへの人間の関与が減り、重要な決定（投資判断、診断など）についてAIが自律的かつ最終的に行うことが定着すれば、こうした攻撃が現実的なものとなる可能性があり、状況を注視していくことが求められる。

　ⅳ）AIを利用したセキュリティ対策

　AIを利用した攻撃、AIを利用した対策を逆用した攻撃も念頭におき、サイバーセキュリティ対策におけるAIの活用について、先手を打って、研究開発を進めることが重要である。現時点では、AIに何を解決させたいのかという課題設定や、AIの判断をどう解釈するのかという問題は引き続き人間が担うことになるため、サイバーセキュリティの観点でも、AIを使いこなす人材育成も求められる。

（野波健蔵）

【参考文献】
（1）https://www.nisc.go.jp/active/kihon/pdf/cs2019.pdf
（2）https://www.secure-drone.org/wp-content/uploads/drone_security_guide_201803.pdf
（3）https://www.sankei.com/affairs/news/181030/afr1810300028-n1.html

5.9 私有地および第三者私有地上空の飛行について⁽¹⁾

5.9.1　基本的な考え方

　ドローンの飛行においては、改正航空法、電波法、個人情報保護法などの法律が関係してくる。そして時々、刑事・民事・行政法上の責任を問われるケースが発生している。改正航空法によって規制されている場所（空港周辺、150 m 以上の上空、人家の密集地域）では、私有地であっても飛行はできない。ただし、夜間飛行、目視外飛行、人または物件との間の 30 m 以内の飛行、催し場所での飛行、危険物輸送飛行、物件投下について、国交省の許可が得られる場合は飛行可能である。このように私有地上空であってもこれらに違反すれば責任が問われる。

　ただし、私有地が第三者の土地であれば、第三者の承諾なしでは飛行はできない。これは民法第 207 条に関係している。民法第 207 条は「土地の所有権は、法令の制限内において、その土地の上下に及ぶ。」とあり、民法第 207 条によれば、私有地の権利は地下や上空にも及ぶとされ、ドローンが航空法に認められて飛行する高度と空域は、土地の所有者がその利用の可否を決めることができると解釈されている。このため、承諾なしにドローンを第三者の私有地に侵入させることは違法行為になるといえる。また、これによって発生する損害は、民法第 709 条による不法行為に基づく損害賠償の対象になる。ところで、民法第 207 条の「土地の上下に及ぶ」とあるが、上はどこまでかと疑問が残る。ここで、航空法第 81 条には、航空法による最低安全高度は最も高い障害物（建物等）の上端から 300 m の高度となっている。多くの法律専門家も上空 300 m までが所有権の限界値とみなしているようである。

　したがって、都市部はもちろんのこと、田舎のほとんど人がいない田畑の上空飛行においても必ず土地所有者の許可を取ることが必要である。ただし、災害対応など緊急事態発生時においては、当該自治体の長（場合によっては、当該自治体を所管する警察や消防の長）の飛行要請があるか、飛行許可があれば合法的に飛行できる。

　以上が基本的な考え方である。

5.9.2　土地所有権をクリアするための考え方

　ドローンを他人の土地の上空で飛ばす場合、すべての土地所有者から許可を得ることが最も確実な方法であることはすでに述べた。しかし、長距離にわたって上空から撮影するようなドローン事業者などからすれば、この作業は大変な作業となる。そこで、ドローンを飛ばす場合の土地所有権問題をクリアする考え方として、以下の視点が考えられる。

＜飛行機と同様に考えるという考え方＞

　飛行機が他人の土地の上空を許可なく飛行できるのは、飛行機が飛ぶくらいの高度においては、飛行機が通過することによる土地所有者への現実的な不利益が想定しにくく、土地所有権が及ばない、もしくは、このような場合に土地所有権を主張することは権利の濫用であると考えられるからである。ドローンについてもこれと同様に考える。要は、150 m 未満であって、普通は土地所有権の範囲内とされる空域を飛行する場合であっても、土地所有者に対して事実上の不利益（ドローンの飛行によって土地の利用が妨げられるなど）がないのであれば、その

飛行空域については土地所有権が及ばない、もしくは、権利濫用として土地所有権が認められないという考え方をとることである。この場合、理屈上は、ドローンは土地所有者の許可なく他人の土地上空を飛行することが許されるということになる。ただし、この考え方が認められるには、公共のインフラである飛行機とドローンが同一レベルであるという社会的受容性が必要になる。すなわち、社会的受容性とは、ドローンが社会を豊かにし日々の市民生活に欠かせない存在であること、社会システムとして基盤的システムとみなされることである。まさに、ドローンが公共の福祉という観点から完全に認知されることである。

5.9.3　土地所有権を侵害した場合のペナルティ

土地所有権を侵害した場合には、民事上のペナルティと刑事上のペナルティが科される。

〔1〕民事上のペナルティ

民事上のペナルティには損害賠償と飛行の差し止めが科される。他人の土地の上空でドローンを勝手に飛ばす行為は、他人の「所有空間」の無断利用として不法行為（違法な権利侵害行為）にあたる。このため、ドローン飛行者は土地所有者から不法行為に基づく損害賠償請求をされる可能性がある。ただ、「ドローンが自分の土地の上空を飛んだことによる損害」は認められない可能性が高いと考えられる。ドローンが墜落した場合を除いて、ただ単に土地の上空数十メートルを通過しただけであれば、財産的損害や精神的苦痛は発生しづらいと考えられるからである。このため、「このエリアは飛行禁止」というような飛行の差し止め請求がなされるパターンがほとんであると考えられる。なお、現在の多くのドローンは小型カメラが搭載されており撮影が容易にできるので、他人の土地上空を飛行しながら勝手に撮影を行った場合、「盗撮」にあたり迷惑防止条例違反となる可能性がある。迷惑防止条例違反は都道府県ごとに内容が定められているが、東京都の場合の迷惑防止条例違反は、最大2年の懲役、または、最大100万円の罰金のどちらかが科される可能性がある。盗撮については、故意的でなくても違反行為として認められてしまうリスクがある。

〔2〕刑事上のペナルティ

ドローンを他人の土地上空で勝手に飛行させた場合、他人の所有空間への侵入として「住居侵入罪」が問題となる。もっとも、現在の刑法においては住居侵入罪が成立するのはあくまでも「人間が侵入した場合」のため、ドローンが侵入したことそれ自体は犯罪として成立しない。ただし、ドローン飛行中に人間（オペレーター）が他人の土地へ勝手に侵入してしまった場合は、オペレーターに対して住居侵入罪は成立する。この場合、最大3年の懲役、または、最大10万円の罰金が科される可能性がある。

結論としては、以下のようにまとめられる。

① 土地所有権は、法律による場合と所有権の主張を認める必要がない場合という2つの観点から制限がかけられる。

② 「土地所有権の主張を認める必要がない場合」の高度の目安として、航空法に定められている「最低安全高度」があり、最低安全高度以上の上空であれば、基本的には土地所有権は及ばないと考えられる。

③ 最低安全高度以上の上空であっても、場合によっては土地所有権が及ぶ場合もあるが、現実的には権利侵害が想定できないことがほとんどであるため、土地所有権の主張は否定されるケースがほとんどであると考えられる。

④ ドローンを飛行させるオペレーターは、航空法と民法の両方を守る必要がある。

⑤　将来的にはドローンは飛行機と同様に考えるという考え方になる可能性がある。

⑥　ただし、現状は他人の土地の上空をドローンが飛行する場合は、すべての土地所有者の許可を得ることが望ましい。

⑦　ドローンの飛行により他人の土地所有権を侵害した場合は、民事上のペナルティとして、損害賠償、飛行の差し止め請求、迷惑防止条例違反による懲役刑や罰金刑が科せられる可能性がある。

⑧　刑事上は「住居侵入罪」が問題となるが、ドローンの侵入自体では犯罪は成立しない。もし、オペレーターが他人の土地に侵入した場合は、「住居侵入罪」が成立する可能性がある。

（野波健蔵）

【参考文献】

（1）https://topcourt-law.com/drone_law/drone-landownership

5.10　自律型ドローンの事故責任

　ドローンが墜落して人や他人の所有物に損害を与えた場合には、事故に基づく民事上の責任が一般には発生する。平成30年度だけでも国交省に報告のあった事故件数は79件[1]で、報告のない事故はこの数の10倍以上であることが想定される。事故の概要としては、他人の自動車や住居の屋根に損害を与えたケース、あるいは、人を傷つける事故もあり、実際に損害賠償の対象となっている。

　事故原因については、**図5・10・1**の事故直前の分析結果がある[2]。図5・10・1の中央の円グラフは事故直前の状況を示しており、機体の操縦不能が103件で58%、人為的ミスが24件で13%、環境の急激な変化が8件で4%となっている。つまり、ドローンの事故発生においては機体操縦不能による事故が6割を占めているということで、人為的ミスの4倍以上となっていることは注目に値する。機体操縦不能についてその中身を調べると、右側の円グラフとなり、制御不能が64%で約2/3を占め、通信悪化・途絶が14%、電源喪失・停止12%、姿勢異常6%、部品落下と続く。注目したいのは機体操縦不能58%で、そのうち、制御不能64%ということはこれら

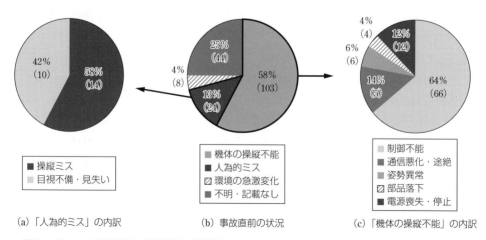

（a）「人為的ミス」の内訳　　　（b）事故直前の状況　　　（c）「機体の操縦不能」の内訳

図5・10・1　事故原因の分析結果（人為的ミスの内訳、事故直前の状況、機体操縦不能の内訳）[2]

の積をとれば、ドローン事故原因の 37% は何らかの自律制御機能（姿勢制御のみ自律、あるいは、自律ホバリング、ウェイポイント自律飛行など）異常による事故と判断される。大枠であるが、ドローン事故の 4 割弱は自律型ドローンによって発生していることになる。

一方、人為的ミスは 13% で、その内訳は図 5·10·1 の左の円グラフで、単純な操縦ミスが 58% となっている。このことは自律型ドローンの技術の未熟さを示しており、オートパイロットなどの自律制御技術の完成度が低いということである。これは極めて重要なことであり、ドローンユーザーはこのことを肝に銘じてドローンを運用していくことが重要となる。ドローンの事故発生率を推定するのは容易ではない。ただ、技術の進歩とともに事故発生率は低減化されていくことは確かである。さらに自律飛行技術も高度化されていくであろう。いずれは AI などを活用して飛行中に異常の有無を判断して、異常発生時は墜落する前に離陸地点に帰還するか、近くの安全な場所に不時着するか、さらには、パラシュートなどの開傘により衝突エネルギーを緩和する対応が取られる。したがって、ドローン事故発生率は劇的に低下することが期待されるが、ゼロにはできない。ここでは、このような高度な自律型ドローンを含めて、ドローン事故発生の場合の事故責任について述べる。

ドローンによる事故が発生した場合、ドローンを飛行させた者は、被害者に対して損害賠償責任を負う可能性がある。ここで、問題になるのが「過失」の要件が満たされるかである。「過失」とは、避けることができたにもかかわらず、事故になった場合をいう。ドローン事故で問題になる「過失」事例は、以下の通りである[3]。

（1）バッテリー切れ

現在、市販されているドローンの飛行時間は、長いもので 30 分前後とされており、ドローンがバッテリー切れによって墜落するケースはよくある。ドローンを長時間飛行させればバッテリー残量が減少し、最終的には墜落に至ることが予測できる以上は、ドローンのオペレーターはそのような事態を回避するために、常にバッテリーの残量に注意し、バッテリーが少なくなった場合には飛行を中止するなどの措置をとる必要がある。そのため、バッテリー切れにより墜落した場合には、過失が認められることが多い。なお、気温が低かったり、風が強かったりしてバッテリーの消耗が早かったとしても、そのような状況を考慮してバッテリーの消耗に配慮しつつ飛行すべきであるため、それだけで過失がないということにはならない。

（2）電波障害など

電波塔の近くや送電線や携帯電話基地局などの近くで飛行を行うと、電波干渉によりドローンのコントローラーの信号が伝わらなくなることがある。そのような場合、操縦不能となったまま墜落する可能性がある。飛行前に電波障害が予測できる地域や環境下であえて飛行を行ったとすれば、過失が認められる場合があるので注意が必要である。

（3）強風、雨天、雷など悪天候下での飛行

ほとんどのドローンは、穏やかな気象条件の下での使用が想定されている。ただし、雨天時の飛行ではドローンの機体に雨が入り込んで故障したり、強風時の飛行ではドローンが風に流されたりして、墜落する場合がある。悪天候下でドローンを飛行させたとすれば、ドローンが墜落することも予測できるため、そのような飛行を実施することは避ける必要があり、それでもなお飛行を実施したことについては過失が認められる場合が多い。

（4）操縦ミスによる事故

ドローンの操縦方向を誤ったり、スピードを出し過ぎたりすることによって、墜落や衝突に至る場合がある。このような操縦ミスに起因する事故では、基本的に過失が認められることに

なる。

(5) 自律飛行機能と法的責任

　現在市販されているドローンの中には、飛行させたい方向を指定するだけで自律飛行する機能や、設定した被写体を自動的に追尾する機能を持つものもある。このようなドローンについては、「過失」が問題になる。もっとも、事故を起こした瞬間には操縦をしていなかったとしても、飛行をさせる判断をした者に過失がなかったか、また、非常時の対応について十分に準備できていたかといった点で過失が問題となる場面は当然起こりうる。具体的には、ドローンを自律飛行モードで飛行させた場合であっても、自律飛行モードにすべきではない状況（強風など）で自律飛行モードにした場合、また、自律飛行モード中でも非常時で人の操縦が必要になったにもかかわらず行わなかった場合には、過失が認められて操縦者が責任を負うことになる。

(6) 損害の範囲

　ドローンの事故によって賠償をしなければならない「損害」とは、事故によって損壊したものの財産的価値、人に傷害を与えた場合はその治療にかかる費用や慰謝料などを合算したものが損害となり、ドローンを飛行させた者はその範囲で損害を賠償することになる。また、ドローンが墜落した後、ドローンを飛行させた者が墜落したドローンを放置していたところ、電池から発火して火災を起こしてしまったような場合は、火災によって生じた損害も損害賠償責任の範囲に含まれることがあるので注意が必要である。

　ドローンによる事故が発生した場合の過失の判断は、最終的には個別の事情によることになる。ドローンを使用する者や会社などとしては、ドローンを飛行させる際のチェック項目の整備や操縦者の技能向上・研修などを通じて、ドローンの事故を予防するための措置を講じておくことが重要である。なお、航空法上の許可なしに飛行禁止空域を飛行したり、あるいは承認が必要な飛行方法にもかかわらず、承認を受けずに飛行を行った場合は航空法違反となるが、その場合、直ちに民事上の不法行為責任が認められるというわけではない。しかし、航空法に違反するようなドローンの飛行を行っていることは、過失を基礎付ける重要な事実となるので、この観点からも航空法による規制を遵守して飛行を行うことが重要である。

〔1〕保険とドローンの自律飛行＆車の自動運転について

　今後、ドローンが進化すると、ドローン保険も変化していくといわれている。現在のドローン保険では、操縦者が重要な要素の1つとされている。これは、熟練の操縦者と初心者の操縦者では、事故の発生確率や事故発生時の対応能力が大きく異なるためである。しかし、今後のドローン保険では、操縦者の重要性は低下していくと思われる。それはドローンの飛行の仕方として、有視界外（BVLOS）飛行が可能になってきたからである。

　現在の有視界内から、その外への飛行範囲の拡大に伴い、ドローンは人間が操縦する代わりに、自律飛行で目的地まで進むものに変わっていく。BVLOSでのドローンの運航は、ちょうど自動車の自動運転と似ている。自動運転では、レベルが上がると運転者が行う操作が減り、最終的には、運転者そのものが必要でなくなる。ドローンも同じで、BVLOSでの運航では、操縦者の代わりに自律飛行制御技術が活用されるようになる。そうなると、ドローン保険の賠償責任補償の中身も変わってくるだろう。

　BVLOSで運航するドローンで事故が発生した場合、保険はどのような補償を行うべきか。これは、自動車の自動運転と同様、人による操縦を超えた範囲での事故をどうカバーすべきかという課題である。ドローンの運用者の責任だけではなく、機体や電波通信装置などの製造者責任が問われる可能性も出てくるだろう。これからは、ドローンの進化とともに、ドローン保

険の補償のあり方についても議論が進んでいくであろう。引き続き、その動向に注意する必要がある。

〔2〕ドローン事故で誰がどのような法律上の責任を負うか?[4]

大きく分けて、(1) 民事上の責任、(2) 刑事上の責任、(3) 行政上の責任に分かれる。

(1) 民事上の責任

民事上の責任とは「損害賠償責任」のことである。「損害賠償責任」とは何らかの理由で第三者に損害を与えてしまった場合に、加害者は被害者に対して、発生した損害について金銭的に賠償する責任を負うことである。自動車事故の場合の「損害賠償責任」と全く同様で、ドローン飛行によって第三者にケガをさせたり、建物を傷つけたり、何らかの損害を与えてしまった場合には、被害者に対して損害賠償責任が発生する。この場合、誰が責任を負うか?である。考えられるのは次の5つのケースである。5つとは、ドローン操縦者、操縦者を雇用している企業、ドローンの操縦を依頼した企業、ドローン製造者(メーカー)、ドローン販売業者である。

ドローン操縦者の賠償責任保険について述べる。ドローン操縦者がドローン事故により第三者に損害を与えてしまった場合(ここでは損害が発生していることが重要なポイント)、ドローン操縦者は民法に書かれている「不法行為責任」を負うことになる可能性がある。不法行為とは故意(意図的)あるいは過失(不注意)によって、他人の権利や利益を違法に侵害する行為のことで、加害者には被害者に対して損害賠償責任が発生する。これを「不法行為要件」という。「不法行為要件」は①他人の権利などを侵害すること、②故意または過失、③①の行為によって損害が発生したことの3つをさす。

操縦者を雇用している企業の賠償責任を考える。企業の従業員(操縦者)が、仕事中にミスをして損害を与えてしまった場合、直接の加害者でない雇用者が損害賠償を負うことを「使用者責任」という。雇用者は事業のために従業員を雇用して利益をあげているため、損害についても負担する責任があるという考え方に基づく。ただし、加害者である従業員の選任と監督について相当の注意をした事実にもかかわらず、損害が発生した場合は使用者責任が免れる可能性はある。

ドローンの操縦を依頼した企業の賠償責任を考える。通常想定される案件で、イベント企画の企業(発注者)から無理難題の飛行を依頼されるといったことがある。この場合、発注者がある程度のドローンに関する知識を有している、さらに、事故が発生することが予想されたにも関わらず、その企画を無理やり推し進めたなどの場合は、賠償責任が科される可能性がある。

ドローン製造者(メーカー)の賠償責任を考える。明らかなドローンの不具合、不良品が原因で事故が発生した場合は被害者に対して、製造物責任を負うことになる。製造物責任とは、製品の欠陥やバグが原因で第三者に被害を与えてしまった場合に、製造者は損害賠償責任を負うことをいう。製造メーカーに過失(不注意)がなくても負わされるのが特徴で、製造過程を知らない被害者が製造メーカーに過失があったことを立証するのは極めて困難であることから、被害者救済の無過失責任と呼ばれる。とはいえ、製造メーカーも無条件に賠償責任を負わされるわけではない。製品に「欠陥」があると認められた場合にのみ、賠償責任を負う。ここでいう「欠陥」とは通常の製品が備えている安全性を欠いていた状態をいう。欠陥が認められても製造メーカーには「開発危険の抗弁」という反論の余地がある。「開発危険の抗弁」とは、製品を開発・販売した時点の技術水準が欠陥を予知することができない場合、製造物責任が免れることをいう。

ドローン販売業者の賠償責任を考える。ドローンの不具合事故に関しては、販売業者はドロ

ーン操縦者に対して、瑕疵（かし）担保責任、あるいは、債務不履行責任を負う可能性がある。瑕疵担保責任とは、物の売買に関して「隠れた瑕疵」があった場合、その部分について売った人が責任を負うことをいう。「隠れた瑕疵」とは普通に注意しても見つけることができない不具合のことである。例えば、ドローン購入段階で内部コネクタが不良などの場合である。このような場合、ドローン販売業者はドローン操縦者に対して損害賠償責任を負う。瑕疵担保責任は世界に1つしかないドローンとか、中古のドローンの場合も適用されることがある。一方、債務不履行とは売買時の契約の内容に沿った義務を果たさない場合をいう。販売したドローンに不具合があれば、不具合のないドローン購入契約に対する債務不履行となる。なお、改正民法施行後では、債務不履行責任で処理されているとのことである。

(2) 刑事上の責任

次に刑事上の責任について述べる。ドローンの事故の場合にも特定の犯罪類型にあてはまる場合には刑事上の責任を負うことになる。この場合は原則として「故意」がなければならない。ただし、「過失」の場合でも刑事責任が発生することもある。「故意」の場合は、人に対する損害ということで、暴行罪、傷害罪などがある。暴行罪は最大2年の懲役または最大30万円の罰金、傷害罪は最大15年の懲役または最大50万円の罰金となる。ものや企業に対する損害は、損壊罪が適用される。具体的には建造物損壊罪（最大5年の懲役）・器物損壊罪（最大3年の懲役または最大30万円の罰金）がある。そのほか、ある企業の事業妨害が目的の業務妨害罪として、偽計業務妨害と威力業務妨害がある。これらは最大3年の懲役または最大50万円の罰金となる。

過失により第三者に損害を与えた場合、過失傷害罪（最大30万円の罰金）に問われる可能性がある。さらに、被害者が死亡した場合は過失致死罪に問われる。もし、仕事中の事故であれば、業務上過失傷害罪（最大5年の懲役または最大100万円の罰金）、業務上過失致死罪（最大7年の懲役または最大100万円の罰金）となる。ドローン事故の多くは「業務上」のようである。

(3) 行政上の責任

行政上の責任は社会的な秩序を乱す行為に対して、行政機関から与えられるペナルティである。刑事上の責任に対する刑罰は裁判所が判断するのに対して、行政上の責任に対する判断は行政機関が行う。行政上の責任では過去に起こしたドローン事故の履歴なども審査の対象になり、ドローン操縦免許の制限や更新時の条件などが付されることになる。

いずれにしても事故が起きないように、最善の注意を払うことである。このため、飛行前の事前点検が極めて重要である。①事前の機体整備・機器点検を十分に行う、②飛行場所や飛行コース、電波環境、天候などを十分に把握しておく、③可能であれば、飛行エリアに複数人の監視者を配置する、④過去のドローン事故事例を学んでおくなどである。　　　　（野波健蔵）

【参考文献】
（1）http://www.mlit.go.jp/common/001238140.pdf
（2）三菱総合研究所資料：第10回無人航空機の目視外および第3者上空等での飛行に関する検討会（平成31年3月6日）
（3）https://it-bengosi.com/blog/drone-jiko/
（4）https://topcourt-law.com/drone_law/drawn_accident_law

結言

ドローン産業の新たな展開

　本章は結言として、新型コロナウイルス感染が世界的に拡大した中で、飛行ロボット・ドローンや地上ロボットが大活躍している状況を述べている。そして、新型コロナ禍を契機に世界的に飛行ロボットのニーズは急速に高まり、新たなドローン産業応用分野となる可能性に言及している。C.1 節は地球規模の生物学的危機と社会システム変革期到来、C.2 節はドローン産業の新たな展開に対する課題、C.3 節ではドローン産業がパンデミック危機からの救世主となり得る期待について述べている。

C.1 地球規模の生物学的危機と社会システム変革期到来

　2019年に中国の武漢で発症した新型コロナウイルスCOVID–19による肺炎が、瞬く間に世界中に拡散して、2020年7月16日現在、感染者は1,343万人、死者数58万人を超えるまでに拡大し続けている。こうした感染症は一般的に、①空気感染症、②水系感染症、③動物由来感染症、④ヒトからヒトへの感染症の4種類に分類されるという。空気感染症の代表的なものはインフルエンザ、SARS（重症急性呼吸器症候群）など、水系感染症はコレラ、赤痢など、動物由来感染症はマラリア、ペストなど、ヒトからヒトへの感染症はエボラ出血熱、HIV感染症エイズなどである。人類はこうした感染症の「ステルスキラー」と人類誕生から戦ってきているが、常に新しいウイルスが登場し、新薬やワクチンができて終息までに多くの犠牲者と長い年月を要してきた。

　2018年5月10日に米国ジョンズ・ホプキンス大学の公衆衛生大学院、健康安全保障センターが、『パンデミック病原体の諸特徴』と題する報告書を発表していた。図C・1・1はその表紙である。この報告書の中で「地球規模の破滅的な生物学的リスク」（GCBR＝Global Catastrophic Biological Risk）という新しい概念を提示して、ウイルス、細菌などの病原体が近い将来、人間社会に破滅的な影響を及ぼす可能性を予見し、警告している。GCBRを引き起こす病原体の特徴として、高い感染力、低い致死率、呼吸器系疾患を引き起こすなど、7つの特徴を列挙している。これらの特徴は、ほとんど、現在流行中の新型コロナウイルスの特徴と一致している。さらに、驚くべきことは、GCBRを定義する中で、『報告書』は、GCBRを引き起こす病原体が、自然由来ばかりでなく、人為的な操作によって生み出され、広がるリスクをも

想定していたことである。この『報告書』から、陽性ながら無自覚・無症状のまま日常生活を送り、周囲を感染させてゆく「ステルスキラー」の対策と、その主な被害者になる高齢者と基礎疾患者への対策が、今後、非常に重要になるということである。COVID–19という「ステルスキラー」の見えない敵の正体はいまだ解明されておらず、密閉、密集、密接、いわゆる3つの密を避けることが重要といわれている。

　つまり、人と接しないということでヒトからヒトへの感染を回避するということだ。つまり、ドローンやロボットが大活躍するシナリオが急速に登場してきた。中国では、ドローン配送会社で電子商取引のJD.comが政府関係者と協力して、検疫され孤立したエリアに物資を届けた。DJI社も農薬散布用ドローンAgrasを用いて深圳市で300

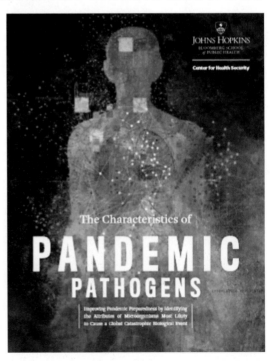

図C・1・1　ジョンズ・ホプキンス大学の報告書[1]

万 m² に消毒剤を散布済みで、中国全土からの千を超える市・町の工場、住宅、病院、ごみ処理場を中心にエリアの消毒を行ったという。中国江西省では警官が「ドローン警務連隊」を組織して、ドローンを活用して歩行中の市民にマスク着用を呼び掛け、地上と空から立体的にウイルス対策を強化した。また、人が密集している場所にはドローンが駆けつけて、ドローン搭載のスピーカーから注意喚起し、警官の感染も防いだという。さらに、歩行中の体温をドローン搭載のサーモグラフィで計測して、発熱のある人を発見して、病院での診察を促している。深圳のドローン企業 MMC は 2 月 8 日に、パトロール、除菌、熱感知を行えるドローンの配備を中国各地で進めていることを発表し、100 機以上のドローンを上海、広州、肇慶、仏山などに配備したとのことだ。

　ここで注目すべきは中国・杭州のスタートアップ Antwork 社の取組みである。この先駆的な取組みを詳しく紹介する。郊外の郵便サービスとして物流ドローンが始まったのは 2015 年頃である。1 年後、中国郵便とともに、過疎地の郊外において小包を運ぶ、最初のドローン配達サービスを実施した。それからフードデリバリーサービスを行った。Antwork 社は 2018 年に、中国の e コマース大手の Alibaba Group Holding が本社を置く浙江省杭州の Future Sci–Tech City に 5 台のドローンドッキングステーションを設置した。また、Tencent Holdings は WeChat ミニプログラムアカウントを介して約 10,000 件の食品配達を行った。昨年、Antwork 社は医薬品の配送を中核事業とした。ただ、都市部でドラッグデリバリーを実行するためには、飛行の安全性と信頼性の基準をクリアする必要があった。このため、Antwork 社のドローンはこれまでに延べ 2 万回、60,000 km 以上を飛行して安全性と信頼性を検証してきた。なお、都市部での最大飛行範囲は 15 km、最大積載量は 5 kg である。Antwork 社はこれらの実績を評価されて 2019 年 10 月 15 日、中国民間航空局（CAAC）から、都市部での商用ドローン配送を可能にする「特定 UAS パイロット運用承認」(Specific UAS Pilot Operation Approval) と、「UAS 配送ビジネスライセンス」(UAS Delivery Business License) を取得した。

　規制当局が都市部でのドローン配送を正式に認めたケースとしては、スイスのルガーノ、チューリッヒ、ベルンで血液サンプルを配送しているほか、輸送主体がスイス郵便でメーカーの米国ベンチャーMatternet 社と、Antwork 社の 2 社のみが世界で認められている。今後、Antwork 社は中国で 1 日当たり 1,000 件の商業ドローン配送を運営する計画を表明しているほか、世界での展開も視野に入れている。コンプライアンス上の理由から、Antwork 社のドローンは飛行データを航空管制官に送信している。これはスイス郵便の Matternet 社の場合も同様である。なお、Matternet 社の場合、2019 年 1 月の小型ドローンのチューリッヒ湖墜落事故と、同年 5 月のチューリッヒ大学からチューリッヒ病院へ医療物資搬送中に、重さ 10 kg の中型ドローンが近くの森林へ墜落した。原因は電気回路のショートだった。なお、スイスでの飛行では 3,000 回無事故であったという。現在は事故調査が終了して、安全性の改良などや高い安全基準が満たされているという評価のもとに運航は再開されている。

　Antwork 社が CAAC から都市部での物流ドローン飛行許可を取得した直後、感染震源とされている中国・武漢の近郊で深刻なウイルス被害を受けている浙江省の新昌郡で、Antwork 社は地方自治体や医療機関と連携して、ドローンによる医療物資の輸送を開始した。**図 C·1·2** は紹興市にある新昌人民病院からの要請に基づいて、医薬品のリレー配信を行っている写真である。ドローンによる物資輸送は、輸送物と人員の接触を減らし医療物資の 2 次汚染を防ぎながら、通常の道路での輸送に比べ効率を 50 ％以上向上させる事に成功している。また、杭州の他の地域や湖北省武漢でも当局と交渉中で、対象範囲を紹興から拡大している。Antwork 社の主

図 C・1・2　Antwork 社による医療物資搬送[2]

なビジネスモデルは、ドローンやその他の
ハードウェアを病院に販売し、年間契約に
よるドローン物流飛行などの運航業務およ
び周辺サービスのワンストップサービスと
いうことになる。

　Antwork 社は、**図 C・1・3**に示すようなド
ッキングステーションを開発済みで、図の
ように正確に着陸したのち、荷物の自動リ
リースと地上無人移動ロボットへの積み替
え、バッテリ自動交換などすべて無人化し
ている。現在、Antwork 社は病院用軽量医
療物資搬送として、4機のドローンと、4台

図 C・1・3　Antwork 社のドッキングステーション[3]

のドッキングステーションがあり、フル稼働しているという。

　重要な点は、新型コロナウイルス感染の世界的大流行という事態に至って、ドローンの新た
な活用が始まり、緊急医薬品のドローンによる搬送に関する世界からの認識が変化し始めたと
いうことである。①医薬品は超軽量であるが付加価値が極めて高いこと、②生命と健康にかか
わるため、一刻の猶予もない緊急性が高くスピードが求められること、③感染者の発生場所は
予測不能で分散しており個別配達となること、④医薬品の小さなパッケージを人が配送するこ
との感染リスクが高いこと、⑤さらに超軽量な医薬品を人力によるバイク、車や小型トラック
で搬送することの非経済性、人が運転する車輪付き搬送車は数十kg以上の荷物を搬送しないと
ペイしないという問題がある。つまり、超軽量な付加価値・緊急性・個別配達・感染リスク・
エコシステムというキーワードから小型ドローンによる搬送がコストパフォーマンス的に最も
適しているということである。

　これはパンデミックがもたらしたドローン産業の新たな展開といえる。投資家もドローン空
中輸送システムの成長の可能性に注力するようになった。2019 年 5 月、ルワンダで血液供給、
ワクチン、医薬品を提供してきた米国の新興企業 Zipline は、シリーズ C の資金調達で 1 億
9,000 万ドルを調達した。2018 年 6 月、食品と医薬品の配達、および開発途上国での国際救助
活動を支援してきた米国の Matternet は、ドローンの研究開発のために 1,600 万ドルを調達し

た。

　武漢市では人と人の接触を避ける技術として、京商の無人配送ロボットが病院や家庭へ物資を搬送するシーンも見られた。中国の人手不足も深刻であり、一石二鳥というわけだ。IT大手の百度（Baidu）も自動運転車「Apollo」で病院に食事を搬送したり、建物の消毒液噴霧を行っている。感染リスクが最も高いのは、感染症病棟で働く医療関係者だ。患者と医療関係者の接触を最小限にすべく、医療現場でもロボットが活躍している。広東省の人民医院の感染症病棟には、「平平」と「安安」と名付けられた2台の無人搬送ロボットが導入された。これらは医療廃棄物や衣類の回収のほか、薬や食事の配達を担っている。

　一方、中国以外ではイラン政府や韓国は新型コロナウイルス対策として、ドローンで市街地に消毒剤を散布している。新型コロナウイルスの感染者が4月11日段階で15万人、死者1.5万人を超えたスペインでは、人々に外出を控えるよう呼びかけるのにドローンが使われた。スペインでは2020年3月14日、非常事態が宣言され、食料品の買い出しや通院などを除く外出が禁止された。ドローンは警官によって操縦され、街を歩く人々に無線スピーカーを通じて帰宅を促した。英国でも同様に、「病院、スーパーなどやむを得ない場合を除いて、外出しないように」とドローンを使って一般市民に警告した。フランスのニースの警察はすでにドローンを配備し、コロナウイルスによる都市封鎖を強化するための警告スピーカーをドローンに搭載して警告しており、イタリア、アラブ首長国連邦も同様な取組みを行った。

　インド全土でも、コロナウイルスを駆除するためにさまざまな都市でドローンが使用されている。COVID–19のパンデミックにより、政府機関は致命的なウイルスの蔓延を阻止するために極端な措置を取っており、カルナータカ州政府は、ほとんどの地域で通りを消毒するためにドローンを配備することを決定した。消毒剤はドローンを使用してスプレーされ、公共スペースを消毒して、エリアをより速くより安全に消毒している（図C・1・4）。タミルナードゥ州の保健局によれば、州全体の病院、地下鉄、道路を消毒するために300台の無人偵察機と500人のパイロットで構成されて活動しているという。

図C・1・4　インド全土で、ドローンにより消毒剤を撒いてウイルス蔓延を阻止[5]

　ドバイ市はドローンを使って図C・1・5のような大規模な国家消毒プログラムを実施した。ドバイ警察はドローン搭載スピーカーからメッセージやアナウンスを昼夜を問わず流したとのことだ。その他、マレーシアでは人が密集しそうなホットスポットを監視するため、米国カリフォルニア州サンディエゴ市では、スピーカと暗視カメラを搭載したドローンで警察からの呼

びかけを行っている。

　新型コロナウイルス対策として、ドローン
活用の５つの方法をまとめると以下になる。

（1）医薬用品のドローンによる配達

　コロナウイルス危機におけるドローンの
最も顕著な使用例は、間違いなく医療用ド
ローン配達である。医療用ドローンによる
配送は、必要不可欠な物資やサンプルの配
送を迅速に行うことができるだけでなく、
重要な医療スタッフの感染を減らすことが

図Ｃ・1・5　ドバイにおける国家的な消毒実施[5]

できるため、ウイルスとの戦いに向けた取組みに大きな変化をもたらす可能性がある。

（2）監視・発熱モニタリング

　オランダ、ベルギー、中国、モンゴル、フランス、スペインでは、公共空間を監視し、当局
が社会に危険をもたらす可能性のある社交的な集まりを解散させるのを助けるためにドローン
が使用されている。現在の政策はすべて、危機的な時に政府に与えられた一時的な緊急権限に
よって管理されている。ドローンの導入は、警察のメンバーがさらされているリスクを単純に
軽減し、特に警察の資金不足と人員不足の国では大きな役割を果たしている。さらに、赤外線
カメラやサーモグラフィを搭載して、歩行者などの中の感染による発熱患者を発見できる。

（3）アナウンス・メッセージ伝達

　街頭監視に加えて、当局はドローンを使用してメッセージを放送したり、手続きに関する情
報を広めたりすることで、警察官や他の職員のリスクや感染をさらに減らすことができる。こ
の利用事例はヨーロッパだけでなく、モンゴルのような発展途上国でも見られる。現在の公衆
衛生危機の前例のない事態を考えると、社会的な距離感や近くの病院に関する重要な情報を含
むメッセージを放送することは、住民が正しい情報を得てパニックを防止できるようにするた
めの鍵となる。

（4）消毒液噴霧

　これまでのところドローンの最も直接的な利用法は、中国やドバイでの消毒液の散布である
ことは間違いない。これまでのところ、これがどのような条件で行われているのか、つまり路
上に人がいてもいなくても、どのような液体が散布されているのかについては、ほとんど知ら
れていない。また、これがそこに生息する動植物にとって非常に有害である可能性があるとい
う懸念もある。しかし、当局は使用している液体が WHO の承認を受けたものであることを確
認している。実際、住民の安全と安心を含めて、すべての重要な側面が考慮されるならば、こ
れは衛生状態を改善するための有望な使用例になると思われる。

（5）救急病院建設のための測量

　ワクチン開発やウイルスの拡散を遅らせる以外にも、政府は集中治療を必要とする大量の患
者に対応できるように、公衆衛生のインフラを改善することにも関心を寄せている。多くの国
では、広いスペースを一時的な病院に転用したり、中国、ドイツ、ロシア、米国のように、他
の理由で入院している患者から離れた場所に、COVID–19 の感染者をケアするための救急病院
やユニットを新たに建設したりしている。測量に頻繁に使用されるドローンは、政府がより効
率的に、人間の関与を最小限に抑えて（その結果、ウイルスへの曝露を最小限に抑えて）建設
するのを支援する上で、大きな役割を果たしている。

　長期戦の様相を呈している新型コロナウイルス対策。感染の拡大を防ぐために、人と人の接触を避けることが求められる。この状況下、中国や米国の病院では、人員の感染リスクを下げるために、ロボットやドローンを相次いで導入した。その効果に世界各地からの注目が集まっている。CNN によると、米国ではシアトル近郊の病院では、聴診器搭載のロボットが同病院に入院した新型コロナ感染患者の診察を行っていたという。ロボットには、聴診器のほか、カメラとディスプレイも搭載されており、医師や看護師が遠隔で患者とコミュニケーションをとり、健康状態を確認することができる。このようにドローンやロボットは「ステルスキラー」との戦いにおいて人間と連携して強力な武器になっているということであり、新型コロナウイルス感染の世界的拡大がドローン・ロボットの社会的実装を加速しており、社会システム変革期の到来といえよう。

C.2　ドローン産業の新たな展開に対する課題

　COVID–19 の大流行の結果、特に中国では、公共スペースの衛生のために薬剤散布ドローンを利用した草の根の取組みに関する多くの報告がある。しかし、これらはパンデミックへの対応として動員された緊急型の取組みであるため、これらの対策がどれほど効果的であるか、どのようなリスクが伴うか、人体や動植物に害はないか、そしてそれがウイルスと戦うための費用対効果として有効な方法であるかどうかについてのデータはほとんどない。これは日本、欧米などで広く採用され普及するようになるために重要な課題となる。もちろん、薬剤散布ドローンは、長年にわたって農業分野で使用されている。手動でエリアに噴霧する場合と比較して、自律飛行型農業用薬剤散布ドローンは 1 時間当たり約 6ha の面積をカバーでき、概ね 10 分ごとに 1,000 m^2 の散布能力に相当する。農業用薬剤散布ドローンは作物を保護して、寄生虫を殺すための最適な設計になっており、散布薬剤、カバーできる領域の規模、カバーされる有効性、およびその領域を自律的に移動できる散布速度を吟味すれば、世界規模のパンデミックと戦うための効果的なツールになる可能性は十分にある。

　政府の感染症対策専門家会議によると、ウイルスは主に呼吸飛沫を介して、汚染されたエアロゾルの吸引または汚染された表面に手で触れることによって感染していくという。ドローンは空中から薬剤を噴霧し、モノの表面にくまなく薬剤が付着するように設計されているため、空気とモノの表面の両方を消毒できる可能性がある。表面と空気がどれだけ適切に消毒されているかの有効性を検証するには、さらに多くのテストが必要であるが、特に公共の通路などの広いスペースで、ウイルスの蔓延と戦う強力な手段になる可能性がある。例えば、アリーナ、スタジアム、ショッピングセンター、ホール、アーケード、モール、駐車場、車両、病院、歩道、公園、トイレ、ごみ集積場など広域なエリアが対象となる。

　それでは消毒・衛生管理のためにドローンを採用することに対する現在の障害は何か？　まず、新型コロナウイルス対策としての新技術の体系的なテストと、地球規模の大規模なグローバル展開に必要な手順の標準化を開発して、安全性と有効性に関する客観的で科学的根拠を示す必要がある。一般に、公的機関は客観的に実証されていない新技術を採用することはできないからである。農薬散布ドローンも実証までに一定の期間を要したように、新市場となる COVID–19 駆除ドローンについても大至急の検証が求められる。そして地球規模で広範囲に展開するための社会基盤整備と方法論を早急に確立する必要がある。また、COVID–19 駆除ドロ

ーンの生産を増やし、ドローンパイロットを教育してこの地球規模の破滅的な危機を克服しなければならない。起こり得る最悪の事態の1つは、人々が急いで無秩序な方法でこれらの薬剤散布ドローンを使い始め、トレーニングや標準的な操作手順がない状態で運用することである。スタジアムや倉庫などの環境で実際に十分なテストを行い、実際の環境でこれらの標準的な運用手順を構築できるようになれば、持続可能で安全な方法で広く普及させることができる。

　基本的に、ドローンを動員して広いスペースを定期的に消毒および洗浄する機能により、新しいレベルの安全性と消毒が確保される。これを手動で行うと、数時間または数日もかかり、人々が病気に感染するリスクを極めて高めてしまう問題を、薬剤散布ドローンは定期的に消毒・洗浄を行うように自動化できるので、公衆衛生の効率的な向上を保証できることになる。これは、「ステルスキラー」ウイルスによる世界規模での感染症危機に対して、人類はいかに脆弱であるかという深刻な問題に対して、ゲームチェンジャーである可能性を意味している。

C.3　ドローン産業をパンデミック危機からの救世主に

　DRONEII の 2019 Drone Delivery レポートによると、2012 年以降に投資された3億米ドルを超えるドローン配送分野は、ドローン市場で最も急速に成長しているアプリケーション分野になるであろう。ドローンを使用して献血、予防接種、医薬品、抗毒液、臓器移植、その他の医療用品を提供すること、そして、今回の新型コロナウイルス感染拡大への緊急対策で、ドローンの医療分野はかなりの大きな牽引力を得ているといえる。物流分野は、①小売商品、②食料品、③医療品、④工業品と大きく4つに分けられるが、新型コロナウイルス登場で世界は激変した。ドローンによる搬送品の優先度は圧倒的に医療品となってきた。事実、ドローンサービスプロバイダーと病院・薬局など医療提供サービスの間には、ドローンを使用して医薬品を提供する 30 社以上の企業がすでに存在している。これは命と健康というヘルスケアに対する考え方が今、大きく変化しようとしているからである。

　新型コロナウイルスが登場する以前から、Matternet 社の自律型ドローンおよびクラウドシステムと統合された新しい Matternet ステーション（図 C・3・1〜C・3・3）は、都市環境向けの分散型物流ドローンネットワークをサポートしている。低速で高価なオンデマンドの有人宅配便を無人ドローン搬送に置き換えることにより、病院は血液診断、病理標本、および医薬品を安全で非常に高速に空中配送することにより、大きな中心病院と小さなクリニックとの間を最短時間で結んでいる。現在のところ、Matternet はこれらのシステムを先に紹介したスイスと米国の UC サンディエゴ医科大学の医療システムに適用している。Matternet 社は「われわれのビジョンは、すべての大都市圏の充実した設備を有するメディカルセンターあるいは研究センターと、すべての病院や医療施設とを、現在利用可能な最速の交通手段で結びつけることである」と話している。「非常に高速な点から点の都市型医療提供のためのテクノロジープラットフォームを構築している。これにより、病院システムは、患者の待機時間を短縮し、医療設備を一元化することにより、年間数百万ドルを節約できる。Matternet ステーションは、このビジョンを実現するためのエコシステムの非常に重要な部分である。昨年、Matternet のドローンにより、UPS は FAA 認定の最初のドローン航空会社となり、両社は米国でのドローン配送

病院業務を迅速に拡大できるようになった」とのことである。

2015年に米国で最初の合法的なドローン配送を実現したFlirtey社も、自動体外式除細動器（AED）のドローン搬送をリノ市（カリフォルニア州）で行っており、今後10年間で10万人以上の人を救うといわれている。1.4.5節で述べたZiplineもカリフォルニアを拠点として、救命救急用品のサプライヤーとして2016年にルワンダで事業を開始し、主に血液、血小板、凍結血漿、寒冷沈降物を配送した。2019年4月、Ziplineはガーナでドローンを使用してワクチン、血液、医薬品を届け始めた。2019年5月の時点で、首都キガリの外のルワンダでの輸血の65％以上がZiplineドローンを使用している。今後4年間で7億人に医薬品を届ける計画という。

このように有効活用され救命救急医療に役立っている、ドローンに対する人々の肯定的な認識が過去5年間で高まっている一方で、ドローンに対する危険さや怖さも持たれているのが現実である。英国では、ギャングによる刑務所内へのドローンによる

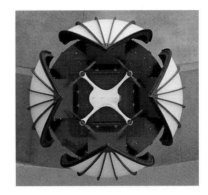

図C・3・1　機体が収納される様子[6]

図C・3・2　Matternet社のクワッドローター機体[6]

図C・3・3　Matternet社のドローン離発着ステーション[6]

物資配達、有人航空機との多くのニアミス、および2018年12月の英国ガトウィック空港におけるドローン飛行事件で750フライトがキャンセルして、11万人の乗客に影響を与えたことは記憶に新しい。2019年4月のPwCの調査によると、ドローンに好意を感じている英国人は3分の1未満で、米国でも同じことがあてはまり、2019年12月のホーソングループの調査研究では、ドローンの安全性について尋ねたところ、68％が「心配」で、「全く心配しない」は7％に過ぎなかった。また、51％の人はドローンによる医薬品や物資配送に好感を持っている一方で、49％は「危険すぎる」と考えており、「良い」と「良くない」がほぼ拮抗している。さらに、71％がプライバシーの懸念を抱いているとの結果であった。恐らく日本で調査をしても類似な結果となるであろう。これは忌々しき状況で、社会受容性には程遠い存在であることがわかる。これらの結果から、ドローン技術全般を一層進化させて、ドローンが「安全」であるということを各分野で実証していくと同時に、機体の認証と登録を徹底することで社会的受容性を高める必要がある。同時に、ドローンの悪用への対策、プライバシー侵害にならない対策などが望まれる。

そして、上述したように多くの人を救う救命救急ドローンミッション、災害対応ミッション、消火活動支援、測量・インフラ点検支援、農林水産業支援などでドローンの必要性が証明されていく必要がある。特に、新型コロナウイルスの発生と地球規模の感染拡大により、この世界的なパンデミックの進行を食い止め、終息させる有効なツールとしてのドローンの役割は、ド

ローンの潜在的で巨大な新アプリケーションの可能性を秘めた分野として登場したように見える。感染防止の観点から医薬品や食品を配送するドローンの潜在的な公衆衛生上の利点を想像すれば、その有効性は計り知れないと思われる。

　今回の新型コロナウイルスのパンデミックは、地球人口の半数以上の40億人以上が外出制限、国際線の7〜8割が運航停止、イベント中止、サプライチェーン供給・流通ストップ、株式市場と企業の最終収益に甚大な影響を与えており、社会システム、経済システム全般が急停止を余儀なくされており、1929年の世界大恐慌以来とまでいわれるようになった。損失を軽減する方法を見つけることは、危機を乗り越えようとする企業にとって大きな差別化要因になる。このため迅速に対応し自律的に動作するドローンの能力は、多くのメディアや産業界の注目を集めており、1つの主要な緩和要因となる。完全自律型ドローンは理論的には世界中のどこからでもリモートで飛行させることができ、さまざまなミッションを達成することができる。このためには地上インフラ設備の支援が必要であり多くの場合、まだ準備段階かも知れないが、確実にすぐそこまで来ている実世界である。マルチミッションの自律ドローンは、こうしたパンデミックな世界だからこそ一層の真価を発揮してさまざまなニーズに応えることができる。もちろん感染のリスクも皆無である。自律ドローンを操作する1人で複数のセキュリティ、安全、検査の従業員を置き換えることができる。まさに、自宅にいながら現場にいるかのように自律ドローンを操作できる仕事で、まさに、テレワーク・リモートワークそのものである。自宅に居ながらにして測量・点検・データ収集や医薬品・食料配送を行い価値を生み出し続けられる。これこそがポストパンデミックの新しい社会システムである。　　　　　　　　（野波健蔵）

【参考文献】
（1）http://www.centerforhealthsecurity.org/our-work/pubs_archive/pubs-pdfs/2018/180510-pandemic-pathogens-report.pdf
（2）https://asia.nikkei.com/Business/Startups/How-a-Chinese-drone-delivery-startup-is-capitalizing-on-COVID-19
（3）https://zuva.io/posts/25071
（4）https://www.drone.jp/news/20200409114133.html
（5）https://www.commercialuavnews.com/public-safety/drones-on-the-front-lines-of-the-covid-19-pandemic
（6）https://www.youtube.com/watch?v=ewemfbksK8s

索引

「続・ドローン産業応用のすべて ―進化する自律飛行が変える未来―」
執筆者一覧

編著者 野波健蔵 （千葉大学名誉教授） ［1 章、2 章 2.4 節、2.9 節、3 章 3.1 節、3.8.3 項、4 章、5 章 5.7〜5.10 節、結言］

執筆者 飯塚洸基 （日本郵便株式会社） ［3 章 3.8.2 項］

石田敦則 （三信建材工業株式会社） ［3 章 3.4.2 項］

伊東明彦 （宇宙技術開発株式会社） ［3 章 3.2.1 項］

稲垣裕亮 （株式会社 NJS） ［3 章 3.4.5 項］

井上吉雄 （東京大学） ［3 章 3.2.5 項］

浦山利博 （アジア航測株式会社） ［3 章 3.3.2 項］

江川新一 （東北大学災害科学国際研究所） ［3 章 3.6.2 項］

大山容一 （国際航業株式会社） ［3 章 3.3.2 項］

加藤直也 （株式会社デンソー） ［3 章 3.4.3 項］

木村哲也 （長岡技術科学大学） ［5 章 5.6 節］

栗原純一 （北海道大学） ［3 章 3.2.4 項］

越村俊一 （東北大学災害科学国際研究所） ［3 章 3.6.3 項］

小玉昌央 （株式会社サトー） ［3 章 3.8.3 項］

小林雅弘 （アジア航測株式会社） ［3 章 3.3.2 項］

酒井直樹 （国立研究開発法人防災科学技術研究所） ［3 章 3.6.1 項］

設樂 丘 （有限会社タイプエス） ［3 章 3.3.5 項］

鈴木 智 （千葉大学） ［2 章 2.1 節］

鈴木英男 （東京情報大学） ［2 章 2.10 節］

鈴木裕一朗 （株式会社日立システムズ） ［3 章 3.4.4 項］

須田信也 （株式会社 WorldLink & Company） ［3 章 3.2.2 項］

武田圭史 （慶應義塾大学） ［3 章 3.10 節、5 章 5.1〜5.5 節］

徳見 修 （セコム株式会社） ［3 章 3.7 節］

戸澤洋二 （一般社団法人日本ドローン無線協会） ［2 章 2.8 節、3 章 3.9.2 項］

冨井隆春 （株式会社アミューズワンセルフ） ［3 章 3.3.1 項］

鳥潟與明 （東光鉄工株式会社） ［3 章 3.2.3 項］

中野一也 （朝日航洋株式会社） ［3 章 3.3.2 項］

原口 豊 （株式会社サテライトオフィス） ［2 章 2.6 節］

升川 聡 （株式会社小松製作所） ［3 章 3.3.4 項］

間野耕司 （株式会社パスコ） ［3 章 3.3.2 項］

宮内博之 （国立研究開発法人建築研究所） ［3 章 3.5 節］

閔 弘圭 （株式会社 Liberaware） ［3 章 3.4.6 項、3.9.1 項］

向井秀明 （楽天株式会社） ［3 章 3.8.1 項］

山田武史 （株式会社 NTT ドコモ） ［2 章 2.7 節］

吉田雄一 （金井度量衡株式会社） ［3 章 3.3.3 項］

鷲谷聡之 （株式会社自律制御システム研究所） ［3 章 3.4.1 項］

Chris T.Raabe （株式会社自律制御システム研究所） ［2 章 2.2 節］

Helmut Prendinger （国立情報学研究所） ［2 章 2.3 節、2.5 節］

（五十音順、所属は 2020 年 7 月 15 日時点のもの）

〈編著者略歴〉
野 波 健 蔵（のなみ　けんぞう）

1979 年東京都立大学大学院工学研究科機械工学専攻博士課程修了、1985 年米航空宇宙局（NASA）研究員・シニア研究員、1994 年千葉大学教授、2008 年千葉大学理事・副学長（研究担当）、同年から千葉大学産学連携知的財産機構長も兼任。1998 年からドローンの研究開発を開始し、2001 年日本で最初に小型無人ヘリの完全自律制御に成功する。2010 年「Autonomous Flying Robots」をSpringer 社から出版。2011 年日本学術会議連携会員、2013 年国際知的無人システム学会会長、2013 年大学発ベンチャー、株式会社自律制御システム研究所（ACSL）を創業して代表取締役 CEO、2014 年千葉大学特別教授。2012 年よりミニサーベイヤーコンソーシアム（現、一般社団法人日本ドローンコンソーシアム）の会長を務める。2018 年 ACSL 取締役会長。2017 年 4 月から千葉大学名誉教授。2019 年一般財団法人先端ロボティクス財団を設立、理事長を務める。
著書：「ドローン産業応用のすべて—開発の基礎から活用の実際まで—」（オーム社）ほか。

続・ドローン産業応用のすべて
―進化する自律飛行が変える未来―

2020 年 8 月 7 日　　第 1 版第 1 刷発行

編 著 者　野 波 健 蔵
発 行 者　村 上 和 夫
発 行 所　株式会社 オーム社
　　　　　郵便番号　101-8460
　　　　　東京都千代田区神田錦町 3-1
　　　　　電話　03（3233）0641（代表）
　　　　　URL https://www.ohmsha.co.jp/

© 野波健蔵 2020

印刷・製本　美研プリンティング
ISBN978-4-274-22580-2　Printed in Japan

本書の感想募集 https://www.ohmsha.co.jp/kansou/
本書をお読みになった感想を上記サイトまでお寄せください。
お寄せいただいた方には、抽選でプレゼントを差し上げます。

ROSロボットプログラミングバイブル

表 允晢, 倉爪 亮, 鄭 黎ウン[共著]

環境設定からロボットへの実装まで, ROSのすべてを網羅

　本書は, ロボット用のミドルウェアであるROS (Robot Operating System) についての, ロボット分野の研究者や技術者を対象とした解説書です. ROSの構成や導入の方法, コマンドやツール等の紹介といった基本的な内容から, コミュニケーションロボットや移動ロボット, ロボットアームといった具体的なロボットのアプリケーションを作成する方法を解説しています.

　ROSについて網羅した内容となるため, ROSを使った開発を行いたい方が必ず手元に置き, 開発の際に活用されるような内容です.

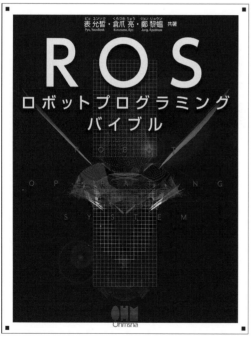

B5変判・452頁・定価（本体 4300 円【税別】）

＊ 上記書籍の表示価格は、本体価格です。別途消費税が加算されます。
＊ 本体価格の変更、品切れが生じる場合もございますので、ご承ください。
＊ 書店に商品がない場合または直接ご注文の場合は下記宛てにご連絡ください。
　TEL：03-3233-0643／FAX：03-3233-3440